建筑工程质量常见问题防治手册

——建筑与节能工程

主编单位　北京土木建筑学会

北　京
冶 金 工 业 出 版 社
2016

内 容 提 要

全书详细讲解了地基与基础工程、模板工程、钢筋工程、混凝土工程、砌体工程、钢结构工程、屋面工程、建筑节能工程等出现的质量常见问题。本书内容翔实、重点突出、处理措施规范正确，极具前瞻性和参考借鉴价值，对直接指导现场施工和质量问题控制有着很好的示范作用。

《建筑工程质量常见问题防治手册——建筑与节能工程》详细阐述了各分部分项工程施工过程质量常见问题的发生现象、原因分析、预防控制及处理措施等，辅以大量现场施工的照片、图片等实例，加上详细的分析和说明，内容技术措施先进、图文并茂、简洁直观、易懂易学，方便技术人员在施工过程中掌握和应用，确保工程质量。

图书在版编目(CIP)数据

建筑工程质量常见问题防治手册．建筑与节能工程 / 北京土木建筑学会编．— 北京 ：冶金工业出版社，2016.1

ISBN 978-7-5024-7159-0

Ⅰ．①建… Ⅱ．①北… Ⅲ．①建筑－节能－工程质量－质量管理－技术手册 Ⅳ．①TU712-62

中国版本图书馆 CIP 数据核字（2016）第 010613 号

出 版 人 谭学余
地　　址 北京市东城区嵩祝院北巷 39 号 邮编 100009 电话 (010)64027926
网　　址 www.cnmip.com.cn 电子信箱 yjcbs@cnmip.com.cn
责任编辑 肖 放 美术编辑 李达宁 版式设计 付海燕
责任校对 齐丽香 责任印制 牛晓波
ISBN 978-7-5024-7159-0
冶金工业出版社出版发行；各地新华书店经销；固安华明印业有限公司印刷
2016 年 1 月第 1 版，2016 年 1 月第 1 次印刷
787mm×1092mm 1/16；29.75 印张；798 千字；456 页
69.00 元

冶金工业出版社 投稿电话 (010)64027932 投稿信箱 tougao@cnmip.com.cn
冶金工业出版社营销中心 电话 (010)64044283 传真 (010)64027893
冶金书店 地址 北京市东四西大街 46 号(100010) 电话 (010)65289081(兼传真)
冶金工业出版社天猫旗舰店 yjgycbs.tmall.com

建筑工程质量常见问题防治手册
——建筑与节能工程

编 委 会 名 单

主编单位： 北京土木建筑学会

主要编写人员所在单位：

中国建筑业协会工程建设质量监督与检测分会
中国工程建设标准化协会建筑施工专业委员会
北京万方建知教育科技有限公司
北京筑业志远软件开发有限公司
北京建工集团有限责任公司
北京城建集团有限责任公司
中铁建设集团有限公司
北京住总第六开发建设有限公司
万方图书建筑资料出版中心

主　　审： 吴松勤　葛恒岳

编写人员： 崔　铮　刘瑞霞　张　渝　杜永杰　谢　旭
徐宝双　姚亚亚　张童舟　郭　冲　刘兴宇
陈昱文　温丽丹　刘建强　吕珊珊　张义昆
于栓根　张玉海　宋道霞　张　勇　李连波
李达宁　叶梦泽　杨秀秀　付海燕　齐丽香
蔡　芳　张凤玉　庞灵玲　曹养闻　王佳林

前　言

为贯彻执行住房和城乡建设部（建质［2013］149号）《住房城乡建设部关于深入开展全国工程质量专项治理工作的通知》精神，北京土木建筑学会组织专家学者、技术人员，收集整理各省（市）实际工作中的质量常见问题治理的一手资料，并且分专业、分部位精心编辑、整理，编制了《建筑工程质量常见问题防治手册》系列图书。

本书《建筑工程质量常见问题防治手册——建筑与节能工程》详细阐述了各分部分项工程施工过程质量常见问题的发生现象、原因分析、预防控制及处理措施等，辅以大量现场施工的照片、图片等实例，加上详细的分析和说明，内容技术措施先进、图文并茂、简洁直观、易懂易学，方便技术人员在施工过程中掌握和应用，确保工程质量。

本书主要包括了地基与基础工程、模板工程、钢筋工程、混凝土工程、砌体工程、钢结构工程、屋面工程、建筑节能工程等出现的质量常见问题及处理措施，内容翔实、重点突出、处理措施规范正确，极具前瞻性和参考借鉴价值，对直接指导现场施工和质量问题控制有着很好的示范作用。

本书编制与审核过程中，得到各省（市）一线施工人员及领导和专家们的鼎力支持和帮助，对此我们表示衷心的感谢！

由于时间仓促，书中难免会有疏漏和错误，恳请读者和业内专家给予批评和指正。

编　者

2016年1月

实例彩图下载说明

本书中所有实例照片均提供彩色图片下载；
手机端请直接扫描二维码；
电脑端请输入网址进行下载：
www.cnmip.com.cn/downloads/colorpages-9787502471590.pdf

目　　录

第一章　地基与基础工程

第一节　地基工程

一、强夯地基夯实困难

1、现象

夯实过程中无法达到试夯时确定的最少夯击次数和总下沉量，不能夯击密实。

见图 1-1。

图 1-1　强夯地基夯实质量差

2、原因分析

（1）土的含水量过大或过小。

（2）不按规定的施工顺序进行。

（3）重锤的落距不按规定执行，忽高忽低，落锤不平稳，坑壁坍塌。

（4）分层夯实时，土的虚铺厚度过大，或夯实能量不足，不能达到有效影响深度。

3、预防措施

（1）地基夯实时，应使土保持在最佳含水量的范围内，如土太干，可适当加水，加水后应待水全部渗入土中一昼夜后，并检验土的含水量已符合要求，方可进行夯打。若地基土的含水量过大，可铺设吸水材料，如干土、碎砖、生石灰等，或采取换土等其他有效措施。

（2）分层填土时，应取含水量相当于或略高于最佳含水量的土料，每层铺填后应及时夯实。基坑（槽）周边应做好排水措施，防止向坑（槽）内灌水。

（3）在条形基槽和大面积基坑内夯打时，宜先按一夯挨一夯顺序进行，在一次循环中同一夯位应连夯两下，下一循环时，夯位应与前一循环错开 1/2 锤底直径，如此反复进行；在较小面积的独立柱基基坑内夯打时，一般采用先周边后中间或先外后里的跳打法；当基坑（槽）底面的标高不同时，应按先深后浅的顺序逐层夯实。

（4）落距应按规定执行，落锤必须平稳，夯位要准确，基坑（槽）的夯实范围应大于基础底面，开挖基坑（槽）每边比设计宽度加宽不宜小于 0. 3m，湿陷性黄土地区不得小于 0. 6m。坑（槽）边坡应适当放缓。

（5）分层夯实填土时，必须严格规定控制每层铺土厚度。试夯时的层数不宜小于二层。

4、优质工程示例

见图 1-2。

图 1-2　强夯地基优质工程示例

二、地基挤密效果差

1、现象

夯打时出现缩径或堵塞，挤密成孔困难；桩孔内受水浸湿，桩间距过大等现象致使挤密效果差。

2、原因分析

（1）地基土的含水量过大或过小。含水量过大，土层呈强度极低的流塑状，挤密成孔时易发生缩孔；含水量过小，土层呈坚硬状，挤密成孔时易碎裂松动而塌孔。

（2）不按规定的施工顺序进行。

（3）对已成的孔没有及时回填夯实。

（4）桩间距过大，挤密效果不够，均匀性差。

3、预防措施

（1）地基土的含水量在达到或接近最佳含水量时，挤密效果最好。当含水量过大时，必须采用套管成孔。成孔后如发现桩孔缩径比较严重，可在孔内填入干散砂土、生石灰块或砖渣，稍停一段时间后再将桩管沉入土中，重新成孔。如含水量过小，应预先浸湿加固范围的土层，使之达到或接近最佳含水量。

（2）必须遵守成孔挤密的顺序，应先外圈后里圈并间隔进行。对已成的孔，应防止受水浸湿且必须当天回填夯实。

（3）施工时应保持桩位正确，桩深应符合设计要求。为避免夯打造成缩径堵塞，应打一孔，填一孔，或隔几个桩位跳打夯实。

（4）控制桩的有效挤实范围，一般以 2. 5～3 倍桩径为宜。

三、强夯地基冬期、雨期施工

1、现象

强夯后密实度未能满足设计要求。

2、原因分析

（1）冬期施工土层表面受冻，强夯时冻土块夯入地基中，这样消耗了夯击能量又使未经压缩的土块入土中。

（2）雨期施工地表积水或地下水位高，影响了夯实效果。

（3）夯击时在土中产生了较大的冲击波，破坏了原状土，使之产生液化（可液化的土层）。

（4）遇有淤泥或淤泥质土，强夯无效果，虽然有裂隙出现，但空隙水压不易消散掉。

3、预防措施

（1）雨期施工时，施工表面不能有积水，并增加排水通道，底面平整应有泛水，夯坑及时回填压实，防止积水；在场地外围设围埝，防止外部地表水浸入，并在四周设排水沟，及时排水。

（2）冬期应尽可能避免施工，否则应增大夯击能量，使能击碎冻块，并清除大冻块，避免未被击碎的大冻块埋在土中，或待来年天暖融化后作最后夯实。

（3）地下水位高时，可采用井点降水或明排水（抽水）等办法降低水位。

（4）若基础埋置较深时，可采取先挖除表层土的办法，使地表标高接近基础标高，减小了夯击厚度，提高加固效果。

（5）夯击点一般按三角形或正方形网格状布置，对荷载较大的部位，可适当增加夯击点。

（6）建筑物最外围夯点的轮廓中心线，应比建筑物最外边轴线再扩大1～2排夯点（取决于加固深度）。

（7）土层发生液化应停止夯击，此时的击数为该遍确定的夯击数或视夯坑周围隆起情况，确定最佳夯击数。目前常用夯击数在5～20击范围内。

（8）间歇时间时保证夯击效果的关键，主要根据孔隙水压力消散完来确定。

（9）当夯击效果不显著时（与土层有关），应铺以袋装砂井或石灰桩配合使用，以利排水，增加加固效果。

（10）夯锤应有排气孔，以克服气垫作用，减少冲击能的损耗和起锤时夯坑底对夯锤的吸力，增加夯击效果。

（11）在正式施工前，应通过试夯和静载试验，确定有关参数。夯击遍数应根据地质情况确定。

四、振冲地基密实度不佳

1、现象

砂土地基经振冲后，通过检验达不到要求的密实度；粘性土地基经振冲后，通过荷载试验检验，复合地基的承载力与刚度均未能达到设计要求。

2、原因分析

（1）振冲加密砂土时水量不足，未能使砂土达到饱和；在振冲时留振时间不够，未能使砂土充分液化。

（2）黏性土地基振冲施工时，未能适当控制水压、电流，填料量不足或桩体密实度欠佳。

3、预防措施

（1）在砂土地基中施工时，应严格控制水量，当振冲器水管供水仍未能使地基达到饱和，可在孔口另外加水管灌水，也可在加固区预先浸水后再施工。但要注意水量不可过大，以免将地基中的部分砂砾冲走，影响地基密实度。

（2）振冲挤密砂土时，振冲器应以1～2m/min速度提升，每提升30～50cm，留振30～60s，以保证砂土充分液化。与此同时，应严格控制密实电流，一般应超过振冲器空转电流5～10A。

（3）在粘性土地基中进行振冲时，应视地基土的软硬情况调节水压，一般造孔水压应适当大些，填料的水压应适当降低。

（4）当振冲器沉至加固深度以上约30～50cm时，应将振冲器以5～6m/min的速度提升至孔口，再以同样速度下沉至原来深度。在孔底处应稍降低水压并适当停留，使孔中稠泥浆通过回水带出地面，借以降低孔内泥浆密度，以利填料时石料能较快地下落入孔。

（5）填料时，可以分几次或连续填料，视土质情况而定，填料量不少于一根桩的体积容量，以确保达到设计要求置换率。

（6）在黏土地基中，其密实电流量一般应超过振冲器空转电流 15～20A，每次振实时，均应留振片刻，观察电流的稳定情况。

（7）严格做好施工记录，检查有否漏桩等情况。

五、振冲地基不均匀沉降及翻浆

1、现象

振动压密后发现地基有不均匀沉降及翻浆现象。

2、原因分析

（1）建筑物设计层高相差悬殊，体型不整齐。

（2）沉降缝考虑不周密。

（3）地下水位高，杂填土含饱和水。

（4）施振遍数过多，或雨期施振无措施。

3、预防措施

（1）了解杂填土性质和分布情况，如地下水位高时应进行降水，使地下水距振板 0. 5m。

（2）雨期施工时，如现场水位较低，地势较高，雨后无积水，可直接施振，否则应事先挖排水沟，并使工作面有一定坡度，以防积水造成翻浆。

（3）当杂填土松散又水位高时，易使振动器下陷，可拆下部分振动偏心块以减小振动力，快速预振几遍后，再装上偏心块正常振动。

（4）建筑物尽可能做到形式整齐，层高差别不大，并合理设置圈梁。

（5）施振前，应沿基槽轴线进行动力触探，触探点间距 6m 左右，触探应穿过杂填土原底，以确定其振密后的承载力。

（6）振动压密前，应在现场选几点进行试验，求出稳定下沉量及振稳时间。

（7）振动压密后找平，经检查符合质量标准后方能砌筑基础。

（8）经检查不合格者应进行补振。

（9）采用振动压密法应设置沉降观测点，并尽量采用荷载试验确定地基承载力。

六、砂桩地基灌砂效果差

1、现象

桩体灌砂量小于设计灌量，密实效果差。

2、原因分析

（1）原状土含饱和水再加上施工注水润滑，经振动产生流塑状，瞬间形成高孔隙水压力，使局部桩体挤成缩径。

（2）桩间距过小，互相挤压形成缩径。

（3）开始拔管有一段距离，活瓣被黏土抱着张不开；孔隙被流塑土或淤泥所填充；或活瓣开口不大，碎石不能顺利流出。

（4）砂子不规格，含泥量和有机杂质多。

（5）活瓣桩尖缝隙大，沉管中进入泥水。

3、预防措施

（1）开始拔管前应先灌入一定量砂，振动片刻（15～30s），然后将管子上拔 30～50cm，再次向管中灌入足够砂量，并向管中注水（适量），对桩尖处加自重压力，以强迫活瓣张开，使砂易流出，用浮标测得桩尖已经张开后，方可继续拔管。

（2）控制拔管速度。

1）控制拔管速度，一般为 0. 8～1. 5m/min。要求每拔 0. 5～1. 0m 停止拔管，原地振动 10～30s（根据不同地区、不同地质选择不同的拔管速度），反复进行，直至拔出地面。

2）用反插法来克服缩径。

①局部反插：在发生部位进行反插，并多往下插入 1m；

②全部反插：开始从桩端至桩顶全部进行反插，即开始拔管 1m，再反插到底，以后每拔出 1m 反插 0. 5m，直至拔出地面。

3）用复打法克服缩径。

①局部复打：在发生部位进行复打，同样超深 1m；

②全部复打：即为二次单打法的重复，应注意同轴沉入到原深度，灌入同样的石料。

（3）活瓣桩尖缝隙要严，提高制作水平，避免沉管中进入泥水。

（4）实际灌量应满足规范按照不同地质要求确定的充盈系数。

（5）砂桩施工顺序，应从两侧向中间进行，以利挤密。

（6）砂桩料以中粗砂为好，含泥量应在 3%以内，无杂物。

（7）灌砂量应按砂在中密状态时的干密度和桩管外径所形成的桩孔体积计算，最低不得小于计算量的 95%。

（8）可选用混凝土预制桩尖法。

（9）采用全复打时第一次灌入量，应达到自然地面，不得少灌。前后两次沉管轴线应重合，并达到原孔深。

（10）采用反插法应遵守以下要求：

1）桩管灌入砂料后应先振动片刻，再开始拔管，每次拔管速度为0.5～1.0m/min，反插深度0.3～0.5m，保证管内填料始终不低于地表面，或高于地下水位1～1.5m以上（不同地质、不同地区应采用不同的方法）。

2）在桩尖处1.5m范围内宜多次反插，以强迫活瓣张开或扩大端部断面。

3）穿过淤泥层时，应放慢拔管速度，并减小拔管高度和反插深度。

七、水泥土搅拌桩桩顶强度低

1、现象

桩顶加固体强度低。

2、原因分析

（1）表层加固效果差，是加固体的薄弱环节。

（2）目前所确定的搅拌机械和拌合工艺，由于地基表面覆盖压力小，在拌合时土体上拱，不易拌合均匀。

3、预防措施

（1）将桩顶标高1m内作为加强段，进行一次复拌加注浆，并提高水泥掺量，一般为15%左右。

（2）在设计桩顶标高时，应考虑需凿除0.5m，以加强桩顶强度。

八、双液注浆地基加固效果差

1、现象

施工中发现桩柱体质量不均匀。

2、原因分析

（1）浆液使用双液化学加固剂时，由于分别注入，在土中出现浆液混合不均匀，影响加固工程质量。

（2）化学浆液的稠度、浓度、温度、配合比和凝结时间，直接影响灌浆工程顺利进行。

（3）注浆不充分。

（4）灌浆材料选择不合理。

3、预防措施

（1）根据不同的加固土层，选用合适的化学加固剂的浓度、稠度、配合比和凝固时间；根据施工温度，通过试验优选合适的化学加固剂的配方，进行正常施工，确保桩体的质量。

（2）使用新型化学加固剂，达到低浓度混合单液的灌注目的，克服双液分别灌注混合不均的弊端，提高工程质量。

（3）向土中注入混合浆液时，灌注压力应保持一个定值，一般为0.2～0.23MPa，这样能使浆液均匀压入土中，使桩柱体得到均匀的强度。

（4）利用电测技术检测化学加固质量，是一种快速有效的办法，它能直观地反映加固体的空间位置、几何形状和体积大小。

（5）每根桩的灌浆管都由下而上提升灌注，使之强度均匀。

（6）为防止喷嘴堵塞，必须用高压喷射，压力均匀，边灌边旋转边向上提升。

（7）注浆管带有孔眼部分，宜加防滤层或其他防护措施，以防土粒堵塞孔眼。

（8）打管前应检查带有孔眼的注浆管，保持孔眼畅通，并进行冲管、试水。

（9）灌注溶液与通电工作须连续进行，不得中断。

（10）灌注溶液的压力，一般不超过30N/cm^2（压力），拔出注浆管后，留下的孔洞应用水泥砂浆或土料堵塞。

九、高压旋喷注浆地基钻孔困难

1、现象

旋喷设备钻孔困难，并出现偏斜过大及冒浆现象。

2、原因分析

（1）遇有地下物，地面不平不实，未校正钻机，垂直度超过1%的规定。

（2）注浆量与实际需要量相差较多。

3、预防措施

（1）旋喷前场地要平整夯实或压实，稳钻杆或下管要双向校正，使垂直度控制在1%范围内。

（2）放桩位点时应钎探，摸清情况，遇有地下物，应清除或移桩位点。

（3）利用侧口式喷头，减小出浆口孔径并提高喷射压力，使压浆量与实际需要量相当，以减少冒浆量。

（4）回收冒浆量，除去泥土过滤后再用。

（5）采取控制水泥浆配合比（一般为0.6～1.0），控制好提升、旋转、注浆等措施。

第二节　基础工程

一、桩基坐标控制不当

1、现象

基地内永久坐标点（桩基工程后视点）未设置在永久建筑物上，受桩基挤土效应影响，位于非永久建筑物上的坐标点（后视点）产生位移，影响桩位准确性。

2、原因分析

（1）施工现场场地情况不佳，附近无永久建筑物。

（2）施工单位未重视坐标点的重要性。

3、预防措施

（1）将坐标点设置在永久建筑物上。

（2）定期监测临时坐标点坐标，减少误差。

二、桩身混凝土质量差

1、现象

桩身表面有蜂窝、空洞，桩身夹土、分段级配不均匀，浇筑混凝土后的桩顶浮浆过多。

2、原因分析

（1）浇筑混凝土时，孔壁受到振动，使孔壁土塌落同混凝土一起灌入孔中，造成桩身夹土。

（2）混凝土浇筑一半后，放钢筋笼时碰撞孔壁使土掉入孔内，再继续浇筑混凝土，造成桩身夹土。

（3）每盘混凝土的搅拌时间或加水量不一致，造成坍落度不均匀，和易性不好，故混凝土浇筑时有离析现象，使桩身出现分段不均匀的情况。

（4）拌制混凝土的水泥过期，骨料含泥量大或不符合要求，混凝土配合比不当，造成桩身强度低。

（5）浇筑混凝土时，孔口未放铁板或漏斗，会使孔口浮土混入。

3、预防措施

（1）严格按照混凝土操作规程施工。为了保证混凝土和易性，可掺入外加剂等。严禁把土及杂物和在混凝土中一起灌入孔内。

（2）浇筑混凝土前，先在孔口放好铁板或漏斗，以防止回落土掉入孔内。

（3）雨期施工孔口要做围堰，防止雨水灌孔影响质量。

（4）桩孔较深时，可吊放振捣棒振捣，以保证桩底部密实度。

4、治理方法

（1）如情况不严重且单桩承载力不大，则可与设计研究采取加大承台梁的办法解决。

（2）按照浇筑混凝土的质量要求，除要做标准养护混凝土试块，还要在现场做试块（按照有关规范执行），以验证所浇筑的混凝土质量，并为今后补救措施提供依据。

（3）浇筑混凝土时，应随浇灌随振捣，每次浇灌高度不得超过 1.5m；大直径桩振捣应至少插入 2 个位置，振捣时间不少于 30s。

三、孔底虚土过多

1、现象

成孔后孔底虚土过多，超过规范规定。

2、原因分析

（1）松散填土或含有大量炉灰、砖头、垃圾等杂物的土层，以及流塑淤泥、松散砂、砂卵石、卵石夹层等土中，成孔后或成孔过程中土体容易塌落。

（2）钻杆加工不直或在使用过程中变形，钻杆连接法兰不平，使钻杆拼接后弯曲。因此钻杆在钻进过程中产生晃动，造成孔径增大或局部扩大。提钻时，土从叶片和孔壁之间的空隙掉落到孔底。钻头及叶片的螺距或倾角太大，如在砂类土中钻孔，提钻时部分土易滑落孔底。

（3）孔口的土没有及时清理干净，甚至在孔口周围堆积有大量钻出的土，钻杆提出孔口后，孔口积土回落。

（4）成孔后，孔口盖板没有盖好，或在盖板上有人和车辆行走，孔口土被扰动而掉入孔中。

（5）放混凝土漏斗或钢筋笼时，孔口土或孔壁土被碰撞掉入孔内。

（6）成孔后没有及时浇筑混凝土，孔壁长时间暴露，被雨水冲刷及浸泡。

（7）施工工艺选择不当；钻杆、钻头磨损太大；孔底虚土没有清理干净。

（8）成孔后，不及时浇筑混凝土，孔壁长时间暴露，水分蒸发，孔壁土塌落。

（9）出现上层滞水造成塌孔。

（10）地质资料和必要的水文地质资料不够详细，对季节施工考虑不周。

3、预防措施

（1）仔细探明工程地质条件，尽可能避开可能引起大量塌孔的地点施工，如不能避开，则应选择其他施工方法。

（2）施工前或施工过程中，对钻杆、钻头应经常进行检查，不符合要求的钻杆、钻头应及时更换。根据不同的工程地质条件，选用不同型式的钻头。

（3）钻孔钻出的土应及时清理，提钻杆前，先把孔口的积土清理干净，防止孔口土回落到孔底。

（4）成孔后，尽可能防止人或车辆在孔口盖板上行走，以免扰动孔口土。混凝土漏斗及钢筋笼应竖直地放入孔中，要小心轻放，防止把孔壁土碰塌掉到孔底。当天成孔后必须当天灌完混凝土。

（5）对不同的工程地质条件，应选用不同的施工工艺。一般来说提钻杆的施工工艺有以下三种：

1）一次钻至设计标高后，在原位旋转片刻再停止旋转，静拔钻杆。

2）一次钻到设计标高以上 1m 左右，提钻甩土，然后再钻至设计标高后停止旋转，静拔钻杆。

3）钻至设计标高后，边旋转边提钻杆。

（6）成孔后应及时浇筑混凝土。

（7）干作业成孔，地质和水文地质应详细描述，如遇有上层滞水或在雨期施工时，应预先找出解决塌孔的措施，以保证虚土厚度满足设计要求。

（8）钢筋笼的制作应在允许偏差范围内，以免变形过大。吊放时碰刮孔壁造成虚土超标，同时应在放笼后浇筑混凝土前，再测虚土厚度，如超标应及时处理。

4、治理方法

（1）在同一孔内用本条预防措施（5）中第一种方法做二次或多次投钻。

（2）用勺钻清理孔底虚土。

（3）孔底虚土是砂或砂卵石时，可先采用孔底灌浆拌合，然后再灌混凝土。

（4）采用孔底压力灌浆法、压力灌混凝土法及孔底夯实法解决。

四、相邻桩产生位移

1、现象

在沉桩过程中，相邻的桩产生横向位移或桩身上下升降。

2、原因分析

（1）桩入土后，遇到大块坚硬障碍物，把桩尖挤向一侧；采用“植桩法”时，钻孔垂直偏差过大。桩虽然是垂直立稳放入孔中，但在沉桩过程中，桩又慢慢顺钻孔倾斜沉下而产生弯曲；两节桩或多节桩施工时，相接的两节桩不在同一轴线上，产生了曲折，或接桩方法不当（一般多为焊接，个别地区使用硫磺胶泥法接桩）。

（2）桩数较多，土层饱和密实，桩间距较小，在沉桩时土被挤到极限密实度而向上隆起，相邻的桩一起被涌起。

（3）在软土地基施工较密集的群桩时，由于沉桩引起的孔隙压力把相邻的桩推向一侧或涌起。

（4）桩位放得不准，偏差过大；施工中桩位标志丢失或挤压偏离，施工人员随意定位；桩位标志与墙、柱轴线标志混淆搞错等，造成桩位错位较大。

（5）选择的行车路线不合理。

（6）特别是摩擦桩，桩尖落在软弱土层中，布桩过密，或遇到不密实的回填土（枯井、洞穴等），在锤击振动的影响下使桩顶有所下沉。

3、预防措施

（1）采用井点降水、砂井或盲沟等降水或排水措施。

（2）沉桩期间不得同时开挖基坑，需待沉桩完毕后相隔适当时间方可开挖，相隔时间应视具体地质条件、基坑开挖深度、面积、桩的密集程度及孔隙压力消散情况来确定，一般宜2周左右。

（3）采用“植桩法”可减少土的挤密及孔隙水压力的上升。

（4）认真按设计图纸放好桩位，做好明显标志，并做好复查工作。施工时要按图核对桩位，发现丢失桩位或桩位标志，以及轴线桩标志不清时，应由有关人员查清补上。轴线桩标志应按规范要求设置，并选择合理的行车路线。

五、桩与承台梁相接处质量问题

1、现象

（1）截桩时用大锤直接砸碎桩头，有的桩身振出水平裂纹，桩顶面高低不一，严重的桩则顶面混凝土破碎。

（2）截桩时，桩主筋砸弯呈羊角形，很难恢复原状（见图1-3）。

砸弯主筋的同时，桩顶面混凝土片楂振落，承台梁下桩主筋外露，填充炉渣后，炉渣包裹主筋年久后主筋腐蚀生锈，产成“烂脖根”现象（见图1-4）。

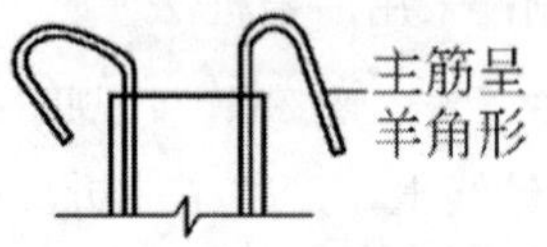

图1-3　桩主筋砸弯呈羊角形

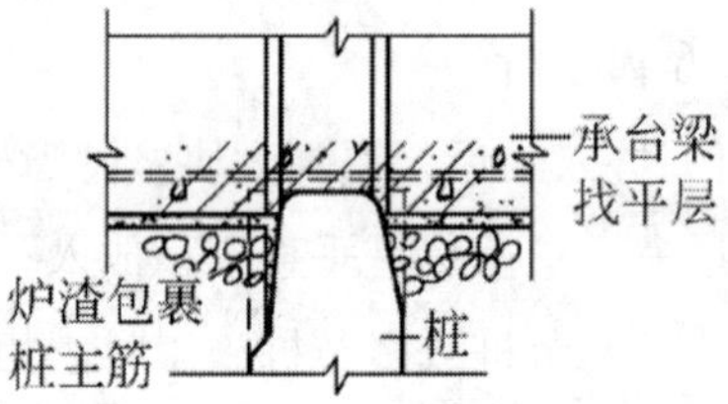

图1-4　桩主筋锈蚀

（3）接桩时主筋相错搭接焊，焊接长度不符合规范要求（见图1-5）。

（4）支模既不规方也不垂直；砌砖模不留清扫孔，灰浆、杂物落到桩顶面上，清理不干净，桩顶面与承台梁有一夹隔层。

（5）桩头与承台梁相接，桩主筋插入承台梁内的长度不符合规范规定，混凝土振捣不实（见图1-6）。

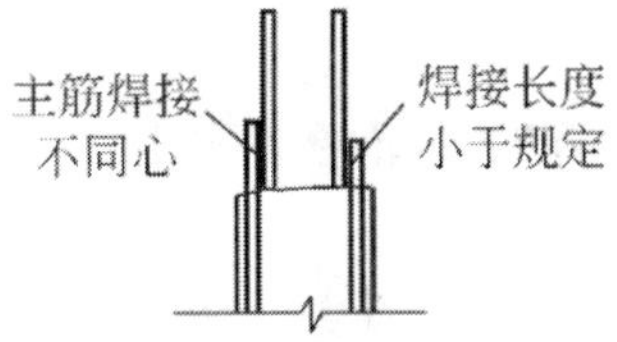

图 1-5　桩主筋焊接不规范

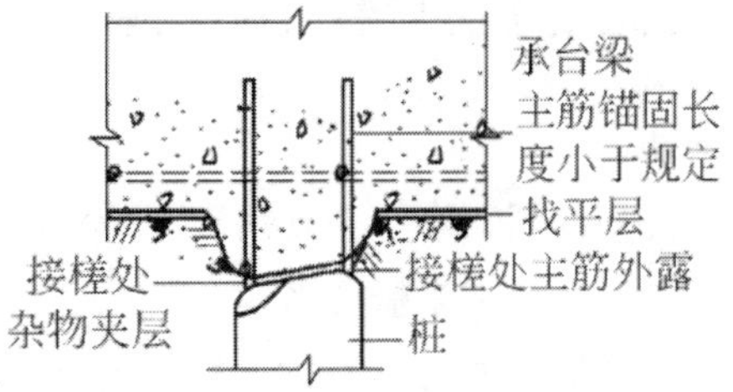

图 1-6　接槎处主筋外露

2、原因分析

（1）操作人员为了省事，截桩用大锤直接锤击桩头，砸碎混凝土，露出的主筋碍事，随意砸弯，出现桩主筋砸弯呈羊角形的现象。

（2）桩主筋锈蚀产生的原因：主筋被砸弯，桩截断面距桩箍筋远的，桩顶面混凝土片楂、破碎严重。浇筑承台梁混凝土前，未采取措施处理主筋根部包裹的炉渣等杂物。

（3）桩主筋搭接长度不符合要求、接槎处主筋外露产生的原因：操作人员忽视接桩施工，没有认真清理砸低桩头顶面的杂物；桩主筋相接视为非主要结构，简易焊接；浇筑混凝土时，没有在桩顶面先填厚为 50～100mm 与混凝土成分相同的水泥砂浆，接桩面混凝土振捣不实。

3、预防措施

（1）截桩应先拆除箍筋，用锤钎剔去多余的混凝土。不得用大锤直接锤击桩头。不得损伤、砸弯主筋。

（2）桩主筋根部的混凝土片楂、掉角，应在抹找平层时，将主筋根部外围抹成凹形，使承台梁混凝土包裹根部主筋（见图 1-7）。

（3）接桩采用砖模，应留清扫口。砖模应比桩截面各边增加 10mm（见图 1-8）。

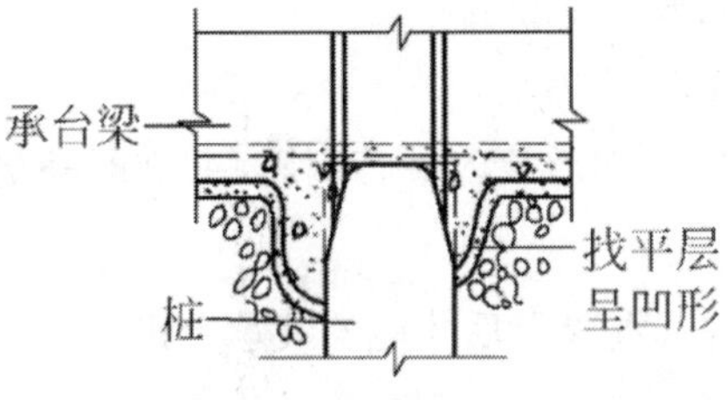

图 1-7　承台梁混凝土包裹主筋

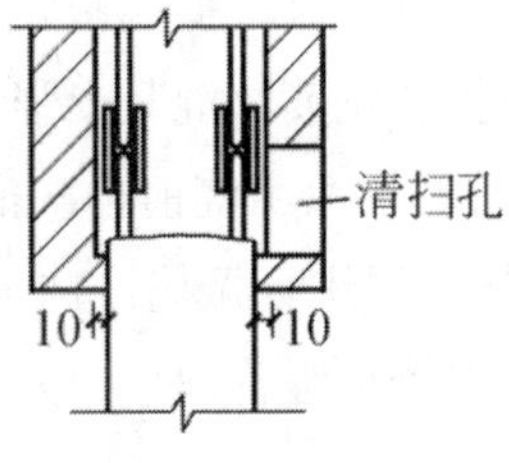

图 1-8　接桩处理法

（4）接桩主筋的焊接应符合《钢筋焊接及验收规程》（JGJ 18）的规定。桩主筋焊接必须保证同一轴心。

（5）混凝土接槎应符合《混凝土结构工程施工质量验收规范》（GB 50204）的规定，保证混凝土接槎处的施工质量。

六、桩芯混凝土质量常见问题

1、现象

（1）桩孔内泥、水较多未清理，或清理不干净，使桩芯钢筋泡在泥水中。

（2）桩芯混凝土未振捣密实。

（3）桩芯钢筋的大小及锚入桩内长度、锚入承台长度不符合要求。

（4）桩芯混凝土未浇筑就先绑扎承台钢筋，使桩芯混凝土质量得不到保证。

见图 1-9。

图 1-9　桩芯内泥水未清理桩芯钢筋绑扎不符合要求

2、预防措施

（1）桩基完成后及时安排工人将每个桩孔内的泥水清理干净、无泥，在放桩芯钢筋之前将桩口覆盖住。

（2）桩芯混凝土振捣密实、无杂物、无积水、无外观质量缺陷。

（3）桩芯钢筋及混凝土强度均满足设计要求。

（4）桩芯混凝土浇前再次抽取桩孔内的积水，然后放入桩芯钢筋，并立即浇筑混凝土，应用小型振动器进行振捣，抹平桩口混凝土。

（5）现场加强管理，应先安排施工完成桩芯混凝土后才能安装承台钢筋。

七、桩基锚固钢筋长度不够

1、现象

桩基锚固钢筋长度不够，不符合规范要求，影响结构受力。参见图 1-10。

图 1-10　钢筋预留锚固长度不足

2、原因分析

（1）施工人员质量意识差，未按图施工。

（2）成桩标高达不到设计标高。

3、预防措施

应要求施工单位必须确保钢筋的锚固长度及桩顶标高，钢筋笼制作要考虑基础底板底排钢筋走向。

八、桩顶浮浆过厚

1、现象

振捣混凝土水泥浆时桩顶浮浆未清理或清理不合格，导致浮浆过厚。参见图 1-11。

图 1-11　桩顶浮浆未认真清理

2、原因分析

由于泵送预拌混凝土粗骨料偏小，拌合物流动度大，振捣混凝土水泥浆时桩顶浮浆过厚，影响桩顶的抗压强度。

3、预防措施

（1）桩浇筑混凝土应高于设计标高 50mm，混凝土初凝前剔除部分桩顶浮浆，混凝土终凝后采用人工凿打见石子为宜。

（2）监理逐桩检查拍照。

九、预制桩沉桩偏斜

1、现象

桩倾斜错位，桩在沉入过程中，桩身突然倾斜错位（见图 1-12），当桩尖处土质条件没有特殊变化，而贯入度逐渐增加或突然增大，同时当桩锤跳起后，桩身随之出现回弹现象，施打被迫停止。

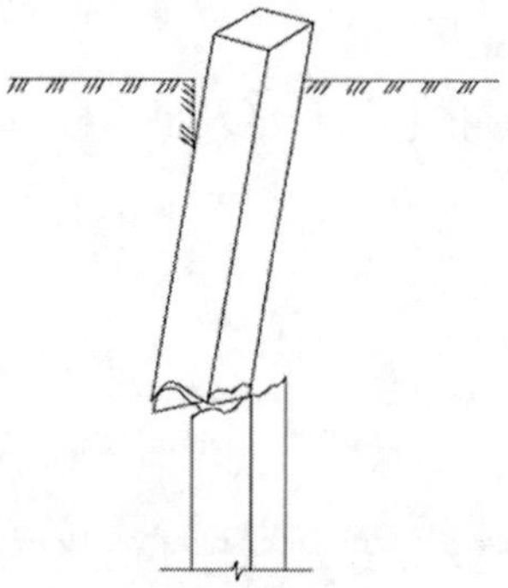

图 1-12　桩倾斜错位

2、原因分析

（1）桩身在施工中出现较大弯曲，在反复的集中荷载作用下，当桩身不能承受抗弯强度时，即产生断裂。桩身产生弯曲的原因有：

1）一节桩的细长比过大，沉入时，又遇到较硬的土层。

2）桩制作时，桩身弯曲超过规定，桩尖偏离桩的纵轴线较大，沉入时桩身发生倾斜或弯曲。

3）桩入土后，遇到大块坚硬障碍物，把桩尖挤向一侧。

4）稳桩时不垂直，打入地下一定深度后，再用走桩架的方法校正，使桩身产生弯曲。

5）采用“植桩法”时，钻孔垂直偏差过大。桩虽然是垂直立稳放入孔中，但在沉桩过程中，桩又慢慢顺钻孔倾斜沉下而产生弯曲。

6）两节桩或多节桩施工时，相接的两节桩不在同一轴线上，产生了曲折，或接桩方法不当（一般多为焊接，个别地区使用硫磺胶泥法接桩）。

（2）桩在反复长时间打击中，桩身受到拉、压应力，当拉应力值大于混凝土抗拉强度时，桩身某处即产生横向裂缝，表面混凝土剥落，如拉应力过大，混凝土发生破碎，桩即断裂。

（3）制作桩的水泥强度等级不符合要求，砂、石中含泥量大或石子中有大量碎屑，使桩身局部强度不够，施工时在该处断裂。桩在堆放、起吊、运输过程中，也能产生裂纹或断裂。

（4）桩身混凝土强度等级未达到设计强度即进行运输与施打。

（5）在桩沉入过程中，某部位桩尖土软硬不均匀，造成突然倾斜。

3、预防措施

（1）施工前，应将地下障碍物，如旧墙基、条石、大块混凝土清理干净，尤其是桩位下的障碍物，必要时可对每个桩位用钎探了解。对桩身质量要进行检查，发生桩身弯曲超过规定，或桩尖不在桩纵轴线上时，不宜使用。一节桩的细长比不宜过大，一般不超过 30。

（2）在初沉桩过程中，如发现桩不垂直应及时纠正，如有可能，应把桩拔出，清理完障碍物并回填素土后重新沉桩。桩打入一定深度发生严重倾斜时，不宜采用移动桩架来校正。接桩时要保证上下两节桩在同一轴线上，接头处必须严格按照设计及操作要求执行。

（3）采用“植桩法”施工时，钻孔的垂直偏差要严格控制在 1%以内。植桩时，桩应顺孔植入，出现偏斜也不宜用移动桩架来校正，以免造成桩身弯曲。

（4）桩在堆放、起吊、运输过程中，应严格按照有关规定或操作规程执行，发现桩开裂超过有关规定时，不得使用。普通预制桩经蒸压达到要求强度后，宜在自然条件下再养护一个半月，以提高桩的后期强度。施打前桩的强度必须达到设计强度 100%（指多为穿过硬夹层的端承桩）的老桩方可施打。而对纯摩擦桩，强度达到 70%便可施打。

（5）遇有地质比较复杂的工程（如有老的洞穴、古河道等），应适当加密地质探孔，详细描述，以便采取相应措施。

4、治理方法

当施工中出现断裂桩时，应及时会同设计人员研究处理办法。根据工程地质条件、上部荷载及桩所处的结构部位，可以采取补桩的方法。条基补 1 根桩时，可在轴线内、外补［图 1-13（a）、（b）］；补 2 根桩时，可在断桩的两侧补［图 1-13（c）］。柱基群桩时，补桩可在承台外对称补［图 1-13（d）］或承台内补桩［图 1-13（e）］。

十一、预制桩堆放不规范

1、现象

桩叠层堆放未设置垫木，而导致桩身弯曲，桩身出现裂缝等。参见图 1-14。

图 1-14　桩叠层堆放未设置垫木

2、原因分析

不重视管桩堆放质量控制。

3、预防措施

（1）沿垂直于长度方向的地面上设置 2 道垫木；垫木分别位于距桩端 0. 21 倍桩长处(图 1-15)；

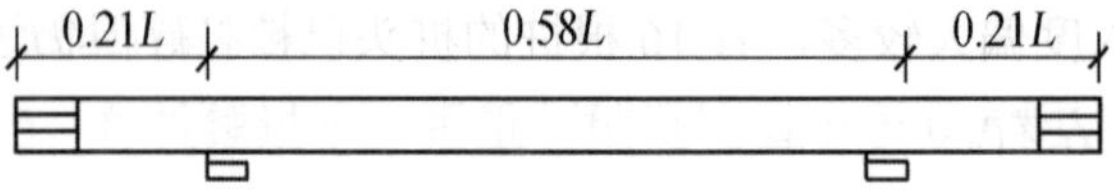

图 1-15　垫木设置

（2）堆桩场地应保持平整、坚实；

（3）底层最外缘管桩应在垫木处用木楔塞紧以防滚动。

十二、沉桩达不到设计要求

1、现象

桩设计时是以贯入度和最终标高作为施工的最终控制。一般情况下，以一种控制标准为主，以另一种控制标准为参考。有时沉桩达不到设计的最终控制要求。个别工程设计人员要求双控，更增加了困难。

2、原因分析

（1）勘探点不够或勘探资料粗略，对工程地质情况不明，尤其是持力层的起伏标高不明，致使设计考虑持力层或选择桩尖标高有误，也有时因为设计要求过严，超过施工机械能力或桩身混凝土强度。

（2）勘探工作是以点带面，对局部硬夹层或软夹层的透镜体不可能全部了解清楚，尤其在复杂的工程地质条件下，还有地下障碍物，如大块石头、混凝土块等。打桩施工遇到这种情况，就很难达到设计要求的施工控制标准。

（3）以新近代砂层为持力层时，由于新近代砂层结构不稳定，同一层土的强度差异很大，桩打入该层时，进入持力层较深才能求出贯入度。但群桩施工时，砂层越挤越密，最后就有沉不下去的现象。

（4）桩锤选择太小或太大，使桩沉不到或沉过设计要求的控制标高。

（5）桩顶打碎或桩身打断，致使桩不能继续打入。特别是柱基群桩，布桩过密互相挤实，选择施打顺序又不合理。

3、预防措施

（1）详细探明工程地质情况，必要时应作补勘；正确选择持力层或标高，根据工程地质条件、桩断面及自重，合理选择施工机械与施工方法（见图 1-16）。

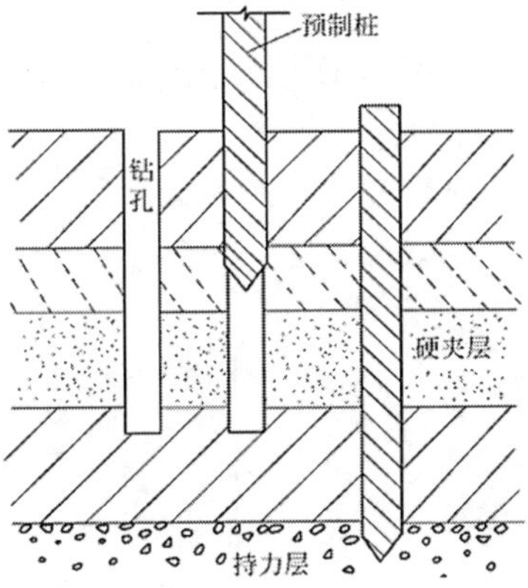

图 1-16　植桩法施工

（2）防止桩顶打碎或桩身断裂。

4、治理方法

（1）遇有硬夹层时，可采用植桩法、射水法或气吹法施工。

植桩法施工（上图）即先钻孔，把硬夹层钻透，然后把桩插进孔内，再打至设计标高。钻孔的直径要求，以方桩为内切圆，空心圆管桩为圆管的内径为宜。

无论采用植桩法、射水法或气吹法施工，桩尖至少进入未扰动土 6 倍桩径。

（2）桩如打不下去，可更换能量大一些的桩锤打击，并加厚缓冲垫层。

（3）选择合理的打桩顺序，特别是柱基群桩，如若先打中间桩，后打四周桩，则桩会被抬起；相反，若先打四周桩，后打中间桩，则很难打入。为此应选用“之”字形打桩顺序，或从中间分开往两侧对称施打的顺序（见图 1-17）。

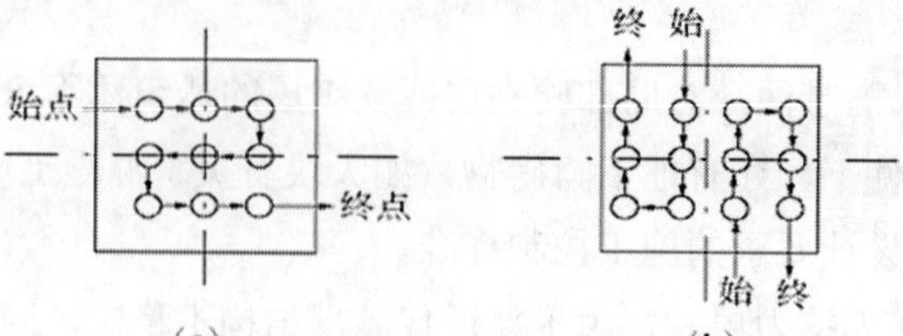

图 1-17 打桩顺序示意图

（a）“之”字形顺序；（b）中间往两侧顺序

（4）选择桩锤应以重锤低击的原则，这样容易贯入，可降低桩的损坏率。

（5）桩基础工程正式施打前，应做工艺试桩，以校核勘探与设计的合理性，重大工程还应做荷载试验桩，确定能否满足设计要求。

十三、沉桩时桩顶混凝土缺陷

1、现象

混凝土预制桩在沉桩过程中，桩顶出现混凝土掉角、碎裂、坍塌，甚至桩顶钢筋全部外露打坏（见图 1-18）。

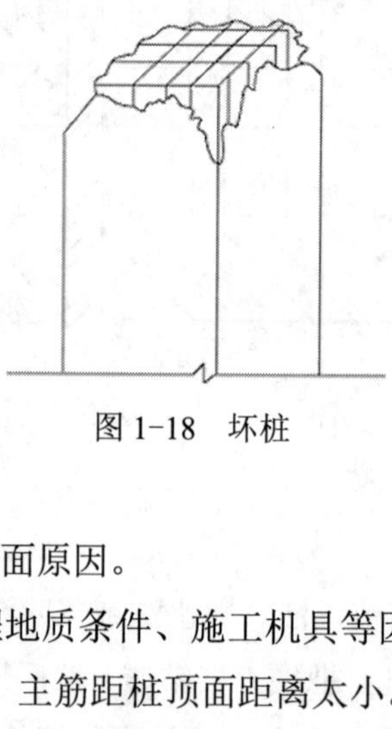

图 1-18　坏桩

2、原因分析

（1）桩顶强度不够，有三方面原因。

1）设计时，没有考虑到工程地质条件、施工机具等因素，混凝土设计强度等级偏低，或者桩顶抗冲击的钢筋网片不足，主筋距桩顶面距离太小。

2）预制桩制作时，混凝土配合比不符合设计要求，施工控制不严，振捣不密实等。

3）养护时间短或养护措施不当，未能达到设计强度或虽然试块达到了设计强度，但桩碳化期短，混凝土中水分未充分排出，其后期强度没有充分发挥。因此钢筋与混凝土在承受冲击荷载时，不能很好地协同工作，桩顶容易发生严重碎裂。碎裂后的桩顶混凝土，一般外表面呈灰白色，里面呈青灰色，钢筋上不沾混凝土。

（2）桩身外形质量不符合规范要求，如桩顶面不平，桩顶平面与桩轴线不垂直，桩顶保护层厚等。

（3）施工机具选择或使用不当。打桩时原则上要求锤重大于桩重，但须根据桩断面、单桩承载力和工程地质条件来考虑。桩锤小，桩顶受打击次数过多，桩顶混凝土容易产生疲劳破坏而打碎。桩锤大，桩顶混凝土承受不了过大的打击力也会发生破碎。

（4）桩顶与桩帽的接触面不平，替打木表面倾斜，桩沉入土中时桩身不垂直，使桩顶面倾斜，造成桩顶局部受集中应力而破损。

（5）沉桩时，桩顶未置缓冲垫或缓冲垫损坏，使桩顶直接承受冲击荷载。

（6）设计要求进入持力层深度过多，施工机械或桩身强度不能满足设计要求。

3、预防措施

（1）桩制作时，要振捣密实，主筋不得超过第一层钢筋网片。桩除经过蒸养达到设计强度后，还应有1～3个月的自然养护，使混凝土能较充分地完成碳化过程和排出水分，以增加桩顶抗冲击能力。夏季养护不能裸露，应加盖草帘或黑色塑料布，并保持湿度，使混凝土碳化更充分，强度增长较快。

（2）应根据工程地质条件、桩断面尺寸及形状，合理地选择桩锤（见表1-1）。

表1-1　选择锤重参考表

项目			柴油锤重/t					
			20	25	35	45	60	72
锤的动力性能	总击部分重/t		2.0	2.5	3.5	4.5	6.0	7.2
	总重/t		4.5	6.5	7.2	9.6	15.0	18.0
	冲击力/kN		2000	2000～2500	2500～4000	4000～5000	5000～7000	7000～10000
	常用冲程/m		1.8～2.3					
桩的截面尺寸	预制方桩、预应力管桩的边长或直径/cm		25～35	35～40	40～45	45～50	50～55	55～60
	钢管桩直径/cm		ϕ40			ϕ60	ϕ90	ϕ90～ϕ100
持力层	粘性土粉土	一般进入深度/m	1～2	1.5～2.5	2～3	2.5～3.5	3～4	3～5
		静力触探比贯入阻力 P_s 平均值/MPa	3	4	5	>5	>5	>5
	砂土	一般进入深度/m	0.5～1	0.5～1.5	1～2	1.5～2.5	2～3	2.5～3.5
		标准贯入击数 N（未修正）	15～25	20～30	30～40	40～45	45～50	50
锤的常用控制贯入度/（cm/10击）				2～3		3～5	4～8	
设计单桩极限承载力/kN			400～1200	800～1600	2500～4000	3000～5000	5000～7000	7000～10000

注：本表适用于20～60m长钢筋混凝土预制桩及40～60m长钢管桩，且桩尖进入硬土层有一定深度，本表仅供选锤用。

（3）沉桩前应对桩质量进行检查，尤其是桩顶有无凹凸情况，桩顶平面是否垂直于桩轴线，桩尖是否偏斜。对不符合规范要求的桩不宜采用，或经过修补后才能使用。桩的外观应有专职人员检查，并做好记录。

（4）检查桩帽与桩的接触面处及替打木是否平整，如不平整应进行处理后方能施工。

（5）沉桩时稳桩要垂直，桩顶应加草帘、纸袋、胶皮等缓冲垫。如桩垫失效应及时更换。

（6）根据工程地质条件、现有施工机械能力及桩身混凝土耐冲击的能力，合理确定单桩承载力及施工控制标准。

4、治理方法

（1）发现桩顶有打碎现象，应及时停止沉桩，更换并加厚桩垫。如有较严重的桩顶破裂，可把桩顶剔平补强，再重新沉桩。

（2）如因桩顶强度不够或桩锤选择不当，应换用养护时间较长的“老桩”或更换合适的桩锤。

十四、钢管桩施打过程中轻微变形

1、现象

钢管桩在施打过程中，特别是较长的桩，经大能量、长时间打击，产生变形。

2、原因分析

（1）遇到了坚硬的障碍物，如大石块、混凝土大块等物难于穿过。

（2）遇到了坚硬的硬夹层，如较厚的砂层、砂卵石层等。

（3）由于地质描述不详，勘探点较少。

（4）桩顶的减振材料过薄，更换不及时，选材不合适。

（5）打桩锤选择不佳，打桩顺序不合理。

（6）稳桩校正不严格，造成锤击偏心，影响了垂直贯入。

（7）场地平整度偏差过大，造成桩易倾斜打入，使桩沉入困难。

3、预防措施

（1）根据地质的复杂程度进行详细勘察，加密探孔，必要时，一桩一探（特别是超长桩施打时）。

（2）放桩位时，先用钎探查找地下物，及时清除后，再放桩位点。

（3）平整打桩场地时，应将旧房基等物挖除掉，场地平整度要求不超过 10%，并要求密实度，能使桩机正常行走，必要时铺砂卵石垫层、灰土垫层或路基箱等措施。

（4）穿硬夹层时，可选用射水法、气吹法等措施。

（5）打桩前，桩帽内垫上合适的减振材料，如麻袋、布轮等物，随时更换或一桩一换。

稳桩要双向校正，保证垂直打入，垂直偏差不得大于 0.5%。

（6）打坏变形的桩顶，接桩时应割除掉，以便顺利接桩。

（7）施打超长且直径较大的桩时，应选用大能量的柴油锤，以重锤低击为佳。

4、优质工程示例

参见图 1-19。

图 1-19　钢管桩施工优质工程

十五、静压桩桩位偏移

1、现象

沉桩位移超出规范要求。

2、原因分析

（1）桩机定位不准，在桩机移动时，由于施工场地松软，致使原定桩位受到挤压而产生位移。

（2）地下障碍物未清除，使沉桩时产生位移。

（3）桩机不平，压桩力不垂直。

3、预防措施

（1）施工前应对施工场地进行适当处理，增强地耐力；在压桩前，应对每个桩位进行复验，保证桩位正确。

（2）在施工前，应将地下障碍物，如旧墙基、混凝土基础等清理干净，如果在沉桩过程中出现明显偏移，应立即拔出（一般在桩入土 3m 内是可以拔出的），待重新清理后再沉桩。

（3）在施工过程中，应保持桩机平整，不能桩机未校平，就开始施工作业。

（4）当施工中出现严重偏位时，应会同设计人员研究处理，如采用补桩措施，按预制桩的补桩方法即可。

十六、预应力高强度混凝土管桩桩身破坏

1、现象

预应力高强度混凝土管桩（PHC 管桩）桩身破坏。参见图 1-20。

图 1-20 PHC 管桩桩身破坏

2、原因分析

（1）管桩产品质量存在问题。

（2）管桩运输及堆放方法不当（如发生桩身滚动、堆桩过高）。

（3）吊装方法不当（拖桩）。

（4）抱压压力过大，破坏桩身。

3、预防措施

（1）选择质量有保证的管桩供应商。

（2）控制管桩的吊装及运输：达到设计强度的 70%方可起吊，达到 100%方可运输及打桩。

（3）注意管桩堆放，外径 300～400mm 的桩叠层不宜超过 5 层。

（4）严禁出现拖桩现象。

（5）合理选择压桩设备及抱压压力。

十七、预应力高强度混凝土管桩局部灌量不足

1、现象

施工中 PHC 管桩局部实际灌量小于设计灌量。参见图 1-21。

图 1-21　PHC 管桩局部灌量偏小

2、原因分析

（1）原状土（如黏性土、淤泥质土等）在饱和水或地下水中，由于振动沉管过程中产生流塑状，而形成高孔隙水压力，使局部产生缩径。

（2）地下水位与其土层结合处，易产生缩径。

（3）桩间距过小或群桩布置互相挤压，产生缩径。

（4）混凝土达到初凝后才灌入，或冬期施工受冻，和易性较差。

（5）开始拔管时有一段距离，桩尖活瓣被黏性土抱着张不开或张开很小，材料不能顺利流出。

（6）在桩管沉入过程中，地下水或泥土进入桩管。

3、预防措施

（1）根据地质报告，预先确定出合理的施工工艺。开工前要先进行工艺试桩。

（2）要严格按不同土层进行配料，搅拌时间要充分，每盘至少 3min。

（3）控制拔管速度，一般 1～1.2m/min。用浮标观测（测每米混凝土灌量是否满足设计灌量）以找出缩径部位，每拔管 1.5～2.0m，留振 20s 左右（根据地质情况掌握留振次数与时间或者不留振）。

（4）出现缩径或断桩，可采取扩径方法（如复打法、翻插法或局部翻插法），或者加桩处理。

（5）混合料的供应有预拌混凝土与现场搅拌混凝土。应注意做好季节施工，雨期防雨，冬期保温，都要苫盖，并保证灌入温度 5℃以上（冬期按规范规定执行）。

（6）每个工程开工前，都要做工艺试桩，以确定合理的工艺，并保证设计参数，必要时要做荷载试验桩。

（7）混合料的配合比在工艺试桩时进行试配，以便最后确定配合比（荷载试桩最好同时参考相同工程的配合比）。

（8）在桩顶处，必须每 1.0～1.5m 翻插一次，以保证设计桩径。

（9）冬期施工，在冻层与非冻层结合部（超过结合部搭接 1.0m 为好），要进行局部复打或局部翻插，克服缩径或断桩。

（10）施工中要详细、认真地做好施工记录及施工监测。如出现问题，应立即停止施工，找有关单位研究解决后方可施工。

（11）开槽与桩顶处理要合理选择施工方案，否则应采取补救措施，桩体施工完毕待桩达到一定强度（一般 7d 左右），方可进行开槽。

（12）季节施工要有防水和保温措施，特别是未浇灌完的材料，在地面堆放或在混凝土罐车中时间过长，达到了初凝，应重新搅拌或罐车加速回转再用。

（13）克服桩管沉入时进入泥水，应在沉管前灌入一定量的粉煤灰碎石混合材料，起到封底作用。

（14）确定实际灌量的充盈系数（按规范规定的 1.1～1.3 选用）。

（15）用浮标观测检查控制填充材料的灌量，否则应采取补救措施，并作好详细记录。

（16）根据地质具体情况，合理选择桩间距，一般以 4 倍桩径为宜，若土的挤密性好，桩距可以取得小一些。

十八、地梁轴线偏移

1、现象

地梁轴线发生偏移。参见图 1-22、图 1-23。

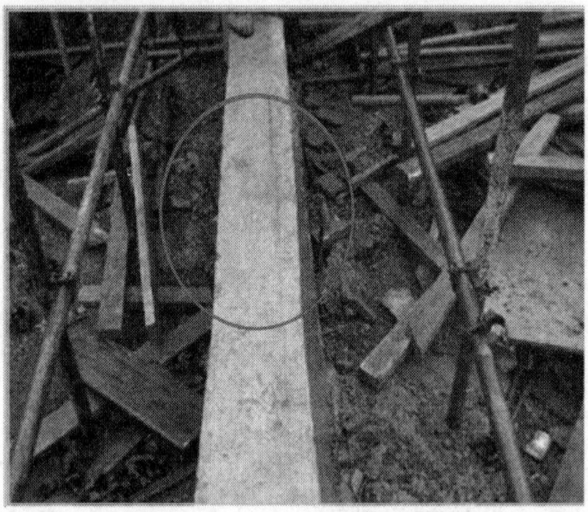

图 1-22 地梁轴线偏差 75mm

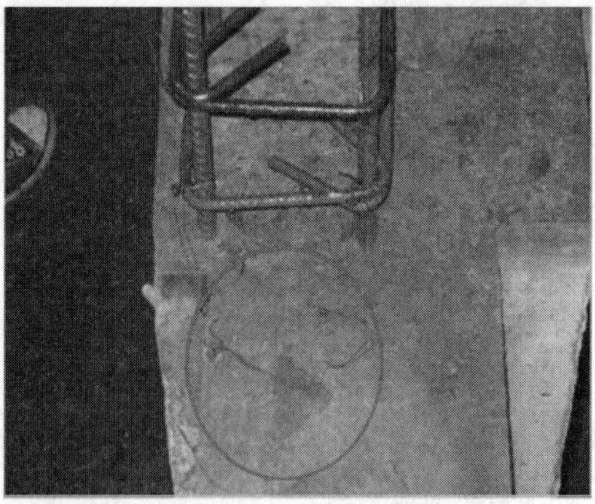

图 1-23 地梁位移 40mm

2、原因分析

地梁模板安装后未复核轴线。模板固定不牢，跑模。

3、预防措施

（1）按纵横轴线用钢尺丈量及房间的对角线检查，做到准确无误。

（2）搞清楚中心轴线与偏心轴线的相互关系，模板应固定牢固。

（3）监理复核轴线时必须所有轴线逐一复核，不可抽查；甲方对此加强检查督促力度。

4、优质工程示例

参见图 1-24。

图 1-24　地梁轴线准确

十九、旋挖成孔孔壁坍塌

1、现象

旋挖成孔灌注桩施工中出现孔壁坍塌。

2、原因分析

（1）护筒的埋深位置不合适。例如护筒埋设在粉细砂或粗砂层中，砂土由于水压漏水后容易坍塌；另外，由于振动和冲击等影响，使护筒的周围和底部地基土松软造成坍塌。

（2）地面上重型施工机械的质量和其作业时的振动，以及地基土层自重应力影响常导致地面以下 10～15m 左右处发生孔壁坍塌。

（3）孔内水位高度不够、钻进速度快、稳定液注入迟缓、稳定液面过低，甚至降到地下水位以下，造成孔壁坍塌。

（4）钻斗上下移动速度过快，致使水流以较快的速度由钻斗外侧和钻孔之间的空隙中流过，冲刷孔壁；有时还在上提钻斗时在其下方产生负压而导致孔壁坍塌。

（5）稳定液施工管理不良。例如搅拌机转速低而混合时间不足，膨润时间不够，羧甲基纤维素等的投放方法不良，试样采取得不完善，稳定液的调整不恰当，防止稳定液劣化的管理工作做得不好，延误了劣化液的废弃时间等。

（6）钻进速度过快、造壁时间不足。

（7）转杆转速快、钻杆中心振动大，钻斗对稳定液的紊流冲动就强化起来，孔壁的损害就会扩大。

（8）有砂砾层等强透水层漏水。

（9）放钢筋笼时碰撞孔壁，使泥膜和孔壁破坏。

（10）钻斗刃尖磨损，钻斗升降旋转时碰坏孔壁。

3、预防措施

（1）将护筒底部贯入黏土中约 0.5m 以上。

（2）事前应充分调查在地面下 10～15m 附近的土质是否有松砂等塌土层。施工时采用稳定液，尽量减少施工作业振动等影响。

（3）经常使孔内水位高出地下水位 2m 以上，为此，在钻进过程中，稳定液的注入与钻进要交替进行。

（4）应按孔径大小和土质条件来调整钻斗的升降速度；应按照钻孔阻力，考虑必要的转矩，决定钻斗的转数。

（5）在稳定液的配比上，特别是在相对密度、黏度、过滤性及物理的或化学的稳定性等方面，要考虑到地基条件及施工机械等条件设定合适的数值，将其作为目标值进行质量管理。

（6）视土质的具体情况放慢钻进速度。

（7）适当控制转杆转速。

（8）选用相对密度和黏度较大的稳定液。

（9）从钢筋笼绑扎、吊插以及定位垫板设置安装等环节均应予以充分注意。

（10）按需要堆焊刃尖，调整钻斗外径与刃尖之间的距离。

二十、长螺旋钻孔灌注桩钻进困难

1、现象

钻进时很困难，甚至钻不进。

2、原因分析

（1）遇有坚硬土层，如硬塑粉质黏土、灰土；或有地下障碍物，如石块、混凝土块等。

（2）钻机功率不够，钻头的倾角、转速选择不合适。

（3）钻进速度太快或钻杆倾斜太大，造成蹩钻，因而钻不进去。

3、预防措施

（1）在砂卵石、卵石或流塑淤泥质土夹层等地基土处进行桩基施工时，应尽可能不采用干作业钻孔灌注桩方案，而应采用人工挖孔并加强护壁的施工方法或湿作业施工法。

（2）根据工程地质条件，选择合适的钻机、钻头及转速。

（3）施工时钻杆要直，并控制钻进速度。

4、治理方法

（1）如石头、混凝土等障碍物埋得不深，可提出钻杆，清理完障碍物后重新钻进。遇有埋得较深的大块障碍物，如不易挖出，可拔出钻杆，在孔内填进砂土或素土，同设计人员协商，改变桩位，躲过障碍物再钻。

如实在无法改变桩位，可用带合金钢钻头的牙轮钻或筒钻，把石块或混凝土块磨透取出。也可用少量炸药爆破，取出碎块后重新钻进。

（2）对于饱和黏性土层，可采用慢速高扭矩钻机进行钻孔；对于硬塑粉质黏土或灰土之类的硬土层，除采用上述钻机外，还需采用钻硬土的伞型钻。在硬土层中钻孔时，可适当在孔中加水，一方面防止钻头过热，同时润滑和软化土层，加快钻进速度。

（3）遇到干硬黏土层，当钻至该土层时，钻出一定量的孔，然后灌入定量的自来水，使其渗入1～2d，再继续钻入，依次循环穿过此层为止。

二十一、长螺旋钻孔灌注桩成孔后孔壁塌落

1、现象

成孔后，孔壁局部塌落。

2、原因分析

（1）在有砂卵石、卵石或流塑淤泥质土夹层中成孔，这些土层不能直立而塌落。

（2）局部有上层滞水渗漏作用，使该层土坍塌。

（3）成孔后没有及时浇筑混凝土。

（4）出现饱和砂或干砂的情况下也易塌孔。

3、预防措施

（1）在砂卵石、卵石或流塑淤泥质土夹层等地基土处进行桩基施工时，应尽可能不采用干作业钻孔灌注桩方案，而应采用人工挖孔并加强护壁的施工方法或湿作业施工法。

（2）在遇有上层滞水可能造成的塌孔时，可采用以下两种办法处理。

1）在有上层滞水的区域内采用电渗井降水。

2）正式钻孔前1周左右，在有上层滞水区域内，先钻若干个孔，深度透过隔水层到砂层，在孔内填进级配卵石，让上层滞水渗漏到下面的砂卵石层，然后再进行钻孔灌注桩施工（见图1-25）。

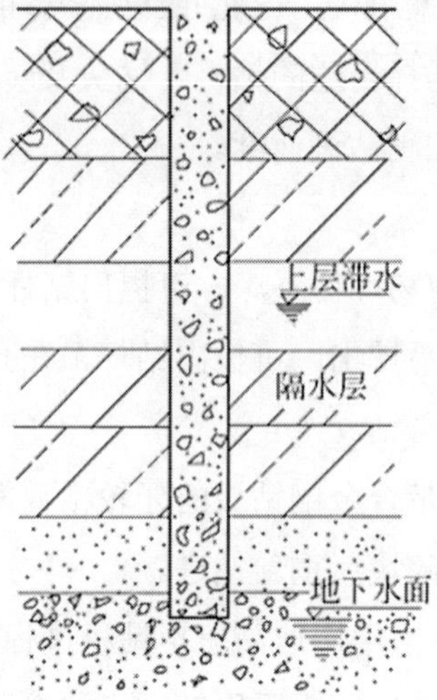

图 1-25 钻孔灌注桩施工

（3）核对地质资料，检验设备、施工工艺以及设计要求是否适宜，钻孔桩在正式施工前，宜进行“试成孔”，以便提前做出相应的保证正常施工措施。

4、治理方法

（1）先钻至塌孔以下 1～2m，用豆石混凝土或低强度等级混凝土（C10）填至塌孔以上 1m，待混凝土初凝后，使填的混凝土起到护圈作用，防止继续坍塌，再钻至设计标高。也可采用 3∶7 灰土夯实代替混凝土。

（2）钻孔底部如有砂卵石、卵石造成的塌孔，可采用钻深的办法，保证有效桩长满足设计要求。

（3）成孔后要立即浇筑混凝土。

（4）采用中心压灌水泥浆护壁工法，可解决滞水所造成的塌孔问题。

二十二、钻孔灌注桩质量常见问题

在施工过程中，常发生以下一些问题。这些问题产生的原因是比较复杂的，有施工上的原因，有工艺操作上的原因，也有土层变化复杂等原因。发生这些问题时，必须具体处理，必要时应会同设计单位共同研究解决。

1. 孔壁坍塌

（1）原因分析

1）护壁泥浆的密度和浓度不足，在孔壁形成的泥皮不好，起不到护壁作用。孔内浆位低于孔外水位或孔内出现承压水，降低了静水压力。

2）安装钢筋笼时碰撞孔壁，破坏了泥皮和孔壁土体结构。

3）在较差土层中如淤泥、松散砂层中钻进时，进尺太快或停在某一土层时空转时间太长，或排除较大障碍物形成大空洞而漏水致孔壁坍塌。

（2）防治措施

1）控制成孔速度。成孔速度应根据土质情况选取，在松散砂土中钻进时，应控制进尺，并选用较大密度、黏度、胶体率的优质泥浆。

2）提高孔内水位高度，增大水头。

3）安装钢筋笼时应防止钢筋笼碰撞孔壁。

2．钻进困难

（1）原因分析

1）在黏土层中钻进时，钻头粘满黏土块（糊钻头）。

2）排渣不畅，钻头周围堆积土块，使钻头难以钻动。

3）钻头合金刀具安装不适当，刀具切土过少。

4）泥浆密度过大，钻头配置过轻引起。

（2）防治措施

1）钻进时应加强排渣。

2）调整刀具角度、形状、排列方向。

3）降低泥浆密度，加大钻头配重。

4）糊钻时，可提出钻头，清除泥块后继续钻进。

3．缩径

（1）原因分析

1）在地下水位以下或饱和淤泥质土等土质软弱、含水量较高的土中钻进时，土体受到强烈扰动和挤压，土体中水分和空气未能扩散，局部产生很高的孔隙水压力，当灌注混凝土时，该处孔隙水压力大于混凝土自重而产生侧压力时形成。

2）钻进时间过长，泥浆厚形成。

（2）防治措施

1）在易缩径土层中钻进时，应上下往复多钻几遍。

2）尽量缩短钻进停息时间，合理配置使用泥浆比重。

3）降低泥浆密度，加大钻头配重。

4）糊钻时，可提出钻头，清除泥块后继续钻进。

4．钻孔偏斜

（1）原因分析

1）桩架不稳，钻杆不直，钻头导向部分太短，导向性差，钻杆连接不当。

2）钻孔时遇有倾斜度的软硬土层交界处，钻头受阻力不均而偏位。

3）地面不平或不均匀沉降使钻机底坐倾斜。

（2）防治措施

1）在有倾斜状的软硬土层处钻进时，应吊住钻头杆，控制进尺速度并以低速钻进。

2）探明地下障碍物情况，并预先清除干净。

3）安装钢筋笼时应防止钢筋笼碰撞孔壁。

4）钻杆、钻头应逐个检查，及时调整，弯曲的钻杆及时调换。

5）钻机就位后应保证钻机的平整度，并经常检查和校正。

5. 钻孔漏浆

（1）原因分析

1）孔口回填土不密实，回填土松散过厚。

2）遇到透水性强或有地下水流动的土层。

3）水头过高、压力过大使孔壁漏浆。

4）遇古井或下水管道。

（2）防治措施

1）根据土层回填情况，调整合理使用泥浆的黏度、胶体率，增强护壁。

2）调整水头流量及流速。

3）用破棉絮将与管道连接口堵塞，掏除古井中杂物并用黏土回填密实。

6. 流砂现象

（1）原因分析

1）桩孔内土质为粉砂层时，泥浆密度过小，难以形成泥皮。

2）孔外水压超过孔内水压，孔壁松散。

（2）防治措施

1）保证孔内水位高于孔外水位。

2）在粉砂层内钻进时，应增加泥浆密度。

3）当流砂严重时，应抛入碎石、黏土，钻进时使碎石嵌入孔壁，使黏土造浆形成结块或厚泥皮，阻止流砂涌入。

7. 钢筋笼偏位、变形、上浮

（1）原因分析

1）钢筋笼堆放、起吊、搬运时没有严格执行规定，造成钢筋笼变形。

2）钢筋笼过长，刚度不够，造成变形。

3）桩孔本身偏斜或偏位，致使钢筋笼难以下沉。

4）钢筋笼定位措施不力，导管上、下提升碰撞、拖带而移位。

5）清孔后沉渣过厚，钢筋笼放不到位。

6）初灌混凝土时冲力使钢筋笼上浮。

7）混凝土坍落度过小或产生分层离析，使混凝土顶面至钢筋笼底时，混凝土难以上升。

8）当混凝土灌至钢筋笼内一定高度时，导管埋入混凝土过深。

（2）防治措施

1）钢筋笼制作、堆放、起吊、搬运按要求，钢筋笼成品分节长度应控制在12m内。

2）桩孔本身偏斜或偏位，应在下钢筋笼前往复扫孔纠正。

3）孔底沉渣应清除在规定内，保证有效孔深满足设计要求。

4）导管埋入混凝土内深度应控制在规定内，不得过大。

5）预拌混凝土应按要求配置，运输时应确保混凝土在搅拌中。

8．断桩

（1）原因分析

1）混凝土坍落度过小，骨料粒径太大，未及时提升导管或导管倾斜，使导管堵塞，形成桩身混凝土灌注时中断。

2）混凝土供应不及时，现场停电而又没有配备发电机，设备突然损坏，突降暴雨等原因使灌注混凝土中断时间过长，新旧混凝土结合困难。

3）提升导管时碰撞钢筋笼，使孔壁土体混入混凝土中。

4）导管上拔时，管口脱离混凝土面，或管口埋入混凝土中太浅，泥土挤入桩位。

5）测深不准，把沉积在混凝土面上的泥块误认为混凝土，错误的判断混凝土面高度，致使导管提离混凝土面形成断桩。

（2）防治措施

1）配置混凝土时，坍落度应满足设计要求，粗骨料粒径按规范要求控制。

2）如导管堵塞，在混凝土尚未初凝时，可用钢筋等在导管内冲击，把堵塞的混凝土冲开，也可迅速提出导管，用高压水冲通导管，重新下隔水塞浇注，浇注时当隔水塞冲出导管后，将导管继续下沉，直至导管不能再插入时稍许提升，继续浇注混凝土。

3）边浇注混凝土边拔管，并经常测量混凝土顶面高度，随时掌握导管埋深，避免导管拔出混凝土面。

4）如导管法兰式接头挂住钢筋笼时，则可顺时针转动导管使导管与钢筋笼脱离。

5）下钢筋笼时不得碰撞孔壁。

9．混凝土超灌，充盈系数过大

（1）原因分析

在软土层中钻进时，造成扩孔。

（2）防治措施

1）钻进时掌握好各土层的钻进速度。

2）钻进作业过程中，中途不得随便停钻，以免形成过大孔径。

3）孔底沉渣应清除在规定内，保证有效孔深满足设计要求。

10. 吊脚桩

（1）原因分析

1）清孔后泥浆稠度不符合要求，造成孔壁坍落。

2）安放钢筋笼或导管时碰撞孔壁，使孔壁泥土塌落导致沉渣厚度过大。

3）清渣未尽，残留沉渣过厚所致。

（2）防治措施

1）施工时，应做好清孔工作，清孔应符合设计要求。

2）清孔结束后应在规定时间内浇筑混凝土，以免时间过长，沉渣过厚造成。

3）安放钢筋笼及导浆管时注意不得碰撞孔壁。

4）注意泥浆浓度，及时清渣。

二十三、干作业成孔灌注桩桩孔倾斜

1、现象

桩孔不垂直，倾斜度大于 1%。

2、原因分析

（1）进钻中碰到坚硬障碍物，把钻杆挤偏。

（2）地面不平，桩架导向杆不垂直，钻杆没有稳直，尤其是两节钻杆不在同一直线上，钻头的定位尖与钻杆中心线不在同一轴线上。

3、预防措施

（1）加强桩基施工技术管理，确保施工场地平整压实，保持桩机的平整、垂直、稳固。钻杆与钻杆，钻杆与钻头的垂直度、同心度，必须保持在同一中心线上。

（2）建立保证质量的制度和有效的技术措施，确保成桩全都合格。

4、治理方法

（1）如障碍物的深度不大，挖除后回填土再重钻。或研究后移位另补钻孔。

（2）纠正钻杆或钻头的垂直同心度。

二十四、人工挖孔桩桩孔及桩坐标偏差

1、现象

桩孔倾斜超过垂直偏差及桩顶位移偏差过大。参见图 1-26。

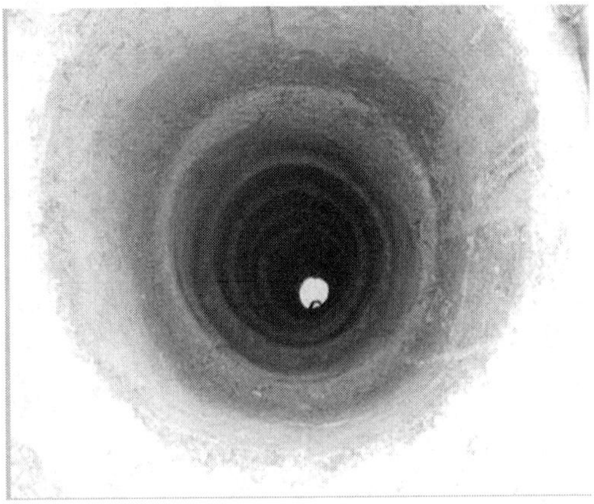

图 1-26　挖孔桩的垂直度较差

2、原因分析

（1）桩位放得不准，偏差过大，施工中桩位标志丢失或挤压偏离，施工人员随意定位，造成桩位错位较大。

（2）挖孔过程中，施工人员未认真吊线进行挖孔，挖孔直径控制不严。

（3）扩底未按要求找中，造成偏差过大。

（4）开始挖孔时定位圈摆放不准确或画得不准。

（5）发现桩孔偏斜度超过规定，纠偏不及时、不认真，特别是支模时未吊中。

3、预防措施

（1）应严格按图放桩位，并有复检制度。桩位丢失应正规放线补桩。轴线桩与桩位桩应用颜色区分，不得混淆，以免挖错位置。

（2）开始挖孔前，要用定位圈（钢筋制作的圆环有刻度十字架）放挖孔线，或在桩位外设置定位龙门桩，安装护壁模板必须用桩心点校正模板位置，并由专人负责。

（3）井圈中心线与设计轴线偏差不得大于 20mm。

（4）挖孔过程中，应随时用线坠吊放中心线，特别是发现偏差过大，应立即纠偏。要求每次支护壁模板都要吊线一次（以顶部中心的十字圆环为准）。扩底时，应从孔中心点吊线，放扩底中心桩应均匀环状开挖进尺，每次以向四周进尺 100mm 为宜，以防局部开挖过多造成塌壁。

（5）成孔完毕后，应立即检查验收，紧随下一工序，吊放钢筋笼，浇筑混凝土，避免

晾孔时间过长，造成不必要的塌孔，特别是雨期或有渗水的情况下，成孔不得过夜。

4、优质工程示例

参见图 1-27、图 1-28。

图 1-27　挖孔桩的垂直度较好

图 1-28　挖孔桩模板固定采用十字线法较好

第三节　基坑支护

一、基坑锚杆锚固不牢

1、现象

基坑较深灌注桩采用两层锚杆支护。基坑挖到设计标高后不久，锚杆端部脱落，横梁偏斜，桩间土开裂。

2、原因分析

锚杆端部脱落，说明预应力张拉后锚头没有锚固住；横梁偏斜，说明这一排锚杆在桩端受力不均，也就是锚杆不起拉结作用，使大直径桩变成悬臂桩，受力后倾侧，桩间土开裂，位移大时桩顶地面开裂并发展较远，最后桩因受弯矩太大而易折断。

3、预防措施

（1）预应力施工应由有经验技工操作，如无经验，应经过培训并由有经验工人予以指导。当锚头锚住后还应检查横梁（一般为工字钢）是否受力。当发现横梁脱落，应立即停止挖土，研究原因，采取措施，如工地未能采取措施，则倒塌不可避免。

（2）基坑开挖时应作排桩的位移监测，随时可以发现桩有无大的位移，发现后应研究原因，采取措施。

二、土钉墙钢筋网片间距大

1、现象

土钉墙钢筋网片铺设间距过大，存在超挖现象。参见图 1-29。

图 1-29　土钉墙钢筋网片间距过大

2、原因分析

（1）施工交底不够，人员质量意识差，未按图施工。

（2）监理工地巡查力度不够。

3、预防措施

（1）施工人员必须按工艺进行施工。

（2）工序衔接配合管理。

4、优质工程示例

参见图 1-30。

图 1-30　土钉墙钢筋网片间距合格

三、基坑拆除支撑后邻近建筑发现裂纹

1、现象

某基坑深 7. 2m，钢板桩及两道钢筋混凝土支撑。拆除钢板桩及支撑时，距坑边 9m 的三层建筑物外墙产生裂纹（基坑开挖设置支撑时未发现裂缝）。

2、原因分析

拆除混凝土支撑时应先换支撑，仍应支持钢板桩，否则钢板桩成为悬臂而加大位移，导致 9m 外的建筑物随土的位移地基下沉，建筑物开裂。

3、预防措施

（1）拆除钢筋混凝土支撑时，应先做好牢靠支撑。

（2）肥槽施工时应回填夯实后才能拔出钢板桩。

第四节　地下水控制

一、地下降水深度不足

1、现象

（1）基坑内土的含水量较大、较湿，不利于土方开挖，并引起基坑边坡失稳。

（2）地下水位没有降到设计要求，水不断渗进坑内。

（3）坑内有流砂现象出现。

参见图 1-31。

图 1-31　地下降水不足

2、原因分析

（1）对需要进行降水地区及相邻地区的工程地质和水文地质资料缺乏详细的了解和调查，没有查明相对含水层和不透水层、地下水的补给关系以及主要含水层和下卧层等情况；收集的资料与实际不符，或是借用附近工程有关资料；降水设计所采用含水层的渗透系数不可靠，影响了降水方案的选择和设计。

（2）降水方案设计有误，井点的平面布置、滤管的埋置深度、排水沟和排水井（坑）的布置、设计的降水深度不合理。

（3）对工程特点和降水设备的性能缺乏了解，或利用已有的降水设备，造成设备选用不当，导致降水发生困难。

（4）降水设备质量不符合要求，或是在运输、装卸、堆放、安装、使用过程中，零部件已经磨损，达不到要求的精度，不能发挥应有的作用。

（5）施工质量有问题，如井孔的垂直度、深度与直径，井管的沉放，砂滤料的规格与粒径，滤层的厚度，管线的安装等质量不符合要求。

（6）井管和降水设备系统安装完毕后，没有及时试抽和洗井，滤管和滤层被淤塞。

（7）排水沟未及时清理淤泥，妨碍排水。

（8）机电设备故障或动力、能源不能满足降水设备运转的需要，造成地下水降低后回升。

（9）降水方案与挖土和基坑围护方案不相匹配，施工过程中因土方开挖和围护支撑的拆除影响降水，甚至破坏降水设备。

3、预防措施

（1）工程地质和水文地质资料以及降水范围、深度、起止时间和工程周围环境要求是制订降水设计方案、选择施工机具、计算涌水量、布置井点位置、确定滤管位置和标高等的基本条件，应提前进行勘察或在现场进行有关试验，一般情况下，需要哪些水文、地质资料可参照表 1-2，根据降水工程的复杂程度区别对待。

枯水期地下水位及其随潮汐的变化情况，工程所在地土的物理力学性质和地质纵横断面图。并应查明相对含水层和不透水层的范围、地下水的补给关系、主要含水层和下卧层的范围和土颗粒的组成等，其深度应达到主要隔水层。土层的渗透系数（包括水平和垂直渗透系数）必须可靠，要根据降水工程的复杂程度作必要的现场抽水试验确定；如需采取回灌措施的，还应现场做注水试验；对于电渗井点降水，还应有电渗系数和导电率等资料。

（2）开挖低于地下水位的基坑（槽）、管沟和其他挖方时，应根据当地工程地质资料、挖方尺寸、深度及要求降水的深度和工程特点，参照下表选择降水方法和设备。

表 1-2 水类型及适用条件

降水类型 \ 适用条件	渗透系数/（cm/s）	可能降低的水位深度（m）
轻型井点 多级轻型井点	10^{-2}～10^{-5}	3～6 6～12
喷射井点	10^{-3}～10^{-5}	8～20
电渗井点	＜10^{-5}	宜配合其他形式降水使用
深井井管	≥10^{-5}	＞10

（3）采用挖掘机、铲运机、推土机等机械挖土时，应使地下水位经常低于开挖底面不少于 0.5m；加人工挖土时，地下水位低于开挖底面值可适当减少。降水实际能达到的深度与工程特点、水文地质情况、井点管的长度和平面布置等有关。井点降水系统的平面布置，可根据具体情况选用封闭形井点、双排井点或单排井点。对长宽度较大的基坑可在基坑中间增设一排或多排降水井点；若有局部深度比大面积基坑深的深坑（如电梯井等），可在深坑部位另设一组满足深坑降水要求的井点。轻型井点的井距为 0.8～2m，距边坡线至少 1m；喷射井点的井距为 1.5～3m，距边坡线至少 1.0m；电渗井点管（阴极）应布置在钢筋或钢管制成的电极棒（阳极）外侧 0.8～1.5m，露出地面 0.2～0.3m。

对轻型井点、喷射井点和电渗井点，若按封闭方式布置单套井点设备时，集水总管宜在抽水机组的对面断开，使抽水机组两侧的集水总管长度、地下水抽吸量、管内的水流阻力和真空度大小等可基本接近，以达到较好的抽水效果。当采用多套井点设备时，各套井点设备的集水总管之间宜装设阀门隔开，使各套设备管内的水流分开；当其中一套机组发生故障时，可开启相邻的有关阀门，借助邻近的抽水机组来维持抽水。

（4）井点施工应符合下列要求。

井孔应保持垂直，以防止孔壁坍塌；井孔的深度应大于井点管的深度，以保证井点管的设计埋设深度；井孔直径应根据井点的直径确定，不得小于规定的孔径，且上下应保持一致，特别是在井孔穿过不同土层时，要注意施工质量。

滤管应按要求的位置埋设在透水性较好的含水层中，必要时可采取扩大井点滤层等辅助措施。

如遇孔壁坍塌，井孔淤塞，使滤管无法沉放到规定的深度时，应重新成孔，严禁将滤管强行插入土中，以免滤管被淤泥堵塞而失效。

成孔后，往往孔内的泥浆浓度过大，使砂滤料不易灌填、沉落，影响滤层质量，并使其透水性能减弱。因此在灌填砂滤料前，应把孔内泥浆适当稀释，使砂滤料易于灌填和沉落（也要防止泥浆稀释过度而造成塌孔）。灌填砂滤料时，井管应居中，使砂滤料均匀地围绕在周围，形成滤层。灌填高度一般要求达到天然地下水位标高，其灌填量不得小于计算量的95%。

井点管沉放到井孔内以后，管口应妥善保护，以防杂物掉入管内造成堵塞。

井点系统各部件均应安装严密，防止漏气。连接集水总管与井管弯联管的短管宜采用软管。

井点施工时，还应做好施工记录，作为质量检查、总结经验、分析事故原因的依据。记录中应包括施工单位和班组、工程名称、气候条件、施工机具、人工降水类别、井点编号、冲孔起讫时间、井孔直径和深度、井点的直径和长度、灌砂量、滤管长度、滤管底端标高和沉淀管长度等内容。

（5）降水设备的管道、部件和附件等，在组装前必须检验和清洗，并妥善保管。对曾经使用过的管道、部件和附件等，还必须除去锈屑、垃圾和淤泥，并用压力空气或压力水冲洗干净。应特别注意井点滤管在运输、装卸和堆放时，网孔破损，绕丝走动，如果沉放前没有及时修补，将会造成滤管淤塞、泥土流失、地面沉陷等不良后果。

（6）灌填砂滤料后，应按规定及时洗井和试抽，可以破坏成孔时在孔壁形成的泥皮，排除渗入周围土层、滤层、滤管中的泥浆，使井管的过滤段形成良好的过滤层，恢复土层透水和井管的降水性能。同时，还要全面检查井点系统管路接头质量、井点出水状况（包括出水量、含泥量）、抽水机械运转情况等；如有漏气、漏水和“死井”（即滤管已被泥砂堵塞，渗水性能很差的井）等不正常现象，应及时处理，否则，在基坑开挖以后更难处理。

检查合格后，井点孔口到地面下一定深度范围内，应用粘性土填塞封孔，以防止漏气和地面水下渗，可以提高降水效果。

（7）为确保降水连续不断地进行，应有备用泵和电动机；必要时，还应设置双电源或备用柴油发电机。

泵、电动机、电源等在使用中一旦发生故障，应及时更换，以求在最短的时间内恢复正常降水，防止地下水位上升超过一定限度而引起工程质量事故。

降水过程中，应加强降水系统的维护和检查，保证不间断的抽水。同时，应经常观测并记录工作水压力、地下水流量、井点真空度、观察孔水位等，以便发现问题，及时处理。

（8）排水沟应及时清理、修整，使水顺利地排到明排井（坑）内，并要有专人及时抽水。

（9）井点的布置和挖土方向以及基坑围护支撑的布置要互相协调，不要因挖土将井点管碰坏。

因为深井管随基坑的挖深，井管露出表面越长，容易产生不稳定，故深井井管应布置在围护支撑附近。

（10）在基坑内设降水观察井。挖土前测量观察井内水位降低情况，水位降至挖土底面 0. 5～1m 时再开始挖土。

4、治理方法

（1）对于井点管或滤层淤塞而引起的降水失效，可以通过洗井处理（即向管内用压力水或压缩空气反复冲洗、疏通），破坏成孔时在孔壁形成的泥皮，并恢复土层透水和井管的降水性能。

（2）对于地下水位降深与要求相差不大的工程，可以根据降深差异的大小，分别采取减少井管之间距离的方法，即在原相邻的井管中间增加井管；也可以在基坑内增设井管，以增加地下水位的降低深度。

对于地下水位降低深度与要求相差较大的工程，需要在原降水系统之外，再重新考虑比较合理的降水方法和设备，重新施工。

二、井点降水局部异常

1、现象

基坑局部边坡有流砂堆积或出现滑裂险情。

2、原因分析

（1）失稳边坡一侧有大量井点淤塞或真空度太小。

（2）基坑附近有河流或临时挖掘的积存有水的深沟，这些水向基坑渗漏补给，使动水压力增高。

（3）基坑附近地面因堆料超载或机械振动等，引起地表裂缝和坍陷；如果同时又有地表水向裂缝渗漏，则流砂堆积或滑裂险情将更严重。

3、预防措施

（1）井点管路安装必须严密。

（2）抽水机组安装前必须全面保养，空运转时真空度应大于 60kPa。

（3）轻型井点系统应按一定程序施工，通常是：

1）挖井点沟槽，铺设集水总管。为充分利用泵的抽水能力，集水总管标高要尽量接近地下水位，并宜沿抽水水流方向有 0. 25%～0. 5%的上仰坡度。

2）冲井点孔。冲孔时冲管应垂直插入土中，井孔冲成后，要立即拔出冲管，插入井点管，立即在井点管与孔壁之间迅速填灌砂滤层，防止孔壁塌土，砂滤层宜选用干净的 0. 4～0. 6mm 的中粗砂，灌填要均匀，砂滤层的灌填质量是保证井点管顺利插入的关键。

滤料填至地面以下 1. 0～2. 0m，上面用黏土封口，以防漏气。井点管插好后与集水总管相连接。

3）安装抽水机组，并同集水总管相连接。

（4）在水源补给较多的一侧，加密井点间距，在基坑开挖期间禁止邻近边坡挖沟积水。

（5）基坑附近地面避免堆料超载，并尽量避免机械振动过剧。

4、治理方法

（1）封堵地表裂缝，把地表水引往离基坑较远处；找出水源予以处理，必要时用水泥灌浆等措施填塞地下空洞裂缝。

（2）在失稳边坡一侧，增设抽水机组，以分组部分井点管，提高这一段井点抽汲能力。

（3）在有滑裂险情边坡附近卸载，防止险情加剧，造成井点严重位移而产生恶性循环。

三、井点内管出水不畅

1、现象

（1）井点真空度很小，井点内管出水不畅或无力，压差反映不正常。当关闭此井点时，压力表显示出工作水压力增减。

（2）扬水器失效的井点附近常有涌水冒砂，局部土层较湿或边坡局部不稳定现象。

2、原因分析

（1）喷嘴被杂物堵塞，当关闭该井点时，压力表指针基本不动或上升很小。

（2）喷嘴磨损严重，甚至穿孔漏水，喷嘴夹板焊缝开裂。当关闭该井点时，压力表指针上升很大。

3、预防措施

（1）严格检查扬水器质量，重点是同心度和焊缝质量；组合后，每根井点管应在地面作泵水试验和真空度测定。地面测定的真空度不宜小于93kPa。

（2）装配扬水器时要防止工具损伤喷嘴夹板焊缝；井点管和总管内必须除净铁屑、泥砂和焊渣等杂物，并加防护，以防喷嘴堵塞带来后患。

（3）防止喷射器损坏，预先应对每根喷射井点进行冲洗，开泵压力要小，以后逐步开足。

（4）工作水要保持清洁，井点全面试抽两天后，应更换清水，以后视水质浑浊程度定期更换清水；工作压力要调节适当，能满足降水要求即可，以减轻喷嘴磨耗程度。

4、治理方法

（1）喷嘴堵塞时，应迅速将堵塞物排除，通常是先关闭该井点，松开管卡，将内管上提少许，敲击内管，使堵塞物振落到下部的沉淀管。如果堵塞物卡得过紧，振落不下，则可将内管全部拔出，排除堵塞物。

（2）喷嘴夹板焊缝开裂或磨损、穿孔漏水时，则应将内管全部拔出，更换喷嘴。

四、喷射井点降水堵塞

1、现象

工作水压力正常，但井点真空度超过附近正常井点较多。向被堵塞的井点内管中灌水，水渗不下去。如邻近同时有几个井点堵塞，则附近基坑边坡土体潮湿，甚至出现边坡不稳或流砂现象。

2、原因分析

（1）井点管四周填砂滤料后，未及时进行单井试抽，致使井管内泥砂沉淀下来，把滤管内的芯管吸口淤塞。

（2）井点滤管埋设位置和标高不当，处于不透水黏土层中。

（3）冲孔下井点过程中，孔壁坍塌或缩孔，或土层中遇硬黏土夹层，而在冲孔时未处理，致使滤网四周不能形成良好的砂滤层，使滤网被淤泥堵塞。

3、预防措施

（1）喷射井点宜按下列程序施工：

1）安装水泵设备（包括循环水池或水箱）及泵的进出管路，必要时搭临时泵房；

2）铺进水总管和回水总管，挖井点坑和排泥沟；

3）沉设井点管，灌填砂滤料，接通进水总管，单井及时试抽；

4）全部井点沉设完毕后，立即把各根井点接通回水总管，进行全面试抽，合格后交付使用。

（2）在成层土层中，井点滤管一般应设在透水层较大的土层中，必要时可扩大砂滤层直径，适当延伸冲孔深度或增设砂井。

（3）冲孔应垂直，孔径应不小于 40cm，孔深应大于井点底端 1m 以上。拔冲管时应先将高压水阀门关闭，防止把已成孔壁冲坍。

对土层中的硬黏土夹层部位，应使冲管反复上下冲孔和不断旋转冲管，使夹层的孔径扩大到设计要求。

（4）单井试抽时排出的浑浊水不可回入回水总管。试抽开始时水质浑，而后变清是属于正常现象，水质变清后连续试抽不宜小于 1h，以提高砂滤层及其附近土层的渗水能力。

4、治理方法

（1）当淤泥堵塞滤网或砂滤层时，可通过向井点内管压水，使高压水带动泥浆从井点孔滤层翻出地面，翻孔时间约 1h；停止压水后，悬浮的砂滤料逐渐沉积在井点滤管周围，重新组成滤层。

（2）当滤管内被泥砂堵塞时，可先提起井点管少许，通过井点内外管之间环形空间进水冲孔，由内管排水；或反之，通过内管进水，由环形空间排水，使反冲的压力水把淤积的泥砂冲散成浑水排出。

（3）如果滤管埋设深度不当，应根据具体情况增设砂井，提高成层土层垂直渗透能力，或在透水性较好的含水层中另设井点滤管，或拔出井管重新埋设。

五、喷射井点故障

1、现象

（1）井点回水连接短管开裂。

（2）工作水压力升不高，致使井点真空度很小。

（3）井点倒灌水，井点周围有翻砂冒水现象。

（4）循环水池水位不断下降。

2、原因分析

（1）扬水器失效，井点内管底座安装不严密，或使用过程中因管卡松动，内管上移造成底座部位漏水，井点内管及外管的接头漏水，工作水压力过低等因素，均可能发生井点倒灌水。

（2）水泵负担过多的井点，或循环水池内泥砂沉淀过多，堵塞水泵吸水口，致使工作水量不足，水压升不高，使井点真空度很小。

（3）井点阀门操作不慎引起短管爆裂。

（4）循环水池位置离基坑太近，当地表发生沉陷时，影响循环水池，开裂漏水。如果井点倒灌水或工作水循环系统中有大量漏水时，工作水的漏失量超过井点抽出水量，水池水位亦将不断下降。

3、预防措施

（1）井点阀门操作应按照程序，开井点时应先开回水阀门，后开进水阀门；关井点时，应先关进水阀门，后关回水阀门。

（2）要按照水泵实际性能来负担井点数量，要有备用水泵，为了防止水泵吸水口被泥砂堵塞，应考虑多方面因素；并加强降水值班岗位责任制，经常注意水的含砂量和水池中的泥砂沉积高度。

（3）“扬水器失效”的预防措施。井点管组装前，应认真检查内管底座部位的支座环等质量；组装后在地面上对每根井点进行泵水试验；使用时要把内管顶部的管卡拧紧，防止内管上移；并要根据井点埋设深度保证必要的工作水压力。

（4）循环水池位置宜离基坑稍远，并适当加强水池结构的抗裂措施，要防止井点倒灌水，进水总管和回水总管的接头应安装严密。

4、治理方法

（1）短管爆裂时，应立即关闭该井点，换上泵房内备用的回水连接短管，然后按本项预防措施（3）的操作程序开启井点。

（2）水泵流量不足时应增设水泵；清理循环水池中的沉积泥砂应在维持井点连续降水的条件下进行，并查明泥砂大量沉积原因。如系个别井点引起，应按“水质浑浊”的治理方法处理。

（3）发现井点倒灌水，应立即关闭该井点，查清倒灌水原因并作处理。根据井点关闭时工作水压力表指针上升数值大小和先易后难顺序，依次检查处理。井点阀门应开足，以保证必要的工作水量和工作水压力；应将内管顶端管卡拧紧，使底座向下压紧，保证接触严密；如底座上的铜环损坏，则更换铜环；扬水器失效“扬水器失效”治理方法处理；内管接头漏水则按具体情况处理丝扣接头或焊缝；若外管接头漏水则停止使用该井点。

（4）循环水池开裂漏水时，应对水池采取加固和堵漏措施；必要时改用循环水箱。若循环水池水位下降系工作水循环管路系统或井点倒灌水引起的，应根据具体情况处理。

六、电渗井点降水效果差

1、现象

地下水不能向阴极方向集中，致使井点排水量少，降水效果差。

2、原因分析

（1）阴极、阳极数量不相等，或电线未连接成通路。

（2）地面上有其他导电物体，使大量电流从地表面通过，降低了电渗效果。

（3）电渗阳极埋设不符合要求，如阳极与土体接触不好，电阻增加，影响电渗效果。

3、预防措施

（1）电渗井点宜按下列程序施工：

1）埋设轻型井点管或喷射井点管；

2）埋设阳极（用Φ50～Φ70mm钢管或Φ25mm以上的钢筋）；

3）阴、阳极分别用铜芯橡皮线、扁铁或钢筋等连成通路，再分别连接到直流发电机的相应电极上。

（2）利用轻型井点管或喷射井点管作阴极，沿基坑外围布置，用钢管或钢筋打入或钻入地下做阳极（高出地面20～40cm）。阳极要比阴极埋深0.5～1m，以保证水位降到所要求的深度。

（3）阴极、阳极数量要相等，并分别用电线连接成通路；通电后使带负电荷的土颗粒向阳极移动，带正电水分子则向阴极（即井点）方向集中，这样就产生电渗现象；在电渗和真空的作用下，强制黏土中的水向井点管快速排出，井点管连续抽水，地下水位逐步下降。

（4）阳极埋设用电钻钻孔埋设；阳极就位　后，利用下一钻孔排出泥浆倒灌填孔，使阳极与土接触良好，减少电阻，有利电渗。

（5）通电前，清除干净地面上阴阳极之间的无关金属和其他导电物，地面保持干燥，最好做一层绝缘层，效果更好。

4、治理方法

（1）当发现抽水效果不好时，先排除井点的原因。然后逐个检查井点管和打入地下的作为阳极金属棒的通电情况，发现不符，重新进行接电。

（2）发现阴阳极之间有导电物，应及时清除。

七、真空度失常抽水不畅

1、现象

（1）真空度很小，真空表指针剧烈抖动，抽水量很少。

（2）真空度异常大，但抽不出水。

（3）地下水位降不下去，基坑边坡失稳，有流砂现象。

2、原因分析

（1）井点设备安装不严密，管路系统大量漏气。

（2）抽水机组零部件磨损或发生故障。

（3）井点滤网、滤管、集水总管和滤清器被泥砂淤塞，或砂滤层含泥量过大等，以致抽水机组上的真空表指针读数异常大，但抽不出地下水。

（4）井点设备选择不当，或井点滤管埋设的位置和标高不当，处于渗透系数较小的土层中。

3、预防措施

（1）井点管路安装必须严密。

（2）抽水机组安装前必须全面保养，空运转时真空度应大于60kPa。

（3）轻型井点系统应按一定程序施工，通常是：

1）挖井点沟槽，铺设集水总管。为充分利用泵的抽水能力，集水总管标高要尽量接近地下水位，并宜沿抽水水流方向有0.25%～0.5%的上仰坡度。

2）冲井点孔。冲孔时冲管应垂直插入土中，井孔冲成后，要立即拔出冲管，插入井点管，立即在井点管与孔壁之间迅速填灌砂滤层，防止孔壁塌土，砂滤层宜选用干净的0.4～0.6mm的中粗砂，灌填要均匀，砂滤层的灌填质量是保证井点管顺利插入的关键。

滤料填至地面以下1.0～2.0m，上面用黏土封口，以防漏气。井点管插好后与集水总管相连接。

3）安装抽水机组，并同集水总管相连接。

4）进行试抽和洗井，检查合格后交付使用。

（4）轻型井点系统的全部管路，在安装时均应将管内铁锈、淤泥等杂物除净。井点滤管在运输、装卸和堆放时，应防止滤网损坏；下入井点孔前，必须对滤管逐根检查，检查标准为：过滤管长1.2～2m，孔隙率15%，外包1～2层60～80目尼龙网或铜丝网。井点冲孔深度应比滤管底端深0.5m以上，冲孔直径应不小于0.3m。单根井点埋设后要检查其渗水能力。

一套井点埋设后要及时试抽洗井，全面检查管路接头安装质量、井点出水状况和抽水机组运转情况，发现漏气和“死井”等问题，应立即处理。

4、治理方法

（1）真空度失常而又一时不易辨别出现问题的具体部位时，可先将集水总管和抽水机组之间的阀门关闭。

如果真空度仍然很小，属于抽水机组故障；如果真空度由小突然变大，属于抽水机组以外的管路漏气。

（2）集水总管漏气可根据漏气声音逐段检查，在漏气点根据情况或拧紧螺栓，或用白漆加麻丝嵌堵缝隙或管子丝扣漏气部位。

（3）井点管因淤塞而抽不出水的检查方法有：手摸井点管，冬天不暖，夏天不凉；井管顶端弯头不呈现潮湿；用短钢管一端触在井点管弯头上，另一端俯耳细听，无流水声；通过透明的塑料弯联管察看，不见有水流动；向井点内灌水，水不下渗。基坑未开挖前可用高压水冲洗井点滤管内淤泥砂，必要时拔出井点，洗净井点滤管后重新水冲下沉。

八、井点降水影响边坡稳定性

1、现象

井点降水效果不好，影响土方开挖进度，不利于底板施工，甚至影响基坑稳定性及边坡稳定。参见图1-32。

图1-32 井点降水效果差

2、原因分析

（1）降水设备安装不严密，管路系统大量漏气；

（2）井点滤网破损，造成井点管堵塞；

（3）抽水机组陈旧、性能差；

（4）井点降水方案不当，无法有效排水；

（5）降水效果不佳时，补救措施没有跟上；

（6）包括一些措施不力的其他原因。

3、预防措施

（1）下井点管前必须严格检查滤网，有破损的不得使用；

（2）抽水机组安装前应全面保养，空运转时真空度应大于 60kPa；

（3）应根据基地实际情况（面积大小、深度）确定降水方案，并应通过监理审查认可。

第五节　土方工程

一、土方开挖边坡坍塌

1、现象

在挖方过程中或挖方后，基坑（槽）边坡土方局部或大面积塌落或滑塌，使地基土受到扰动，承载力降低，严重的会影响建筑物的稳定和施工安全。参见图 1-33。

图 1-33　基坑边坡土方局部滑塌

2、原因分析

（1）基坑（槽）开挖较深，放坡坡度不够。

（2）在有地表水、地下水作用的土层开挖基坑（槽），未采取有效的降排水措施，使土层湿化，粘聚力降低，在土层作用下失去稳定而引起塌方。

（3）边坡顶部堆载过大或受车辆等外力振动影响，使坡体内剪切应力增大，土体失去稳定而导致塌方。

（4）土质松软，开挖次序、方法不当而造成塌方。

3、预防措施

（1）根据土的种类、物理力学性质（如土的内摩擦角、粘聚力、湿度、密度、休止角等）确定适当的边坡坡度。对永久性挖方的边坡坡度，应按设计要求放坡，一般在1∶1.0～1∶1.5之间。

（2）开挖基坑（槽）和管沟，如地质条件良好，土质均匀，且地下水位低于其底面标高时，挖方深度在5m以内不加支撑的边坡的最陡坡度，应按规定采用，且挖方边坡可做成直立壁不加支撑，但挖方深度不得超过规定的数值，此时砌筑基础或施工其他地下结构设施，应在管沟挖好后立即进行。施工期较长，挖方深度大于规定数值时，应做成直立壁加设支撑。

（3）做好地面排水措施，避免在影响边坡稳定的范围内积水，造成边坡塌方。当基坑（槽）开挖范围内有地下水时，应采取降、排水措施，将水位降至离基底0.5m以下方可开挖，并持续到回填完毕。

（4）土方开挖应自上而下分段分层、依次进行，随时做成一定的坡势，以利泄水，避免先挖坡脚，造成坡体失稳。相邻基坑（槽）和管沟开挖时，应遵循先深后浅或同时进行的施工顺序，并及时做好基础或铺管，尽量防止对地基的扰动。

4、治理方法

（1）对沟坑（槽）塌方，可将坡脚塌方清除做临时性支护（如堆装土编织袋或草袋、设支撑、砌砖石护坡墙等）措施。

（2）对永久性边坡局部塌方，可将塌方清除，用块石填砌或回填2∶8或3∶7灰土嵌补，与土接触部位做成台阶搭接，防止滑动；或将坡顶线后移；或将坡度改缓。

二、场地积水

1、现象

在建筑场地平整过程中或平整完成后，场地范围内高洼不平，局部或大面积出现积水参见图1-34、图1-35。

图 1-34　场地出现积水

图 1-35　场地积水严重

2、原因分析

（1）场地平整填土面积较大或较深时，未分层回填压（夯）实，土的密实度不均匀或不够，遇水产生不均匀下沉造成积水。

（2）场地周围未作排水沟；或场地未做成一定排水坡度；或存在反向排水坡。

（3）测量错误，使场地高低不平。

3、预防措施

（1）平整前，对整个场地的排水坡、排水沟、截水沟、下水道进行有组织排水系统设计。施工时，本着先地下后地上的原则，先做好排水设施，使整个场地排水流畅。排水坡的设置应按设计要求进行，设计没有要求时，地形平坦的场地，纵横方向应做成不小于 0.2% 的坡度，以利排水。在场地周围或场地内，应根据年降雨量、最大降雨量及汇水面积等因素设置排水沟（截水沟），其截面、流速、坡度等应符合有关规定。

（2）对场地内的填土进行认真分层回填碾压（夯）实，使密实度不低于设计要求。设计无要求时，一般也应分层回填，分层压（夯）实，使相对密实度不低于 85%，避免松填。填土压（夯）实方法应根据土的类别和工程条件合理选用。

（3）做好测量的复核工作，防止出现标高误差。

4、治理方法

已积水场地应立即疏通排水和采用抽水、截水设施，将水排除。场地未做排水坡度或坡度过小部位，应重新修坡；对局部低洼处，填土找平，碾压（夯）实至符合要求，避免再次积水。

三、基坑（槽）泡水

1、现象

基坑（槽）开挖后，地基土被水浸泡，造成地基松软，承载力降低，地基下沉。参见图 1-36、图 1-37。

图 1-36　基坑被水浸泡

图 1-37　基槽被水浸泡

2、原因分析

（1）开挖基坑未设排水沟或挡水堤，地表水流入基坑；

（2）在地下水位以下挖土，未采取降水措施，将水位降至基底开挖面以下；

（3）施工中未连续降水，或停电影响；

（4）挖基坑时，未准备防雨措施，方便雨水下入基坑。

3、预防措施

（1）开挖基坑（槽）周围应设排水沟或挡水堤，防止地面水流入基坑（槽）内；挖土放坡时，坡顶和坡脚至排水沟均应保持一定距离，一般为 0. 5～1. 0m。

（2）在潜水层内开挖基坑（槽）时，根据水位高度、潜水层厚度和涌水量，在潜水层标高最低点设置排水沟和集水井，防止流入基坑。

（3）在地下水位以下挖土，应在开挖标高坡脚设排水沟和集水井，并使开挖面、排水沟和集水井的深度始终保持一定差值，使地下水位降低至开挖面以下不少于 0. 5m。当基坑深度较大，地下水位较高以及多层土中上部有透水性较强的土，或虽为同一种土，但上部地下水较旺时，应采取分层明沟排水法，在基坑边坡上再设 1～2 层明沟，分层排除地下水。基坑（槽）除明沟排水以外，亦可采用各种井点降水方法，将地下水位降至基坑（槽）最低标高以下再开挖。

（4）施工中保持连续降水，直至基坑（槽）回填完毕。

（5）基坑施工应做好防雨措施，或选择在干旱季节施工。

4、治理方法

（1）已被水淹泡的基坑（槽），应立即检查排、降水设施，疏通排水沟，并采取措施将水引走、排净。

（2）对已设置截水沟而仍有小股水冲刷边坡和坡脚时，可将边坡挖成阶梯形，或用编织袋装土护坡将水排除，使坡脚保持稳定。

（3）已被水浸泡扰动的土，可根据具体情况，采取排水晾晒后夯实，或抛填碎石、小块石夯实；换土（3∶7 灰土）夯实；或挖去淤泥加深基础等措施处理。

四、土方回填质量差

1. 现象

（1）土方回填（要求 2∶8 灰土），施工时加入极少量石灰，并且没分层夯实。

参见图 1-38。

图 1-38　石灰掺量过少

（2）挡墙后抛填现场严重，导致交房后场区地面不均匀沉陷现象较多。

参见图 1-39、图 1-40。

2、原因分析

抢工期，偷工减料、挖掘机随意回填，材料不符合要求，并且未进行分层夯实。

3、预防措施

清除回填土中的杂物，较大的石块应破碎，机械回填厚度应控制每层 0.5m，机械碾压，人工回填厚度应控制在 300mm，分层夯实，碾压密实度不低于 90%。

图 1-39 回填不符合要求

图 1-40 石块回填

五、回填土密实度低

1、现象

（1）回填土密实度达不到设计要求，造成地面空鼓、开裂及下沉。

（2）灰土回填密实度达不到设计要求，造成室内地面空鼓、开裂及下沉。参见图 1-41。

图 1-41 回填密实度差

2、原因分析

（1）回填土料粒径过大且含有杂质；未分层摊铺或分层厚度过大；没有达到最优含水率。

（2）灰土体积控制不严，灰土拌合不均匀。

（3）夯实机械选择不当。

3、预防措施

（1）回填土料不得含有草皮、垃圾、有机杂质及粒径大于 50mm 大块块料，回填前应过筛；

（2）回填必须分层进行，分层摊铺厚度为200～250mm，其中，人工夯填层厚不得超过200mm，机械夯填不得超过250mm；

（3）摊铺之前，应由试验员对回填土料的含水量进行测定，达到最优含水率时方可夯实；在含水率较低情况下，应根据气候条件预先均匀洒水湿闷原土，严禁边洒水边施工；

（4）通常大面积夯实采用打夯机，小部位采用振冲夯实机，夯实遍数不少于3遍，夯填方式应一夯压半夯，夯夯相连，交叉进行；

（5）每层密实度应由试验员现场环刀取样，通过检测达到设计要求后方可进行上层摊铺；

（6）回填土宜优先采用基槽中挖出的土。对湿陷性等级较高的黄土，应采取块填方式；

（7）灰土拌合之前，应复核配比，严格按照设计要求的体积比进行施工，不得随意减少石灰在土中的掺量；

（8）灰土拌合尽可能采用机械拌合，若人工拌合时，翻拌次数不得少于3遍，要求均匀一致；

（9）拌合用石灰采用生石灰，使用前应充分熟化过筛，不得含有粒径大于5mm的生石灰块料。

六、回填后地面下沉

1、现象

（1）室内首层地面回填土下沉、地面层空鼓、开裂甚至塌陷；

（2）室外地面回填土下沉，室外散水、明沟、台阶、踏步等出现开裂、下陷、脱空现象。

2、原因分析

（1）基底上的草皮、淤泥、杂物和积水未清除就填方、填方后土体受压缩而产生沉陷；

（2）填方土料含有大量有机质，或含水量较大，或大的土块未经破碎填筑，造成填土沉陷；

（3）未按规定厚度分层回填夯实，或底部松填而仅表面夯实，密实度不符合要求；

（4）局部有软弱土层，或有地坑、土洞、积水坑等地下坑穴，施工时未作处理，在外荷载作用下，容易出现局部塌陷。

3、预防措施

（1）回填土前，应对原自然软弱基底按设计与规范要求进行认真处理；

（2）雨期施工应有防雨措施及方案；

（3）选用符合质量要求的土料回填，土料含水量应在控制范围之内。回填土应由低处开始分层回填、夯实，每层填筑厚度及压实遍数应根据土质、压实系数及所用机具确定（一般机械填土每层土松铺厚度不宜大于30～50cm，人工打夯不宜大于20cm)。抽样检验的密实度应符合设计与规范要求；

（4）对面积大而使用要求高的填土，采取先用机械对原自然土面碾压密实，然后再按设计与规范要求分层回填；

（5）当室内首层地面对沉降变形要求高，且地基处理困难时，宜按配筋混凝土地面进行设计。

4、治理方法

如混凝土面层尚未破坏，可填入碎石，侧向挤压捣实，若面层已经裂缝破坏，则应视面积大小或损坏情况，采取局部或全部返工。局部处理可用锤、凿将空鼓部位打去，填灰土或黏土、碎石混合物夯实，再作面层。

5、优质工程示例

参见图1-42、图1-43。

图1-42　回填土质量好室外地面无沉裂现象

图1-43　变形敏感的室内水磨石地面无沉裂现象

七、地基回填土不密实

1、现象

灰土地基接槎错位，不密实（接槎位置不正确，接槎处不密实）。

2、原因分析

（1）未分层留槎，位置未按规范要求；

（2）上下两层接槎未错开0.5m以上，并做成直槎；

（3）接槎处铺设夯打未超过一定距离，再挖去。

3、预防措施

接槎位置应按规范规定位置留设；分段分层施工应作成台阶形，上下两层桩缝应错开 0. 5m 以上，每层虚铺应从接槎处往前延伸 50cm，夯实时夯达 30cm 以上，接槎时再切齐，再铺下段夯实。

第六节　边坡工程

一、土方开挖边坡滑坡

1、现象

在斜坡地段，土体或岩体受到水（地表水、地下水）、人的活动或地震作用等因素的影响，边坡的大量土或岩体在重力作用下，沿着一定的软弱结构面（带）整体向下滑动，造成线路摧毁，建筑物产生裂缝、倾斜、滑移，甚至倒塌等现象，危害性十分严重。

2、原因分析

（1）边坡坡度不够，倾角过大，土体因自重及地表水（或地下水）浸入，剪切应力增加，粘聚力减弱，使土体失稳而滑动。

（2）土层下有倾斜度较大的岩层，在填土、堆置材料荷重和地表、地下水作用下，增加了滑坡面上的负担，降低了土与土、土体与岩石面之间的抗剪强度而引起土体顺岩面滑动。

（3）开堑挖方切割坡脚（见图 1-44），或坡脚被地表、地下水冲蚀掏空，或斜坡段下部被冲沟、排水沟所切，地表、地下水浸入坡体；或开坡放炮将坡脚松动破坏等原因，使斜坡坡度加大，破坏了土体（或岩体）的内力平衡，使上部土体（或岩体）失去稳定而向坡脚滑动。

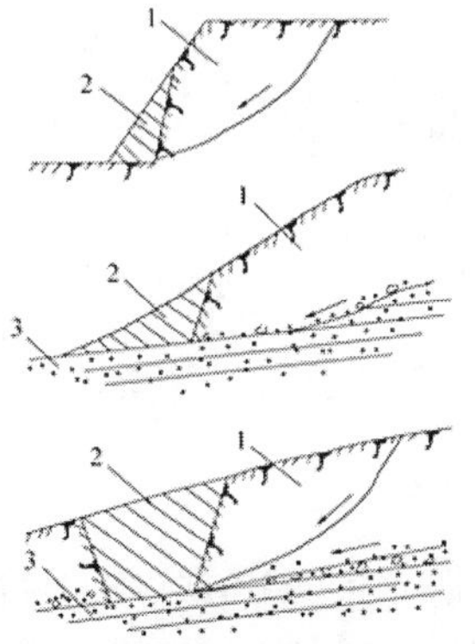

图 1-44　切割坡脚引起的滑坡

1—削去土坡；2—堆筑挡土堆（台地）；3—滑动地面

（4）岩（土）体本身有倾向相近、层理发达、风化破碎严重的软弱夹层或裂隙（断层）面，内部夹有软泥，或岩层中夹有易滑动的岩层（如云母、滑石等），受水浸后，由于水及外力作用，而使上部岩体沿软弱结构发生滑动。

（5）在坡体上不适当的堆土或填方，或设置土工构筑物（如路堤、土坝），增加了坡体自重，使重心改变，在外力或地表、地下水作用下，使坡体失去平衡而产生滑动。

（6）由于雨水冲刷或潜蚀斜坡坡脚，或坡体地下水位剧烈升降，增大水力坡度，使土体和自重增加，抗剪强度降低，破坏斜坡平衡而导致边坡滑动。

（7）现场爆破或车辆振动影响，产生不同频率的振荡，使岩、土体内摩擦力降低，抗剪强度减小而使岩、土体滑动。

3、预防措施

（1）加强地质勘察和调查研究，注意地形、地貌、地质构造（如岩、土性质，岩层生成情况，岩层倾角，裂隙节理分布等）、滑坡迹象及地表、地下水流向和分布，采取合理的施工方法，避免破坏土坡地表的排水、泄洪设施，消除滑坡因素，保持坡体稳定。

（2）保持边坡有足够的坡度，避免随意切割坡脚，土坡尽量做成较平缓的坡度，或做成阶梯形，使中间有1～2个平台以增加稳定性［图1-45（a）］。土质不同时，视情况做成2～3种坡度，一般可使坡度角小于土的内摩擦角，将不稳定的陡坡部分削去，以减轻边坡负担。在坡脚处有弃土石条件时，将土石方填至坡脚［图1-45（b）、（c）］，筑挡土堆或修筑台地，并使填土的坡度不陡于原坡体的自然坡度，使其起到反压作用以阻挡坡体滑动。

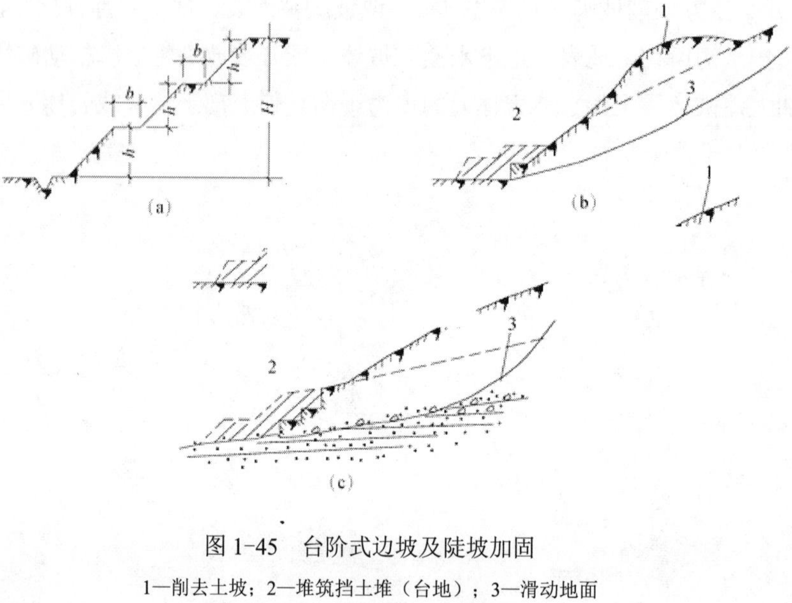

图1-45 台阶式边坡及陡坡加固

1—削去土坡；2—堆筑挡土堆（台地）；3—滑动地面

H-边坡原来高度；*h*-设置平台后各个边坡的高度；*b*-平台宽度

（3）在滑坡体范围以外设置环形截水沟，使水不流入坡体内，在滑坡区域内修设排水系统，疏导地表、地下水，减少地表水和地下水冲刷地基或将坡脚冲坏。如无条件修筑正式排水工程，则应做好现场临时泄洪排水设施，或保留原有场地自然排水系统，并进行必要的整修和加固。

（4）施工中尽量避免在坡脚处取土，在坡体上弃土或堆放材料，尽量遵循先整治后开挖的施工程序。在斜坡上挖土，应遵守由上至下分层开挖的程序，严禁先切割坡脚；在斜坡上填方时，应遵守由下往上分层压填的程序，不要集中弃土，以免破坏原边坡的自然平衡而造成滑坡。必须挖去坡脚时，应设挡土结构代替原坡脚，采取分段跳槽开挖措施，并应尽量在早期施工。

（5）避免破坏坡体上的自然植被。对于可能滑动的土坡和易于风化的岩坡，在表面及坡顶作罩护措施，并尽可能保护天然植被不被破坏，借以稳定土（岩）坡。

（6）避免在有可能滑坡的区段进行爆破，或设置振动很大的构筑物，影响边坡的稳定。

（7）发现滑坡裂缝，应及时填平夯实；沟渠开裂渗水，要及时修复。

4、治理方法

（1）对上部先变形挤压下部滑动的推动式滑坡，可采取卸荷减重的方法，在滑坡体上削去一部分土，并辅以做好排水系统，一方面减轻自重，另一方面在坡脚堆土以抵御滑坡体滑动，使达到平衡。

（2）对下部先变形滑动，上部失去支撑而引起的牵引式滑坡，可用支挡的办法来治理，如用大直径现浇钢筋混凝土锚固桩（抗滑桩）支挡（见图 1-46）。如推力不大，下部地基良好，可采取挡土墙或挡土墙与锚桩相结合的办法（见图 1-47）治理。

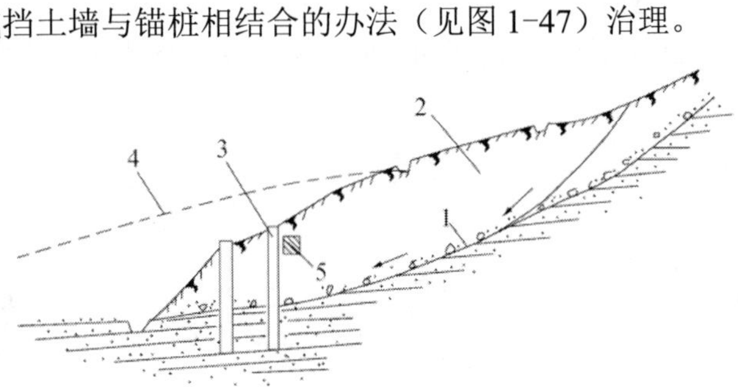

图 1-46　用钢筋混凝土锚固桩（抗滑桩）治理滑坡

1—基岩滑坡面；2—滑动土体；3—钢筋混凝土锚固（抗滑）排桩；4—原地面线；5—排水盲沟

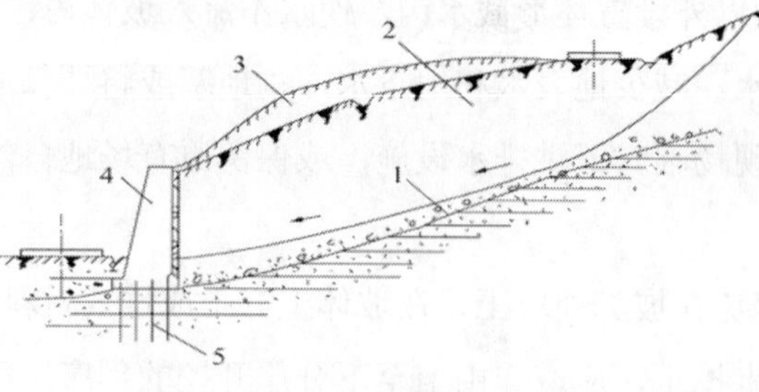

图 1-47　挡土墙与锚桩结合治理滑坡

1—基岩滑坡面；2—滑坡土体；3—卸去土体；4—钢筋混凝土或块石挡土墙；5—锚桩

（3）对深路堑开挖，挖去土体支撑部分而引起的滑坡，可用设涵洞或挡土墙与恢复土体平衡相结合进行治理（见图 1-48）。

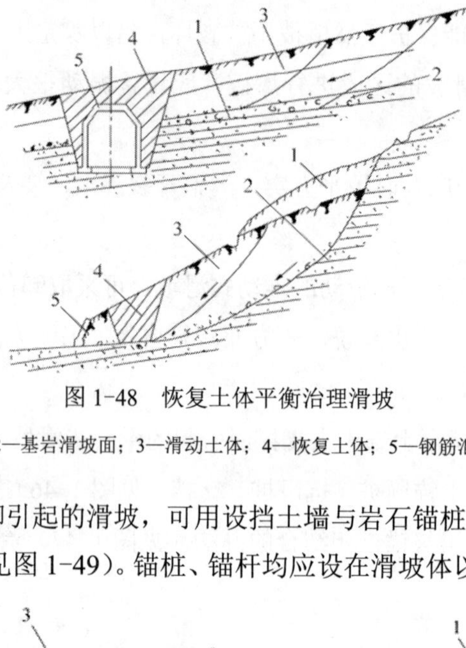

图 1-48　恢复土体平衡治理滑坡

1—卸去土体；2—基岩滑坡面；3—滑动土体；4—恢复土体；5—钢筋混凝土涵洞或挡土墙

（4）对一般挖去坡脚引起的滑坡，可用设挡土墙与岩石锚桩，或挡土板、柱与土层锚杆相结合的办法来治理（见图 1-49）。锚桩、锚杆均应设在滑坡体以外的稳定岩（土）层内。

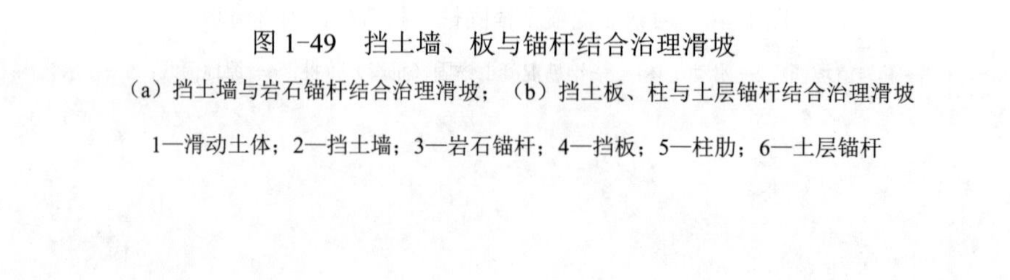

图 1-49　挡土墙、板与锚杆结合治理滑坡

（a）挡土墙与岩石锚杆结合治理滑坡；（b）挡土板、柱与土层锚杆结合治理滑坡

1—滑动土体；2—挡土墙；3—岩石锚杆；4—挡板；5—柱肋；6—土层锚杆

二、边坡塌陷

1、现象

填方边坡塌陷，造成坡脚处土方堆积，坡顶上部土体裂缝。

2、原因分析

（1）边坡坡度过陡，坡体因自重或地表滞水作用使边坡土体失稳而导致塌陷或滑塌。

（2）边坡基底的草皮、淤泥、松土未清理干净，与原陡坡接合未挖成阶梯形搭接，填方土料采用了淤泥质土等不符合要求的土料。

（3）边坡填土未按要求分层回填压（夯）实，密实度差，粘聚力低，自身稳定性不够。

（4）坡顶、坡脚未做好排水措施，由于水的渗入，土的粘聚力降低，或坡脚被冲刷掏空而造成塌方。

3、预防措施

（1）永久性填方的边坡坡度应根据填方高度、土的种类和工程重要性按设计规定放坡，当填土边坡用不同土料进行回填时，应根据分层回填土料类别，将边坡做成折线形式。

（2）使用时间较长的临时填方边坡坡度，当填方高度在 10m 以内，可采用 1∶1.5；高度超过 10m，可做成折线形，上部为 1∶1.5，下部采用 1∶1.75。

（3）填方应选用符合要求的土料，避免采用腐殖土和未经破碎的大块土作边坡填料。边坡施工应按填土压实标准进行水平分层回填、碾压或夯实。当采用机械碾压时，应注意保证边缘部位的压实质量；对不要求边坡修整的填方，边坡宜宽填 0.5m，对要求边坡整平拍实的填方，宽填可为 0.2m。机械压实不到的部位，配以小型机具和人工夯实。填方场地起伏之处，应修筑 1∶2 阶梯形边坡。分段填筑时，每层接缝处应作 1∶1.5 斜坡形，以保证结合质量。

（4）在气候、水文和地质条件不良的情况下，对黏土、粉砂、细砂、易风化岩石边坡以及黄土类缓边坡，应于施工完毕后，随即进行防护。填方铺砌表面应预先整平，充分夯压密实，沉陷处填平捣实。边坡防护法根据边坡土的种类和使用要求选用浆砌或干砌片（卵）石及铺草皮、喷浆、抹面等措施。其中以铺砌草皮较为经济易行，不受边坡高度限制，边坡坡度亦可稍陡。

（5）在边坡上、下部作好排水沟，避免在影响边坡稳定的范围内积水。

4、治理方法

边坡局部塌陷或滑塌，可将松土清理干净，与原坡接触部位作成阶梯形，用好土或 3∶7 灰土分层回填夯实修复，并做好坡顶、坡脚排水措施。大面积塌方，应考虑将边坡修成缓坡，作好排水和表面罩覆措施。

三、爆破后边坡失稳

1、现象

爆破后，边坡出现裂缝、松动、滑移等现象，严重影响边坡的稳定性。

2、原因分析

（1）未充分考虑爆破体的地质条件，采用了不当的爆破技术参数，如采用过大的爆破作用指数，造成边坡超爆、开裂、松动。

（2）采用了过大的爆破岩土单位体积消耗量系数 q 值，使一次爆破药量过大，使爆破振动强度超过了允许值。

（3）没有预留足够的边坡保护层厚度，将边坡面破坏。

（4）不适于采用竖井、大爆破的地区，采用了大爆破，使边坡受扰动，给边坡稳定带来严重损坏。

（5）开坡放炮将边脚松动破坏，或在坡脚坡面开成爆破漏斗坑，破坏了边坡土体的内力平衡，使上部土体（或岩体）失去稳定。

（6）边坡部位岩土体本身存在倾向相近，层理发达，风化破碎严重的软弱夹层或裂隙，内部夹有软泥；或岩层中夹有易滑动的岩层；或存在老滑坡体、岩堆体，受爆破振动，使边坡松动、位移失稳。

3、预防措施

（1）对坡脚松动可用设挡土墙与岩石锚杆，或挡土板、柱与土层锚杆相结合的办法来整治。锚桩、锚杆均应设在边坡松动层以外的稳定岩（土）层内。

（2）对坡面因振动出现较大的裂隙，可用砌石或砂浆封闭；对裂缝的悬石采用岩石锚杆与稳定岩层拉结。

（3）如坡面局部出现凹坑，岩石边坡可用浆砌块石填砌；土坡用 3∶7 灰土夯补；与原岩土坡接触部位应做成台阶接槎，使牢固结合。

四、条石挡土墙组砌不规范

1、现象

条石挡墙组砌错误，不均匀沉陷。参见图 1-50。

图 1-50　挡墙砌筑丁头石太短

2、原因分析

（1）条石挡墙地基承载力不够，未置于中风化层或换土层上。

（2）上下砌石为错开砌筑。

（3）料石与毛条石之间搭砌不足或未搭砌。

（4）水平灰缝、竖缝灰浆不饱满，砂浆不计量。

（5）泄水孔不按规定留设或堵塞。

3、预防措施

（1）挡墙应置于中风化层上或置于换土夯填持力层上，并有足够的承载能力，第一排料石应丁砌，靠内侧用细石混凝土做成返水坡度。

（2）当外墙为料石，中部采用毛石砌筑，丁砌料石伸入毛石部分的长度不应小于 200mm，当墙体里外均为料石组砌，其丁砌料石长度应是顺砌石长度，并应满足内外搭砌，上下错缝，但不宜小于料石 1/4，拉结石、丁砌石交错设置。

（3）砂浆（石粉）应严格计量，控制水胶比，灰缝厚度不宜大于 20mm，砂浆饱满度不应小于 85%，砂浆强度不宜小于 M10。

（4）泄水孔均匀设置，在每米高度上间隔 2m 左右设置一个泄水孔，孔内清洁、通畅，泄水孔与土体间铺设长宽各为 300mm 厚 200mm 的卵石或碎石作疏水层。

（5）挡土墙内侧回填应随砌随分层夯填，墙顶应有适当的排水坡度。

4、优质工程示例

参见图 1-51。

图 1-51 条石挡墙组砌规范

第七节 地下防水工程

一、地下室预埋件部位渗漏

1、现象

对于卷材防水层或刚性防水层的地下室，在穿透防水层的预埋件周边，出现洇湿或不同程度的渗漏。

2、原因分析

（1）施工操作不严格，在预埋件周边未压实，或未按要求进行防水处理。

（2）预埋件上的锈皮、油污等杂物未很好清除，打入混凝土中后成为进水通道。

（3）预埋件受热、受振，与周边的防水层接触处产生微裂，造成渗漏。

3、预防措施

对预埋铁件部位的渗漏水，要针对预埋件的具体情况和渗漏原因，有针对性地进行处理。一般的治理方法有以下方面。

（1）直接堵漏法：先沿预埋件周边剔凿出环形沟槽，将沟槽清洗干净，嵌填入快硬水泥胶浆堵漏，然后再做好面层防水层（见图 1-52）。

（2）预制块堵漏法：对于因受振动而渗漏的预埋件，处理时先将铁件拆出，制成预制块，并进行预制块的防水处理，在基层上凿出坑槽，供埋设预制块用。埋设时，在坑槽中先填入水泥：砂=1：1 和水：促凝剂=1：1 的快硬水泥砂浆，再迅速将预制块填入，待砂浆具有一定强度后，周边用水泥胶浆填塞，并用素浆嵌实，然后在上面做防水层（见图 1-53）。

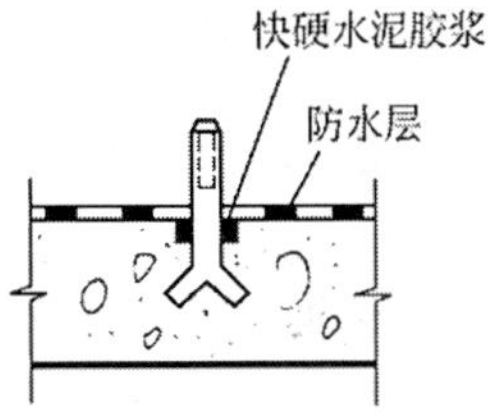

图 1-52　预埋件渗漏直接堵漏法

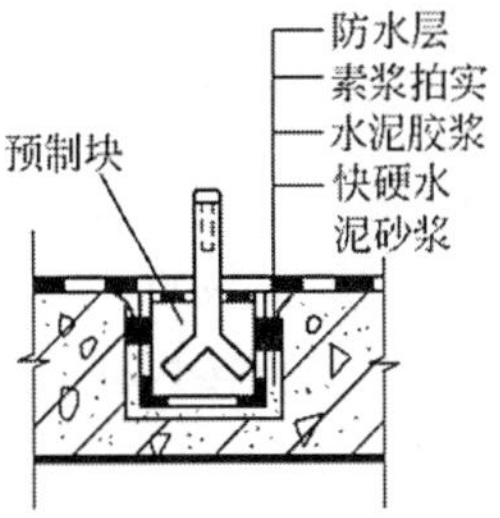

图 1-53　预埋件渗漏预制块堵漏

（3）灌浆堵漏法：如预埋件较密，且此部分混凝土不密实，则可先进行灌浆堵漏，水止后，再按上述（1）、（2）的方法进行处理。

二、地下室穿墙管部位渗漏

1、现象

在地下室工程中，穿墙管道部位渗漏水的事故比较常见，尤其是在地下水位较高，在一定水压力作用下，地下水沿穿墙管道与地下室混凝土墙的接触部位渗入室内，严重影响地下室的使用。参见图 1-54。

图 1-54　地下室穿墙管部位渗漏

2、原因分析

在地下室墙壁上的穿墙管道，一般均为钢管或铸铁管，外壁比较光滑，与混凝土、砖砌体很难牢固、紧密地结合，管道与地下室墙壁的接缝部位，就成为渗水的主要通道，导致渗水的主要原因有以下方面。

（1）地下室墙壁上穿墙管道的位置，在土建施工时没有留出，安装管道时才在地下室墙上凿孔打洞，破坏了墙壁的整体防水性能，埋设管道后，填缝的细石混凝土、水泥砂浆等嵌填不密实，成为渗水的主要通道。

（2）在进行地下室混凝土墙体施工时，虽预先埋入套管，在管套直径较大时，管底部的墙体混凝土振捣操作较为困难，不易振捣密实，在此部分容易出现蜂窝、狗洞，成为渗水的通道。

（3）穿墙管道的安装位置，未设置止水法兰盘。

（4）将止水法兰盘直接焊在穿墙管道上，位置固定后就灌筑混凝土，将混凝土墙体与穿墙管道固结于一体，使穿墙管道没有丝毫的变形能力，一旦发生不均匀沉降，容易在此处损坏而出现渗漏。

（5）穿墙的热力管道由于处理不当，或只按常温穿墙管道处理，在温差作用下管道发生胀缩变形，在墙体内进行往复活动，造成管道周边防水层破坏，产生裂隙而漏水。

3、预防措施

由于穿墙管道穿过完整的混凝土、卷材防水层，出现渗漏水后处理较为困难，只有方法得当，操作认真，才能达到防止渗漏的效果，常用的治理方法有以下方面。

（1）快硬水泥胶浆堵漏法：这是一种传统的堵漏做法，先在地下室混凝土墙的外侧沿管道四周凿一条宽 30～40mm、深 40mm 左右的凹槽，用清水清洗干净，直至无渣、无尘为止；若穿墙管道外部有锈蚀，需用砂纸打磨，除去锈斑浮皮，然后用溶剂清洗干净。在集中漏水点的位置处继续凿深至 70mm 左右，用一根直径 10mm 的塑料管对准漏水点，再用快硬水泥胶浆将其固结，观察漏水是否从塑料管中流出，若不能流出则需凿开重做，直至漏水能由塑料管中流出为止；用快硬水泥胶浆对漏水部位逐点进行封堵，直至全部封堵完毕。再在快硬水泥胶浆表面涂抹水泥素浆和水泥砂浆各一道，厚约 6～7mm，待砂浆具有一定强度后，在上面涂刷两道聚氨酯防水涂料或其他柔性防水涂料，厚约 2mm，再用无机铝盐防水砂浆做保护层，分两道进行，厚度约 15～20mm，并抹平压光，湿润养护 7d。在确认除引水软管外，在穿墙管四周已无渗漏时，将软管拔出，然后在孔中注入丙烯酰胺浆材，进行堵水，注浆压力为 0. 32MPa，漏点封住后，用快硬水泥封孔（见图 1-55）。

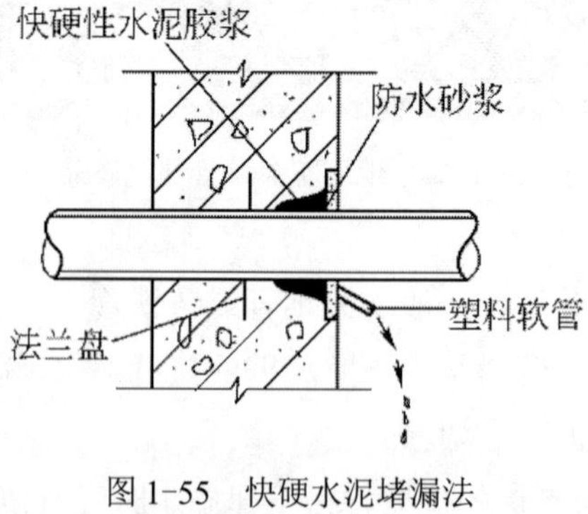

图 1-55　快硬水泥堵漏法

（2）遇水膨胀橡胶堵漏法：先沿穿墙管道的周围混凝土墙上凿出宽 30～40mm、深约 40mm 左右的凹槽，清洗缝隙，除去杂物；然后剪一条宽 30mm、厚 30mm 的遇水膨胀橡胶条，长度以绕管一周为准，在接头处插入一根直径 10mm 的引水管，并使其对准漏水点，经过一昼夜后，遇水膨胀橡胶已充分膨胀，主要的渗水点已被封住，然后喷涂水玻璃浆液，喷涂厚度为 1～1.5mm。然后沿橡胶条与穿墙管道混凝土的接缝涂刷两遍聚氨酯或硅橡胶防水涂料，厚 3～5mm，随即撒上热干砂。再用阳离子氯丁胶乳水泥砂浆涂抹，厚 15mm（配合比为：水泥∶中砂∶胶乳∶水=1∶2∶0.4∶0.2）的刚性防水层，待这层防水层达到强度后，拔出引水胶管，用堵漏浆液注浆堵水。

三、地下室侧墙止水螺杆不符合要求

1、现象

随着工艺的改进，现目前有较多项目用于地下室的止水螺杆两端是成品胶粒，拆模后工人往往因成品胶粒面积小难于取出而不把其取出，导致没有按要求在凹位切断并刷防锈漆（见图 1-56）。参见图 1-57。

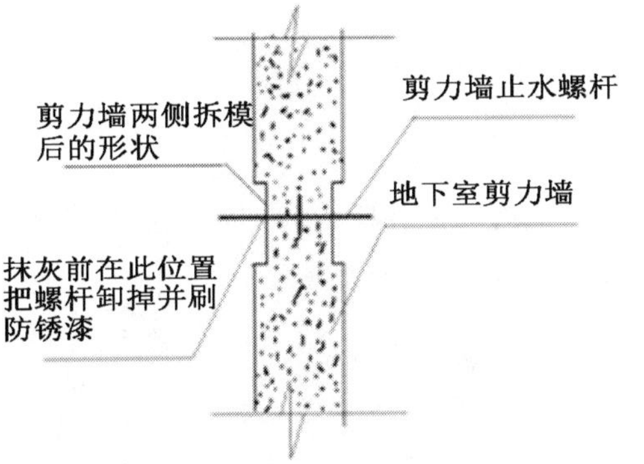

图 1-56　止水螺杆防锈漆涂刷示意图

图 1-57　止水螺杆两端未切断

2、预防措施

（1）安装地下室剪力墙模板时，在穿心螺杆两端处（模板内侧）加上一小块模板（60mm×60mm），并尽可能不采取成品胶垫，但不论采用何种方式，其嵌入深度应控制在 10～20mm 之内并在抹灰前把其木块与胶垫取出。

（2）地下室内外墙抹灰前，把螺杆在凹位切断并刷防锈漆后用防水砂浆抹平。

四、地下工程门框部位渗漏水

1、现象

地下工程铁门或混凝土门的角铁门框和门轴等预埋铁件部位漏水。参见图 1-58。

图 1-58　地下工程门框处漏水

2、原因分析

（1）门窗口部位的防水层不连续，或未经任何处理。

（2）门窗口安装时任意剔凿、磕碰防水层，开关铁门或混凝土门的振动，造成门轴等预埋铁件松动。

3、预防措施

角铁门框、门轴等应尽量采用后浇或后砌法固定。

4、治理方法

（1）将已出现渗漏水的门框门轴等拆除，剔槽并经堵漏处理和修补防水层后，重新安装。

（2）漏水铁门框，其处理部位必须挂贴湿草帘或麻片浇水养护 14d。

五、地下室混凝土孔眼渗漏

1、现象

在地下室的墙壁或底板上，有明显的渗漏水孔眼，其孔眼有大有小，还有呈蜂窝状，地下水由这些孔眼中渗出或流出。参见图 1-59。

图 1-59　地下室墙壁渗水

2、原因分析

（1）在混凝土中有密集的钢筋或有大量预埋件处，混凝土振捣不密实，出现孔洞。

（2）混凝土浇灌时下料过高，产生离析，石子成堆，中间无水泥砂浆，出现成片的蜂窝，有的甚至贯通墙壁。

（3）混凝土浇筑时漏振，或一次下料过多，振捣器的作用范围达不到，而使混凝土出现蜂窝、孔洞。

（4）施工操作不认真，在混凝土中掺入了泥块、木块等较大的杂物。

3、预防措施

常用的堵漏方法如下。

（1）直接快速堵漏法。

1）适用范围：水压不大，一般在水位 2m 以下，漏水孔眼较小时采用。

2）具体做法：在混凝土上以漏点为圆心，剔成直径 10～30mm、深 20～50mm 的圆孔，孔壁必须垂直基面，然后用水将圆孔冲洗干净，随即用快硬水泥胶浆（水泥∶促凝剂=1∶0.6）捻成与孔直径接近的圆锥体，待胶浆开始凝固时，迅速用拇指将胶浆用力堵塞入孔内，并向孔壁四周挤压严密，使胶浆与孔壁紧密结合，持续挤压 1min 即可。检查无渗漏后，再做防水面层（见图 1-60）。

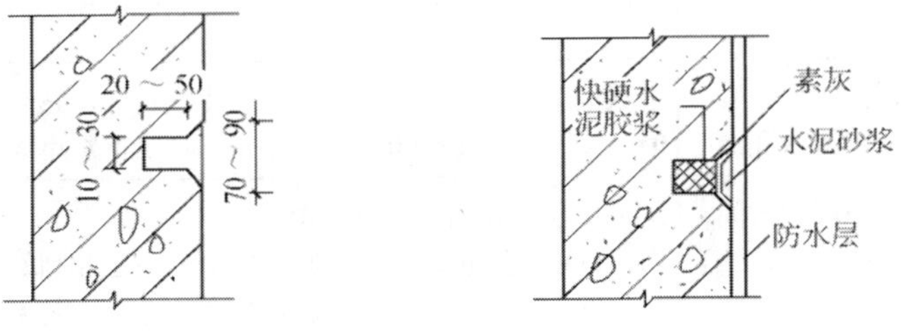

图 1-60　直接快速堵漏法

（2）下管堵漏法。

1）适用范围：水压较大，水位为 2～4m，且渗漏水孔洞较大时采用。

2）具体做法：根据渗漏水处混凝土的具体情况，决定剔凿孔洞的大小和深度。可在孔底铺碎石一层，上面盖一层油毡或铁片，并用胶管穿透油毡至碎石层内，然后用快硬水泥胶浆将孔洞四周填实、封严，表面低于基面 10～20mm，经检查无漏后，拔出胶管，用快硬水泥胶浆将孔洞堵塞。如系地面孔洞漏水，在漏水处四周砌挡水墙，将漏水引出墙外（见图 1-61）。

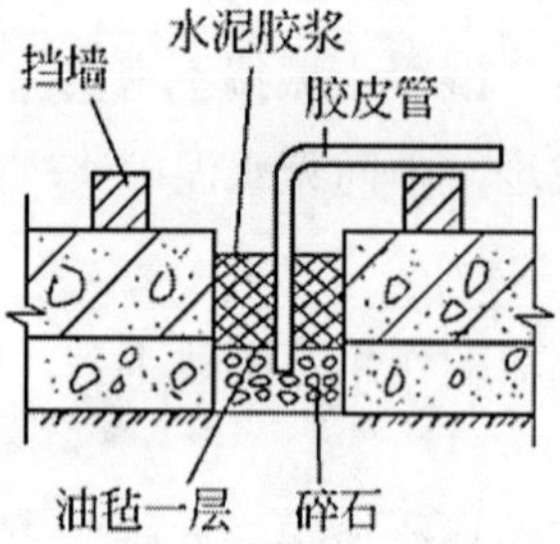

图 1-61　下管堵漏法

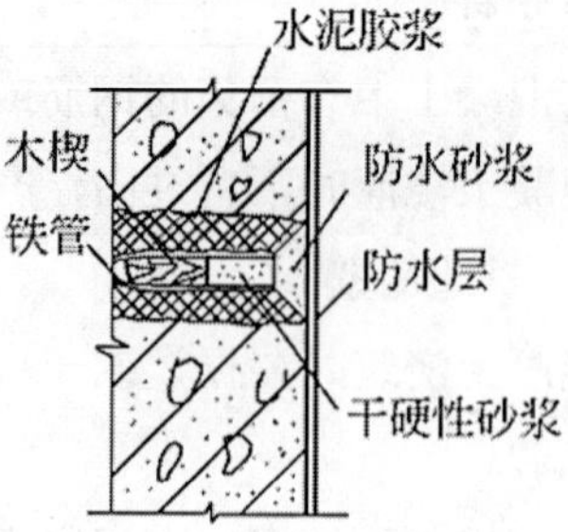

图 1-62　木楔堵漏法

（3）木楔堵漏法。

1）适用范围：当水压很大，水位在 5m 以上，漏水孔不大时采用。

2）具体做法：用水泥胶浆将一直径适当的铁管稳牢于漏水处已剔好的孔洞内，铁管外端应比基面低 2～3mm，管口四周用素灰和砂浆抹好，待有强度后，将浸泡过沥青的木楔打入铁管内，并填入干硬性砂浆，表面再抹素灰及砂浆各一道，经 24h 后，再做防水面层（见图 1-62）。

3）常用的快硬水泥胶浆及其配制和使用见表 1-3。

表 1-3　常用的快硬水泥胶浆及其配制和使用

快硬水泥胶浆名称	适用范围	配合比	操作要点
水玻璃水泥胶浆	用于直接快速堵塞混凝土的漏水孔洞	水玻璃∶水泥=1∶（0.5～0.6）或 1∶（0.8～0.9）	从拌制到操作完毕以 1～2min 为宜，故操作时应特别迅速，以免凝固结硬
水泥-快燥精胶浆	可以调整凝固时间，用于不同时间，用于不同渗漏水孔吊带的直接堵漏	水泥∶快燥精=100∶50，凝固<1min；水泥∶水∶快燥精=100∶20∶30，＜5min；100∶35∶15，＜30min	将水泥和已配制好的快燥精（或水）按配合比拌合均匀后，立即使用
801 堵漏剂	直接堵塞混凝土的漏水孔洞	801 堵漏剂∶水泥=1∶（2～3）	用 42. 5 级普通硅酸盐水泥与 801 堵漏剂拌合均匀后的水泥胶浆，可在 1min 内凝固，填漏效果较好
M131 快速止水剂	按需要时间确定配合比	M131∶水泥∶水= 1∶适量∶2　1min10s 1∶适量∶4　1min30s 1∶适量∶6　19min11s	根据孔眼大小，将拌合物揉成相应大小的料球待用，待手感发热时，迅速将料球填于已凿好并冲洗干净的孔中
硅酸钠五矾防水胶泥	用于直接快速堵塞混凝土的漏水孔洞	水泥∶五矾防水剂=1∶（0. 5～0. 6）或 1∶（0. 8～0. 9）	五矾防水胶泥的初凝时间为 1min30s，终凝时间为 2min，凝结时间与配合比、用水量、气温、水玻璃模数等有关，故应经试验确定配合比。堵漏应在胶泥即将凝固的瞬间进行，使堵完后的胶泥正好凝固

六、高聚物改性沥青卷材防水层出现空鼓

1、现象

铺贴后的卷材表面，经敲击或手感检查，出现空鼓声。

2、原因分析

（1）基层潮湿，沥青胶结材料与基层粘接不良。

（2）由于人员走动或其他工序的影响，找平层表面被泥水沾污，与基层粘接不良。

（3）立墙卷材的铺贴，操作比较困难，热作业容易造成铺贴不实不严。

3、预防措施

（1）无论用外贴法或内贴法施工，都应把地下水位降至垫层以下不少于 300mm。垫层上应抹 1∶2.5 水泥砂浆找平层，以创造良好的基层表面，同时防止由于毛细水上升造成基层潮湿。

（2）保持找平层表面干燥洁净。必要时应在铺贴卷材前采取刷洗、晾干等措施。

（3）铺贴卷材前 1～2d，喷或刷 1～2 道冷底子油，以保证卷材与基层表面粘接。

（4）无论采取内贴法或外贴法，卷材均应实铺（即满涂热沥青胶结料），保证铺实贴严。

（5）当防水层采用 SBS、APP 改性沥青热熔卷材施工时，可采用热熔条粘法施工。即采用火焰加热器熔化热熔型卷材底层的热熔胶进行粘贴。铺贴时，卷材与基层宜采用条状粘接。但每幅卷材与基层粘接面不少于 4 条，每条宽不小于 150mm，卷材之间满粘。

其做法是先用喷灯加热水泥砂浆面层，再用喷灯加热热熔卷材。当卷材表面发黑发亮，且顺喷火方向有流淌现象时，即可将卷材逐块粘贴在烘干了的砂浆找平面层上，压实并铺平卷材。

如在卷材面层上做保护层，当卷材表面油黑发亮，即可将事先过筛并已烘干的粗砂粒均匀地撒在表面熔化的卷材上，进行毛化处理，使卷材表面粗糙，砂粒要粘接牢固，并呈黄黑相间状，再在表面满刷 108 胶素水泥浆作为保护层，厚度控制在 3～4mm，终凝后喷水养护，避免出现收缩裂缝和起砂现象。

（6）冷粘法铺贴卷材时气温不宜低于 5℃。热熔法冬期施工应采取保温措施，以确保胶结材料的适宜温度。雨期施工应有防雨措施，或错开雨天施工。

4、治理方法

对于检查出的空鼓部位，应剪开重新分层粘贴（见图 1-63）。

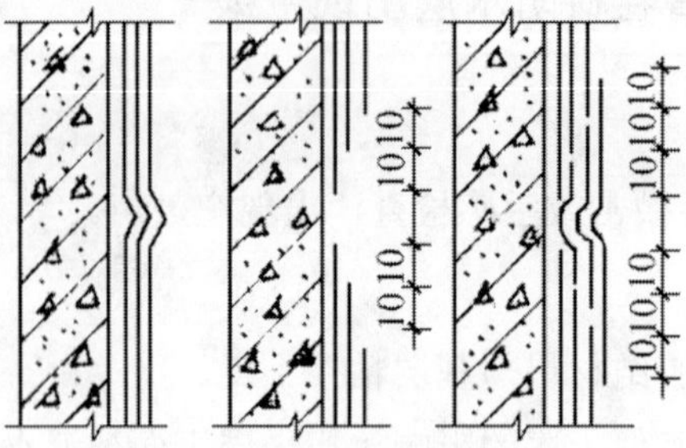

图 1-63　卷材空鼓修补法示意图

七、高聚物改性沥青卷材搭接处渗水

1、现象

铺贴后的卷材甩槎被污损破坏，或立面临保护墙的卷材被撕破，层次不清，无法搭接。

2、原因分析

（1）临时保护墙砌筑强度高，不易拆除，或拆除时不仔细，没有采取相应的保护措施。

（2）施工现场组织管理不善，工序搭接不紧凑；排降水措施不完善，水位回升，浸泡、沾污了卷材搭接处。

（3）在缺乏保护措施的情况下，底板垫层四周架空平伸向立墙卷铺的卷材，更易污损破坏。

3、预防措施

从混凝土底板下面甩出的卷材可刷油铺贴在永久保护墙上，但超出永久保护墙部位的卷材不刷油铺实，而用附加保护油毡包裹钉在木砖上，待完成主体结构、拆除临时保护墙时，撕去附加保护油毡，可使内部各层卷材完好无缺，如图 1-64 所示。当采用聚氨酯代替卷材作防水层时，其地下室底板与外墙防水处理（见图 1-65）。

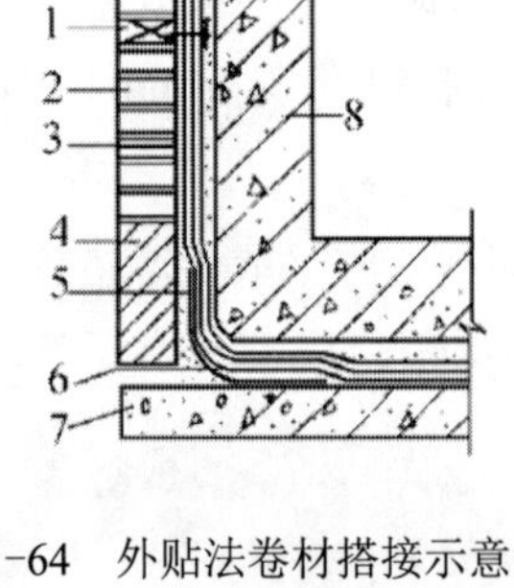

图 1-64　外贴法卷材搭接示意图

1—木砖；2—临时保护墙；3—卷材；4—永久保护墙；5—转角附加油毡；6—干铺油毡片；7—垫片；8—结构

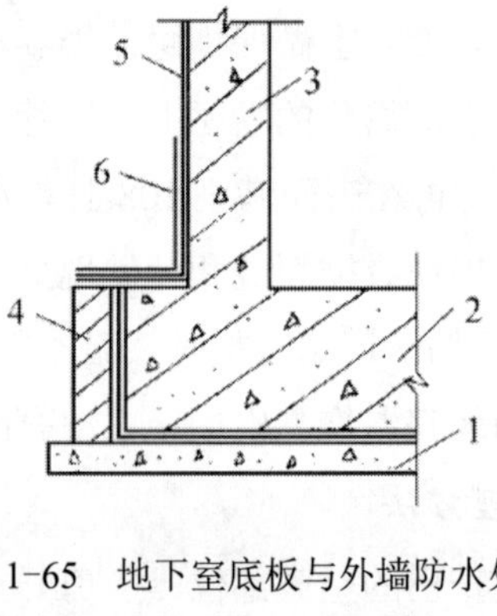

图 1-65　地下室底板与外墙防水处理

1—混凝土垫层；2—地下室底板；3—地下室外墙；4—砖侧墙；5—2mm 厚聚氨酯防水层；6—3mm 厚聚氨酯加筋附加层

八、柔性防水层影响整体性

1、现象

柔性防水层在桩头处起到隔离层的作用，影响了桩基础在桩头处与钢筋混凝土底板结构连接的整体性。

2、原因分析

柔性防水层直接通过桩头，在结构底板下形成整体的防水层。

3．防治措施

柔性防水层遇到桩基础时，不宜直接通过桩头，而应将柔性防水层铺至桩的边缘，并采用弹塑性的密封材料（如密封膏或双面粘密封胶带等）粘结牢固，封闭严密。桩头顶部应在彻底清理干净后，抹 10～15mm 厚高强度的聚合物水泥砂浆或高分子益胶泥，也可涂刷 5～8mm 厚的水泥基渗透结晶型防水涂料或将上述材料复合处理，并使其沿桩身连续涂抹和超出桩的周边 50mm 以上，以全面覆盖密封材料和柔性防水层，其防水构造（见图 1-66）。

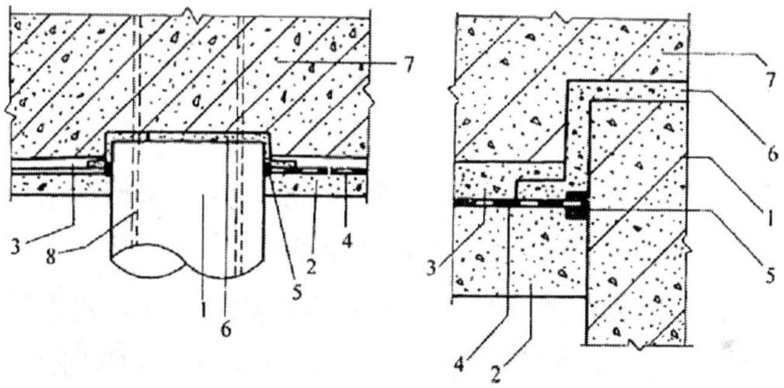

图 1-66　桩头防水设防图

1—桩；2—垫层；3—保护层；4—柔性防水层；5—密封材料；6—聚合物水泥砂浆或高分子益胶泥；7—承台；8—钢筋

九、卷材粘结不牢

1、现象

卷材铺贴后易在屋面转角、立面处出现脱空，而在卷材的搭接缝处，还常发生粘结不牢、张口、开缝等缺陷。

2、原因分析

（1）高聚物改性沥青防水卷材厚度较大，质地较硬，在屋面转角以及立面部位（如女儿墙），因铺贴卷材比较困难，又不宜压实，加之屋面两个方向变形不一致和自重下垂等因素，常易出现脱空与粘结不牢等现象。

（2）热熔卷材表面一般都有一层防粘隔离层，如在粘结搭接缝时，未将隔离层用喷枪熔烧掉，是导致接缝处粘结不牢的主要原因。

3、预防措施

（1）基层必须做到平整、坚实、干净、干燥。

（2）涂刷基层处理剂，并要求做到均匀一致，无空白漏刷现象，但切勿反复涂刷。

（3）屋面转角处应按规定增加卷材附加层，并注意与原设计的卷材防水层相互搭接牢固，以适应不同方向的结构和温度变形。

（4）对于立面铺贴的卷材，应将卷材的收头固定于立墙的凹槽内，并用密封材料嵌填封严。

（5）卷材与卷材之间的搭接缝口，亦应用密封材料封严，宽度不应小于10mm。密封材料应在缝口抹平，使其形成有明显的沥青条带。

十、卷材与混凝土基层粘结力不足

1、现象

卷材与混凝土基层粘结力不大，在慢渗水或基层潮湿的情况下脱落而失去防水功能。

2．原因

卷材防水层铺设在地下防水混凝土结构主体的背水面。

3、预防措施

（1）将卷材防水层铺设在结构主体迎水面的基面上，既可保护结构主体不受地下水侵蚀性介质作用，又可防御外部压力水渗入结构主体内部。

（2）卷材防水层用于建筑物地下室时，应采用外防外贴法，将卷材铺设在结构主体底板的垫层上。在铺设卷材时，必须使其与粘贴在立墙外侧的卷材防水层相连接，以便形成一个连续、整体、全封闭式的柔性防水层（见图1-67、图1-68）。

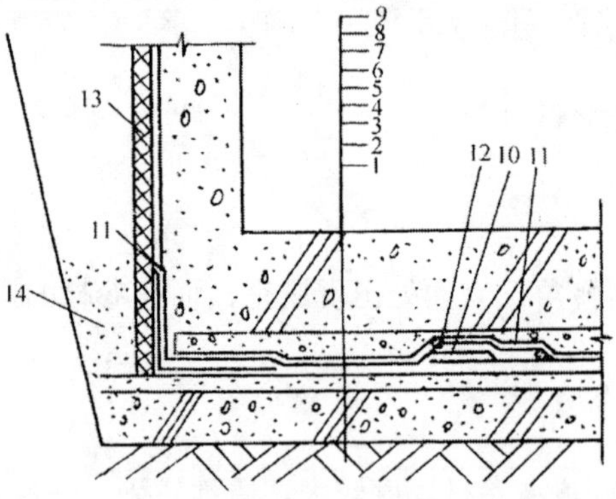

图1-67　地下室工程外贴法卷材防水构造

1—素土夯实；2—素混凝土垫层；3—防水砂浆找平层；4—聚氨酯底胶；5—基层胶粘剂；6—卷材防水层；7—沥青油毡保护隔离层；8—细石混凝土保护层；9—钢筋混凝土结构；10—卷材搭接缝；11—卷材附加补强层；12—嵌缝密封膏；13—5mm厚聚乙烯泡沫塑料保护层；14—分步夯实三七灰土

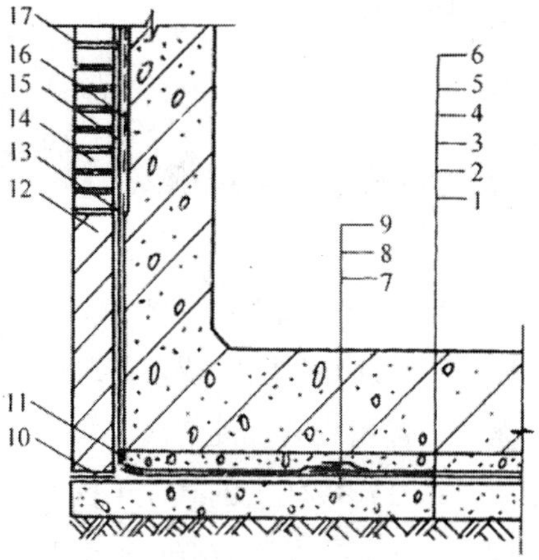

图 1-68　地下室外防外贴法卷材防水构造

1—素土夯实；2—素混凝土垫层；3—水泥砂浆找平层；4—卷材防水层；5—细石混凝土保护层；6—钢筋混凝土结构；7—卷材搭接缝；8—嵌缝密封膏；9—120mm 宽卷材盖口条；10—油毡隔离层；11—附加层；12—永久保护墙；13—满粘卷材；14—临时保护墙；15—虚铺卷材；16—砂浆保护层；17—临时固定

（3）施工时，在垫层四周砌筑永久性保护墙，其高度视工程而定，一般为结构混凝土底板厚度加 300mm 和 200～300mm 高的临时保护墙，其高度共约 800～1200mm 永久性保护墙应采用水泥砂浆砌筑和抹找平层，而临时保护墙宜采用强度较低的石灰砂浆砌筑和抹找平层。铺设卷材时卷材可从垫层直接铺贴到临时保护墙的顶部，待墙体的结构混凝土浇筑完毕，再拆除临时保护墙，清理卷材端头粘附的砂石等杂物后，将卷材粘贴在立墙结构上，至防水层设计高度。

（4）当施工场地狭窄，难以采用外防外贴法施工时，也可采用“外防内贴法”。将卷材直接粘贴在永久性保护墙（亦称模板墙）上，并与垫层混凝土上的卷材防水层相连接，形成整体的卷材防水层（见图 1-69）。在卷材防水层上作保护层后，再浇筑混凝土。

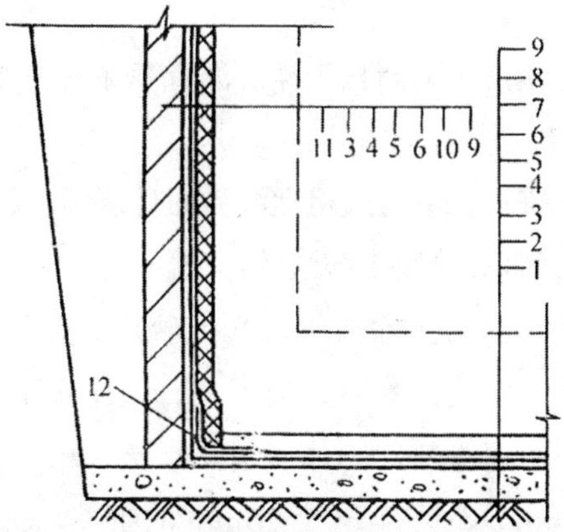

图 1-69　地下室工程外防内贴法卷材防水构造图

1—素土夯实；2—素混凝土垫层；3—水泥砂浆找平层；4—基层处理剂；5—基层胶粘剂；6—卷材防水层；7—油毡保护隔离层；8—细石混凝土保护层；9—钢筋混凝土结构；10—5mm 厚聚乙烯泡沫塑料保护层；11—永久性保护墙；12—卷材附加层

十一、涂膜防水质量常见问题

1、现象

涂膜防水层出现裂缝、脱皮、流淌、鼓泡等缺陷。

2、原因分析

（1）基层刚度不足，抗变形能力差，找平层开裂。

（2）涂料施工时温度过高，或一次涂刷过厚，或在前遍涂料未实干前即涂刷后续涂料。

（3）基层表面有砂粒、杂物，涂料中有沉淀物质。

（4）基层表面未充分干燥，或在湿度较大的气候下操作。

（5）基层表面不平，涂膜厚度不足，胎体增强材料铺贴不平整。

（6）涂膜流淌主要发生在耐热性较差的防水涂料中。

3、预防措施

（1）在保温层上必须设置细石混凝土（配筋）刚性找平层；同时在找平层上按规定留设温度分格缝。找平层裂缝如大于 0. 3mm 时，可先用密封材料嵌填密实，再用 10～20mm 宽聚酯毡作隔离条，最后涂刮 2mm 厚的涂料附加层。找平层裂缝如小于 0. 3mm 时，也可按上述方法进行处理，但涂料附加层的厚度为 1mm。

（2）为防止涂膜防水层开裂，应找平层分格缝处，增设带胎体增强材料的空铺附加层，其宽度宜为 200～300mm；而在分格缝中间 70～100mm 范围内，胎体附加层的底部不应涂刷防水涂料，以使与基层脱开。

（3）涂料应分层、分遍进行施工，并按事先试验的材料用量与间隔时间进行涂布。若夏天气温在 30℃以上时，应尽量避开炎热的中午施工，最好安排在早晚（尤其是上半夜）温度较低的时间操作。

（4）涂料施工前应将基层表面清扫干净；沥青基涂料中如有沉淀物（沥青颗粒），可用 32 目铁丝网过滤。

（5）选择晴朗天气下操作；或可选用潮湿界面处理剂、基层处理剂或能在湿基面上固化的合成高分子防水涂料，抑制涂膜中鼓泡的形成。

（6）基层表面局部不平，可用涂料掺入水泥砂浆中先行修补平整，待干燥后即可施工。铺贴胎体增强材料时，要边倒涂料、边推铺、边压实平整；铺贴最后一层胎体增强材料后面层至少应再涂刷两遍涂料。胎体应铺贴平整，松紧有度，铺贴前，应先将胎体布幅的两边每隔 1. 5～2. 0m 间距各剪一个 15mm 的小口，以利排除空气，确保胎体铺贴平整。

（7）进场前应对原材料抽检复查，不符合质量要求的防水涂料坚决不用。

4、优质工程示例

参见图 1-70。

图 1-70　涂膜防水优质工程

十二、涂膜防水基层潮湿、防水效果差

1、现象

外墙防水涂料施工顺序有误、基层过于潮湿。参见图 1-71。

图 1-71　涂膜防水基础潮湿

（1）外墙防水涂料施工顺序有误，应先局部（阴角）后大面。

（2）基层过于潮湿。

2、原因分析

施工人员为方便未按规范要求进行施工。

3、预防措施

（1）严格按施工工序及规范要求进行防水涂料的施工。

（2）控制好基层的含水率，不得在潮湿的基层上进行施工。

（3）阴阳角处应做成圆弧或 45°（135°）折角。

（4）前一遍涂层干燥后应将上面的灰尘、杂物清理干净，然后方可再进行后一遍的涂层施工。

十三、后浇带部位渗漏

1、现象

后浇带分基础底板、外墙和楼板后浇带，并相互贯通，其宽度一般为 800～1000mm。完工后，有的在后浇带两侧的接合部位产生渗水，有的湿渍斑斑，严重的渗漏水成线状。参见图 1-72。

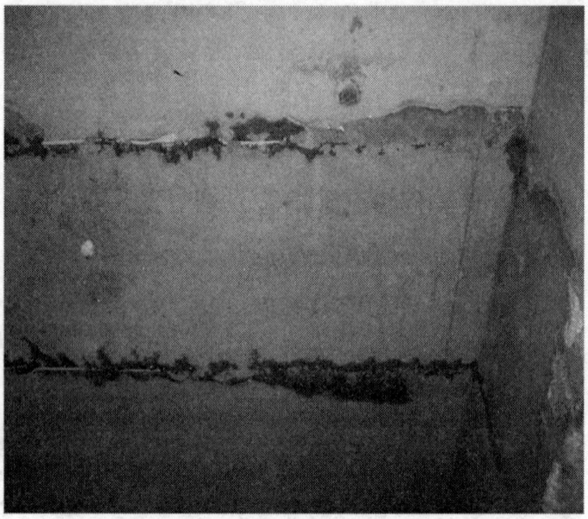

图 1-72　后浇带部位渗漏

2、原因分析

（1）混凝土底板和墙体后浇带两侧未做企口带或没有安装金属止水带。有的虽已安装了金属止水带，但止水带位移，两侧混凝土厚度不一致。

（2）钢筋密集，后浇带两侧支模困难，阻隔方法不当，因漏浆、振捣不到位导致混凝土疏松。

（3）后浇带内的钢筋锈蚀严重。底板缝内灰渣未彻底清理，两侧旧混凝土未凿毛，铺浆后即浇筑混凝土。

（4）后浇带使用的补偿收缩混凝土的等级没有提高，微膨胀剂掺量少，混凝土坍落度控制不严，振捣不细致，新旧混凝土结合不牢固。

（5）养护未及时覆盖，浇水次数少，养护期没有达到规定时间就提早拆模。

3、预防措施

（1）后浇带两侧宜用木模封缝，尽量减少混凝土水泥浆流失。

（2）浇筑后浇带混凝土之前，必须做好以下各点：

1）排干缝内积水，清掉灰渣，剔除两侧松散石子直至坚实层，力求平整；

2）已预埋了钢板止水带的，应除去钢筋或钢板止水带上的锈皮，冲洗后，压缩空气清除积液和灰渣；

3）缝缘未做企口带也没有安装钢板止水带的，应粘贴 BW 橡胶止水条；

4）后浇带两侧粘贴 BW 橡胶止水条时，旧混凝土粘贴面宜事先抹一层水泥浆带，止水条接头搭接长度 30～50mm，金属丝扎牢，用水泥钉固定。止水条粘贴位置：墙体垂直缝，应粘贴在墙中至外层钢筋的内侧；底板、现浇板水平缝应粘贴在靠近板表面的上层钢筋下面。混凝土浇灌前，应避免雨水、浇水浸泡止水条；

5）后浇带混凝土须用补偿收缩混凝土，其强度等级应比旧混凝土高 0.5～1 级，内掺占水泥重 14%～15%的 UEA 或 WG-HEA 膨胀剂。坍落度控制在 160～180mm（泵送混凝土）。

（3）混凝土浇灌前，后浇带两侧旧混凝土面宜事先抹一层原配合比混凝土去除粗骨料。浇筑后浇带混凝土时，震捣棒不得触及止水条。

（4）混凝土浇筑完毕后，终凝前应立即进行养护。养护时间不得少于 14d。

（5）现浇板后浇带下部的模板不得过早拆除。必须拆除时，带内及两侧应保留立柱且逐层上下对齐，防止出现变性裂缝而造成渗漏。

十四、预埋件部位渗漏水

1、现象

预埋件周围出现渗漏水。

2、原因分析

（1）预埋件安装前未将锈皮或油渍清除干净，影响与混凝土的粘结，形成缝隙而致漏水；

（2）预埋件周围的混凝土未浇捣密实，形成蜂窝、孔洞，同混凝土毛细孔连通，引起漏水，尤其在预埋件稠密处，更易发生此类问题；

（3）预埋件固定不牢，在受外力碰撞或振动时产生松动，与混凝土之间形成缝隙。

3、预防措施

（1）对于预埋件稠密处，应改用相同强度等级的细石混凝土将预埋件周围浇捣密实，要注意同相邻混凝土筑成整体、不留施工缝；

（2）对承受振动的预埋件，应先埋设在混凝土预制块中，预制块周围抹好防水抹面，然后按设计位置将混凝土预制块稳牢，再在周围浇筑结构整体混凝土（见图 1-73）。

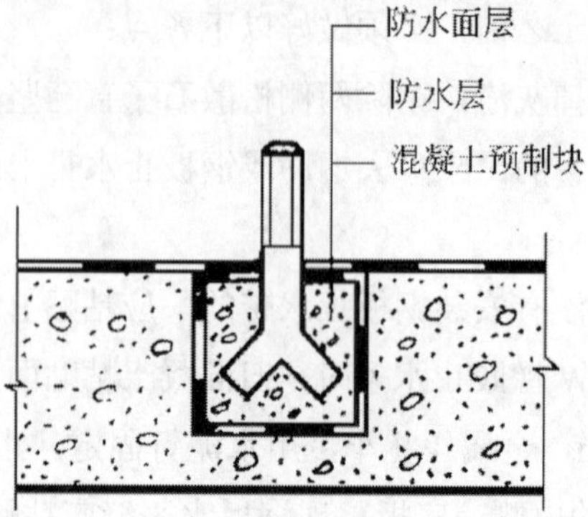

图 1-73　用预制块稳固铁件

4、治理方法

（1）对于预埋件周围出现的孔洞或裂缝漏水，可按相应的堵漏做法修堵。

（2）因受振动而致预埋件周边渗漏水，可将预埋件拆出，除去黏连的混凝土及浮灰，并将其表面锈污清除干净，再将预埋件浇筑在混凝土预制块中，预制块周围抹好防水抹面。在从结构中拆出的预埋件部位，凿成比预制块稍大的凹槽，将槽周及槽底清理干净后满涂快凝砂浆，然后将混凝土预制块填入凹槽，并用快凝砂浆将预制块周围缝隙充分填实。待快凝砂浆硬化并具有一定强度后，即沿四周缝隙用快凝水泥胶浆严密堵塞，再用素灰嵌填密实，最后以聚合物水泥砂浆防水层封严（见图 1-74）。

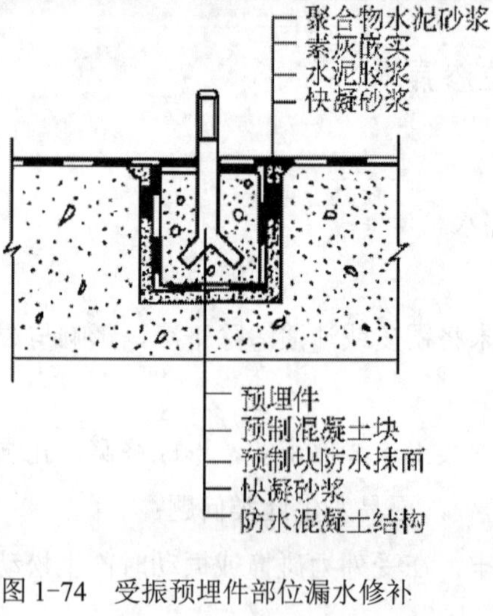

图 1-74　受振预埋件部位漏水修补

十五、止水片止水效果不佳

1、现象

地下室外墙对拉螺栓的止水片面积较小，止水效果不佳，地下水易渗漏。参见图 1-75。

图 1-75　地下室外墙对拉螺栓的止水片面积较小

2、原因分析

施工单位质量意识淡薄。

3、预防措施

（1）应在对拉螺栓中部设置钢板止水片。

（2）止水片焊接应建立专项检查制度，确保焊接密实。

十六、塑料防水板层渗漏

1、现象

塑料防水板遭破坏，造成渗水现象。

2、原因分析

塑料防水板施工时被刺破。

3、预防措施

（1）塑料防水板防水层是用于初期支护和二次衬砌间的一种防水层。防水板的铺设和内衬混凝土系交叉作业，施工时两道工序必须保持一定距离，以避免互相干扰。防水板的铺设应超前内衬混凝土施工，其距离宜保持 5～20m，并设置临时挡板防止防水板被机械损伤和电火花灼伤。

（2）内衬混凝土施工时，振捣棒不得直接接触防水板，以免防水板被戳破，形成渗漏水隐患。

（3）铺设防水板的基层应具有一定的平整度，有利于铺设防水板。基层表面上的钢筋头、铁丝等坚硬物体应予以清除，防止损伤防水板。

基层平整度应符合 D/L＝1/6～1/10 的要求。

式中： D——初期支护基层相邻两凸面凹进去的深度；

L——初期支护基层相邻两凸面间的距离。

（4）为避免基层表面不甚平整或坚硬物体清除不彻底而刺破防水板，在铺设防水板前应先铺设一道缓冲层，缓冲层应用暗钉圈固定在基层上（见图 1-76）。

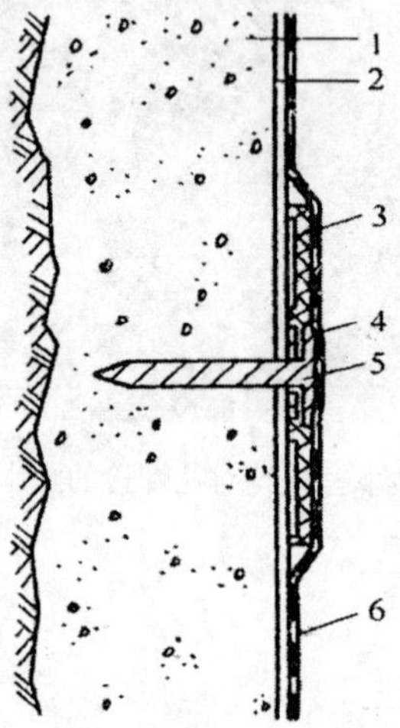

图 1-76 暗钉圈固定缓冲层示意图

1—初期支护；2—缓冲层；3—热塑性圆垫圈；4—金属垫圈；5—射钉；6—防水板

十七、金属板防水效果差

1、现象

止水钢板两翼弯折方向错误导致防渗漏效果差。

2、原因分析

止水钢板两翼弯折方向是直接影响止水效果，两翼向迎水面弯折则延长和改变渗水线路从而增强防渗漏效果；两翼向背水面弯折则缩短渗水线路导致防渗漏效果差。

3、预防措施

（1）止水钢板设置在壁厚的 1/2 处，埋深为止水钢板宽度的 1/2，且止水钢板两翼向迎水面方向弯折（见图 1-77、图 1-78）。

（2）地下室侧壁的水平施工缝应留在高出底板面 300mm 的侧壁上并与底板一次性同时浇筑。

（3）后浇带的混凝土强度要比两侧混凝土高一等级并要掺入微膨胀剂。

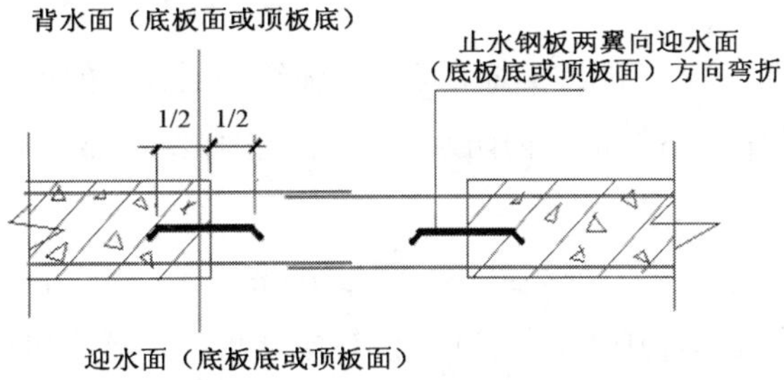

图 1-77　地下室底板后浇带止水钢板安装示意图

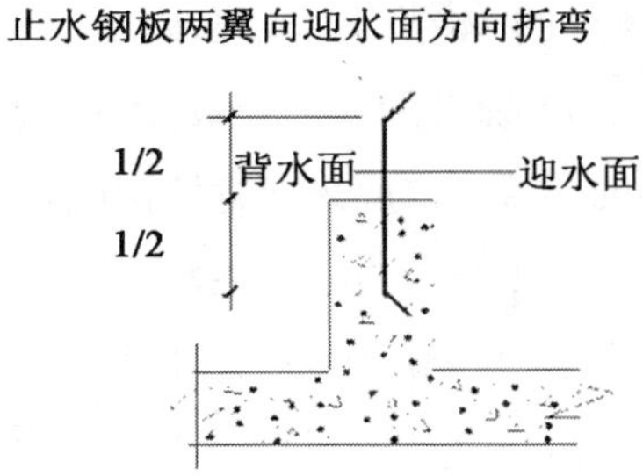

图 1-78　地下室侧边墙返边止水钢板安装做法

十八、孔口、坑、池渗漏水

1、现象

（1）工程出口处，地下水和地面水倒灌。

（2）窗井与主体结构相交处渗漏水。

（3）坑、池或墙壁转角处漏水。

参见图 1-79。

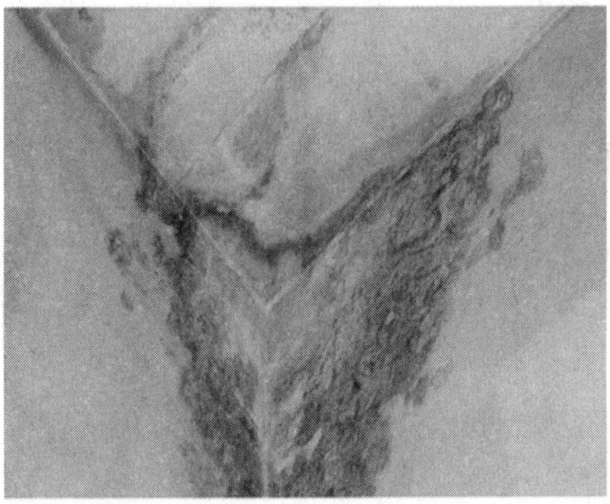

图 1-79　转角处漏水

2、原因分析

（1）设计对地下水位和地面标高掌握不准。

（2）窗井与主体结构断开时，由于窗井底部回填土夯筑不密实，土方遇水下沉。

（3）窗井、坑、池与主体连成整体仍然渗漏水，一般是混凝土振捣不密实造成。

3、预防措施

（1）地下工程通向地面的各种孔口，其结构须用防水混凝土或补偿收缩混凝土浇筑，出口处应高出地面不小于 500mm，且应有防雨设施。

（2）窗井的部分或全部在最高水位以下时，窗井应与主体结构连成整体。其内外防水层也应与主体结构连成整体。

（3）窗井的底部在最高地下水位以上时，窗井的底板和墙可与主体结构断开。但窗井底部的回填土，应采取特殊措施，保证回填土不下沉。其内防水层仍应与主体结构连成一体，以防止在转角处渗漏水。

（4）通风口应与窗井同样处理，竖井窗下缘离室外高度不小于500mm。

（5）底板以下的坑、池，其坑、池底板必须相应降低，并应使垫层防水层、配筋和防水混凝土（或HEA补偿收缩混凝土）保持连续。

（6）坑、池除与主体整体浇筑外，内设附加防水层。受振动作用时，应设柔性附加防水层。

（7）底板为防水混凝土，窗井采用防水砂浆砌砖。砂浆强度等级不低于M5，砖不低于MU7.5。施工时，砖必须泡水浸透，严禁干砖上墙。脚手架不得穿过地下室外墙。窗井顶设雨棚防雨。

（8）孔口、坑、池混凝土与主体结构同条件养护。

4、治理方法

混凝土出现裂缝并渗漏水，根据裂缝渗漏水量和水压大小，采取促凝胶浆或氰凝、丙凝灌浆堵漏。

十九、防水工程施工前未进行降、排水

1、现象

地下水、雨水淹没基坑和防水层，出现流砂、边坡不稳定，甚至发生坍塌等事故。

2、原因分析

防水工程施工前不采取降、排水措施。

3、预防措施

工程施工前和施工期间必须设置系统降、排水措施，以保证防水工程在无水干燥状态下作业：

（1）采取井点降水、地面排水及基坑排水等措施，将施工范围内的地下水位降至工程底部最低高程500mm以下，降水作业应持续至回填完毕。

（2）对工程周围的地表水应采取有效的截水、排水、挡水和防洪等措施，防止地面水流入工程的基坑内。

（3）有自流排水条件的地下工程，应采用自流排水法，无自流排水条件且防水要求较高的地下工程，可采用渗排水（见图1-80）、盲沟排水（见图1-81）或机械排水等措施，

但由于排水危及地面建筑物和农田水利设施，应注意采取预防措施。

（4）通向江、河、湖、海的排水口高程低于洪（潮）水位时，应采取防倒灌措施。

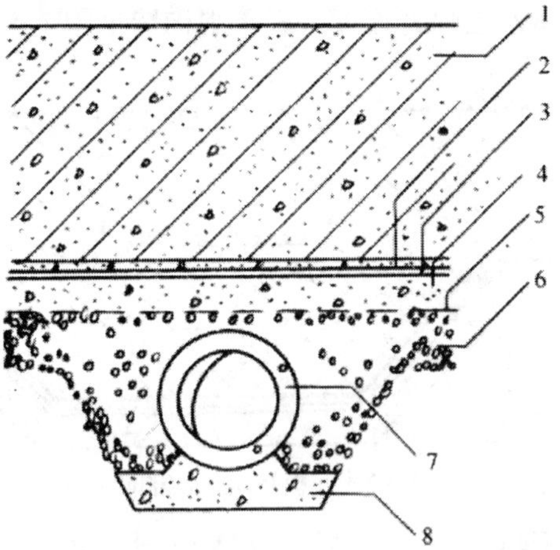

图 1-80　渗排水层构造

1—结构底板；2—细石混凝土；3—底板防水层；4—混凝土垫层；5—隔浆层；6—粗砂过滤层；7—集水管；8—集水管座

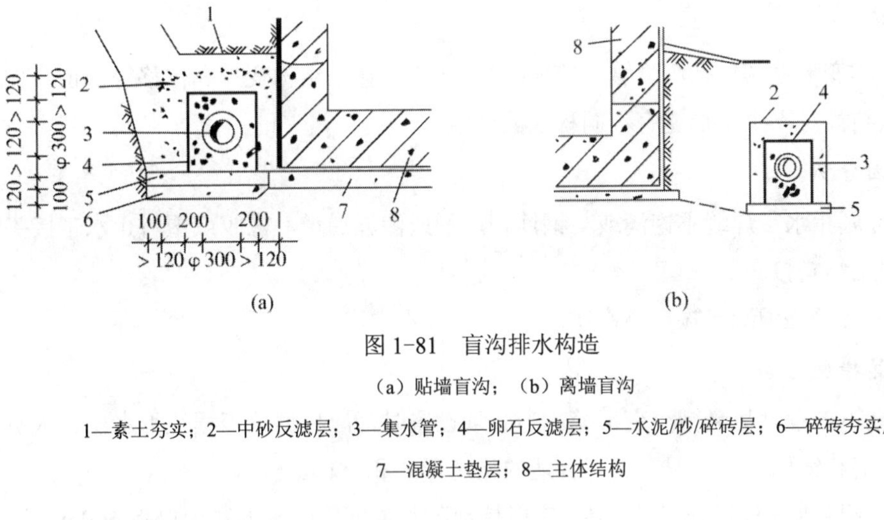

(a)　(b)

图 1-81　盲沟排水构造

（a）贴墙盲沟；（b）离墙盲沟

1—素土夯实；2—中砂反滤层；3—集水管；4—卵石反滤层；5—水泥/砂/碎砖层；6—碎砖夯实层；7—混凝土垫层；8—主体结构

二十、板底厚度过薄导致渗漏

1、现象

底板以下坑、池、储水库等的局部底板不相应降低，必将减薄其底板厚度，在应力作用下，在该部位发生破裂，不但导致渗漏，而且会影响结构安全。

2、原因分析

底板以下的坑、池和储水库，其局部底板未相应降低。

3、预防措施

坑、池、储水库等部位的底板必须局部降低，以确保其底板厚度不得小于建筑物的底板厚度。并应使底板的防水层保持连续，其防水构造见图1-82。

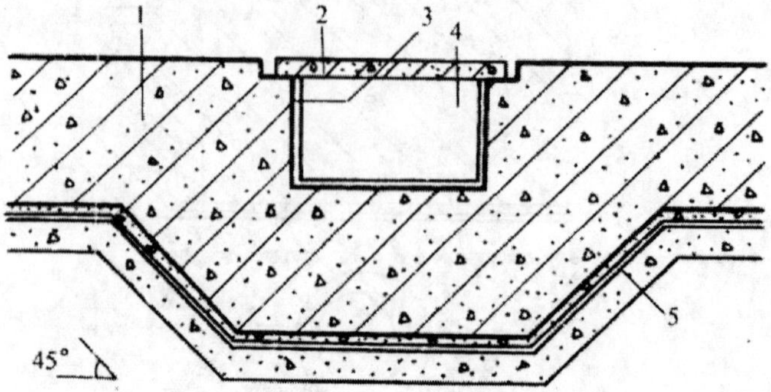

图1-82 底板下坑、池的防水构造

1—底板；2—盖板；3—坑、池防水层；4—坑、池；5—主体结构防水层

二十一、地下工程变形缝渗漏

1、现象

地下工程变形缝（包括沉降缝、伸缩缝），一般设置在结构变形和位移等部位，如地下室与车道联结处。不少变形缝有不同程度的渗漏。

2、原因分析

（1）金属止水带焊缝不饱满或与钢筋相连形成渗漏通道，橡胶或塑料止水带接头没有锉成斜坡并粘结搭接。

（2）变形缝处混凝土振捣不密实。

3、预防措施

（1）地下工程宜尽量减少变形缝。当必须设置时，应根据该工程地下水压、水质、防水等级、地基和结构变形情况，选择合适的构造形式和材料。

（2）地下防水工程在施工过程中，应保持地下水位低于防水混凝土以下500mm以上，并应排除地下水。

（3）当发现变形缝处渗漏水时，可往缝内嵌入BW止水条，每隔1～2m处预埋注浆管，用速凝防水胶泥封缝；也可采用丙凝注浆，注浆顺序先底板、次侧墙、后顶板。

第二章　模板工程

第一节　现浇混凝土结构模板

一、模板安装轴线位移

1、现象

混凝土浇筑后拆除模板时，发现施工图标示的墙、柱轴线位置与实际位置偏移较大。参见图 2-1。

图 2-1　钢筋位移导致模板安装偏移较大

2、原因分析

（1）翻样不认真或技术交底不清楚、全面，模板拼装时未按图施工，组合件没有到位，造成偏移建筑物设计轴线。

（2）轴线测放时出现较大的偏差且未采取整改措施。

（3）墙、柱模板根部和顶部无限位措施或采取限位措施不牢，发生偏位后又未及时纠正，造成累积误差。

（4）支模时，未拉水平、竖向通线，轴线间的距离没有复合，且无竖向垂直度控制措施。

（5）模板刚度差，未设水平拉杆或水平拉杆间距过大。

（6）混凝土浇筑时未均匀对称下料，或一次浇筑高度过高造成侧压力过大挤偏模板。

（7）对拉螺栓、顶撑、木楔使用不当或松动造成轴线偏位。

3、预防措施

（1）严格按1/10～1/50的比例将各分部、分项工程翻成详图并注明各部位编号、轴线位置、几何尺寸、剖面形状、预留孔洞、预埋件等，经复核无误后认真对生产班组及操作工人进行技术交底，作为模板制作、安装的依据。

（2）模板轴线测放后，组织专人进行技术复核验收，确认无误后才能支模。

（3）墙、柱模板根部和顶部必须设可靠的限位措施，如采用现浇楼板混凝土应预埋短钢筋固定钢支撑，以保证底部位置准确。

（4）支模时要拉水平、竖向通线，并设竖向垂直度控制线，以保证模板水平、竖向位置准确。

（5）根据混凝土结构特点，对模板进行专门设计，以保证模板及其支架具有足够强度、刚度及稳定性。

（6）混凝土浇筑前，对模板轴线位置进行认真检查及复核，对扣件、螺栓、顶撑、支架等要保持紧固，发现问题及时进行处理。

（7）混凝土浇筑时，要均匀对称下料，浇筑高度应严格控制在施工规范允许的范围内。

4、优质工程示例

参见图2-2。

图2-2 模板安装优质工程

二、楼板标高偏差过大

1、现象

模板安装完毕测量时，发现混凝土结构层标高及预埋件、预留孔洞的标高与施工图设计标高之间有偏差。

2、原因分析

（1）楼层无标高控制点或控制点偏少，控制网无法闭合；竖向模板根部未找平。

（2）模板顶部无标高标记，或未按标记施工。

（3）高层建筑标高控制线转测次数过多，累计误差过大。

（4）预埋件、预留孔洞未固定牢，施工时未重视施工方法。

（5）楼梯踏步模板未考虑装修层厚度，造成楼梯标高过高。

3、预防措施

（1）每层楼设足够的标高控制点，竖向模板根部须做找平。

（2）每块模板顶部都要有标高标记，为混凝土浇筑提供高程标准，施工时要严格按照标记施工。

（3）建筑楼层标高由首层±0.000标高控制，严禁逐层向上引测，以防止累计误差，当建筑高度超过30m时，应另设标高控制线，每层标高引测点应不少于2个，以便复核。

（4）预埋件及预留孔洞，在安装前应与图纸对照，确认无误后准确固定在设计位置上，必要时用电焊或套框等方法将其固定，在浇筑混凝土时，应沿其周围分层均匀浇筑，严禁碰击和振动预埋件与模板。

（5）楼梯踏步模板安装时应考虑装修层厚度。

三、结构变形

1、现象

拆模后发现混凝土柱、梁、墙出现鼓凸、缩颈或翘曲等变形现象。参见图2-3。

图2-3　模板支撑断裂

2、原因分析

（1）围檩、支撑及面板间距较大，且模板刚度较小。

（2）模板安装过程中，连接件未按规定设置，造成模板整体性差。

（3）墙模板无对拉螺栓或螺栓间距过大，或螺栓规格过小造成拉力不足。

（4）竖向承重支撑在地基土上未夯实，未垫平板，也无排水措施，造成文承部分地基下沉。

（5）门窗洞口内模间对撑不牢固，易在混凝土振捣时模板被挤偏。

（6）梁、柱模板卡具间距过大，或未夹紧模板，或对拉螺栓配备数量不足，以致局部模板无法承受混凝土振捣时产生的侧向压力，导致局部爆模。

（7）浇筑墙、柱混凝土速度过快，一次浇灌高度过高，振捣过度。

（8）采用木模板或胶合板模板施工，经验收合格后未及时浇筑混凝土，长期日晒雨淋而变形。或使用已变形的模板应用到施工中。

3、预防措施

（1）模板及支撑系统设计时，应充分考虑其本身自重、施工荷载及混凝土的自重及浇捣时产生的侧向压力，以保证模板及支架有足够的承载能力、刚度和稳定性。

（2）梁底支撑间距应能够保证在混凝土重量和施工荷载作用下不产生变形，支撑底部若为泥土地基，应先认真夯实，设排水沟，并铺放通长垫木或型钢，以确保支撑不沉陷。

（3）组合小钢模拼装时，连接件应按规定放置，围檩及对拉螺栓间距、规格应按设计要求设置。

（4）梁、柱模板若采用卡具时，其间距要按规定设置，并要卡紧模板，其宽度比截面尺寸略小。

（5）梁、墙模板上部必须有临时撑头，以保证混凝土浇捣时，梁、墙上口宽度。

（6）浇捣混凝土时，要均匀对称下料，严格控制浇灌高度，特别是门窗洞口模板两侧，既要保证混凝土振捣密实，又要防止过分振捣引起模板变形。

（7）对跨度不小于4m的现浇钢筋混凝土梁、板，其模板应按设计要求起拱；当设计无具体要求时，起拱高度宜为跨度的1/1000～3/1000。

（8）采用木模板、胶合板模板施工时，经验收合格后应及时浇筑混凝土，防止木模板长期暴晒雨淋发生变形。

四、模板安装变形

1、现象

拆模后发现混凝土柱、梁、墙出现鼓凸、缩径或翘曲现象。

2、原因分析

（1）支撑及围檩间距过大，模板刚度差。

（2）组合小钢模，连接件未按规定设置，造成模板整体性差。

（3）墙模板无对拉螺栓或螺栓间距过大，螺栓规格过小。

（4）竖向承重支撑在地基土上未夯实，未垫平板，也无排水措施，造成支承部分地基下沉。

（5）门窗洞口内模间对撑不牢固，易在混凝土振捣时模板被挤偏。

（6）梁、柱模板卡具间距过大，或未夹紧模板，或对拉螺栓配备数量不足，以致局部模板无法承受混凝土振捣时产生的侧向压力，导致局部爆模。

（7）浇筑墙、柱混凝土速度过快，一次浇灌高度过高，振捣过度。

（8）采用木模板或胶合板模板施工，经验收合格后未及时浇筑混凝土，长期日晒雨淋而变形。

3、预防措施

（1）模板及支撑系统设计时，应充分考虑其本身自重、施工荷载及混凝土的自重及浇捣时产生的侧向压力，以保证模板及支架有足够的承载能力、刚度和稳定性。

（2）梁底支撑间距应能够保证在混凝土重量和施工荷载作用下不产生变形，支撑底部若为泥土地基，应先认真夯实，设排水沟，并铺放通长垫木或型钢，以确保支撑不沉陷。

（3）组合小钢模拼装时，连接件应按规定放置，围檩及对拉螺栓间距、规格应按设计要求设置。

（4）梁、柱模板若采用卡具时，其间距要按规定设置，并要卡紧模板，其宽度比截面尺寸略小。

（5）梁、墙模板上部必须有临时撑头，以保证混凝土浇捣时，梁、墙上口宽度。

（6）浇捣混凝土时，要均匀对称下料，严格控制浇灌高度，特别是门窗洞口模板两侧，既要保证混凝土振捣密实，又要防止过分振捣引起模板变形。

（7）对跨度不小于 4m 的现浇钢筋混凝土梁、板，其模板应按设计要求起拱；当设计无具体要求时，起拱高度宜为跨度的 1/1000～3/1000。

（8）采用木模板、胶合板模板施工时，经验收合格后应及时浇筑混凝土，防止木模板长期暴晒雨淋发生变形。

五、模板安装时无排气孔、浇捣孔

1、现象

由于封闭或竖向的模板无排气孔，混凝土表面易出现气孔等缺陷，高柱、高墙模板未留浇捣孔，易出现混凝土浇捣不实或空洞现象。

2、原因分析

（1）墙体内大型预留洞口底模未设排气孔，易使混凝土对称下料时产生气囊，导致混凝土不能浇捣密实。

（2）高柱、高墙侧模无浇捣孔，混凝土浇灌自由落距过大时，易离析或振动棒不能插捣到位，造成振捣不实。

3、预防措施

（1）墙体的大型预留洞口（门窗洞等）底模应开设排气孔，使混凝土浇筑时气泡及时排出，确保混凝土浇筑密实。

（2）为便于混凝土浇筑，高柱、高墙（超过 3m）侧模要开设浇捣孔，以便于混凝土浇灌和振捣。

六、模板安装支撑选配不当

1、现象

由于模板支撑体系选配和支撑方法不当，结构混凝土浇筑时产生变形。

参见图 2-4、图 2-5。

图 2-4　支撑体系不当

图 2-5　支撑方法不当

2、原因分析

（1）支撑选配马虎，未经过安全验算，无足够的承载能力及刚度，混凝土浇筑后模板变形。

（2）支撑稳定性差，无保证措施，混凝土浇筑后支撑自身失稳，使模板变形。

（3）没有出示作业指导书或作业指指书不合格。施工人员盲目施工，不按作业指导书作业。

3、预防措施

（1）模板支撑系统根据不同的结构类型和模板类型来选配，以便相互协调配套。使用时，应对支承系统进行必要的验算和复核，尤其是支柱间距应经计算确定，确保模板支撑系统具有足够的承载能力、刚度和稳定性。

（2）木质支撑体系如与木模板配合，木支撑必须钉牢楔紧，支柱之间必须加强拉结连紧，木支柱脚下用对拔木楔调整标高并固定，荷载过大的木模板支撑体系可采用枕木堆塔方法操作，用扒钉固定好。

（3）钢质支撑体系其钢楞和支撑的布置形式应满足模板设计要求，并能保证安全承受施工荷载，钢管支撑体系一般宜扣成整体排架式，其立柱纵横间距一般为1m左右（荷载大时应采用密排形式），同时应加设斜撑和剪刀撑。

（4）支撑体系的基底必须坚实可靠，竖向支撑基底如为土层时，应在支撑底铺垫型钢或脚手板等硬质材料。

（5）在多层或高层施工中，应注意逐层加设支撑，分层分散施工荷载。侧向支撑必须支顶牢固，拉结和加固可靠，必要时应打入地锚或在混凝土中预埋铁件和短钢筋头做撑脚。

（6）在模板作业施工前，工程技术人员应出示合格的施工方案，并由相关人签字认可，提高方案的合格率。交给施工队后方可进行模板的支设。

（7）施工人员必须按施工作业指导书进行作业，不能乱改方案，盲目施工。对于出现不合格刚度的模板，不能在施工中使用。

4、优质工程示例

参见图2-6。

图2-6 模板支撑优质工程

七、门窗洞口模板安装变形

1、现象

门窗洞口混凝土变形。

2、原因分析

门窗模板与墙模或墙体钢筋固定不牢，门窗模板内支撑不足或失效。

3、预防措施

门窗模板内设足够的支撑，门窗模板与墙模或墙体钢筋固定牢固。

4、优质工程示例

参见图 2-7。

图 2-7 门窗洞口优质工程

八、阳台栏板等部位混凝土浇筑时胀模

在住宅楼施工中，阳台栏板等部位混凝土浇筑时会出现胀模或平整度超过国家规范标准的现象。

1、现象

阳台栏板等部位混凝土在浇筑过程中或浇筑完毕后的短时期内，模板向外变形（外凸）。

2、原因分析

（1）阳台栏板厚度较小，高度较高，模板加固较困难。

（2）模板、支撑的强度或刚度不够。

（3）支撑失稳（如支承在软弱基土上、由于基土下沉等所致）。

（4）钢模板扣件的数量不足或扣件强度不够。

3、预防措施

先校核钢筋的位置及模板的控制线，使其符合设计要求。

（1）钢木结合法。支设模板，在木方中钻 φ14 的孔，用对拉螺栓固定（见图 2-8）。PVC 管可使对拉螺栓重复使用，节省成本。混凝土成形后，取出橡胶垫，用干硬水泥堵好，使外墙涂料颜色保持一致。混凝土平整度及垂直度效果较好，同时降低成本。

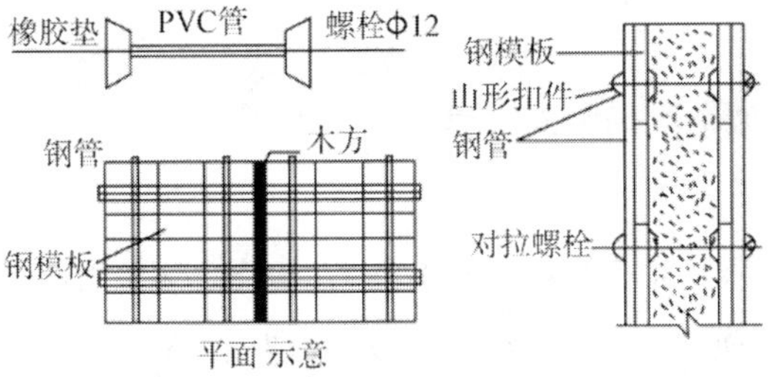

图 2-8　钢木结合法示意

（2）使用竹胶合板进行支设，其他如第一种方法（见图 2-9），混凝土外观质量比第一种方法更好，但成本投入较大。

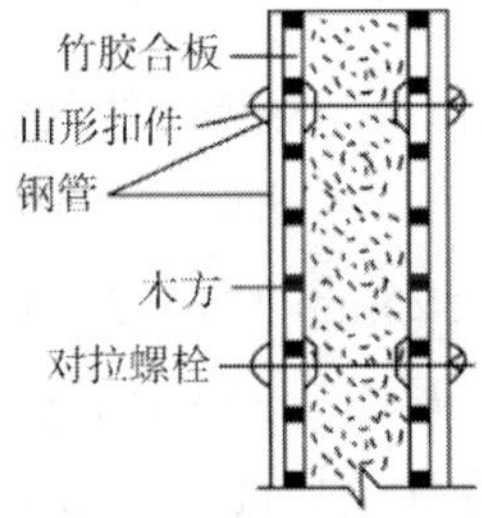

图 2-9　用竹胶合板控制胀模示意

九、圈梁模板质量常见问题

1、现象

（1）局部胀模，造成墙内侧或外侧水泥砂浆挂墙。

（2）梁内外侧不平，砌上段墙时局部挑空。

2、原因分析

（1）卡具未夹紧模板，混凝土振捣时产生侧向压力造成局部模板向外推移。

（2）模板组装时，未与墙面支撑平直。

3、预防措施

（1）采用在墙上留扁担木方法施工时，扁担木长度应不小于墙厚加二倍梁高，圈梁侧模下口应夹紧墙面，斜撑与上口横档钉牢，并拉通长直线，保持梁上口呈直线。

（2）采用钢管卡具组装模板时，如发现钢管卡具滑扣，应立即掉换。

（3）圈梁木模板上口必须有临时撑头，保持梁上口宽度。

十、梁模板安装不牢固

1、现象

梁下口炸模，上口偏歪；梁中部下挠。

2、原因分析

（1）下口围檩未夹紧或木模板夹木未钉牢，在混凝土侧压力作用下，侧模下口向外歪移。

（2）梁过深，侧模刚度差，中间又未设对拉螺栓或对拉螺栓间距偏大。

（3）支撑按一般经验配料，梁混凝土自重和施工荷载未经核算，致使超过支撑能力，造成梁底模板及支撑承载能力及刚度不够而下挠。

（4）斜撑角度过大（大于 60°），支撑不牢造成局部偏歪。

3、预防措施

（1）根据梁的高度及宽度核算混凝土振捣时的重量及侧压力（包括施工荷载）。钢模板外侧应加双排钢管围护，间距不大于 500mm，并沿梁的长方向每隔 500～800mm 加对拉螺栓，螺栓外可穿 40mm 钢管或直径 25mm 的 PVC 管，以保证梁的净宽，并便于螺栓回收重复使用。木模采取 50mm 厚模板，每 400～500mm 加一拼条（宜立拼），根据梁的高度适当加设横档。一般离梁底 300～400mm 处加直径 16mm 对拉螺栓，沿梁长方向相隔不大于 1000mm，在梁模板内螺栓可穿上钢管或硬塑料套管撑头，以保证梁的宽度，并便于螺栓回收，重复使用。

（2）木模板夹木应与支撑顶部的横担木钉牢。

（3）梁底模板应按规范规定起拱。

（4）单根梁模板上口必须拉通长麻线（或铅丝）复核，两侧斜撑应同样牢固。

十一、筒子模板质量常见问题

1、现象

筒体混凝土模板施工时，筒体水平标高及竖向控制出现偏差。

2、原因分析

（1）筒子模制作时不精细，自身有缺陷。

（2）爬升架承重横梁不水平，标高不准确。

（3）筒子模爬升组装，未进行中心线（轴线）竖向控制，由于简体钢筋绑扎时垂直偏差大，筒子模组装无法到位。

3、预防措施

（1）筒子模板的制作组装应按配模图要求认真操作，并选择在平整干净的场地上进行，组装时临时用支撑固定，待筒子模各部件校正好后，拆除临时支撑将其吊至所需位置就位。

（2）筒模的高度宜比楼层高 200mm，上端平楼面；爬升架及筒模的预留洞必须位置准确，洞底标高必须一致，以确保承重横梁水平及便于筒模校正。

（3）筒体钢筋绑扎时应确保垂直，钢筋不得突出墙外，在每一层距楼面 100mm 处焊 Φ18@500 模板定位筋，定位筋根据楼层定位线进行焊接，长度比墙厚度略小 3～5mm。

（4）在组装的筒子模上划出四面中心线，安装就位时，筒子模的四面中心线应对准安装结构部位的四面中心线，筒模就位校正好后穿对拉螺栓固定。筒模成型后要求每角两边板面误差正负值保持一致，或两面允许误差为 10mm，对角线长度差值不得超过 10mm。

十二、框支转换梁模板下挠及胀模

1、现象

框支转换梁出现下挠现象，侧向出现胀模。

2、原因分析

（1）顶撑设置间距过大，承受不了转换梁钢筋混凝土和模板自重及施工荷载，使转换梁出现下挠现象。

（2）侧向模板对拉螺栓配置数量少，致使侧向模板刚度不足。

（3）框支梁未按设计要求或规范要求起拱来抵消大梁下挠变形。

（4）混凝土振捣过振，使模板变形。

（5）框支梁钢筋过密出现梁筋顶住模板，使模板不能安装严密。

3、预防措施

（1）对模板结构进行荷载组合，计算和验算模板的承载能力和刚度，核对顶撑配备密度及对拉螺杆的数量是否满足框支转换梁混凝土浇筑时的刚度、强度和稳定性要求，据此编制合理的施工方案。

（2）当框支转换梁跨度大于或等于 4m 时，模板应根据设计要求起拱；当设计无要求时，起拱高度宜为全长跨度的 1‰～30‰，钢模板可取偏小值 1‰～2‰，木模板可取偏大值 1.5‰～3‰。

（3）框支梁钢筋翻样时应充分考虑钢筋保护层，绑扎过程中严格控制质量，使模板能就位。混凝土浇筑严禁过振，严禁振动模板。

十三、异形柱模板质量常见问题

1、现象

异形柱在阴角处常会出现胀模、烂根、漏浆现象。

2、原因分析

（1）异形柱阴角处无法设置柱箍，阴角处木模完全靠销栓或对拉螺栓固定，而销栓和螺栓数量配备不足，使混凝土振捣时产生胀模。

（2）楼面平整度差。立模前未用水泥砂浆找平或封堵，封模后用水泥袋纸、木片等塞缝，混凝土浇筑时出现水泥浆外溢，拆模后有木片、纸片等嵌入混凝土内。

（3）模板拼缝不严，阴角处模板刚度不足，振捣棒插入混凝土内过深，振捣时间过久，使模板底部承受的侧压力过大而漏浆，出现蜂窝、麻面或露筋。

（4）柱子混凝土浇筑前未铺一层水泥砂浆，柱模板未浇水湿润。

3、预防措施

（1）弯曲变形刚度不足的模板应剔除，阴角处模板设销栓固定，模板阴角处加设竖向压杠，采用对拉螺栓固定钢管围檩，对拉螺栓要靠近阴角处。

（2）立模前对楼面找平，或在柱截面限位处采用砂浆封堵。

（3）检查模板拼缝严密情况，并于立模前验收。混凝土应分层浇捣，每层混凝土 500mm 左右，振捣棒插入下层混凝土内不大于 200mm，延续振捣时间 30s 左右，不得过振。

（4）柱混凝土浇筑前先铺一层与所浇混凝土内成分相同的水泥砂浆，柱模板浇水充分湿润。

十四、劲性梁柱模板质量常见问题

1、现象

劲性梁柱混凝土出现振捣不实，蜂窝、麻面、漏浆。

2、原因分析

（1）劲性结构骨架置于钢筋网架内，不便于固定模板的对拉螺杆穿过，模板收紧困难。

（2）劲性梁柱骨架内部复杂，振捣困难，振捣又不认真，致使振捣不实。

3、预防措施

（1）劲性柱可采用定型组合钢模板，钢模竖向排列四角用角钢连接，或采用定型组合胶合板模板，四角用铁钉销牢。模板外部用柱模箍固定，竖向采用 50mm×100mm 硬木方，间距 250～350mm，横向加 Φ48 钢管组成，其间距为 500mm。型钢上可适当焊接对拉螺杆，以加强定型模板的固定。

（2）劲性梁采用的定型组合模板，经征得设计同意，可于劲性结构上焊接螺杆固定模板，提高侧模刚度。

（3）劲性柱顶上应预留浇筑口，混凝土分层浇筑，分层厚度宜为 300～400mm。由于柱内型钢限制了混凝土流动，因此混凝土应对称均匀下料，对称振捣，必要时于翼缘板上开孔，振捣时，确保无气泡上冒为宜。

（4）劲性梁混凝土宜先从钢梁一侧下料，用振动器在钢梁一侧振捣，将混凝土从钢梁底挤向另一侧，直到混凝土高度超过钢梁下翼缘板，然后改为双侧对称下料，对称振捣，当混凝土浇筑到上翼缘板时，再将混凝土从跨中下料，混凝土由跨中向两端延伸振捣，将混凝土内气泡赶向两端排出为止。

十五、雨篷模板质量常见问题

1、现象

雨篷根部漏浆露石子，混凝土结构变形。

2、原因分析

（1）雨篷根部底板模支立不当，混凝土浇筑时漏浆。

（2）雨篷根部胶合板模板下未设托木，混凝土浇筑时根部模板变形。

（3）悬挑雨篷其根部混凝土较前端厚，模板施工时，模板文撑未被重视，未采取相应措施。

3、预防措施

（1）认真识图，进行模板翻样，重视悬挑雨篷的模板及其支撑，确保有足够的承载能力、刚度及稳定性。

（2）雨篷底模板根部应覆盖在梁侧模板上口，其下用 50mm×100mm 木方顶牢，混凝土浇筑时，振点不应直接在根部位置。

（3）悬挑雨篷模板施工时，应根据悬挑跨度将底模向上反翘 2～5mm 左右，以抵消混凝土浇筑时产生的下挠变形。

（4）悬挑雨篷混凝土浇筑时，应根据现场同条件养护制作的试件，当试件强度达到设计强度的 100%以上时，方可拆除雨篷模板。

十六、圆形框架柱模板质量常见问题

1、现象

圆形框架柱漏浆，有蜂窝、麻面，并易跑模。

2、原因分析

（1）圆形框架柱模板组合困难，柱箍制作困难，当浇筑混凝土时，侧压力大，模板接口刚度、强度皆满足不了要求，易跑模漏浆。

（2）圆形框架柱下脚限位不牢，或下脚模板不严密，混凝土振捣时漏浆造成蜂窝、麻面现象。

（3）混凝土浇筑分层厚度偏大，混凝土振捣时又插入下层深度过大，造成混凝土侧压力偏大，圆形柱模薄弱处漏浆。

3、预防措施

（1）圆形柱采用组合木模板易于成形，木模板以 1/4 圆弧分成 4 块，以宽 100mm 胶合板组合，内衬 0. 3mm 厚镀锌铁皮，外托 18mm 厚胶合板制作 100～150mm 高木箍间距 200～300mm 分布。柱模板拼装后以 50×5mm 扁铁制成柱包箍，扁铁与∟50 角铁焊接，角铁上制孔，以螺丝拧紧受力。

（2）圆形框架柱下脚采用定型木枋限位，采用水泥砂浆封堵空隙，在圆形框架柱下脚处将柱箍加密，确保模板有足够的刚度和强度。

（3）混凝土浇筑时，按 300～400mm 分层，混凝土振捣时插入下层混凝土深度为 50～150mm，为保证柱模刚度和强度，其外包扁铁箍间距应经过计算确定，一般间距不宜超过 300mm。

4、治理方法

拆模后立即将蜂窝、麻面、缺棱掉角处松动石子和浮浆剔除，使用水泥砂浆或 108 胶水泥砂浆修补找平、顺直。

5、优质工程示例

参见图 2-10。

图 2-10　圆形框架柱优质工程

十七、球壳曲线形模板质量常见问题

1、现象

球壳、曲线形模板标高控制不准，模板接缝不严。

2、原因分析

（1）模板施工前未组织编制施工方案，精确计算各部位标高。

（2）球壳、曲线形组合模板顶撑不当，支立模板前，未测设细部标高控制顶撑高度，模板施工后，未认真验收曲线形各部位结构混凝土底标高，导致模板标高误差。

（3）球壳、曲线形结构配制组合定型模板比较复杂，加以组合模板宽度不宜太大，造成模板拼缝过多，因此保证模板刚度和强度更加困难。

3、预防措施

（1）木模施工前，应认真识图，组织研究，计算曲线各重要控制部位的标高，编制专题施工方案并认真交底。

（2）施工时，专人定位抄平控制顶撑标高，组织专人验收模板面标高与设计标高是否一致，如不一致，应调节顶撑高度支顶模板到位。

（3）球壳、曲线形结构单个模板宽度窄，组合模板拼缝多，施工时要保证拼缝顺直，模板面部可采用 0.3mm 厚的镀锌铁皮罩面，并应注意增加此处模板的承力等，保证模板刚度和强度。

十八、大模板施工质量常见问题汇总

高层剪力墙建筑一般选用定型大钢模板施工，其优点有：定型模板可适用于各种功能不同的建筑物或构筑物，通用性强；模板的刚度大，周转次数多；幅面大，减少塔式起重机吊次及工人操作时间，混凝土墙面成形后缝隙少、外观光滑、平整，表观效果好；省去二次抹灰，缩短工期，综合经济效益好等。但也容易产生一些质量弊病，例如混凝土墙底烂根，墙面不平、粘连，墙体垂直偏差，墙面凹凸不平，墙体钢筋位移，墙体阴角不垂直、不方正，墙体外角不垂直，墙体厚度不一致，梁柱接头处漏浆等。为了克服这些弊病，还应该采取有效的防治措施，详见表 2-1。

表 2-1　定型大模板施工质量常见问题防治措施

序号	现象	防 治 措 施
1	混凝土底烂根	模板下口缝隙用木条、海绵条或双面泡沫胶条塞严，或抹砂浆找平层，切忌将其伸入混凝土墙体内
2	墙面不平、粘连	墙体混凝土强度达到 1.2MPa 方可拆模板，清理大模板和涂刷隔离剂必须认真，要有专人检查验收，不合格的要重新刷涂
3	墙体垂直偏差	支模时要反复用线坠吊靠，经校正后如遇较大的重装，应重新校正，变形严重的模板不得继续使用

续表

序号	现象	防治措施
4	墙面凹凸不平	加强模板的维修，每月应对模板检修一次，板面如有缺陷，应随时进行修理，不得用大锤、振捣器及撬棍击打模板
5	墙体钢筋移位	采用塑料卡环做保护层垫块，使用钢筋撑铁
6	墙体阴角不垂直、不方正	及时修理好模板、阴角处的钢板角模，支撑时要控制其垂直偏差，并且用顶铁加固，保证阴角模的每个翼缘必须有一个顶铁，阴角模的两面侧边粘有海绵条或双面泡沫胶条，以防漏浆
7	墙体外角不垂直	加工独立的大角模，应确保角部线条顺直，棱角分明，模板与角模之间连接牢固
8	墙体厚度不一致	加工专用钢筋固定撑具，撑具内的短钢筋直接顶在大模板的竖向纵肋上
9	梁柱接头处漏浆	在第一次浇筑成形的混凝土柱上端预留的凹槽内粘贴海绵条或双面粘贴泡沫胶条，以保证不漏浆

十九、大模板墙体“烂根”质量问题

1、现象

墙根位于摸板的底部，在浇筑混凝土时，由于配合比不当、坍落度不够或振捣不充分，造成拆除摸板后墙根部位混凝土观感破烂，石子或钢筋外露。

2、原因分析

（1）墙体侧模的底部固定不牢，在墙体混凝土浇筑和振捣时，模板向外扩张变形产生漏浆即“烂根”现象。

（2）墙体根部的杂物未清理干净。

3、预防措施

某施工单位在施工中对大模板根部进行了改进，将面板底边钢框板割掉，水平上移70mm，重新焊好。在移动后的钢框板上用电钻钻φ16孔，孔距控制为100～200mm。用3mm厚的钢板制成如下图所示的卡具，卡住高弹性橡胶条（橡胶条断面尺寸为30×40mm）。卡具上表面连接如下图所示的螺栓，螺栓间距与钢框板上的φ16孔孔距一致。将下图所示的配件穿过钢框板上的圆孔，与大模板根部相连接（见图2-11、图2-12）。

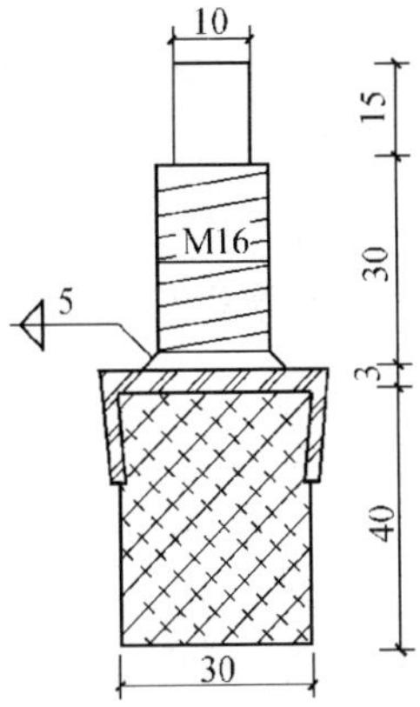

图 2-11　铁皮卡具应用示意图

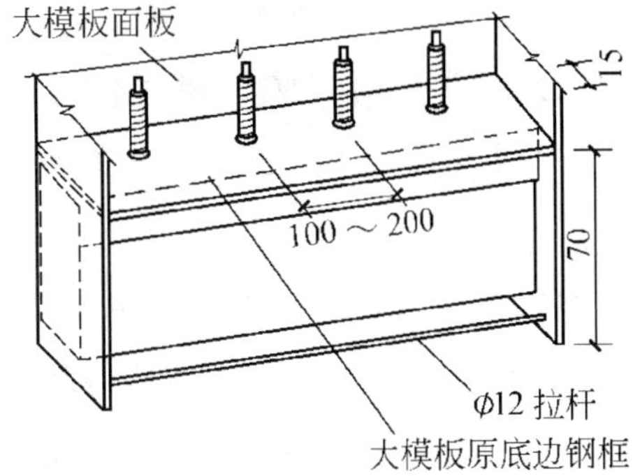

图 2-12　配件与大模板连接示意图

待大模板支撑加固达到要求后，用特制扳手拧动卡具上的螺栓，使橡胶条不断下降并紧贴混凝土表面，不留缝隙。利用橡胶的弹性压缩量来抵消混凝土表面因平整度超标而造成的高低差。

4、治理方法

（1）对于跑模形成烂的较大的部位，将跑模较多的部位剔凿，并将表面处理平整。

（2）对于烂根面积较小的部位，可采用比墙体高一级的砂浆或混凝土人工抹压密实。

（3）对于烂根面积较大的部位，将松散颗粒凿去，洗刷干净并充分浇水湿润后，用比混凝土墙体高一等级的混凝土。

二十、模板安装接缝不严

1、现象

模板拼装时接缝不严有间隙，混凝土浇筑过程中产生漏浆，拆模后混凝土表面出现蜂窝，严重的出现孔洞、露筋。参见图 2-13。

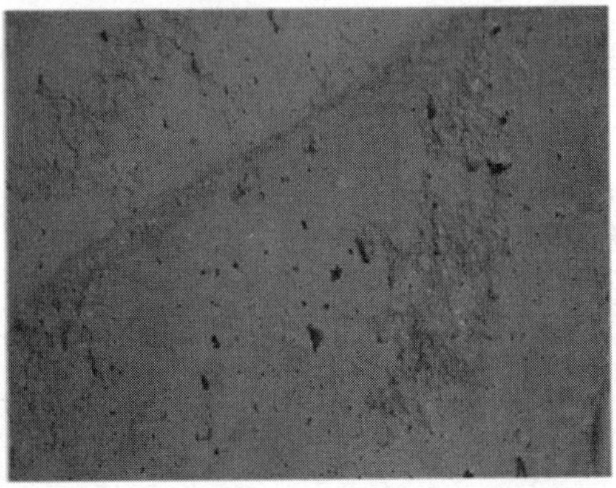

图 2-13　模板接缝不严导致混凝土孔洞

2、原因分析

（1）翻样不认真或有误，模板制作马虎，拼装时接缝过大。

（2）木模板制作粗糙，拼缝不严。

（3）木模板含水量过大，安装周期过长，因干缩造成裂缝；木模板使用前未浇水湿润。

（4）浇筑混凝土时，木模板未提前浇水湿润，使其胀开。

（5）钢模板变形未及时修整，接缝措施不当。

（6）当模板安装的拼缝大于 2.5mm 时，未采取有效的封堵措施。

（7）梁、柱交接部位，接头尺寸不准、错位。

3、预防措施

（1）翻样要认真，严格按 1/10～1/50 比例将各分部分项细部翻成详图，详细编注，经复核无误后认真向操作工人交底，强化工人质量意识，认真制作定型模板和拼装。

（2）严格控制木模板含水率，制作时拼缝要严密。

（3）木模板安装周期不宜过长，浇筑混凝土时，木模板要提前浇水湿润，使其胀开密缝。

（4）木模板配模时，必须保持模板接头整齐，表面不粗糙，为达到此要求，可以在配模的锯上（电锯）钉设一条平直的木条，保证所配模板的平整。锯条必须锋利，才能保证所配模板不粗糙。

（5）钢模板变形，特别是边框外变形，要及时修整平直。

（6）钢模板间嵌缝措施要控制，不能用油毡、塑料布，水泥袋等去嵌缝堵漏。

（7）梁、柱交接部位支撑要牢靠，拼缝要严密（必要时缝间加双面胶纸），发生错位要校正好。

二十一、模板安装接缝处跑浆

1、现象

墙体烂根，模板接缝处跑浆。参见图 2-14。

图 2-14　墙体烂根

2、原因分析

模板根部缝隙未堵严，模板内清理不干净，混凝土浇筑前未坐浆。模板拼装时缝隙过大，连接固定措施不牢靠。

3、预防措施

模板根部砂浆找平塞严，模板间卡固措施牢靠。模板内杂物清理干净，混凝土浇筑前应用与混凝土同配比的无石子水泥砂浆坐浆 50mm 厚。

模板拼装时缝隙垫海绵条挤紧，并用胶带封住。加强检查，及时处理。

二十二、板模常见质量问题

1、现象

梁、板中部下挠；板底混凝土面不平；梁侧模板不平直；梁上下口胀模；采用木模板时梁边模板嵌入梁内不易拆除。参见图 2-15、图 2-16。

图 2-15　模板安装支撑不当

图 2-16　模板安装支撑不当

2、原因分析

（1）模板龙骨用料较小或间距偏大，不能提供足够的刚度及强度，底模未按设计或规范要求起拱，造成挠度过大，支柱基础下沉。

（2）板下支撑底部不牢，混凝土浇筑过程中荷载不断增加，支撑下沉，板模下挠。

3、预防措施

（1）梁、板底模板的龙骨、支柱的截面尺寸及间距应通过设计计算决定，确保有足够的刚度和强度。

（2）支撑面要平整，支撑材料应有足够的强度，前后左右相互搭牢增加稳定性；如支撑在软土地基上，应先将地面夯实，并铺设通长垫木，必要时垫木下再加垫横板，以增加支撑在地面的接触面，保证在混凝土重量作用下不发生下沉。

（3）梁、板模板应按规定要求起拱。

（4）梁模板上下口应设销口棱，再进行侧向支撑，以保证上下口模板不变形。

二十三、柱模板常见质量问题

1、现象

（1）胀模，造成截面尺寸不准，混凝土保护层过大，鼓出、漏浆，混凝土不密实或蜂窝麻面。

（2）偏斜，一排柱子不在同一轴线上。

（3）柱身扭曲，梁柱接头处偏差大。

参见图2-17。

图2-17 柱身歪斜

2、原因分析

（1）柱模板强度、刚度不够。

（2）柱箍筋间距太大或不牢，钢筋骨架缩小，或木模钉子被混凝土压力拔出。

（3）测放轴线不认真，梁柱接头处未按大样图安装组合。校正时未双面校正。

（4）成排柱子支模不跟线，不找方，钢筋偏移未扳正就套柱模。

（5）模板两侧松紧不一，未进行模板柱箍和穿墙螺栓设计。

3、预防措施

（1）成排柱子支模前，应先在底部弹出通线，将柱子位置兜方找中，使其首先不扭向。安装斜撑（或拉锚），吊线找垂直时，相邻两片柱模从上端每面吊两点，使线坠到地面，线坠所示两点到柱位置线距离均相等，以使柱模不扭向。

（2）成排柱子支撑时应先立两端柱模，校直与复核位置无误后，顶部拉通长线，再立中间各根柱模。

（3）柱子支模前必须先校正钢筋位置。

（4）根据柱高和断面尺寸设计核算柱箍自身的截面尺寸和间距，以及对大断面柱使用穿柱螺栓和竖向钢棱，以保证柱模的强度、刚度足以抵抗混凝土的侧压力，柱模外面每隔500～800mm 应加设牢固的柱箍，必要时增加对拉螺栓，施工时应认真按设计要求作业。

二十四、墙体模板安装平整度不规范

1、现象

墙体厚薄不一，平整度差。

2、原因分析

模板的强度和刚度不够，龙骨的尺寸和间距、穿墙螺栓间距、墙体的支撑方法未认真操作。

3、预防措施

防控方法是模板设计应有足够的强度和刚度，龙骨的尺寸和间距、穿墙螺栓间距、墙体的支撑方法等在作业中要认真执行。

二十五、墙模板常见质量问题

1、现象

（1）炸模、倾斜变形，墙体不垂直。

（2）墙体厚薄不一，墙面高低不平。

（3）墙根跑浆、露筋，模板底部被混凝土及砂浆裹住，拆模困难。

（4）墙角模板拆不出。

参见图 2-18。

图 2-18 模板跑浆

2、原因分析

（1）模板间支撑方法不当，模板制作不平整，厚度不一致，相邻两块墙模板拼接不严、不平，支撑不牢，没有采用对拉螺栓来承受混凝土对模板的侧压力，以致混凝土浇筑时炸模。

（2）角模与墙板拼接不严，水泥浆漏出，包裹模板下口。拆模时间太迟，模板与混凝土粘结力过大。

（3）未涂刷隔离剂。

3、预防措施

（1）墙面模板应拼装平整，符合质量检验评定标准。墙身中间应根据模板设计书配制对拉螺栓，模板两侧以连杆增强强度来承担混凝土的侧压力，确保不炸模。两模板之间，应根据墙的厚度用钢管或硬塑料撑头，以保证墙体厚度一致。

（2）模板面应涂刷隔离剂。

（3）外墙所设的拉顶支撑要牢固可靠，支撑的间距、位置应有模板设计确定。

二十六、脱模剂使用不当

1、现象

模板表面用废机油涂刷造成混凝土污染，或混凝土残浆不清除即刷脱模剂，造成混凝土表面出现麻面等缺陷。

2、原因分析

（1）拆模后不清理混凝土残浆即刷脱模剂。

（2）脱模剂涂刷不匀或漏涂，或涂层过厚。

（3）使用了废机油脱模剂，既污染了钢筋及混凝土，又影响了混凝土表面装饰质量。

3、预防措施

（1）拆模后，必须清除模板上遗留的混凝土残浆后，再刷脱模剂。

（2）严禁用废机油作脱模剂，脱模剂材料选用原则应为：既便于脱模又便于混凝土表面装饰。选用的材料有皂液、滑石粉、石灰水及其混合液和各种专门化学制品脱模剂等。

（3）脱模剂材料宜拌成稠状，应涂刷均匀，不得流淌，一般刷两度为宜，以防漏刷，也不宜涂刷过厚。

（4）脱模剂涂刷后，应在短期内及时浇筑混凝土，以防隔离层遭受破坏。

4、优质工程示例

参见图 2-19。

图 2-19 模板脱模剂涂刷质量好

二十七、模板拆除时与混凝土表面粘连

1、现象

混凝土梁、柱或板的边模或角模，在拆模时不易拆除，甚至嵌入混凝土内，与混凝土表面粘连。

2、原因分析

由于模板清理不好，涂刷隔离剂不匀，拆模过早所造成。

3、预防措施

模板表面清理干净，隔离剂涂刷均匀，拆模时间按规范要求执行。

二十八、模板拆除后混凝土缺棱掉角

1、现象

混凝土模板拆除后，混凝土表面棱角破损、脱落。参见图2-20。

图2-20 混凝土表面缺棱掉角

2、原因分析

（1）拆模过早，混凝土强度不足。

（2）操作人员不认真，用大锤、撬棍硬砸猛撬，造成混凝土棱角破损、脱落。

3、预防措施

（1）混凝土强度必须达到质量验收标准中的要求方可拆模。

（2）对操作人员进行技术交底，严禁用大锤、撬棍硬砸猛撬。

4、优质工程示例

参见图2-21。

图2-21 混凝土拆模后观感质量好

二十九、模板安装前未清理

1、现象

模板内残留木块、浮浆残渣、碎石等建筑垃圾，拆模后发现混凝土中有缝隙，且有垃圾夹杂物。参见图 2-22。

图 2-22　混凝土缝隙中有杂物

2、原因分析

（1）钢筋绑扎完毕，模板位置未用压缩空气或压力水清扫。

（2）封模前未进行清扫。

（3）墙柱根部、梁柱接头最低处未留清扫孔，或所留位置不当无法进行清扫。

3、预防措施

（1）钢筋绑扎完毕，用压缩空气或压力水清除模板内垃圾。

（2）在封模前，派专人将模内垃圾清除干净。

（3）墙柱根部、梁柱接头处预留清扫孔，预留孔尺寸≥100mm×100mm，模内垃圾清除完毕后及时将清扫口处封严。

第二节　预制混凝土构件模板

一、预制桩模板质量常见问题

1、现象

（1）桩身不直；几何尺寸不准；桩尖偏斜，桩头不平。

（2）接桩处，上节桩预留钢筋与下节桩预留钢筋孔洞位置有偏差，或下节桩孔深不足。

2、原因分析

（1）场地未平整夯实，使接触地面的桩身不平直。

（2）弹线有偏差。

（3）桩模的支撑强度与刚度不足。

（4）桩尖模板振捣时移位。桩头模板不垂直于桩身。

（5）上下桩的连接处，下节桩预留孔洞位置不准，深度不够；上节桩预留钢筋未设定位套板，混凝土振捣时位置走动。

（6）桩模板未刷隔离剂，或隔离剂已被雨水冲掉。

3、预防措施

（1）制桩场地应平整夯实，排水通畅。

（2）采用间隔支模施工方法，地面上弹准桩身宽度线（间隔宽度应加纸筋灰作隔离剂的厚度）。模板与模档应有足够的刚度。桩头端面要做成直角。

（3）桩尖端应用专用钢帽套上。

（4）上下节桩端部均应做相匹配的专用模板，以保证接桩位置准确，并与桩侧模板连接好。为使接桩准确，在浇筑桩身混凝土时，可在钢管内预先放置 4Φ50mm 圆钢，在初凝前应经常转动圆钢，初凝后拔出成孔。

（5）采用间隔支模方法时，可采用纸筋石灰做隔离层，厚度约 2mm。

4、优质工程示例

参见图 2-23。

图 2-23　预制模板优质工程

二、梁柱模板质量常见问题

1、现象

底部漏浆；叠捣梁柱粘连；平面尺寸变形，底部高低不平。

2、原因分析

（1）涨模或模板接缝松动。

（2）未使用隔离剂或隔离剂失效，造成粘连。

（3）场地未平整夯实。

3、预防措施

（1）底模一般应采用分节脱模法或胎模施工，制作分节脱模法中固定支座及胎模施工前应将地面平整夯实，固定支座及胎模表面用水泥砂浆抹光并涂刷隔离剂。

（2）两侧及端部模板要有足够的刚度，并撑牢夹紧，保证嵌缝严密。

三、桁架模板质量常见问题

1、现象

（1）构件不平整、扭曲或有蜂窝、麻面、露筋，沿预应力抽芯管孔道的混凝土表面出现裂缝。

（2）预应力筋孔道堵塞。预应力抽芯管拔不出。预应力张拉灌浆后，在翻身竖起时，屋架呈现侧向弯曲。

2、原因分析

（1）底部胎模未用水平仪抄平，尺寸不准。

（2）模板制作不良，支撑不牢，底部两侧漏浆，侧模外胀。上部对拉螺栓拉得过紧又未加撑木，当混凝土浇筑完成，拆除侧模上口临时搭头木时，侧模向里收进，造成构件上口宽度不足。

（3）当混凝土浇筑完毕转动芯管时，由于钢管不直，造成混凝土表面裂缝。抽芯过早，容易造成混凝土塌陷裂缝。

（4）预应力抽芯管采用两节拼接方法，转动芯管时如不小心拉出一些，中间会被混凝土堵塞。

（5）混凝土浇筑完毕，抽芯钢管未及时转动，混凝土结硬后芯管转不动，拔不出。

3、预防措施

（1）模板制作要符合质量标准，达到设计要求的平整度与形状尺寸，周围要夹紧扩牢，不得变形，不得漏浆。

（2）芯管如用无缝钢管制作时，应保证钢管匀直。

（3）构件混凝土浇筑完毕，应每隔 10～15min 将芯管转动一圈，以免混凝土粘牢芯管。当手指按压混凝土表面不出水时，即可缓缓将芯管抽出。

（4）在混凝土浇筑过程中，注意勿将芯管向外拉出。

（5）采用分节脱模法须制构件时，除上述防治措施外，应保证各支点有足够的承载力，拼接处模板平齐。

四、小构件模板质量常见问题

1、现象

（1）构件不方正，边角歪斜。

（2）厚薄不匀，超厚超宽。

2、原因分析

（1）地坪不平，边模安装时，未按设计要求尺寸拉对角线校正。

（2）边模连接不牢，表面振实过程中，边框接头处向外胀开。

（3）浇筑混凝土时，边模向上浮起，造成底部漏浆。

3、预防措施

（1）底模要平整坚固（宜用水泥砂浆或混凝土地面），应符合构件表面质量要求，边模厚度要正确，当容易出现超厚时，可根据生产实践预先将边模高度减小 3～5mm。

（2）安装模板时应校正对角线长度，接头处要牢固。

（3）浇筑混凝土时，要防止边模浮起。表面要按边模高度铲平。

（4）模板及地坪要涂刷隔离剂。

（5）脱模时间应根据当时气温及混凝土强度发展情况而定，不宜过早拆模。

五、钢模板底盘缺陷

1、现象

（1）底盘整体扭翘，放在平整地面上只有 3 个支点着地。

（2）底盘下垂或上拱。钢模板在起吊时或多次承受预应力张拉的钢模板最容易产生这种缺陷。

（3）局部变形或损伤。

2、原因分析

（1）底盘结构未经力学计算，刚度较小。

（2）起吊时 4 个吊钩钢丝绳长短不一样或码放垛底棱不平。

（3）多次重复施加预应力，此力对底盘是偏心荷载，引起较大变形，放张后外力消除，留下剩余变形。下次施加预应力后，偏心值增大，变形也增大，重复次数越多，剩余变形越大，导致不能使用。

（4）内胎面用钢面板过薄，区格划分过大，随使用次数增多而凹凸不平。

（5）清模时锤击硬伤、隔离剂不良，混凝土粘结锤击硬伤。

（6）起吊、运输、码放过程中撞击，造成硬伤。

（7）焊接不良，焊缝不够，焊后内应力过大导致变形。

（8）局部受力区零件构造处理不当，如模外张拉的须应力圆孔板梳筋条焊在槽钢上，受力引起槽钢翼缘板变形。

3、预防措施

（1）设计时应从各种不利的受力状态作结构的强度、刚度（变形）和局部稳定性计算。特别应控制刚度，对承受预应力的钢模板更要注意。

（2）注意细部构造，运用钢结构理论进行细部设计。

（3）底盘结构设计要考虑变形要求，布置合理，省工省料。不仅要计算变形，而且要考虑三点支承后第四个角的变形。

（4）起吊时 4 个吊钩的钢丝绳要长短一致。

（5）码放垛底锣应用水平仪找平，用材要耐撞击，如钢轨等。

（6）内胎面钢面板厚至少 5mm 以上，使用次数不多的钢模板可用 3～4mm 厚。区格划分不大于 1000×1000mm。

（7）焊接质量要可靠，施焊顺序要合理，尽量减少焊接变形和降低焊接内应力。即使用胎具卡固定，也要考虑施焊顺序。焊缝尺寸应符合设计要求，不得少焊。

（8）变形超过规定，要及时用专门工具调平。

4、优质工程示例

参见图 2-24。

图 2-24　钢模板质量好

六、钢模板侧模缺陷

1、现象

（1）侧向弯曲过大，构件成型后两头窄中间宽。采用模外张拉工艺时，由于预应力反作用力需由侧模承受，更易产生侧向弯曲。

（2）垂直方向产生弯曲，组装后与底盘缝隙大，引起跑浆，严重者使构件麻面。

（3）扭曲变形，引起组装困难。

（4）组装后侧模不垂直，上口大下口小。

（5）旋转侧模的合页板启闭不灵活。

（6）表面局部硬伤变形。

2、原因分析

（1）设计截面本身垂直轴（Y 轴）惯性矩小，在混凝土侧压力作用下，向外变形或扭曲。

（2）旋转侧模使用次数多，合页板孔径变大或销轴磨细，也会引起构件尺寸误差。

（3）由于清模不仔细，混凝土渣和灰浆未清除干净，侧模受挤压，造成垂直弯曲或上口大下口小，不垂直。

（4）合页板与焊在底盘上的耳板位置不正确，或侧模本身纵向移动产生摩擦，因而启闭费力。

（5）侧模在浇筑混凝土前未涂隔离剂或涂得不匀，脱模后混凝土粘结在侧模上，清理时锤击振动，使表面凹凸不平。

（6）操作过程紧固件松动，使侧模变形。支拆或搬动时摔碰或搁置不平而变形。

（7）焊接变形或焊缝不足，不能起组合截面的功能，以致一经使用即产生变形。

3、预防措施

（1）侧模刚度要进行力学计算，尽量采用刚度较大的截面形式，如槽形、箱形等。

（2）合页板焊接位置要正确。为减少旋转时的摩擦，可在合页板两边焊上 6mm 厚环形垫圈。

（3）及时检查合页板旋转孔径，过大则更换。销轴磨细也要及时更换。紧固件如有掉落或变形要及时换备件。

（4）制造过程焊接工艺要合理，焊缝尺寸应按设计要求。

七、钢模板端模缺陷

1、现象

一般钢模板的端模，有的是一块钢板，有的是带孔的“[”形截面，刚度不好，固定困难，易造成以下问题：

（1）平面变形或硬伤；

（2）构件成型过程中端模上窜，引起构件超高；

（3）端头外倾或内倒，不垂直；

（4）端头埋件位移。

2、原因分析

（1）设计时紧固构造考虑不周，在振实混凝土过程中引起端模活动。

（2）用料刚度较差，经受不住混凝土的侧压力而引起变形。

（3）操作过程中锤击、摔碰等，引起变形及硬伤。

（4）灰渣未清理干净，硬性支模引起变形。

3、预防措施

（1）设计端模时不应只考虑自重轻和省料，要以力学计算为依据，必要时用加劲肋提高其刚度。

（2）设计的紧固工艺要可靠，位置易固定，易装拆。

（3）按操作规程操作，不用或少用锤击。

（4）有变形应及时修理，不能凑合使用。

（5）预埋件应采取可靠的固定措施，防止位移。

八、预应力圆孔钢模板缺陷

1、现象

（1）梳筋条和端模槽口不在一条直线上，造成穿筋困难和张拉力不准。

（2）两端模圆孔中心不平行，引起穿圆管芯子困难。

（3）张拉端U形承力板变形。

（4）张拉板上挠变形，导致预应力筋保护层偏大。

（5）张拉板螺栓断裂。

2、原因分析

（1）钢模板加工不合格，未经验收或验收粗糙，投入使用即造成各种问题。

（2）U形承力板多次重复承受张拉力，引起疲劳和剩余变形。

（3）张拉板本身受力状态复杂，会引起变形。多次重复施力以及焊接等因素，可能引起螺栓开裂。

3、预防措施

（1）设计提出加工误差要明确，要按机械制图注尺寸，特别是圆孔中心线和槽口中心线应分别从板中心线计算，避免累计误差。

（2）U形承力板的应力分析应从最不利条件考虑，如力的作用点可能上移或两个承力板受力不均等，构造加固及焊接要可靠。

（3）张拉板受力大且偏心，为了避免张拉板上挠变形和螺栓断裂等，对于较宽且受张拉力较大的张拉板可以改为两块，以保证质量和安全。

（4）经常检查零配件，发现隐患及变形，应及时更换或修理。

第三章　钢筋工程

第一节　钢筋原材料

一、钢筋存放管理杂乱

1、现象

钢筋品种、强度等级混杂不清，直径大小不同的钢筋堆放在一起；虽然具备必要的合格证件（出厂质量证明书或试验报告单），但证件与实物不符；非同批原材料码放在一堆，难以分辨，影响使用。参见图 3-1。

图 3-1　现场钢筋堆放混乱

2、原因分析

原材料仓库管理不当，制度不严；钢筋出厂所捆绑的标牌脱落；对直径大小相近的钢筋，用目测有时分不清；合格证件未随钢筋实物同时送交仓库。

3、防治措施

仓库应设专人验收入库钢筋；库内划分不同钢筋堆放区域，每堆钢筋应立标签或挂牌，表明其品种、强度等级、直径、合格证件编号及整批数量等；验收时要核对钢筋类型，并根据钢筋外表的厂家标记（一般都应有厂名、钢筋品种和直径）与合格证件对照，确认无误；钢筋直径不易分清的，要用卡尺测量检查。

4、治理方法

发现混料情况后应立即检查并进行清理，重新分类堆放；如果翻垛工作量大，不易清理，应将该堆钢筋做出记号，以备发料时提醒注意；已发出去的混料钢筋应立即追查，并采取防止事故的措施。

5、优质工程示例

参见图 3-2、图 3-3。

图 3-2　现场钢筋存放整齐

图 3-3　现场钢筋存放整齐

二、钢筋直径偏小

1、现象

钢筋实际直径（用卡尺测量多点）较进货单标明直径稍大，便按实际直径代换使用。

2、原因分析

钢筋生产工艺落后（通常是非正规厂家），材质不均匀；个别生产厂为了牟利，故意按正公差生产，以增加重量；利用旧式轧辊轧制，有的是英制直径。

3、防治措施

要求供料单位正确书写进货单，按货单上的钢筋直径作为检验依据。

4、治理方法

对于存在正公差直径的钢筋，只能按相应公称直径取用。特别注意直径 6. 5mm 和 6mm 的应按《低碳钢热轧圆盘条》（GB/T 701-2008）规定，公称直径既有 6mm 的，也有 6. 5mm 的。但设计单位作施工图绝大部分取 6mm；相反施工单位进料却绝大部分取 6. 5mm，以致用料混乱的情况屡见，在工程中应根据实际直径作代换，以免造成质量事故或浪费；尤其是当实际直径大小混淆不清时（例如实际 6. 35mm，考虑公差后易被充当 6. 5mm），更应注意确认实物状况。

第二节 钢筋加工

一、钢筋加工质量常见问题

1、现象

（1）钢筋端部 45d 范围内混有焊接接头，或端头被切断。

（2）钢筋下料时，钢筋端面不垂直于钢筋轴线，端头出现挠曲或马蹄形。

（3）钢筋下料后，安装时长度不足。

2、原因分析

（1）操作工下料前未仔细挑选钢筋原材料，距端头 45d 范围内混有其他接头。

（2）钢筋下料前未调直，导致切口与钢筋轴线不垂直或产生挠曲。

（3）钢筋翻样时未考虑钢筋镦粗时长度有损失。

3、防治措施

（1）所用钢材应符合有关钢筋的国家标准要求。

（2）钢筋端部应先调直后下料，端头如微有翘曲，应进行调直处理后断料。特别对定尺钢筋，要检查端部截面质量，不符合要求的端部重新切割后再镦粗，并及时记录和反馈钢筋真实长度信息，作好标识。

（3）钢筋切割下料的机械设备宜采用砂轮切割机，以满足加工精度的要求，不能使用刀片式切断机或氧气切割。

（4）钢筋翻样时，应充分考虑钢筋镦粗时的长度损失。

二、直螺纹套筒质量常见问题

1、现象

（1）直螺纹套筒有裂纹。

（2）长度及内外径尺寸不符合设计要求。

（3）锥螺纹塞规拧入连接套后，连接的端边缘不在螺纹塞规端的缺口范围内。

（4）钢筋套丝前，钢筋端头未切平。套丝完成后未及时配塑料保护帽。

参见图 3-4、图 3-5、图 3-6。

图 3-4　直螺纹丝扣过短

图 3-5　直螺纹套筒连接无外露丝扣

图 3-6　钢筋丝扣端头不平齐

2、原因分析

（1）套筒无出厂合格证，而且进场未检验。

（2）套筒进场后随意丢放导致破损。

3、防治措施

（1）套筒应有产品合格证，两端锥孔应有密封盖；套筒表面应有规格标记。

（2）套筒进场后应妥善保管，防止雨淋、碰撞、油污及泥浆沾污。

（3）套筒进场后施工单位应进行复检，其允许误差必须符合有关规程规定，其检查方法如图 3-7 所示。

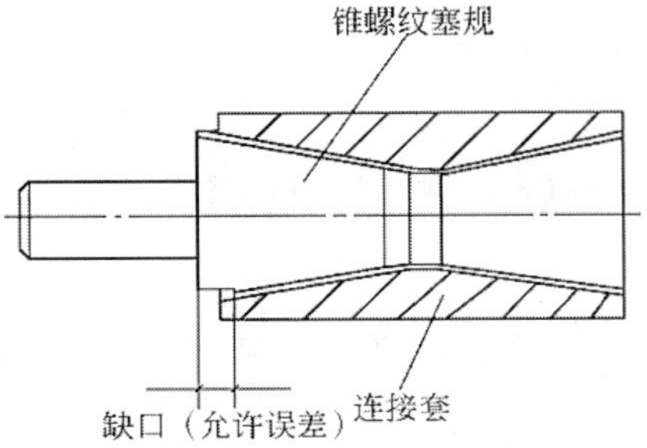

图 3-7 套筒检查方法示意图

4、优质工程示例

参见图 3-8。

图 3-8 钢筋直螺纹链接规范

三、箍筋质量常见问题

1、现象

矩形箍筋成型后，拐角不成 90°，或两对角线长度不相等。钢筋弯钩平直长度不够，箍筋弯钩角度不符合要求。

2、原因分析

箍筋边长成型尺寸与图纸要求误差过大；没有严格控制弯曲角度；一次弯曲多个箍筋时没有逐根对齐。

3、防治措施

注意操作，使成型正确；当一次弯曲多个箍筋时，应在弯折处逐根对齐。

四、环形箍筋直径略大

1、现象

钢筋加工成圆形且焊接成型后尺寸略大于设计值。

2、原因分析

圆形钢筋成品的直径尺寸与绑扎时拉开的螺距和钢筋原材料弹性性能有关，直径不准是由于没有很好的考虑这两点因素。

3、防治措施

应根据钢筋原材料实际性能和构件所要求的螺距大小预先确定卷筒的直径。当盘缠在圆筒上的钢筋放松时，螺旋筋就会往外弹出一些，拉开螺距后又会使直径略微缩小，其间差值应有计算确定。

五、成型钢筋尺寸偏差大

1、现象

已成型的钢筋尺寸和弯曲角度不符合设计要求。钢筋成型后外形准确，但在堆放或搬运过程中发现弯曲、歪斜、角度偏差。

2、原因分析

下料不准确；画线方法不对或误差大；用手工弯曲时，扳距选择不当；角度控制没有采取保证措施。

成型后，往地面摔得过重，或因地面不平，或与别的物体或钢筋碰撞成伤；堆放过高或支垫不当被压弯；搬运频繁，装卸“野蛮”。

3、防治措施

加强钢筋配料管理工作，预先确定各种形状钢筋下料长度调整值。根据钢筋弯制角度和钢筋直径确定好扳距大小。

为保证弯曲角度符合要求，在设备和工具不能自行达到准确角度的情况下，可在成型案上画出角度准线或采取钉扒钉做标志的措施。

搬运、堆放要轻抬轻放，放置地点要平整，支垫应合理；尽量按施工需要运至现场并按使用先后堆放，以避免不必要的翻垛。

六、成型后钢筋弯曲处裂纹

1、现象

钢筋加工成型后弯曲处产生横向裂纹。

2、原因分析

材料冷弯性能不良；在北方地区寒冷季节，成型场所温度过低。

3、防治措施

每批钢筋送交仓库时，都要认真核对合格证件，应特别注意冷弯栏所写弯曲角度和弯心直径是不是符合钢筋技术标准的规定；寒冷地区成型场所应采取保温或取暖措施，维持环境温度达到0℃以上。

4、治理方法

取样复查冷弯性能；取样分析化学成分，检查磷的含量是否超过规定值。检查裂纹是否由于原先已弯折或碰损而形成，如有这类痕迹，则属于局部外伤，可不必对原材料进行性能检验。

七、盘条冷拉质量常见问题

1、现象

一些厂家对施工单位委托的热轧盘条光面钢筋进行超出规范要求的超张拉加工，导致钢筋截面面积和力学性能不符合标准要求。超张拉后的钢筋脆性增加、延性降低，危及建筑工程结构安全。

2、原因分析

钢筋调直不采用专用机械，调直时超出规范允许的冷拉率张拉。

3、防治措施

（1）建设、监理、施工单位联合验收

1）由施工单位工程项目技术负责人、质量检查员、材料员和监理工程师（建设单位采购的，建设单位项目负责人必须参加）共同对所有进场钢筋联合验收，以上人员对进场钢筋的验收承担验收责任。

2）联合验收是对原钢筋和加工后的钢筋进场时，共同检查进场钢筋的外观质量、品种、规格、进场数量、产品出厂检验报告、合格证等（产品合格证应当是原件，复印件必须有保存原件单位的公章、责任人签名、送货的重量和规格、送货日期及联系方式）。

3）联合验收应形成验收记录，其验收责任单位、责任人必须按规定签字，以便溯源追究责任。

4）验收合格后施工单位将进场钢筋登记入库或进行安装，建立进场台账。不合格钢筋立即退回（退回的相关资料长期保存）。

（2）施工单位现场自检

施工单位应按照工程设计要求、施工技术标准对钢筋进行检验。检验由施工单位项目技术负责人组织，项目部质量检查员负责，采用便携式仪器（如游标卡尺等），重点对原钢筋和加工后钢筋直径进行检查，检查后应有书面记录和检查人员签字。

（3）取样送检

施工单位取样人员在监理单位见证人员见证下，按相关标准规定的批次、抽检数量进行见证取样和送检（第三方有资质的检测单位进行检测），合格后方可对该批钢筋进行加工或安装。

第三节　钢筋焊接连接

一、闪光对焊接头夹渣或未焊透

1、现象

接头中有氧化膜、未焊透或夹渣。参见图 3-9。

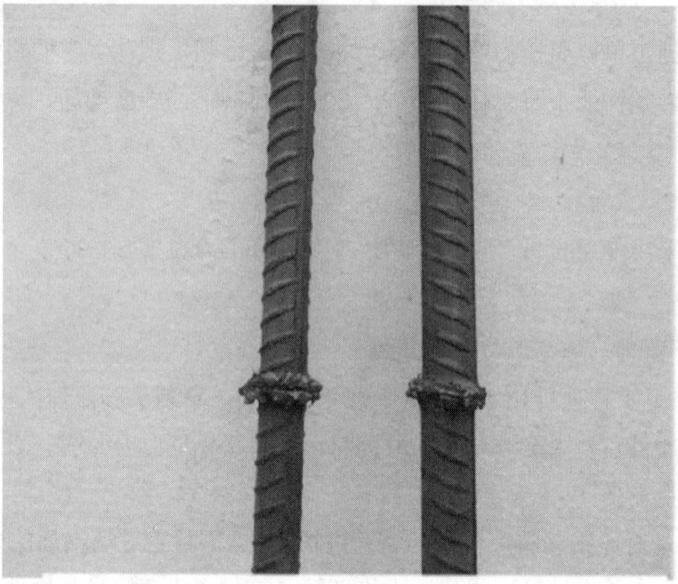

图 3-9　闪光对焊接头夹渣

2、原因分析

（1）焊接工艺方法使用不当。

（2）焊接参数选择不合适。

（3）烧化过程太弱或不稳定。

（4）烧化过程结束到顶锻开始之间的过度不够急速或有停顿，空气侵入焊口。

（5）顶锻速度太慢或带电顶锻不足。

（6）顶锻留量过大，顶锻压力不足，使焊口封闭太慢或未能真正密合。

3、防治措施

（1）选择适当的焊接工艺。

（2）重视预热作用，掌握预热要领，减少预热梯度。

（3）确保带电顶锻过程，采取正常的烧化过程。

（4）避免采用过高的变压器级数施焊，以提高加热效果。

（5）加快顶锻速度。

（6）增大顶锻压力。

二、闪光对接焊焊缝有粗晶

1、现象

从焊缝或近缝区断口上可看到粗晶状态。

2、原因分析

（1）预热过分，焊口及其近缝区金属强烈受热。

（2）预热时接触太轻，间歇时间太短，热量过分集中于焊口。

（3）沿焊件纵向的加热区域过宽，顶锻留量偏小，顶锻过程不足以使近缝区产生适当的塑性变形，未能将过热金属排除于焊口之外。

（4）为了顶锻省力，带电顶锻延续较长，或顶锻不得法，致使金属过热。

3、防治措施

（1）根据钢筋级别、品种规格等情况确定其预热程度，在施工中严加控制。

（2）采取低频预热方式，适当控制预热的接触时间、间歇时间以及压紧力。

（3）严格控制顶锻时的温度及留量。

（4）严格控制带电顶锻过程。

三、闪光对焊接头脆断

1、现象

在低应力状态下，接头处发生无预兆的突然断裂。脆断可分为淬硬脆断、过热脆断和烧伤脆断几种情况。这里着重阐述对接头强度和塑性都有明显影响的淬硬脆断问题。其断口以齐平、晶粒很细为特征。参见图 3-10。

图 3-10 钢筋接头处脆断

2、原因分析

（1）焊接工艺方法不当，或焊接规范太强，致使温度梯度落陡降，冷却速度加快，因而产生淬硬缺陷。

（2）对于某些焊接性能较差的钢筋，焊后虽然采取了热处理措施，但因温度过低，未能取得应有的效果。

3、防治措施

（1）针对钢筋的焊接性，采取相应的焊接工艺。通常以碳当量（Ceq）来估价钢材的焊接性。碳当量与焊接性的关系，因焊接方法而不同。就钢筋闪光对焊来说，大致是：

$C_{eq} \leqslant 0.55\%$　　焊接性“好”

$0.55\% < C_{eq} \leqslant 0.65\%$ 焊接性“有限制”

$C_{eq} > 0.65\%$　　焊接性“差”

鉴于我国的钢筋状况是，Ⅱ级及以上都是低合金钢筋，而且有的碳含量已达到中碳范围，因此应根据碳当量数值采取相应的焊接工艺。对于焊接性“有限制”的钢筋，不论其直径大小，均宜采取“闪光-预热-闪光焊”；对于焊接性“差”的钢筋，更要考虑预热方式。一般说来，预热频率尽量低些为好，同时焊接规范应该弱一些，以利减缓焊接时的加热速度和随后的冷却速度，从而避免淬硬缺陷的发生。

（2）正确控制热处理程度。对于难焊的Ⅳ级钢筋，焊后进行热处理时：

1）待接头冷却至正常温度，将电极钳口调至最大间距，重新夹紧。

2）应采用最低的变压器参数，进行脉冲式通热加热，每次脉冲循环，应包括通电时间和间歇时间，并宜为 3s。

3）焊后热处理温度在 750～850℃选择，随后在环境温度下自然冷却。

四、闪光对焊钢筋烧伤

1、现象

烧伤是指钢筋与电极接触处在焊接时产生的熔化状态。对于淬硬倾向较敏感的钢筋来说，这是一种不可忽视的危险缺陷。因为它会引起局部区域的强烈淬硬，导致同一截面上的硬度很不均匀。这种接头抗拉时，应力集中现象特别突出，因而接头的承载能力明显降低，并发生脆性断裂。其断口齐平，呈放射性条纹状态。

2、原因分析

（1）钢筋与电极接触处洁净程度不一致，夹紧力不足，局部区域电阻很大，因而产生了不允许的电阻热。

（2）电极外形不当或严重变形，导电面积不足，致使局部区域电流密度过大。

（3）热处理时电极表面太脏，变压器级数过高。

3、防治措施

（1）在钢筋端部约 130mm 的长度范围内，焊前应仔细清除锈斑、污物，电极表面应经常保持干净，确保导电良好。

（2）电极宜做成带三角形槽口的外形，长度应不小于 55mm，使用期间应经常修整，保证与钢筋有足够的接触面积。

（3）在焊接或热处理时，应夹紧钢筋。

（4）热处理时，变压器级数宜采用Ⅰ、Ⅱ级，并且电极表面应经常保持良好状态。

五、电渣压力焊轴线偏移

1、现象

电渣压力焊焊接完成后，发现成型钢筋轴线偏移、弯折。参见图 3-11、图 3-12。

图 3-11　钢筋焊接不同轴

图 3-12　钢筋焊接不同轴

2、原因分析

（1）钢筋端部歪扭不直，在夹具中夹持不正或倾斜。

（2）夹具长期使用磨损，造成上下不同心。

（3）顶压时用力过大，使上钢筋晃动和移位。

（4）焊后夹具过早放松，接头未及冷却，使上钢筋倾斜。

3、防治措施

（1）矫直钢筋端部。

（2）正确安装夹具和钢筋。

（3）避免过大的挤压力。

（4）及时修理或更换夹具。

六、电渣压力焊钢筋咬边

1、现象

钢筋与钢筋连接处发生咬边现象。

2、原因分析

（1）焊接时电流太大，钢筋熔化过快。

（2）上钢筋端头没有压入熔池中，或压入深度不够。

（3）停机太晚，通电时间过长。

3、防治措施

（1）减小焊接电流。

（2）缩短焊接时间。

（3）注意上钳口的起始点，确保上钢筋挤压到位。

七、电渣压力焊未焊合

1、现象

上下钢筋在结合面处没有很好的融合在一起。

2、原因分析

（1）焊接过程中上钢筋提升过大或下送时速度过慢；钢筋端部熔化不良或形成断弧。

（2）焊接电流小或通电时间不够，使钢筋端部未能得到适宜的熔化量。

（3）焊接过程中设备故障，上钢筋卡住，未能及时压下。

3、防治措施

（1）在引弧过程中精心操作，防控操纵杆提的过快或过高，间隙太大发生断路灭弧；

也应防止操纵杆提的过慢，钢筋粘连短路。

（2）适当增大焊接电流和延长焊接通电时间，使钢筋端部得到适宜的熔化量。

（3）及时修理焊接设备，保证正常使用。

八、电弧焊接头脆断

1、现象

焊接接头在承受拉、弯等应力时，在焊缝、热影响区域母材上发生没有塑性变形的突然断裂。断裂面一般从断裂源开始向其他方向呈放射性波纹。断裂强度一般比母材有所降低，有时甚至低于屈服强度。这种缺陷大部分发生在碳、锰含量较高的Ⅳ、Ⅲ级（个别有Ⅱ级）钢筋中。

2、原因分析

（1）焊接时的咬边缺陷，造成接头局部应力集中。

（2）电弧烧伤或交叉钢筋电弧点焊焊缝太小，使钢筋局部产生淬火组织。

（3）连续施焊使焊缝和热影响区温度过高，冷却后形成粗大的魏氏组织，降低了接头的塑性。

（4）负温焊接时，焊接工艺及参数选择不合理。

3、防治措施

（1）焊接过程中不得随意在主筋非焊接部位引弧，地线应与钢筋接触良好，避免引起此处电弧。灭弧时弧坑要填满，并应将灭弧点拉向帮条或搭接端部。在坡口立焊加强焊缝焊接中，应减小焊接电流，采用短弧等措施。

（2）Ⅱ、Ⅲ级钢筋坡口焊接时，应采用几个接头轮流施焊的方法，以避免接头过热产生脆性较大的魏氏组织。

（3）在负温条件下进行帮条和搭接接头平焊时，第一层焊缝应从中间引弧向两端运弧，使接头端部达到预热的目的。Ⅱ、Ⅲ级钢筋多层施焊时（包括搭接焊、帮条焊和坡口焊），最后一层焊道应比前层焊道在两端各缩短 4～6mm，以消除或减少前层焊道及其临近区域的淬硬组织，改善接头性能。

九、电弧焊焊缝裂纹

1、现象

按其产生的部位不同，可分为纵向裂纹、横向裂纹、熔合线裂纹、焊缝根部裂纹、弧坑裂纹以及热影响区裂纹等；按其产生的温度和时间的不同，可分为热裂纹和冷裂纹两种。

参见图 3-13。

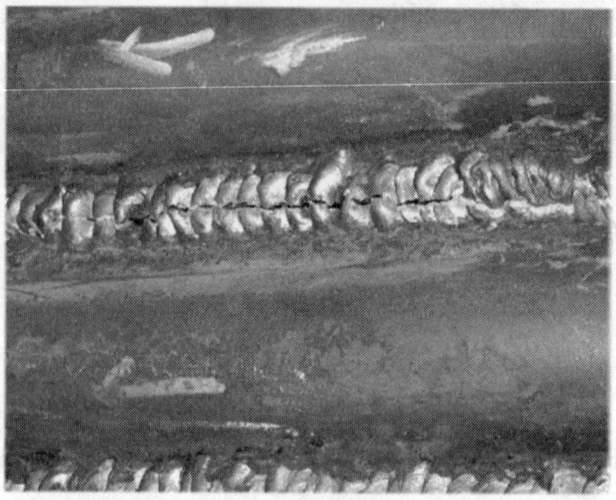

图 3-13　焊接区域出现裂缝

2、原因分析

（1）焊接碳、锰、硫、磷化学成分含量较高的钢筋时，在焊接热循环的作用下，近缝区易产生淬火组织。这种脆性组织加上较大的收缩应力，容易导致焊缝或近缝区产生裂纹。

（2）焊条质量低劣，焊芯中碳、硫、磷含量超过规定。

（3）焊接次序不合理，容易形成过大的内应力，引起接头裂纹。

（4）焊接环境温度偏低或风速大，焊缝冷却速度过快。

（5）焊接参数选择得不合理，或焊接线能量控制不当。

3、防治措施

（1）为了防止裂纹产生，除选择质量符合要求的钢筋和焊条外，还应选择合理的焊接参数和焊接次序。如在装配式框架结构梁柱刚性节点钢筋焊接中，应该一端焊完之后再焊另一端，不能两端同时焊接，以免形成过大的内应力，造成拉裂。

（2）在低温焊接时，环境温度不应低于-20℃，并应采取控温循环施焊，必要时应采取挡风、防雪、焊前预热、焊后缓冷或热处理等措施，刚焊完的接头防止碰到雨雪。在温度较低时，应尽量避免强行组对后进行定位焊（如装配式框架结构钢筋接头），定位焊缝长度应适当加大，必要时采用碱性低氢型焊条。定位焊后应尽快焊满整个接头，不得中途停顿和过夜。

4、治理方法

焊后如发现有裂纹，应铲除重新焊接。

十、电弧焊未焊合

1、现象

焊缝金属与钢筋之间有局部未熔合，便会形成没有焊透的现象（见图 3-14）。根据未焊透产生的部位不同，可分为根部未焊透和层间未焊透等几种情况。

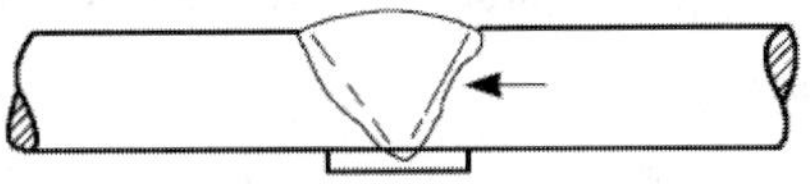

图 3-14　未焊透

2、原因分析

（1）在搭接焊及帮条焊中，电流不适当或操作不熟练，将会发生未焊透缺陷。

（2）在坡口接头，尤其是坡口立焊接头中，如果焊接电流过小，焊接速度太快，钝边太大，间隙过小或者操作不当，焊条偏于坡口一边均会产生未焊透现象。

3、防治措施

（1）钢筋坡口加工应由专人负责进行，只许采用锯割或气割，不得采用电弧切割。

（2）气割熔渣及氧化铁皮焊前需清除干净，接头组对时应严格控制各部分尺寸，合格后方准焊接。

（3）焊接时应根据钢筋直径大小，合理选择焊条直径。

（4）焊接电流不宜过小；应适当放慢焊接速度，以保证钢筋端面充分熔合。

十一、电弧焊夹渣

1、现象

焊缝金属中存在块状或弥散状非金属夹渣物（见图 3-15）。

图 3-15　夹渣

2、原因分析

产生夹渣的原因很多，主要是由于准备工作未做好或操作技术不熟练引起的，如运条不当、焊接电流小、钝边大、坡口角度小、焊条直径较粗等。夹渣也可能来自钢筋表面的铁锈、氧化皮、水泥浆等污物，或焊接熔渣渗入焊缝所致。在多层施焊时，熔渣没有清除干净，也会造成层间夹渣。

3、防治措施

（1）采用焊接工艺性能良好的焊条，正确选择焊接电流，在坡口焊中宜选用直径 3. 2mm 的焊条。焊接时必须将焊接区域内的脏物清除干净；多层施焊时，应层层清除熔渣。

（2）在搭接焊和帮条焊时，操作中应注意熔渣的流动方向，特别是采用酸性焊条时，必须使熔渣滞留在熔池后面；当熔池中的铁水和熔渣分离不清时，应适当将电弧拉长，利用电弧热量和吹力将熔渣吹到旁边或后边。

（3）焊接过程中发现钢筋上有污物或焊缝上有熔渣，焊到该处应将电弧适当拉长，并稍加停留，使该处熔化范围扩大，以把污物或熔渣再次熔化吹走，直至形成清亮熔池为止。

十二、电弧焊焊缝气孔

1、现象

焊接熔池中的气体来不及逸出而停留在焊缝中所形成的孔眼，大半呈球状。根据其分布情况，可分为疏散气孔、密集气孔和连续气孔等。

2、原因分析

（1）碱性低氢型焊条受潮、药皮变质或剥落、钢芯生锈；酸性焊条烘焙温度过高，使药皮变质失效。

（2）钢筋焊接区域内清理工作不彻底。

（3）焊接电流过大，焊条发红造成保护失效，使空气侵入。

（4）焊条药皮偏心或磁偏吹造成电弧强烈不稳定。

（5）焊接速度过快，或空气湿度太高。

3、防治措施

（1）各种焊条均应按说明书规定的温度和时间进行烘焙。药皮开裂、剥落、偏心过大以及焊芯锈蚀的焊条不能使用。

（2）钢筋焊接区域内的水、锈、油、熔渣及水泥浆等必须清除干净，雨雪天气不能焊接。

（3）引燃电弧后，应将电弧拉长些，以便进行预热和逐渐形成熔池，在焊缝端部收弧时，应将电弧拉长些，使该处适当加热，然后缩短电弧，稍停一会再断弧。

（4）焊接过程中，可适当加大焊接电流，降低焊接速度，使熔池中的气体完全逸出。

十三、电阻点焊焊点脱落

1、现象

钢筋点焊制品焊点周界熔化铁浆挤压不饱满，如用钢筋轻微撬打，或将钢筋点焊制品举至离地面 1m 高，使其自然落地，即可产生焊点分离现象。

2、原因分析

（1）焊接电流过小，通过时间太短，焊点强度较低。

（2）电极挤压力不够。

（3）压入深度不够。

3、防治措施

（1）正确优选焊接参数。焊工应严格遵守班前试验制度，优选合适焊接参数，试验合格后方可正式投入生产。点焊热轧钢筋时，除钢筋直径较大，焊机功率不足而采用电流强度较小（80～160A/mm^2），通电时间较长（0. 1～0. 5s 以上）的规范外，一般应采用电流强度较大（120～360A/mm^2），通电时间很短（0. 1～0. 5s）的规范。点焊冷处理钢筋时，必须电流强度较大，通电时间很短。同时应注意钢筋点焊制品的钢筋焊接间距，是否会产生电流分流现象。电流的分流，将使焊接强度降低。为了消除电流分流对钢筋点焊强度的影响，应适当延长通电时间或增大电流。

（2）清除钢筋表面锈蚀、氧化铁皮和杂物、泥渣等，使钢筋表面接触良好，提高焊接强度。

4、治理方法

对已产生脱点的钢筋点焊制品，应重新调整焊接参数，加大焊接电流（增加变压器级数），延长通电时间，减小电极行程（加大电极挤压力），进行二次补焊试焊，并应在制品上截取双倍试件，如试验合格，该批脱点钢筋制品应重新按二次补焊的焊接参数进行补焊。采用 DN3-75 型点焊机焊接通电时间（见表 3-1）。

表 3-1 采用 DN3-75 型点焊机焊接通电时间（单位：s）

变压器	较小钢筋直径/mm							
级数	3	4	5	6	8	10	12	14
1	0. 08	0. 10	0. 12	—	—	—	—	—
2	0. 05	0. 06	0. 07	—	—	—	—	—
3	—	—	—	0. 22	0. 70	1. 50	—	—
4	—	—	—	0. 20	0. 60	1. 25	2. 50	4. 00
5	—	—	—	—	0. 50	1. 00	2. 00	3. 50
6	—	—	—	—	0. 40	0. 75	1. 50	3. 00
7	—	—	—	—	—	0. 50	1. 20	2. 50

注：点焊Ⅱ级钢筋或冷轧带肋钢筋时，焊接通电电间延长 20%～25%。

十四、气压焊破断

1、现象

焊接接头受力后从压焊面破断，断面呈平口，没有焊合现象。

2、原因分析

（1）钢筋端头处理不清洁，有锈、油污、水泥等附着物。

（2）钢筋装夹间隙大于 3mm，或端面毛刺没有磨削净，使压焊面产生间隙。

（3）装卡好的钢筋没有在当天施焊，压焊面被污染。

（4）加热时火焰利用不正确，加热温度不够或热量分布不均，使压焊面氧化。

（5）顶压力过小。

（6）中途灭火或火焰不当。

3、防治措施

（1）钢筋下料要用砂轮锯，使钢筋的压焊面尽可能与轴线成直角切断，不要用剪切方式或气割切断钢筋，因为剪切钢筋容易产生端头弯曲或端面缺肉情况。气割使端面凹凸不平，产生氧化膜，磨光机很难磨平。

（2）合理选择焊接参数，在压焊作业之前（指压焊作业当天，有可能的话，尽量在安装夹具前），必须用磨光机把钢筋的压焊面及周边锈、油污、水泥浆等附着物完全清除干净，因长期搁置，压焊面容易被尘土等异物污染。

（3）用磨光机削除周边的尖角、毛刺（注意倒角不要过大，防止压焊后形成凹痕），使压焊面装卡时尽量不产生间隙。平破面产生的几率与间隙大小有关，间隙越大，产生平破面的可能性越大。

（4）加热初期要特别注意用碳化焰包围焊缝隙，火焰不能离开，否则压焊容易产生氧化膜，导致平破面的产生。

（5）气压焊时，应根据钢筋直径和焊接设备等具体条件选用等压法、二次加压法或三次加压法焊接工艺。在两根钢筋缝隙密合和镦粗过程中，对钢筋施加的轴间压力，按钢筋横截面面积计算应为 30～40MPa。

（6）气压焊的开始阶段应采用碳化焰，对准两钢筋接缝中集中加热，并应使其内焰包住缝隙，防止钢筋端面产生氧化。在确认两根钢筋缝隙完全密合后，应改用中性焰，以压焊面为中心，在两侧各一倍钢筋直径长度范围内往复宽幅加热。钢筋端面的加热温度应为 1150～1250℃，钢筋端部表面的加热温度应稍高于该温度，并应随钢筋直径大小而产生的温度梯差确定。

（7）气压焊施焊中，通过最终的加热加压，应使接头的镦粗区形成规定的形状，然后应停止加热，略为延时，卸除压力拆下焊接夹具。

4、治理方法

在加热过程中，当钢筋端面缝隙完全密合之前发生灭火中断现象时，应将钢筋取下重新打磨、安装，然后点燃火焰进行焊接。当发生在钢筋端面缝隙完全密合之后，可继续加热加压。

十五、焊接表面烧伤

1、现象

在点焊过程中有爆炸声，并产生强烈的火花飞溅。上部较小直径钢筋表面与上电极接触处有过烧的粘连金属物。下部较大直径钢筋表面与下电极接触处有压坑和过烧的粘连金属物。参见图3-16。

图3-16　钢筋焊接表面烧伤

2、原因分析

（1）钢筋表面存有油脂、脏物或氧化膜，甚至钢筋表面锈蚀已成麻点状态，使焊接时钢筋与钢筋、电极与钢筋间的接触电阻显著增加，甚至局部不导电，破坏了电流和热量的正常分布。尤其是有麻点的钢筋，麻坑内锈污不易除掉，因而产生电流密度集中，发生局部熔化或产生电弧烧伤钢筋，出现压坑，熔化铁浆外溢，形成火花飞溅严重。

（2）上下电极表面不平整，有凹坑或凹槽，或电极握臂上的锥形插孔插入不紧密，使冷却水滴漏在焊点上，均会造成钢筋表面烧伤，出现压坑等现象。

（3）通电加热时，电流过大，加热过度，电极压力大，造成压坑加深。

（4）焊接时没有预压过程或预压力过小。

3、防治措施

（1）表面锈蚀已成麻点状态的钢筋不得用点焊。对有锈但不严重的钢筋，必须清除铁锈或杂质，才能进行点焊。钢筋表面油脂用有机溶剂（丙酮、汽油等）或碱性溶液除掉后，再进行点焊。

（2）有锈蚀的钢筋可先进行冷拉，使氧化皮自行脱落，再进行点焊。

（3）电极表面必须随时保持平整。一般情况下，在一个工作台班内，应锉平电极表面1～3次。在更换安装电极时要保持电极握杆中心垂直，上下电极柱对中，不得歪斜，图3-17

所示为电极握杆和电极中心不垂直，应调整使其垂直。

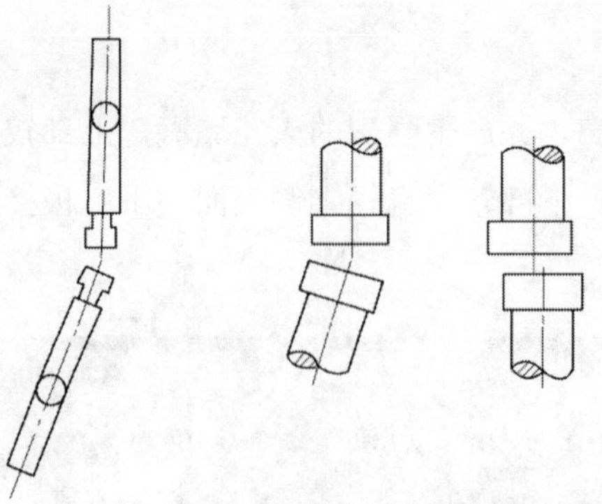

图 3-17 电极握杆和电极中心不垂直

（4）应根据钢筋品种与直径的不同调整电极压力。以 DN-75 型点焊机为例，其电极压力可参考表 3-2 选取。

表 3-2 DN-75 型点焊机电极压力（N）参数表

较小钢筋直径（mm）	Ⅰ级钢筋冷拔低碳钢丝（N）	Ⅱ级钢筋冷拔低碳钢丝（N）	较小钢筋直径（mm）	Ⅰ级钢筋冷拔低碳钢丝（N）	Ⅱ级钢筋冷拔低碳钢丝（N）
3	980～1470	—	8	2450～2940	2940～3430
4	980～1470	1470～1960	10	2940～3920	3430～3920
5	1470～1960	1960～2450	12	3430～4410	4410～4900
6	1960～2450	2450～2940	14	3920～4900	4900～5880

（5）降低变压器级数，减小电子流量。

（6）保证预压过程和适当的预压力。

十六、钢筋与钢板未焊牢

1、现象

钢筋与钢板未完全焊合，挤出的焊缝金属与钢筋呈分离状态（见图 3-18）。

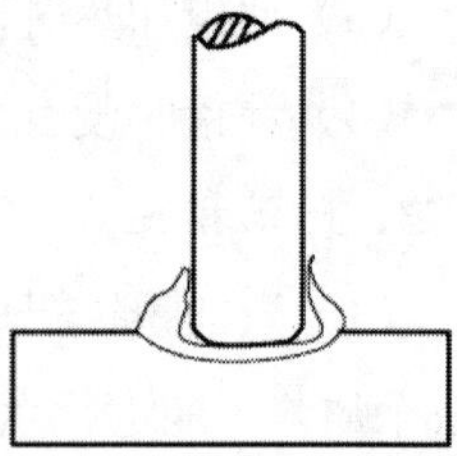

图 3-18 钢筋与钢板未焊合

2、原因分析

（1）焊接电流小、时间短、母材加热不足、熔池金属少，因而冷却速度快，顶压时不易完全焊合。

（2）引弧提升高度偏大（指自动埋弧压力焊），或下送不稳定，使熔化过程发生中断现象。

3、防治措施

（1）适当加大顶压力。

（2）根据钢筋直径选择恰当的引弧提升高度、电弧电压焊接电流及相应的焊接时间，当采取 500 型焊接变压器时，焊接参数宜取上限值，以提高焊接过程的稳定性。

十七、焊接缩径质量问题

1、现象

钢筋与焊接金属接触处产生类似缩径的症状。

2、原因分析

（1）焊接电流过大，焊接时间过长，钢筋熔化量超过预定留量值；熔池温度高，熔池金属过多。

（2）在自动埋弧压力焊时，夹具下送距离受到约束，顶压过程中钢筋在熔池金属中没有压入适当深度，钢筋咬肉部位未能为焊缝金属所补偿。

3、防治措施

（1）选择适当的焊接电流和焊接时间，以实现正常的加热。

（2）当采取自动埋弧压力焊时，熔化及压入留量应不小于 12mm；采用手动埋弧压力时应不受阻碍，保证获得足够的压入深度。

十八、钢筋焊接质量常见问题

1、钢筋焊接前期准备

接头部位应清理干净；钢筋安装应上下同心；夹具牢固，严防晃动；引弧过程力求可靠；电弧过程，延时充分；电渣过程，短而稳定；挤压过程，压力适当。

2、钢筋焊接质量问题及预防措施（表 3-3）

表 3-3　钢筋焊接质量问题及预防措施

序号	焊接缺陷	预防措施
1	轴线偏移	矫直钢筋端部 正确安装夹具和钢筋 避免过大的挤压力 及时修理和更换夹具
2	弯折	矫直钢筋端部 注意安装与扶直上钢筋 避免焊后过快卸夹具 修理和更换夹具

续表

序号	焊接缺陷	预防措施
3	焊包薄而大	减低顶压速度 减少焊接电流 减少焊接时间
4	咬边	减少焊接电流 减少焊接时间 注意上钳口的起始点，确保上钢筋挤压到位
5	未焊合	增大焊接电流 避免焊接时间过短 检修夹具，确保上钢筋下送自如
6	焊包不均匀	钢筋断面力求平整 填装焊剂尽量均匀 延长焊接时间，适当增加融化量
7	气泡	按规定要求烘焙焊剂 清楚钢筋焊接部位的铁锈 确保被焊接处在焊剂中的吗，埋入深度
8	烧伤	钢筋导电部位除净铁锈 尽量夹紧钢筋
9	焊包下淌	彻底封堵焊剂灌的漏口 避免焊后过快回收焊剂

3、钢筋焊接质量问题治理方法

（1）焊工应认真自检，若发现偏心、弯折、烧伤、焊包不饱满等焊接缺陷，应切除接头重焊。切除接头时，应切除热影响区的钢筋，即离焊接中心约为 1.1 倍钢筋直径的长度范围内的部分应切除；

（2）焊包较均匀，突出部分最少高出钢筋表面 4mm；

（3）电极与钢筋接触处，无明显烧伤缺陷；

（4）接头处弯折角度不大于 4 度；

（5）接头处轴线位移不超过 0.1 倍钢筋直径，同时不大于 2mm；

（6）外观检查不合格的接头应切除重焊，或采取补救措施；

（7）接头焊毕，应停歇 20～30s 后才能卸下夹具，以避免接头弯折。

第四节　钢筋绑扎、安装

一、主筋锚固长度不足

1、现象

梯段主筋下滑，在下层楼梯梁内锚固长度超出规范要求，在上层楼梯梁内主筋锚固长度达不到规范要求，或主筋放置位置不准确，一侧梁内长度偏大，一侧梁内长度偏小。

2、原因分析

（1）下料时，施工人员严格照图计算、下料并制作，而钢筋工在绑扎时，由于主筋位置放置不准确，造成梯段主筋在楼梯梁内锚固长度有一定的偏差。

（2）钢筋未采取防滑措施或由于混凝土的重量作用使钢筋向下位移。

（3）混凝土浇筑过程中，看筋工作不到位，发现问题未能及时改正、补救。

3、防治措施

楼梯梯段主筋下料时，建议钢筋长度可以比图纸尺寸稍长一些，以防出现梯段主筋锚固长度不足的现象；或在钢筋绑扎时，在梯段主筋与梯梁箍筋相交部位附加一根分布筋，将分布筋与梯梁箍筋绑扎连接，以防止主筋下移，同时也能够确保此处钢筋保护层厚度。梯段钢筋不如现浇板钢筋位置容易保证，并且梯段部位混凝土留槎应在梯段长度1/3部位，如果混凝土浇筑中出现主筋下移，使上层楼梯梁内锚固长度不足，要对主筋进行搭接或焊接，这样不仅费工费料，而且施工也不方便，不易保证工程质量。

二、钢筋骨架安装质量常见问题

1、现象

骨架外形尺寸不准、歪斜；扣筋（负筋）被踩向下位移。

2、原因分析

多根钢筋端部未对齐，绑扎时个别钢筋偏离规定位置。

3、防治措施

绑扎时将钢筋端部对齐，防止钢筋绑扎偏斜或骨架扭曲。

4、优质工程示例

参见图3-19。

图3-19　框架柱钢筋绑扎质量规范

三、垫块放置不到位

1、现象

（1）基础构造柱钢筋上标高标志点不在同一水平面上，部分标志点有下降现象。

（2）条形基础厚度不足，实测混凝土条基断面厚度，局部厚度比设计厚度小 1～3cm。

2、原因分析

条形基础施工时，标高往往标注在构造柱钢筋上，由于未在构造柱钢筋下加设垫块或垫块强度偏低，在混凝土浇筑时，由于混凝土重量作用使垫块破碎造成钢筋下移，从而使标志点下降，同时造成基础钢筋局部整体下降，使基础断面厚度减小，减小的尺寸基本上稍低于垫块的厚度。

3、防治措施

施工单位应认真制作和加设垫块，使垫块厚度偏差、垫块间距、垫块强度均符合规范要求。

四、钢筋保护层过小

1、现象

钢筋保护层不符规定，露筋。参见图 3-20。

图 3-20　钢筋保护层过小导致露筋

2、原因分析

（1）混凝土保护层垫块间距太大或脱落。

（2）钢筋绑扎骨架尺寸偏差大，局部接触模板。

（3）混凝土浇筑时，钢筋受碰撞位移。

3、防治措施

（1）混凝土保护层垫块要适量可靠。

（2）钢筋绑扎时要控制好外形尺寸。

（3）混凝土浇筑时，应避免钢筋受碰撞位移。混凝土浇筑前应、后设专人检查修整。

五、挑梁弯起钢筋安装问题

1、现象

（1）挑梁弯起钢筋弯起角度不准确。弯起角一般为45°，当梁高大于800mm时，角度宜取60°。

（2）弯终点位置不正确，按规范要求，弯终点距支座边缘的距离不应大于50mm。

（3）水平段锚固长度不足。

（4）附加斜筋（鸭筋）放置位置不准确。

2、原因分析

（1）技术交底不认真，不细致，施工人员对规范理解不透。

（2）质检人员对钢筋细部做法检查不到位。

就结构来说，悬挑构件的施工非常重要，技术、质检、监理部门应该认真对待，高度重视，以免施工失误，给工程质量留下隐患。

六、柱、墙钢筋产生位移

1、现象

柱、墙钢筋位移。参见图3-21、图3-22。

图3-21　柱钢筋位移

图3-22　柱钢筋位移

2、原因分析

固定钢筋的措施不可靠，在混凝土浇筑过程中被碰撞，偏离固定位置。

3、防治措施

墙、柱主筋的插筋与底板上、下筋要固定绑扎牢固，确保位置准确。必要时可附加钢筋电焊焊牢，混凝土浇筑前、后应有专人检查修整。

七、楼板钢筋产生位移

1、现象

浇筑混凝土不搭马道，乱踩钢筋野蛮施工；竖向插筋无扶正措施造成钢筋位移。参见图 3-23。

图 3-23　钢筋被踩坏

2、原因分析

操作人员成品保护意识不强，技术交底未进行成品保护要求。

3、防治措施

加强对操作人员成品意识，建立工序交接制度，并在技术交底中进行成品保护措施交底，浇筑混凝土必须搭设马道。

4、优质工程示例

参见图 3-24。

图 3-24　钢筋排设整齐规范

八、箍筋数量不足

1、现象

（1）现浇梁在支座范围内仅加设一个箍筋或没有箍筋。

（2）现浇梁做法不正确，遇圈梁处穿过支座与圈梁主筋绑扎搭接，未按要求锚固到支座内。梁柱接头处柱箍筋数量不足或漏绑。参见图 3-25。

图 3-25　箍筋漏绑

2、原因分析

（1）有部分设计单位在结构说明中注明：现浇梁在支座范围内加设两根箍筋，有的设计单位未注明，施工人员未认真阅读图纸。

（2）项目部技术人员的技术交底不全面，不细致，对有特殊要求的内容未加明确。

（3）因操作困难，未绑加密箍筋；采用模外绑梁筋，后落入梁底，加之梁柱接头早已封模，无法绑梁、柱接头柱箍筋。

3、防治措施

应合理安排先绑梁筋，待补上梁、柱接头柱箍筋后，再封梁侧模的操作方法。

九、箍筋间距不一致

1、现象

按图纸上标注的箍筋间距绑扎梁的钢筋骨架，最后发现末一个间距与其他间距不一致，或实际所用箍筋数量与钢筋材料表上的数量不符。

2、原因分析

图纸上所注间距为近似值，按近似值绑扎，则间距或根数有出入。

例如，图 3-26（a）是图纸上表示的箍筋间距，（b）是按实际绑扎时钢筋骨架从左向右画线，最末一个间距只有 50mm；钢筋材料表中写明箍筋数为 30 根，而实际上却需 31 根。

3、防治措施

根据构件配筋情况，预先算好箍筋实际分布间距，供绑扎钢筋骨架时作为依据。

例如，对上图的钢筋骨架，如预先计算，则箍筋实际画线间距应为［6000−2×（25+50）］÷（30−1）=202mm。

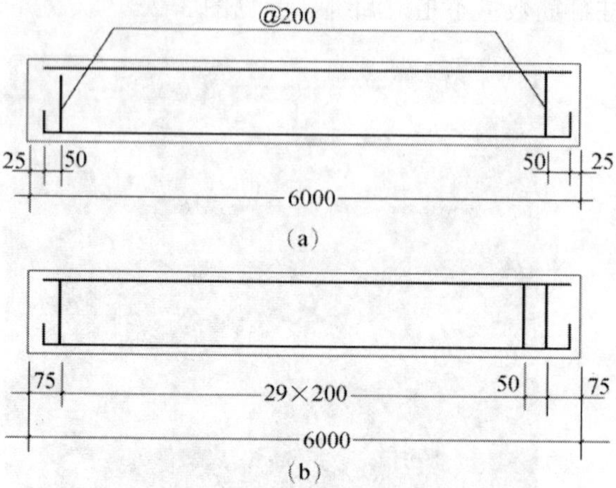

图 3-26　箍筋间距不一致

（a）设计箍筋间距；（b）实际施工箍筋间距

有时，也可以按图纸要求的间距，从梁的中心点向两端画线。例如，对上图所示的梁，如果不经预先计算，而从梁的中心点向两端画线，则如图 3-27 所示的分布，两头箍筋间距为 225mm，固然超过规范规定的允许误差值，但是，如果梁长为 5980mm，则两头间距是 215mm，也就可以了。

事实上，这类预防措施是应该根据具体情况灵活制定的。例如，对于下图的情况，亦可将 225mm 放到梁中心部位附近，即从梁中心向两侧 100mm 处画一箍筋位置，接着按 225mm 再画一箍筋位置，其余的间距都为 200mm。这是下图箍筋间距画线分布因为梁跨中所受剪力比支座附近小得多，箍筋间距稍稍超过规范规定的允许误差值并不影响梁的受力条件。

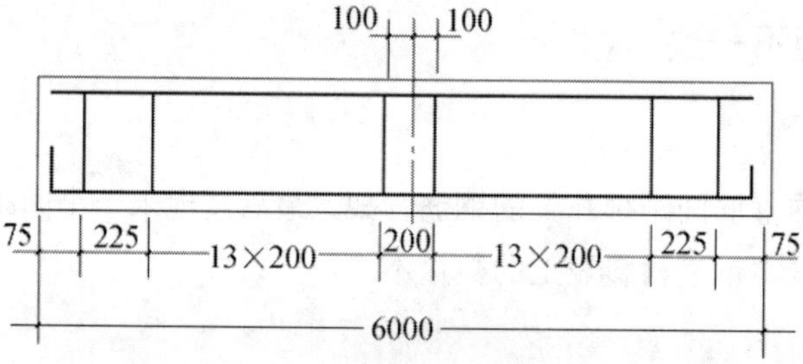

图 3-27　箍筋间距画线分布

4、治理方法

如箍筋已绑扎成钢筋骨架，则根据具体情况，适当增加一根或两根箍筋。

十、梁箍筋被压弯

1、现象

梁的钢筋骨架绑成后，未经搬运，箍筋即被骨架本身重量压弯。

2、原因分析

梁的高度较大，但图纸上未设纵向构造钢筋和拉筋。

3、防治措施

当梁的截面高度超过700mm时，在梁的两侧面沿高度每隔300～400mm应设置一根直径不小于10mm的纵向构造钢筋；纵向构造钢筋用拉筋联系。拉筋直径一般与箍筋相同，每隔3～5根箍筋放置一根拉筋，如图3-28所示。拉筋一端弯成半圆钩，另一端做成略小于直角的直钩。绑扎时先把半圆弯钩挂上，再将另一端直钩钩住扎牢。

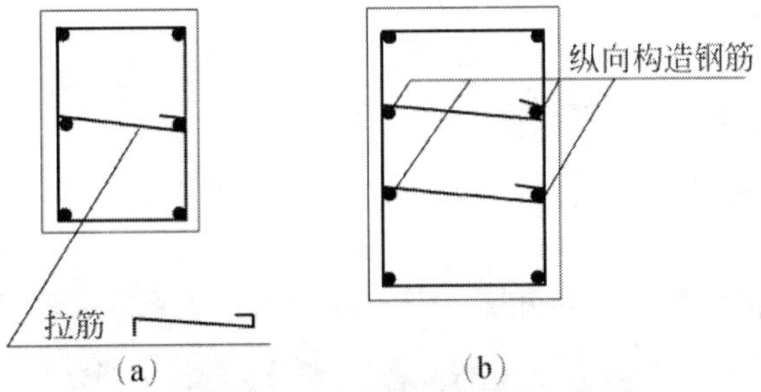

图3-28　梁内设置纵向构造钢筋

（a）拉筋；（b）纵向构造钢筋

4、治理方法

将箍筋被压弯的钢筋骨架临时支上，补充纵向构造钢筋和拉筋。

十一、梁上部主筋在浇筑时脱落

1、现象

图3-29（a）的梁中钢筋骨架绑扎完后或安装入模，经浇筑混凝土振动时，上部二层钢筋（图中的1号钢筋）下落变位。

2、原因分析

一般情况下，1号钢筋是用铁丝吊挂在模板的横木方上或上面的钢筋上，有时在搬移过程或浇筑混凝土时会碰松或碰断绑丝，造成钢筋下落或下垂。

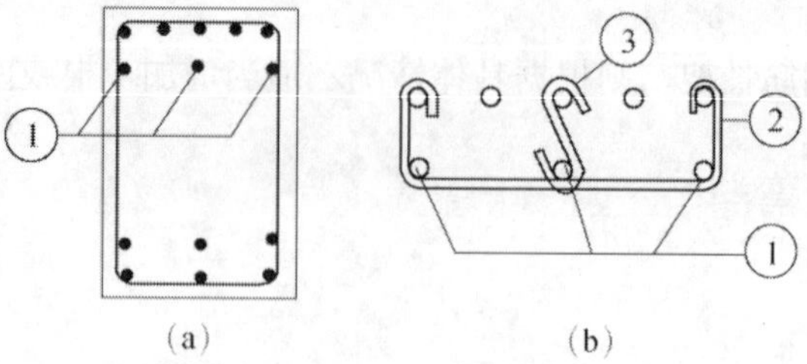

图 3-29 梁上部钢筋位置固定

（a）上部钢筋下落；（b）固定措施

3、防治措施

采取固定 1 号钢筋的办法：弯制一些类似开式箍筋的钢筋［如上图（b）所示中的 2 号钢筋］将它们兜起来，必要时还可以加一些钩筋（3 号钢筋）以供悬挂。2 号和 3 号钢筋的数量根据实际需要确定。

4、治理方法

浇捣混凝土时，施工现场必须留有钢筋工看守钢筋骨架，若发现钢筋移位，应立即修整，以避免造成隐患。

十二、梁柱节点核心箍筋漏设

1、现象

梁柱节点区域的核心箍漏设、漏绑扎及钢筋净距不足。参见图 3-30。

图 3-30 节点区域的漏设箍筋

2、原因分析

绑扎钢筋时均为手工操作，梁柱节点区域的核心箍筋设置与绑孔质量普遍不够理想，操作困难使核心箍筋（尤其是多肢箍的内箍）漏设和核心箍漏绑扎现象频发，同时梁柱节点内由于有多条框架梁与柱相交、梁纵筋穿过柱内数量较多，钢筋净距不足。

3、防治措施

（1）以事前控制为主要，认真阅读施工图纸，弄清梁柱节点主要配筋情况和各种钢筋间的关系。明确核心箍和钢筋净距的重要性及操作要点。

（2）施工操作顺序需正确，先将柱核心箍放置绑扎到位，再将纵横框架梁主筋交叉穿入柱内确保足够的钢筋净距。

（3）逐一对节点区域的核心箍筋检查验收，发现有问题及时要求整改。确保柱核心箍设置正确、绑扎到位，以及钢筋有足够的净距使混凝土充分握裹住钢筋，使节点核芯区混凝土密实并有足够的强度。

十三、同一连接区段内钢筋接头过多

1、现象

在绑扎或安装钢筋骨架时，发现同一连接区段内（对于绑扎接头，在任一接头中心至规定搭接长度的1～1.3倍区段内，所有的接头都是没有错开，即位于同一连接区段内）受力钢筋接头过多，有接头的钢筋截面面积占总截面面积的百分率超出规范规定的数值。

2、原因分析

（1）钢筋配料时疏忽大意，没有认真安排原材料下料长度的合理搭配。

（2）忽略了某些杆件不允许采用绑扎接头的规定。

（3）错误取用有接头的钢筋截面面积占总截面面积的百分率数值。

（4）分不清钢筋位于受拉区还是受压区。

3、防治措施

（1）配料时按下料单钢筋编号再划出几个分号，注明哪个分号与哪个分号搭配。对于同一组搭配而安装方法不同的（如图3-31所示，同一组搭配而各分号是一顺一倒安装的），要加文字说明。

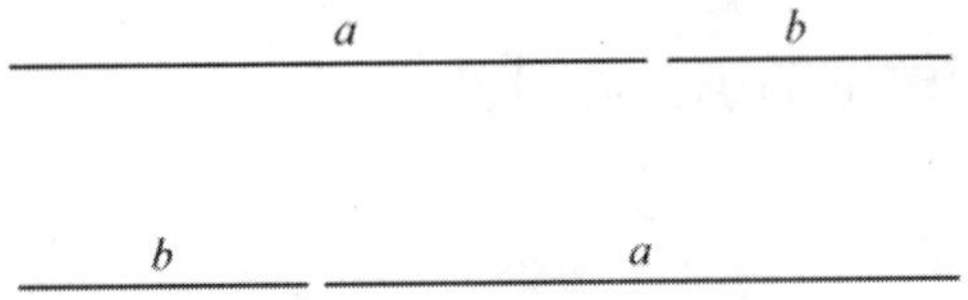

图3-31　同组搭配安装方法相反

（2）记住轴心受拉和小偏心受拉杆件（如屋架下弦、拱拉杆等）中的受力钢筋接头均应焊接，不得采用绑扎。

（3）理解《混凝土结构工程施工质量验收规范》（GB 50204）中规定的“同一连接区段”含义。

（4）如果分不清钢筋所处部位是受拉区或受压区时，接头设置均应按受拉区的规定办理。如果在钢筋安装过程中安装人员与配料人员对受拉或受压区理解不同（表现在取料时，某分号有多有少），则应征询设计人员。

4、治理方法

在钢筋骨架未绑扎时，发现接头数量不符合规范要求，应立即通知配料人员重新考虑设置方案。如果已绑扎或安装完钢筋骨架才发现，则根据具体情况处理，一般情况下应拆除骨架或抽出有问题的钢筋返工；如果返工影响工时或工期太长，则可采用加焊帮条（个别情况下，经过研究，也可以采用绑扎帮条）的方法解决，或将绑扎搭接改为电弧焊搭接。

十四、梁柱截面有效尺寸不足

1、现象

梁柱钢筋绑扎完成后，测量其主筋到主筋的有效尺寸不能达到要求。

2、原因分析

（1）钢筋绑扎不到位。

（2）箍筋加工尺寸偏小，梁柱主筋绑好后主筋有效截面尺寸不足。

（3）设计时梁柱等宽，梁纵筋位于柱主筋内侧，而使梁截面宽度不足。

3、防治措施

（1）箍筋加工前要求施工单位提交其加工样单进行审查，核对其放样尺寸是否有误；同时在箍筋加工过程中加强抽查频率，防止操作人员不按样单加工或加工尺寸不满足要求；

（2）工程进行初次梁柱钢筋绑扎时，要求施工技术人员严格执行对操作人员的技术交底工作并在绑扎过程中进行现场指导，务必使操作人员养成将主筋绑扎到位的良好习惯；

（3）对于梁柱设计等宽，则优先应控制了柱箍筋尺寸满足设计要求，然后可要求施工单位在梁主筋间设置钢筋内撑的方法以减少对梁断面的影响范围。

十五、二次浇筑部位钢筋绑扎质量差

1、现象

（1）钢筋顺直度差，有变形现象存在，漏绑钢筋或锚固长度不足。

（2）混凝土小构件成型差且出现裂纹。

（3）混凝土接槎粗糙、不密实。

2、原因分析

二次浇筑部位钢筋往往是预留钢筋（一部分为混凝土浇筑前绑扎），由于施工中保护措施不到位，造成钢筋变形现象严重，且钢筋修整不到位，钢筋保护层厚度控制不均匀；混凝土浇筑时接槎部位清理不干净，不注意混凝土成品养护。

3、防治措施

施工单位、监理单位应对二次浇筑部位钢筋及小构件钢筋加强管理，细致检查到位。

十六、钢筋绑扎接头松脱

1、现象

绑扎接头松脱。

2、原因分析

搭接处没有扎牢，或搬运时碰撞、压弯接头处。

3、防治措施

钢筋搭接处应用钢丝扎牢。扎结部位在搭接部分的中心和两端共3处。搬运已扎好的钢筋骨架应轻抬轻放，尽量在模板内或模板附近绑扎搭接接头。

4、优质工程示例

参见图3-32。

图3-32 钢筋绑扎优质工程

十七、钢筋代换截面积不足

1、现象

绑扎柱子钢筋骨架时，发现受力面钢筋不足。

2、原因分析

对于偏心受压柱配筋，没有按受力面钢筋进行代换，而按全截面钢筋进行代换。

例如，如图 3-33（a）所示是柱子原设计配筋，配料时按全截面钢筋 8Φ20+2Φ14 代 10Φ18，则应照图 3-33 图（b）绑扎。但是该柱为偏心受压构件，（a）图中Φ14 不参与受力，故应按每 4 根 20 进行代换，而 4Φ18 的钢筋抗力小于 4Φ20 的钢筋抗力，因此受力筋（处于受力面）代换后截面不足。

图 3-33　柱钢筋代换错误

（a）柱子原设计配筋；（b）代换后柱子配筋

3、防治措施

要掌握柱子的受力特征，根据受力面的配筋情况进行钢筋代换。

4、治理方法

如果受力筋代换后截面不足的差值很小，有可能满足构件使用要求（即设计可靠度有潜力）时，征得设计部门同意，可不必做返工处理；但经过设计复核，因受力筋代换后截面不足将影响构件使用要求，则应更换受力筋的配置，以补足截面。

十八、钢筋网片点焊扭曲

1、现象

钢筋点焊网片（特别是采用冷拔低碳钢丝时）不平整或扭曲。

2、原因分析

（1）钢筋调直状况不良。

（2）点焊操作台台面或模架不平。

（3）没有严格按照规定的焊接参数操作（例如电极压力、焊接通电时间各点不匀等）。

（4）网片搬运或堆放时扔摔。

3、防治措施

主要应从焊接作业上改善质量。

（1）预先检查钢筋平直状态，不直的用手锤矫直。

（2）随时注意操作台台面或模架是否有过大变形，不平的要及时修理。

（3）操作时尽量使已确认合适的各种焊接参数一致。

（4）网片搬运堆放应轻抬轻放。

4、治理方法

钢筋网片不平整或扭曲问题主要发生在焊接过程，但与钢筋加工工序关系密切，应在钢筋加工时加以处置。观察网片是否平整，将有问题的放在平板上测量扭曲程度，轻微扭曲的用锤子局部敲打整平，较严重的用压杆矫平。但是必须注意防止焊点受力脱落。

5、优质工程示例

参见图 3-34。

图 3-34　钢筋网片制作规范

十九、钢筋网片绑扎扭曲

1、现象

绑好的钢筋网片在搬移、运输或安装过程中发生歪斜、扭曲。

2、原因分析

搬运过程中用力过猛；堆放地面不平；有绑扣的钢筋交叉点太少；绑一面绑扣时方向变换太少。

3、防治措施

堆放地面要平整；搬运过程要轻抬轻放；增加有绑扣的钢筋交点；一般情况下，靠近网片外围两行的钢筋交点都应绑扎牢，而中间部分至少隔一交点绑一扣（易松动的网片，如搬运频繁的情况，应增加绑扣点）；在靠近外围两行的钢筋交点最好按十字花扣绑扎；在按一面顺扣绑扎的区段内，绑扣的方向应根据具体情况交错地变换；对于面积较大的网片，可适当地用一些直钢筋作斜向拉结加固。

4、治理方法

将斜扭网片正直过来，并加强绑扎，紧固结扣，增加绑点或加斜拉筋。

二十、双层钢筋网片移位

1、现象

配有双层钢筋（这里所谓双“层”是指在构件载面上部和下部都配有钢筋，并不是通常所说“单筋构件”在受拉区的两层配筋）网片的平板，一般常见上部网片向构件截面中部移位（向下沉落），但只有构件被碰损露筋时才能发现。

2、原因分析

网片固定方法不当；振捣碰撞；绑扎不牢；被施工人员踩踏。

3、防治措施

利用一些套箍或各种“马凳”之类支架将上、下网片予以相互联系，成为整体；在板面架设跳板，供施工人员行走（跳板可支于底模或其他物件上，不能直接铺在钢筋网片上）。

4、治理方法

当发现双层网片（实际上是指上层网片）移位情况时，构件已制成，故应通过计算确定构件是否报废或降级使用（即降低使用荷载）。

二十一、钢筋绑扎、安装质量常见问题汇总

表 3-4 钢筋绑扎、安装质量常见问题汇总

共性问题	1	保护层垫块厚度不规范、绑扎不到位、数量与分布不标准。
	2	钢筋锚固长度不够。
	3	钢筋搭接长度不够，位置、搭接率不规范；绑扎接头不规范。绑扎点漏绑、脱扣太多，绑扎不正确。
	4	焊接接头弯曲、错位，焊缝有损伤。
	5	箍筋变形、开口未错开；箍筋尺寸与构件截面尺寸不符。
	6	主筋、箍筋、加强筋在数量、规格、间距、型号等与图纸不符。
梁	1	梁腰筋、抗扭筋搭接及锚固不规范。
	2	梁箍筋的弯钩与图纸设计的抗震等级不符。
	3	梁箍筋加密区的长度、箍筋间距和柱侧起步点不正确。
	4	主次梁钢筋的放置位置颠倒。
	5	梁腰筋或主筋的拉钩与撑筋数量不足、尺寸不准等。

续表

板	1	板面、梁底、墙底、柱底不清洁未冲洗干净。
	2	板筋型号、规格、间距与分布与图纸不符。
	3	梁、墙侧的起步钢筋与梁、墙的间距过大。
	4	板负筋长度与图纸不符；负筋弯钩过长或过短。
	5	马镫高度与形状、尺寸不规范，绑扎不牢，间距过大
柱	1	箍筋的加密不规范。
	2	箍筋的开口位置未错开
	3	板上冒出钢筋长度不够，偏位等。
	4	梁筋与柱筋的布置出错。
	5	梁柱节点的箍筋偏位或漏缺。
墙	1	墙筋的拉钩与撑筋尺寸不准、数量与布置不正确。
	2	剪力墙暗柱暗梁的主筋、箍筋与图纸不符。
	3	水平筋、竖筋每段的长度过长或过短。
其他	1	预留洞口侧边未按规范或设计布置加强筋。
	2	分隔墙或砌体墙下未置加强筋。
	3	因预埋件而割断钢筋。

第四章　混凝土工程

第一节　预应力混凝土

一、预应力混凝土构件强度不足

1、现象

（1）后张预应力构件的混凝土强度不足，影响施加预应力与构件承载力。

（2）后张预应力屋架由于杆件截面尺寸小，混凝土强度不足，在张拉过程中出现下弦杆折断现象。

2、原因分析

（1）水泥过期或受潮，活性降低；砂、石集料级配不好，空隙大，含泥量大，杂物多；外加剂使用不当，掺量不准确。

（2）混凝土配合比不当，计量不准，施工中随意加水，使水胶比增大。

（3）混凝土加料顺序颠倒，搅拌时间不够，拌合不匀。

（4）冬期施工，拆模过早或早期受冻。

（5）混凝土试块制作未振捣密实，养护管理不善，或养护条件不符合要求，在同条件养护时，早期脱水或受外力砸坏。

3、防治措施

（1）水泥应有出厂合格证，砂、石子粒径、级配、含泥量等应符合要求；严格控制混凝土配合比，保证计量准确，混凝土应按顺序拌制，保证搅拌时间和拌匀；防止混凝土早期受冻，冬期施工用普通水泥配制混凝土，强度达到30%以上，矿渣水泥配制的混凝土，强度达到40%以上，不可遭受冻结；按施工规范要求认真制作混凝土试块，并加强对试块的管理和养护。当混凝土强度偏低，可用非破损方法（如回弹仪法、超声波法）来测定结构混凝土实际强度，如仍不能满足要求，可按实际强度校核结构的安全度，研究处理方案，采取相应加固或补强措施。

（2）混凝土试块多留一组，在施加预应力前进行试压。经试块试压，混凝土强度达到张拉要求后，方可施加预应力。

4、治理方法

（1）根据构件的实际荷载情况、混凝土实际强度，适当降低（如有必要）预应力筋张拉力。按照现行混凝土结构设计规范的规定，验算使用阶段承载力、抗裂、挠度等，验算施工段（张拉、吊装）承载力、抗裂及锚固区局部承压承载力等，合格后方可使用。

（2）施加预应力时，为了防止混凝土被压碎，混凝土立方强度f'_c必须等于或大于由预应力产生的截面边缘混凝土压应力的 1.7 倍，即

$$f'_c \geqslant 1.7\sigma_{cc} \quad （式 4-1）$$

式中：σ_{cc}——在预加应力、自重及施工荷载作用下截面边缘的混凝土压应力（kN）。

如果混凝土实际强度已定，σ_{cc}计算值偏大，则应适当降低预应力筋的张拉力。

二、预应力筋孔道裂缝

1、现象

预应力筋孔道灌浆之前或灌浆之后，沿孔道方向产生水平裂缝。

2、原因分析

（1）抽管、灌浆操作不当，产生裂缝。

（2）冬期施工时，孔道内积水未能及时清除或水泥浆受冻膨胀，将孔道胀裂。

3、防治措施

（1）防止抽管时产生管道裂缝的措施如下：

1）单根钢管长度不得大于 15m，胶管长度不得大于 30m；较长构件可用两根管对接，从两端抽出。对接处宜用 0. 5mm 厚白铁皮做成的套管连接。套管长度 40cm，套管内壁应与钢管外表面紧密贴合（对胶管接头，套管内径应比胶管外径大 2～3mm，使胶管压气或压水后贴紧套管）。

2）浇筑混凝土后，钢管应每隔 10～15min 转动一次，转动工作应始终顺着一个方向。用两根钢管对接时，两者的旋转方向应相反。转管时为防止钢管沿端头外滑，事先最好在钢管上作记号，以观察有无外滑现象。

3）钢管抽芯宜在混凝土初凝后、终凝前进行。一般以用手指按压混凝土表面不显凹痕时为宜，常温下抽管时间约在混凝土浇筑之后 3～5h，胶管抽芯时间可适当推迟。

4）抽管顺序宜先上后下，先曲后直。抽管速度要均匀，钢管要边抽边转，其方向要与孔道走向保持一致。胶管要先放水降压，待其截面缩小与混凝土自行脱离即可抽出。

（2）混凝土应振捣密实，特别是保证孔道下部的混凝土密实。

（3）冬期施工期间，一般应避免进行孔道灌浆。对于越冬灌浆的孔道，应在入冬前清除孔道内的积水，并作临时封堵，防止雪水流入。

（4）冬期施工期间必须灌浆时，应注意下列事项：

1）灌浆前在孔道中通入蒸汽或热水，以融化冰屑，加热并清洗孔道。然后用空气压缩

机将孔道中的水吹出。

2）做好构件的加温和保温措施：灌浆前孔道周边的温度应在5℃以上。灌浆时水泥浆的温度宜为10～25℃，灌浆后应保持浆体与相邻的结构在48h内温度不低于5℃。

3）选用早强型普通硅酸盐水泥，在水泥浆中掺减水剂与加气剂（含气量为6%～8%），可防止冻害。

4、治理方法

当裂缝宽度大于0.1mm时，可先沿裂缝凿出宽15～20mm、深10～15mm的槽，然后用环氧砂浆封闭。

三、预应力混凝土端杆质量常见问题

1、现象

（1）变形：端杆与预应力筋焊接后，冷拉或张拉时，端杆螺纹发生塑性变形。

（2）断裂：热处理45号钢制作的端杆，在高应力下（张拉过程中或张拉后）突然断裂，断口平整，呈脆性破坏。

2、原因分析

（1）端杆强度低（端杆钢号低或热处理效果差）或者是由于冷拉或张拉应力过高。

（2）接头对焊质量不合格，违反先对焊后冷拉的规定；端杆材质或加工质量不符合要求。

3、防治措施

（1）加强原材料检验。

（2）选用适当的热处理工艺参数。

（3）坚持先对焊后冷拉的施工顺序。

（4）根据变形值的大小更换端杆或通过二次张拉建立设计预应力值，对断裂的端杆必须进行更换。

四、预应力钢丝的冷镦头施工质量常见问题

1、现象

（1）预应力钢丝的冷镦头成型后，在其镦头部位出现劈裂和滑移裂纹现象。

（2）预应力钢丝的冷镦头作拉伸试验时，发生冷镦头先断现象。

（3）钢丝束张拉时，钢丝冷镦头从锚板中滑脱，甚至被拉断。

2、原因分析

（1）预应力钢丝冷镦头的劈裂是指平行于钢丝轴线的开口裂纹，主要是由于钢丝强度太高或钢材轧制有缺陷引起的。

（2）钢丝冷镦头的滑移裂纹是指与钢丝轴线约呈 45° 的剪切裂纹，主要是由于冷加工工艺有缺陷引起的。

（3）钢丝冷镦头的尺寸偏小、锚板的硬度低与锚孔大等，易引起冷镦头从锚板孔中滑脱。

（4）钢丝冷镦头歪斜、锚板硬度低等，使冷镦头受力状态不正常，产生偏心受拉，易引起冷镦头没有达到钢丝抗拉强度时断裂。

（5）钢丝下料长度相对误差大，引起钢丝束在镦头锚具中受力不匀，张拉时长度短的钢丝可能被拉断。

3、防治措施

（1）钢丝束镦头锚具使用前，首先应确认该批预应力钢丝的可镦性，即其物理力学性能应满足钢丝镦头的全部要求。

（2）钢丝下料时，应保证断口平整，以防镦粗时头部歪斜。为此，应采用冷镦器的切筋装置或砂轮切割机。采用砂轮机可成束切割钢丝，但必须采用冷却措施。

（3）锚板应经过调质热处理，硬度为 HB251～283。如锚板较软，镦头易陷入锚孔而被卡断。

（4）镦头设备应采用液压冷镦器，其镦头模与夹片同心度偏差应不大于 0. 1mm。

（5）钢丝镦头尺寸应不小于规定值，见表 4-1。头型应圆整端正，颈部母材应不受损伤。

表 4-1 镦头器型号、镦头压力与头型尺寸

钢丝直径（mm）	墩头器型号	墩头压力（N/mm^2）	头型尺寸（mm）	
			d_1	h
$\Phi^{8}5$	LD-10	32～36	7～7. 5	4. 7～5. 2
$\Phi^{8}7Z$	LD-20	40～43	10～11	6. 7～7. 3

（6）通过试镦，检查冷镦头质量，合格后方可正式镦头。

（7）钢丝束两端采用镦头锚具时，同一束中各根钢丝下料长度的相对差值，应不大于钢丝束长度的 1/5000，且不得大于 5mm。对长度不大于 10m 的先张法构件，当钢丝成组张拉时，同组钢丝下料长度的相对差值不得大于 2mm。

4、治理方法

（1）钢丝镦头的圆弧形周边如出现纵向微小裂纹尚可允许；如裂纹长度已延伸至钢丝母材或出现斜裂纹或水平裂纹，则都是不允许的。

（2）钢丝镦头的强度不得低于钢丝抗拉强度标准值的 98%；如低于该值，则应判废，改进镦头工艺后重新镦头。

（3）张拉过程中，钢丝滑脱或断丝的数量，不得超过结构同一截面预应力钢丝总根数的 3%，且一束钢丝只允许 1 根。如超过上述限值数，则应更换钢丝重新镦头后再张拉。

五、预应力张拉钢绞线滑脱

1、现象

在张拉或锚固过程中，固定端的挤压锚具握裹力不足，使钢绞线从挤压锚具中滑脱。

2、原因分析

（1）挤压簧的硬度、强度太低，与钢绞线的咬合深度太浅。

（2）挤压套的握裹强度太低，握裹力太小。

（3）组装时漏装挤压簧或挤压簧安装位置不合适。

（4）挤压套与挤压模不配套，挤压套塑性变形过小，握裹力降低。

（5）挤压模磨损，挤压套内径偏大，挤压力不够。

（6）钢绞线与挤压套配合长度过短。

3、防治措施

（1）严把挤压簧、挤压套的质量检验关。

（2）检查钢绞线、挤压簧、挤压套、挤压模、挤压顶杆是否配套，不得与其他厂家产品混用。

（3）在挤压模内腔或挤压套外表面应涂润滑油。如果挤压套表面有泥土、灰砂，必须用柴油清洗后再用，否则易损坏挤压模。

（4）挤压簧和挤压套应严格安装到位；钢绞线应顶紧、扶正、对中。

（5）挤压时，压力表读数应符合操作说明书的规定；对15.2钢绞线，压力表读数不得小于32MPa。

（6）挤压后的钢绞线外端应露出挤压头2～5mm，在挤拉头两端都可见到挤压簧；用于15.2钢绞线的挤压头外径不得大于30.65mm。

如挤压头直径大于上述值，说明挤压模孔磨损大，应更换挤压模。

（7）为了确保挤压头的质量，应定期做挤压锚具的拉力试验。

4、治理方法

在工程结构施工中，钢绞线从挤压锚具中滑脱后，如有可能，宜改用夹片锚具代替挤压锚具来解决固定端的锚固问题。

六、预应力钢丝张拉时滑丝、断裂

1、现象

在放张锚固过程中，部分钢丝内缩量超过预定值，产生滑丝，有的钢丝出现断裂。

2、原因分析

滑丝主要是由于锚具加工精度差，热处理不当以及夹片硬度不够，钢丝直径偏差过大，应力不匀等原因。钢丝断裂主要是由于钢丝受力不匀以及夹片硬度过大而造成。

3、防治措施

（1）选用硬度合格的锚夹具。

（2）编束时预选钢丝，使同一束中钢丝直径的绝对偏差不大于 0.15mm，并将钢丝理顺用铅丝编扎，避免穿束时钢丝错位。

（3）浇筑混凝土前，应使管道孔和垫板孔垂直对中；张拉时，要使千斤顶与锚环垫板对中。

七、预应力钢筋孔道灌浆困难

1、现象

水泥浆灌入预应力筋孔道内不通畅，另一端灌浆排气管不出浆或排气孔不冒浆，灌浆泵压力过大（大于 1MPa），灌浆枪头堵塞。

2、原因分析

（1）灌浆排气管（孔）与预应力筋孔道不通，或孔径太小。

（2）预应力筋孔道内有混凝土残渣或杂物，水泥浆内有硬块或杂物。

（3）灌浆泵、灌浆管与灌浆枪头没有冲洗干净，留有水泥浆硬块与残渣。

3、防治措施

（1）确保灌浆排气管（孔）与预应力筋孔道接通。

（2）穿预应力筋前，孔道应清除干净。预应力筋表面不得有油污、泥土、脏物等带入孔道内。

（3）水泥必须过筛，并防止杂物混入水泥浆内。

（4）灌浆顺序应先下后上，以免上层孔道漏浆将下层孔道堵塞。

（5）每次灌浆完毕，必须将所有的灌浆设备清洗干净。下次灌浆前再次冲洗，以防被杂物堵塞。

4、治理方法

（1）检查灌浆排气管（孔）是否通畅，如有堵塞，设法疏通后继续灌浆。

（2）如已确认预应力筋孔道堵塞，应设法更换灌浆口再灌入，但所灌的水泥浆数量应能将第一次灌入的水泥浆排出，使两次灌入水泥浆之间的气体排出。

（3）如采用第上步治理方法实施困难，应在孔道堵塞位置钻孔，继续向前灌浆。如另一端排气孔也堵塞，也必须重新钻孔。

八、预应力混凝土预制构件孔道灌浆不密实

1、现象

（1）孔道灌浆强度低，不密实。

（2）孔道灌浆不饱满，孔道顶部有较大的月牙形空隙，甚至有露筋现象。

上述现象，将会引起预应力筋锈蚀，影响预应力筋与构件混凝土不能有效的粘结，严重时会造成预应力筋断裂，使构件损坏。参见图 4-1。

图 4-1　预应力孔道不密实

2、原因分析

（1）水泥与外加剂选用不当，水胶比偏大。

（2）水泥浆配制时，其流动度和泌水率不符合要求。因泌水率超标，浆液沉实过程泌水多，使部分孔道被泌出的水占据，而不是水泥浆液。

（3）灌浆操作不认真、灌浆速度太快、灌浆压力偏低、稳压时间不足。

3、防治措施

（1）灌浆用水泥宜采用强度等级不低于 42. 5 级的普通硅酸盐水泥。水泥浆的水胶比宜为 0. 4～0. 45，流动度宜控制在 150～200mm。水泥浆 3h 泌水率宜控制在 2%，最大值不得超过 3%。

用流动度测定仪（图 4-2）测定时，先将测定器放在玻璃板上，再把拌好的水泥浆装入测定器内，抹平后双手迅速将测定器垂直提起。在水泥浆自然流淌 30s 后，量垂直两个方向流淌后的直径，连续做 3 次，取其平均值即为流动度。

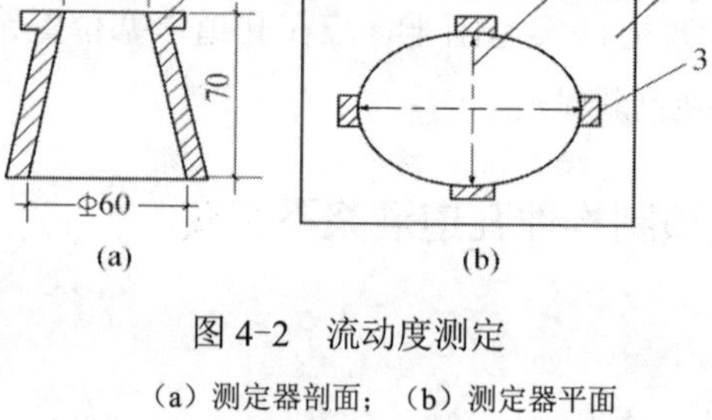

图 4-2　流动度测定

（a）测定器剖面；（b）测定器平面

1—测定器；2—玻璃板；3—小铁块；4—测量直径

（2）为提高水泥浆的流动性，减少泌水和体积收缩，在水泥浆中可掺入适量的缓凝减水剂，水胶比可减至0.35～0.38；并可掺入适量的膨胀剂，但其自由膨胀率应小于6%。应当注意，不得采用对预应力筋有腐蚀作用的外加剂。

（3）灌浆应缓慢均匀地进行，不得中断，并应排气通顺。在灌满孔道并封闭排气孔后，宜再继续加压至0.5～0.6MPa，稳压2min后再封闭灌浆孔。

（4）不掺外加剂的水泥浆，可采用二次灌浆法，两次灌浆的间隔时间宜为30～45min。

（5）水泥浆强度不应低于M30。水泥浆试块用边长为70.7mm立方体制作，每一工作班应留取3组，作为水泥浆质量评定用。

4、治理方法

（1）灌浆后应从检查孔抽查灌浆的密实情况。如孔道内月牙形空隙较大（深度大于3mm）或有露筋现象，应及时用人工补浆。

（2）对灌浆质量有怀疑的孔道，可用冲击钻打孔检查。如孔道内灌浆不足，可用手动泵补浆。

第二节 现浇结构混凝土

一、混凝土外观色泽不匀

1、现象

颜色不一致，有明显变化。

2、原因分析

混凝土原材料发生变化，配合比改变，模板清除不净，脱模剂品种更换或涂刷不匀。

3、防治措施

每次混凝土尽可能使用同一批次原材料及配合比，特殊情况下需要变更配合比时，选料时应考虑新材料对颜色的影响；固定使用脱模剂品种，清除干净模板表面铁锈、垃圾杂物。

二、混凝土表面污渍

1、现象

混凝土表面出现流浆、油漆、油渍、其他不易去除的化学物质等，以及人为的刻字、划伤等。参见图4-3、图4-4。

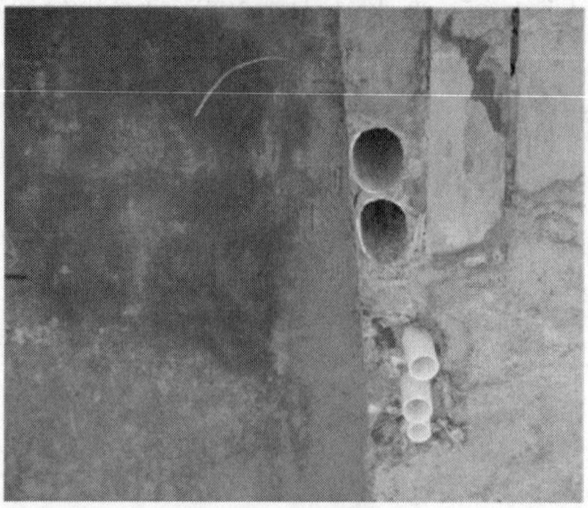

图 4-3　混凝土表面油渍

图 4-4　混凝土表面污染

2、原因分析

后期施工中模板漏浆、喷溅、对原混凝土没加必要的保护措施，对原施工混凝土表面造成污染；管理不力，人为乱涂乱画或无意的划伤混凝土表面。

3、防治措施

混凝土施工时，对混凝土可能会污渍的地方，模板必须嵌缝密实，不得漏浆和爆模，若发生漏浆，应立即用水冲洗或采取其他应急措施；应避免油顶、油泵或油管漏油，可在极易污染部位铺垫一层垫层或遮盖。

4、治理方法

采用人工清洗，对不易于清除的顽迹，采取人工铲除。

三、混凝土施工表面缺陷

1、现象

现浇混凝土施工混凝土蜂窝、麻面、孔洞。参见图 4-5、图 4-6。

图 4-5　混凝土蜂窝

图 4-6　混凝土麻面

2、原因分析

（1）混凝土配合比不合理，碎石、水泥材料计量错误，或加水量不准，造成砂浆少碎石多。

（2）模板未涂刷隔离剂或不均匀，模板表面粗糙并粘有干混凝土，浇筑混凝土前浇水湿润不够，或模板缝没有堵严，浇捣时，与模板接触部分的混凝土失水过多或滑浆，混凝土呈干硬状态，使混凝土表面形成许多小凹点。

（3）混凝土振捣不密实，混凝土中的气泡未排出，一部分气泡停留在模板表面。

（4）混凝土搅拌时间短，用水量不准确，混凝土的和易性差，混凝土浇筑后有的地方砂浆少石子多，形成蜂窝。

（5）混凝土一次下料过多，浇筑没有分段、分层灌注；下料不当，没有振捣实或下料与振捣配合不好，未充分振捣又下料。造成混凝土离析，因而出现蜂窝麻面。

（6）模板稳定性不足，振捣混凝土时模板移位，造成严重漏浆。

3、防治措施

（1）模板面清理干净，不得粘有干硬水泥砂浆等杂物。木模板灌注混凝土前，用清水充分湿润，清洗干净，不留积水，使模板缝隙拼接严密，如有缝隙，填严，防止漏浆。钢模板涂模剂要涂刷均匀，不得漏刷。

（2）混凝土搅拌时间要适宜。

（3）混凝土浇筑高度超过2m时，要采取措施，如用串筒、斜槽或振动溜管进行下料。

（4）混凝土入模后，必须掌握振捣时间，一般每点振捣时间约20～30s。使用内部振动器振捣混凝土时，振动棒应垂直插入，并插入下层尚未初凝的混凝土内50～100mm，以促使上下层相互结合良好。合适的振捣时间可由下列现象来判断：混凝土不再显著下沉，不再出现气泡，混凝土表面出浆且呈水平状态，混凝土将模板边角部分填满充实。

（5）浇筑混凝土时，经常观察模板，发现有模板走动，立即停止浇筑，并在混凝土初凝前修整完好。

四、混凝土表面杂物内嵌

1、现象

混凝土全表面存在废弃水泥浆、混凝土渣、水泥纸袋、木块、杂物等，已被水泥浆胶结。

2、原因分析

（1）混凝土搅拌或浇筑时所携带的杂物。

（2）安装模板用于填塞缝的材料在拆模后没有清除。

（3）漏浆、掉渣在已浇混凝土表面，并将原建筑垃圾胶结。

3、防治措施

对混凝土的原材料进场进行检查，清除表面杂物。

4、治理方法

人工凿除杂物。

五、混凝土表面分层

1、现象

不是施工缝，但又明显可以观察出是混凝土的分层位置。

2、原因分析

混凝土分层时，振捣上层混凝土时振动棒没有插入到下层足够的深度，往往在层与层之间出现分层线。

3、防治措施

振动上层混凝土时，振动棒应伸入到下层 10～15cm。

4、治理方法

打抹修饰。

六、混凝土表面砂线

1、现象

混凝土表面出现的一条明显是细集料，水泥浆基本没有的线型。参见图 4-7、图 4-8。

图 4-7　混凝土表面砂线

图 4-8　混凝土表面砂线

2、原因分析

模板漏浆严重时就会出现砂线，水泥用量不足、流动度大的混凝土、集料级配不良等都容易引起砂线。

3、防治措施

堵塞模板缝隙（孔），保证水泥最小用量，控制混凝土坍落度，细集料级配符合标准。

4、治理方法

长度超过 10cm，宽度超过 1cm 的应凿除，用同混凝土水泥与细骨料相同的比例封闭。

七、混凝土施工缝错台

1、现象

在施工缝处出现的新老结合相差大于 3mm 的错位。

2、原因分析

连接老混凝土处模板不顺畅、支撑不够牢固，有爆模现象。

3、防治措施

（1）检查老混凝土端部尺寸是否标准，做适当修凿，使之与新模板顺畅连接；

（2）增强加固措施，设置必要的内拉杆及刚性支撑；

（3）在老混凝土处留一块模板暂不拆卸，与新混凝土的模板一并安装。

4、治理方法

（1）错位 3～10mm，可用打磨机磨平；

（2）错位在 10mm 以上，凿毛后可用砂浆抹平，并注意颜色的一致。

八、混凝土缺棱掉角

1、现象

混凝土发生缺棱掉角现象。

2、原因分析

由于拆模板过早和外力碰撞所产生。

3、防治措施

浇筑混凝土后一般至终凝后才可申请拆模；防止外力碰撞。

4、治理方法

一般性损伤时，用同标号细石混凝土补平。较严重的掉角，可剔除部分混凝土，加入适量钢筋网片（与主筋焊接），支模后用同标号细石混凝土补平。

九、混凝土表面露筋

1、现象

现浇混凝土施工出现露筋。参见图 4-9、图 4-10。

图 4-9 混凝土露筋

图 4-10 混凝土露筋

2、原因分析

（1）混凝土振捣时钢筋垫块移位或垫块太少，钢筋紧贴模板致使拆模后露筋，同时因垫块的强度也达不到要求造成振捣时破碎而使钢筋紧贴模板。

（2）钢筋混凝土构件断面小，钢筋过密，如遇大石子卡在钢筋上水泥浆不能充满钢筋周围，使钢筋密集处产生露筋。

（3）混凝土振捣时，振捣棒撞击钢筋，将钢筋振散发生移位，因而造成露筋。

（4）因配合比不当混凝土产生离析，或模板严重漏浆。

（5）混凝土保护层振捣不密实，或木模板湿润不够，混凝土表面失水过多，或拆模过早等，拆模时混凝土缺棱掉角。

3、防治措施

（1）钢筋混凝土施工时，注意保证垫块数量、厚度、强度并绑扎固定好。

（2）钢筋混凝土结构钢筋较密集时，要选配适当石子，以免石子过大卡在钢筋处，普通混凝土难以浇筑时，可采用细石混凝土。

（3）混凝土振捣时严禁振动钢筋，防止钢筋变形位移，在钢筋密集处，可采用带刀片的振捣棒进行振捣。

（4）混凝土自由顺落高度超过 2m 时，要用串筒或溜槽等进行下料。拆模时间要根据试块试验结果确定，防止过早拆模。操作时不得踩踏钢筋，如钢筋有踩弯或脱扣者，及时调直，补扣绑好。

十、混凝土线条不顺

1、现象

线形不直顺、折角不明显。

2、原因分析

（1）模板支架变形不一致、胀模、上浮。

（2）前后两次混凝土模板拼装缝不一致。

3、防治措施

加密支撑点，认真处理支撑点的地基，前后两次混凝土模板拼装缝尽可能一致，采取相应加固模板措施。

4、治理方法

人工铲平，修补接顺。

十一、混凝土过载损坏

1、现象

（1）当混凝土尚未达到一定强度时，如果在上面行走或堆放材料，常会因混凝土负担不起所受的荷重而破坏。

（2）目前由于施工进度要求快，常常出现今天早上刚浇筑完，下午就开始上人作业的情况，楼板混凝土表面经常出现较深的人脚印等给楼板带来开裂隐患。

2、防治措施

当混凝土强度达到1.2MPa或以上时，才允许人在上面行走和安装模板及支架。（当达到1.2MPa时，人在楼板面行走不会有人脚印，通常以楼面是否有人脚印来判断楼板面是否可以上人操作的标准）。

楼板面材料不可集中堆放，宜小堆分散；卫生间沉箱不宜堆放材料；悬挑板不宜堆放材料。

十二、混凝土坍落度损失异常

1、现象

混凝土拌合物从搅拌机出料口倒出，运至浇筑地点，常温条件下约30min左右，坍落度损失值即达20mm以上，给施工操作带来了不便和困难。

2、原因分析

（1）用于混凝土的减水剂品种很多，它们都有减水效能，在保持相同坍落度的情况下，可减少用水量，提高混凝土的密实性和抗渗性。但是，由于性能上的差别，某些减水剂分子的憎水基团定向极不理想，随着时间的延长，混凝土所获得的增大的流动性又较快地损失了。

（2）混凝土外加剂拌合混凝土时，拌合场所的温度要保持在（20±5）℃，同时还要求拌制混凝土的各种材料应与拌合场所的温度相同，且应避免阳光直射。但施工现场的实际情况，往往与规定差别很大。夏季酷热期间，外界气温可达30℃或35℃以上，而太阳暴晒的骨料表面温度则可达40℃以上，在此条件下的混凝土拌合物的坍落度损失必然会更快、更大。

（3）水泥熟料中一般都有一定量的碱存在，如果碱含量过高，则会缩短凝结时间，也就会加速降低混凝土拌合物的流动性。

（4）减水剂的掺入方式有先掺法、后掺法和同时掺入法之分。不同品种的减水剂，有不同的适宜掺入方式，它们对混凝土的和易性、强度及减少混凝土坍落度损失等方面的影响各不相同。

3、防治措施

（1）减水剂施工时掺加的方式，应与试验时一致。为使减水剂更有效地发挥作用，减少混凝土拌合物坍落度损失，一般宜采用后掺法。当采用搅拌车运送混凝土时，减水剂可在卸料前2min加入搅拌车，并加决搅拌速度，拌合均匀后出料。

（2）使用前应了解有关减水剂的性能，详细阅读产品说明书，并在试验过程中仔细观察坍落度的稳定性。如果某种减水剂虽有减水效果，但坍落度损失大而快，则在选择确定减水剂掺量时，应予充分认真考虑并采取防止补救措施，如适当加大减水剂掺量，或更换减水剂品种。

（3）掺用建工Ⅰ型减水剂或MF减水剂配制的混凝土拌合物，其坍落度损失明显较快，使用时应采用后掺法，以减小坍落度损失。

（4）施工用水泥应与试验时所用水泥属于同一厂批，因为即使同一品种水泥，由于批次不一，其矿物组成亦会有差异，而减水剂的减水效应，一般与水泥熟料的矿物组成又有关联，所以必然会影响到混凝土拌合物的物理力学性能。

（5）合理安排搅拌、运输和浇筑各个环节的时间，尤其是停放时间。试验表明，随着停放时间的延长，混凝土拌合物的坍落度损失越大、越快。

（6）试验确定减水剂掺量时，应充分考虑到混凝土拌合物从搅拌机出料口卸出到浇筑地点入模浇筑所需要的时间，以及施工时环境温度的影响。

十三、混凝土凝结时间长、早期强度低

1、现象

普通减水剂混凝土浇灌后12～15h、高效减水剂混凝土浇灌后15～20h甚至更长时间，混凝土还不结硬，仍处于非终凝状态。表现在贯入阻力仍小于28N，约相当于立方体试块

强度 0. 8～1. 0MPa。28d 抗压强度较正常情况下相同配合比试件的抗压强度低 2～2. 5MPa 以上。

2、原因分析

（1）减水剂掺量有误（超量使用），或计量失准。

（2）减水剂质量有问题，有效成分失常，配制的浓度有误，保管不当，减水剂变质。

（3）施工期间环境温度骤然大幅度降低，加之用水量控制不严，以拌合物坍落度替代混凝土水胶比控制，推延了混凝土拌合物结构强度产生的时间，并损害混凝土的强度。

（4）砂石含水率未测定、不调整。

（5）自动加水控制器失灵。水泥过期、受潮结块。

3、防治措施

（1）减水剂的掺量应以水泥重量的百分率表示，称量误差不应超过±2%。如系干粉状减水剂，则应先倒入 60℃左右的热水中搅拌溶解，制成 20%浓度的溶液（以密度计控制）备用。储存期间，应加盖盖好，不得混入杂物和水。使用时应用密度计核查溶液的密度，并应扣除溶液中的水分。

（2）在选择和确定减水剂品种及其掺量时，应根据工程结构要求、材料供应状况、施工工艺、施工条件和环境（如气温）等诸因素通过试验比较确定，不能完全依赖产品说明书推荐的“最佳掺量”。有条件时，应尽可能进行多品种选择比较，单一品种的选择缺乏可比性。

（3）掺减水剂防水混凝土的坍落度不宜过大，一般以 50～100mm 为宜。坍落度愈大，凝结时间愈长，混凝土结构强度的形成时间愈迟，对抗渗性能也不利。

（4）不合格或变质的减水剂不得使用。施工用水泥宜与试验时隶属同一厂批。如水泥品种或生产厂批有变动，即使水泥强度等级相同，其减水剂的适宜掺量，也应重新通过试验确定，不应套用。

十四、混凝土内部钢筋锈蚀

1、现象

在普通混凝土中，钢筋不会发生腐蚀现象，这是由于水泥硬化过程中生成的氢氧化钙，使钢筋处于高碱性状态，钢筋表面形成了一层钝化膜，保护了钢筋的长期正常使用。但当有盐类存在，并超过一定量时，起保护作用的钢筋钝化膜遭到破坏，钢筋发生腐蚀。

参见图 4-11、图 4-12。

图4-11　混凝土内部钢筋锈蚀

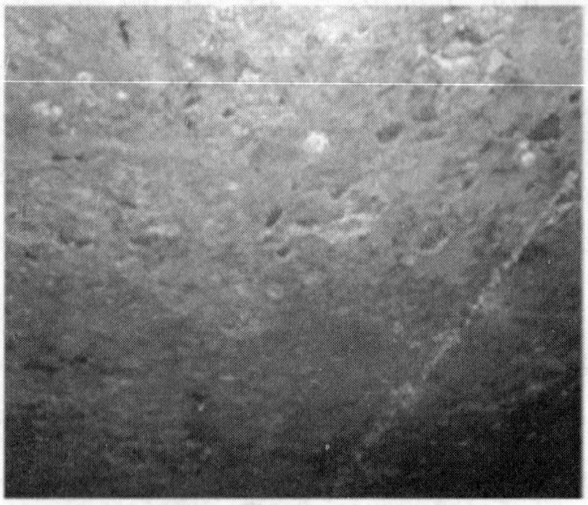

图4-12　混凝土内部钢筋锈蚀

2、原因分析

氯化铁防水剂溶液中，氯化铁和氯化亚铁的含量比例不当。过量的氯化铁与水泥硬化过程中析出的氢氧化钙反应生成的氯化钙，除部分与水泥结合外，剩余的氯离子则会引起钢筋腐蚀的危险。

3、防治措施

（1）严格按照配方和程序配制防水剂。使用前应核查防水剂溶液的密度，精确计量，称量误差不得超过±2%。掺量由试验确定。搅拌要均匀，要配成稀溶液加入，不可将防水剂直接倒入混凝土拌合物中搅拌。

（2）对于重要结构，必要时，为防不测，宜检验氯化铁防水剂对钢筋的腐蚀性。如检验结果确认氯化铁防水剂对钢筋有腐蚀性作用，可采用阻锈剂（如亚硝酸钠）予以抑制。其适宜掺量由试验确定。亚硝酸钠为白色粉末，有毒，应妥善保管并注明标签，以防当食盐使用，造成中毒事故。掺有亚硝酸钠阻锈剂的氯化铁防水混凝土，严禁用于饮水工程以及与食品接触的部位，也不得用于预应力混凝土工程，以及与镀锌钢材或铝铁相接触部位的钢筋混凝土结构。

（3）掺有阻锈剂的氯化铁防水混凝土，应适当延长搅拌时间，一般延长1min，使外加剂与混凝土拌合物充分搅拌均匀。

十五、混凝土膨胀率不稳定

1、现象

一个稳定的膨胀率是确保膨胀水泥混凝土质量的关键性指标。如现场施工取样测定的膨胀水泥防水混凝土试件的膨胀率忽高忽低，波动大，则表明该膨胀水泥防水混凝土存在质量缺陷。

2、原因分析

（1）初始养护时间早晚不一。养护期间环境温度差异大。

（2）配合比控制不严，计量不准。

（3）试件取样的代表性差，混凝土拌合物匀质性差。

（4）膨胀水泥多厂别、多批次进场，膨胀性能不一。

3、防治措施

（1）膨胀水泥储存库应保持干燥，受潮结块的膨胀水泥不应使用。应采用机械搅拌时间不少于 3min，并应比不掺外加剂混凝土延长 30s。

（2）三个月后的过期膨胀水泥，不仅需要重新进行强度检验，还必须进行膨胀率的测定，符合国家标准，方可继续使用。

（3）膨胀水泥防水混凝土的配合比设计，应按表 4-2 要求进行，并通过试验确定。

表 4-2　膨胀水泥防水混凝土配制要求

项次	项目	技术要求	项次	项目	技术要求
1	水泥用量（kg/m^3）	350～380 0.5～0.52	5	坍落度（mm）	40～60
2	水胶比	0.47～0.5 （加减水剂后）	6	膨胀率（%）	<0.1
3	砂率（%）	35～38	7	自应力值（MPa）	0.2～0.7
4	砂子	宜用中砂	8	负应变（mm/m）	注意施工与养护，尽量不产生负应变，最多不大于 0.2%

（4）作为胶结料的膨胀水泥，其膨胀率应符合表 4-3 的要求。

表 4-3　不同膨胀水泥膨胀串（%）要求

水泥品种	龄期			
	1d		28d	
	水中养护	联合养护	水中养护	联合养护
硅酸盐膨胀水泥	不得小于 0.30	—	不得大于 1.00	—
石膏矾土膨胀水泥	不得小于 0.15	不得小于 0.15	不得大于 1.00	不得大于 1.00
明矾石膨胀水泥	不得小于 0.15	—	不得大于 1.00	—
快凝膨胀水泥	不得小于 0.30	—	不得大于 1.00	—

注：1.硅酸盐膨胀水泥湿气养护（湿度大于 90%），最初 3d 内不应有收缩。

2.联合养护系指水中养护 3d 后再放入湿气养护箱中养护。

3.水中养护 28d 膨胀试件表面不得出现裂缝。

4. 快凝膨胀水泥 6h 膨胀率不得小于 0.25%。

（5）试件取样要有代表性，养护温度应控制在（20±3）℃，相对湿度控制在 90%以上。

（6）在常温下，膨胀水泥防水混凝土浇筑后 4h 即应覆盖，8～12h 要开始浇水养护，拆模后则应大量浇水养护，使混凝土始终处于潮湿或湿润状态。养护时间一般不得少于 14d。

（7）膨胀水泥防水混凝土施工时应保持一定的环境温度，当环境温度低于 5℃时，应采取保温措施。夏季酷热天气，砂石宜采取遮阳措施，浇筑完的混凝土不应在烈日下暴晒，或遭受雨水侵袭，

尽可能减小温度对强度、膨胀值和抗渗性能的影响。长时间在高温下，钙矾石会发生晶形转变，孔隙率增加，强度降低，抗渗性能恶化。

十六、混凝土施工外形尺寸偏差

1、现象

现浇混凝土施工外形尺寸偏差。参见图 4-13。

图 4-13　混凝土外形尺寸偏差

2、原因分析

（1）模板自身变形，有孔洞，拼装不平整。

（2）模板体系的刚度、强度及稳定性不足，造成模板整体变形和位移。

（3）混凝土下料方式不当，冲击力过大，造成跑模或模板变形。

（4）振捣时振捣棒接触模板过度振捣。

（5）放线误差过大，结构构件支模时因检查核对不细致造成的外形尺寸误差。

3、防治措施

（1）模板使用前要经修整和补洞，拼装严密平整。

（2）模板加固体系要经计算，保证刚度和强度；支撑体系也应经过计算设置，保证足够的整体稳定性。

（3）下料高度不大于 2m。随时观察模板情况，发现变形和位移要停止下料进行修整加固。

（4）振捣时振捣棒避免接触模板。

（5）浇筑混凝土前，对结构构件的轴线和几何尺寸进行反复认真的检查核对。

主体结构梁、柱截面尺寸准确，表面光洁，平整，无裂缝，结构混凝土内坚外美，阴阳角方正。

4、优质工程示例

参见图 4-14、图 4-15。

图 4-14　混凝土优质工程

图 4-15　混凝土优质工程

十七、混凝土板施工表面不平整

1、现象

现浇混凝土板表面不平整。参见图 4-16。

图 4-16　现浇混凝土板表面不平整

2、原因分析

（1）有时混凝土梁板同时浇筑，只采用插入式振捣器振捣，板厚控制不准，表面不平。

（2）混凝土未达到一定强度就上人操作或运料，混凝土板表面出现凸凹不平的卸痕。

（3）模板没有支承在坚固的地基上，垫板支承面不够，以致在浇筑混凝土或早期养护时发生下沉。

3、防治措施

（1）混凝土板应采用平板式振捣器在其表面进行振捣，有效振动深度约20cm，大面积混凝土应分段振捣，相邻两段之间应搭接振捣5cm左右。

（2）控制混凝土板浇筑厚度，除在模板四周弹墨线外，还可用钢筋或木料做成与板厚相同的标记，放在灌筑地点附近，随浇随移动，振捣方向宜与浇筑方向垂直，使板面平整，厚度一致，同时拉通线进行找平。

（3）混凝土浇筑完后12h以内即应浇水养护并设有专人负责。必须在混凝土强度达到1.2MPa以后，方可在已浇筑结构上走动。

一般混凝土养护不少于7d，对掺用缓凝剂或有抗渗性要求的混凝土，不得少于14d。

（4）混凝土模板应有足够的稳定性、刚度和强度，支承结构必须安装在坚实的地基上，并有足够的支承面积，以保证浇筑混凝土时不发生下沉。

十八、预埋件与混凝土有间隙

1、现象

混凝土结构预埋铁件钢板与混凝土之间存在空隙，用小锤轻轻敲击时，发出鼓音，影响铁件的受力、使用功能和耐久性。

2、原因分析

（1）混凝土浇筑时在铁件与混凝土之间没有很好捣实，或辅以人工捣实。

（2）混凝土水胶比和坍落度过大，混凝土干缩后在铁件与混凝之间形成空隙。

（3）浇筑方法不当，使预埋件背面的混凝土气泡和泌水无法排出，形成空鼓。

3、防治措施

（1）预埋铁件背面的混凝土应仔细振捣并辅以人工捣实。水平预埋铁件下面的混凝土应采用赶浆法浇筑，由一侧下料振捣，另一侧挤出，并辅以人工横向插捣，使达到密实、无气泡为止。

（2）预埋铁件背面的混凝土应采用较干硬性混凝土浇筑，以减少干缩。

（3）水平预埋铁件应在钢板上钻1～2个排气孔，以利于气泡和泌水的排出。

4、治理方法

（1）如在浇筑时发现空鼓，应立即将未凝结的混凝土挖出，重新填充混凝土并插捣，使饱满密实。

（2）如在混凝土硬化后发现空鼓，可在钢板外侧凿2～3个小孔，用二次压浆法压灌饱满。

十九、梁柱节点核心区混凝土等级不明确

1、现象

图纸中未明确现浇结构核心区混凝土强度等级，往往只分别给出了柱、梁板的混凝土强度等级，而梁板核心区混凝土采用何种强度等级不详。

2、原因分析

（1）在框架结构设计中，对现浇框架结构混凝土强度等级，往往为了体现“强柱弱梁”的设计概念，有目的地增大柱端弯矩设计值和柱的混凝土强度等级，但却忽视了梁、柱混凝土强度等级相差不宜过大的规定；

（2）设计图纸中往往只分别给出了柱、梁板的混凝土强度等级，而梁柱板核心区混凝土究竟采用何种强度等级没有加以明确。

3、防治措施

（1）设计中梁、柱混凝土强度等级相差不宜大于5MPa。如超过时梁、柱节点区施工时应做专门处理，使节点区混凝土强度等级与柱相同；

（2）梁柱核心区混凝土采用何种强度等级，施工图纸中应予以说明。

二十、节点核心区混凝土浇筑未重视

1、现象

施工单位对核心区混凝土施工未区别对待，往往将核心区混凝土与整个梁板水平构件一次浇筑完成。

2、原因分析

（1）施工单位技术人员业务素质不强，缺乏对核心区混凝土强度等级识别的技术能力，往往将核心区等同于水平构件来考虑；

（2）施工单位嫌麻烦，怕影响工期，怕增加施工成本，不愿采取分步浇筑技术措施；

（3）核心区不同强度等级混凝土施工方法不统一，缺少有效的技术依据。

3、防治措施

（1）施工单位应根据单位工程水平构件、竖向构件混凝土强度等级不同的设计情况，

采取提高水平构件混凝土强度等级使之与竖向构件相同、先浇筑核心区混凝土后浇筑周围水平构件混凝土的方式加以解决，并以图纸会审、技术变更等形式履行文字手续；

（2）现浇框架结构核心区不同强度等级混凝土构件相连接时，两种混凝土的接缝应设置在低强度等级的梁板构件中，并离开高强度等级构件一段距离（见图 4-17）。

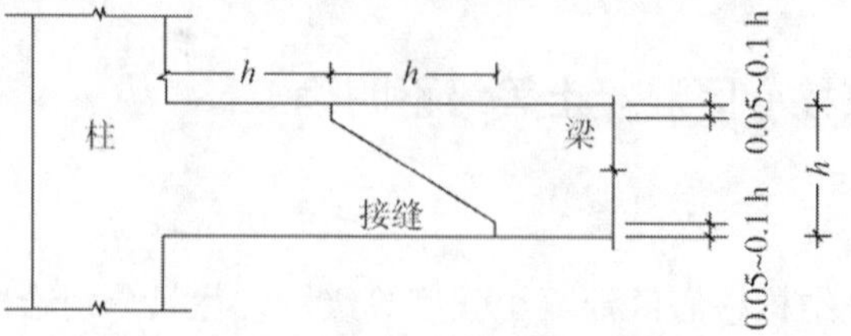

图 4-17 不同强度等级混凝土的梁柱施工接缝

注：柱的混凝土强度等级高于梁

（3）当接缝两侧的混凝土强度等级不同且分先后施工时，可沿预定的接缝位置设置孔径 5×5mm 的固定筛网，先浇筑高强度等级混凝土，后浇筑低强度等级混凝土，二者必须在混凝土初凝前浇筑完成，避免出现施工缝；

（4）当接缝两侧的混凝土强度等级不同且同时浇筑时，可沿预定的接缝位置设置隔板，且随着两侧混凝土浇入逐渐提升隔板并同时将混凝土振捣密实；也可沿预定的接缝位置设置胶囊，充气后在其两侧同时浇入混凝土，待混凝土浇完后排气取出胶囊，同时将混凝土振捣密实。

4、优质工程示例

参见图 4-18。

图 4-18 混凝土节点优质工程

二十一、抗渗混凝土性能不稳定

1、现象

施工中留取的试样，前后抗渗检验结果差异较大（大于 0.2MPa），并有波动，不稳定。

2、原因分析

（1）所用水泥厂家批号不一、品种不同，其强度储备和矿物组成差异较大，或水泥储存、保管差别较大，造成前后使用的水泥品质发生变动，影响混凝土抗渗性和其他性能。

（2）砂石材料分批进场，材料品质不同。如级配、含泥量和泥块含量等，差异较大。砂石含水率未测定，用水量未调整。

（3）计量不准或失控。水箱自控装置失灵，加水量凭借坍落度控制，用体积比替代重量比，致使用水量、水胶比和配合比等都失控。

（4）技术交底流于形式，缺乏必要的监督和抽查，致使搅拌不均、振捣不实、养护不及时等不良现象时有发生。

（5）试件取样缺乏代表性，成型制作未按操作程序和规定进行。养护工作随意性大，这就必然影响混凝土抗渗性能的稳定性。

（6）由于抗渗试验过程中，试验人员责任心不强，或中途停电，反复打压，以及计算等问题，也影响到抗渗试验的结果。

3、防治措施

（1）不同品种水泥不能混用。尽可能使用同一厂批、同一强度等级的水泥配制防水混凝土。过期、受潮、结块水泥不要使用，称量误差不得超过±2%。水泥进场应有出厂合格证和进场复验证明。

（2）砂石材料尽可能做到一次性进场。对于每次分批进场的砂石，应对其级配、含泥量和泥块含量等技术指标进行复验，符合标准要求的准许使用。计量要准确，称量误差不得超过±3%。

（3）砂石含水率每天测定 1～2 次，雨天应增加测定次数，以便及时调整配合比。不允许用坍落度控制用水量，用体积比代替重量比。

（4）加强施工管理，严肃操作纪律，把技术交底落实到位。做到不合格的、无合格证的材料不进场、不使用。实行搅拌工作挂牌制，浇筑振捣人员实行施工操作结构（构件）编号实名制，由班组长或工长作好记录，便于发现问题进行核查和处理。养护工作应由专人负责或专人兼职。切实做到各司其职、各尽其职和岗位责任到人。

（5）抗渗试验一般所需时间较长，试验前应和供电部门联系妥或自备电源。

（6）抗渗试件的制作宜由专职质检人员、监理人员在场见证，以增强试件的代表性和真实性。

二十二、硫铝酸混凝土施工工艺不当

1、现象

硫铝酸盐水泥混凝土，由于凝结时间快，早期水化热高等特点，在施工中不能采用普通混凝土的施工工艺，必须针对这种水泥特点调整施工工艺。否则，不仅在施工生产中问题层出带来不少麻烦，而且影响施工质量。

2、原因分析

冬期施工中用硫铝酸盐水泥时，采用普通混凝土的施工工艺。

3、防治措施

在硫铝酸盐水泥混凝土施工时，要根据这种水泥特点，重新制定和修正技术措施。其主要技术要点是：

（1）冬期施工的硫铝酸盐水泥混凝土，要掺入适量的防冻剂，品种、掺量以及与水泥的适应性，应通过试验确定选用。

（2）水泥用量不应少于 250kg/m^3，亦不应高于 500kg/m^3。水泥用量依强度等级不同，可参考如下范围选取：

C20 级混凝土水泥用量为 270～310kg/m^3；

C30 级混凝土水泥用量为 300～350kg/m^3；

C40 级混凝土水泥用量为 370～420kg/m^3；

C50 级混凝土水泥用量为 420～470kg/m^3；

C60 级及以上混凝土水泥用量可取 450～550kg/m^3。

（3）水胶比可依据混凝土强度等级不同控制在 0. 38～0. 6 之间。C60 级以上的混凝土应不大于 0. 38。

（4）砂率可取和普通混凝土一样，但对高强混凝土控制在 28%～34%范围内，如采用泵送工艺时，可提高到 32%～40%。

（5）由于这种水泥混凝土早期强度发展较快，普通水泥混凝土中 W/C 和强度之间的关系公式尚不太适应，但对于中、低强度等级的混凝土尚可适用，但对大于 C50 级的混凝土尚须凭经验试配确定。

（6）硫铝酸盐水泥早期水化需大量水，坍落度损失随时间推移逐渐增大，所以混凝土搅拌后出罐时坍落度应比普通混凝土大一些，增大多少，依运输工具及运输时间而定，可通过掺入减水剂来调整。

（7）由于硫铝酸盐水泥的凝结时间较短，所以硫铝酸盐水泥混凝土的凝结时间亦较短，初凝时间不大于 60min，终凝时间也不大于 120min。因此当采用预拌混凝土用泵车运输时，有时运送距离较长则不适用要求，这时根据需要可掺入适量缓凝剂解决。缓凝剂可用木质素磺酸钙，掺量可为水泥重量的 0.25%～0.3%；硼酸为 0.3%～1.0%；酒石酸为 0.2%～0.5%；柠檬酸为 0.3%～0.5%。木质素磺酸钙、酒石酸、柠檬酸等掺入后，对强度有一定损失，在配比设计时应予以考虑。

（8）硫铝酸盐水泥混凝土早期养护很重要，应重视混凝土入模温度不应低于 5℃。混凝土最佳入模温度应为 5～15℃。气温不太低时加热水即可，但水加热不宜超过 50℃，当气温较低时，砂、石亦应加热。水泥不得加热，亦不得和热水直接接触。

（9）搅拌硫铝酸盐水泥混凝土时为防止水泥粘罐应注意投料顺序，先投入石子和一半拌合水，搅拌 30s 后再投入砂子，水泥和剩余的拌合水，搅拌均匀即可出罐。混凝土由搅拌机中倾出时，搅拌机中的拌合物应倒净，然后拌下一罐料。当混凝土在拌合过程中间因某种原因停止搅拌时，间歇时间如超过 30min，搅拌机应用水清洗一次防止铸罐。

（10）混凝土拌合好运到施工现场应快速浇筑模板中，当发现混凝土损失流动性较大，浇筑困难时，不得二次加水拌合使用。

（11）混凝土浇筑后为防止表面失水起粉，应用抹子及时抹平并覆盖一层塑料布进行养护。

二十三、硫磺混凝土强度低、耐酸性能差

1、现象

（1）用于浇灌混凝土的硫磺砂浆，浸酸后的抗拉强度降低率超过 20%，重量变化率超过 1%。

（2）用于灌注混凝土的硫磺胶泥和硫磺砂浆的抗拉强度低于 4.0MPa 和 3.5MPa，而按规定制作的抗压试件和抗折试件强度也均低于设计要求。

2、原因分析

（1）粗细骨料泥土杂质含量较大，级配不好，耐酸性能不合格。

（2）粉料潮湿，含水量大，耐酸率不合格。

（3）硫磺用量过多或过少。各材料之间的比例配合不当。

（4）浇灌时硫磺砂浆温度过低，粗骨料预热不够或根本没有预热，致使灌注后的硫磺混凝土密实性差，强度低，耐酸性能差，达不到设计要求。

3、防治措施

（1）组成硫磺混凝土的原材料，必须经检验合格后方可使用，其品质应符合下列要求：

1）硫磺：其质量应符合现行国家标准，硫含量不小于 98%，水分含量不大于 1.0%，且不得含有机杂质。

2）粉料的技术性能指标应满足表 4-4 的规定。

表 4-4 粉料技术性能指标

项 目	指 标	项 目		指 标
耐酸率（%）	不小于 95	筛余量（%）	0.15mm 筛孔	不大于 5
含水率（%）	不大于 0.5		0.09mm 筛孔	10～30

3）细骨料的技术性能指标应达到表 4-5 的规定。

表 4-5 细骨料技术性能指标

项 目	耐酸率（%）	含泥量（%）	1mm 筛孔筛余量（%）
指 标	不小于 95	不大于 1	不大于 5

4）粗骨料的技术性能指标应符合表 4-6 的规定。

表 4-6 粗骨料技术性能指标

项 目	指 标	项 目		指 标
泥土含量	不允许	碎石含量（%）	粒径 20～40mm	不小于 85
耐酸率（%）	不小于 95		粒径 10～20mm	不大于 15
浸酸安定性	合 格			

5）改性剂应采用半固态黄绿色聚硫甲胶、半固态灰黄色聚硫乙胶或棕褐色粘稠状液体聚硫橡胶，其质量应符合规范的规定。

6）用以浇灌混凝土的硫磺砂浆质量应符合表 4-7 的要求。

表 4-7 硫磺砂浆的质量要求

项 目	指 标	项 目		指 标
抗拉强度（MPa）	≥3.5	浸酸后	抗拉强度降低率（%）	≤20
分层度	0.7～1.3		重量变化率（%）	≤1

二十四、沥青混凝土表面发软

1、现象

混凝土浇筑冷却后表面发软，强度低。用手锨或用脚踏踩弹性感较大，甚至可见脚印痕迹。

2. 原因分析

（1）沥青用量过多。

（2）混凝土拌合物温度低，铺摊过厚，铺摊温度或成活温度低，滚（碾）压不实。

（3）粉料和骨料级配不好，密实性差。

（4）混凝土拌合物拌合不均匀，温度过高，粗骨料分布不均，底部多，上部少。

3、防治措施

（1）沥青混凝土配合比应根据设计要求和施工条件，通过试验确定。沥青用量应以满足骨料表面形成沥青薄膜的前提下，尽可能少用。当采用平板振动器振实后，沥青用量占粉料和骨料混合物重量的百分率（%）为：细粒式沥青混凝土为8～10；中粒式沥青混凝土为7～9。普通石油沥青不宜用于配制沥青混凝土和沥青砂浆。当采用平板振动器或滚筒压实时，宜采用30号沥青；当采用碾压机压实时，宜采用60号沥青。

（2）配制沥青混凝土用的原材料质量应符合国家标准和规范的规定。采用良好级配的粉料和骨料，既可减少沥青用量，又可较好地改善和提高沥青混凝土的化学性能和物理力学性能。

（3）配制沥青混凝土应遵循下列要求。

1）沥青应破碎成块熬制，均匀加热至160～180℃，不断搅拌、脱水至不再起泡，并除去杂物。

2）按施工配合比将预热至140℃左右的干燥粉料和骨料混合均匀，随即将熬至200～230℃的沥青逐渐加入，并不断翻拌至全部粉料和骨料被沥青覆盖为止。拌制温度宜为180～210℃。

3）沥青混凝土摊铺后，随即刮平压实。当用平板振动器振实时，开始压实温度应为150～160℃，压实完毕后的温度不应低于110℃。当施工环境温度低于5℃时，开始压实温度应取160℃。每层压实后的厚度不宜过厚，以免降低沥青混凝土的密实性，影响强度、耐酸性和其他性能。对于细粒式沥青混凝土，压实后的厚度不宜超过30mm；中粒式沥青混凝土不宜超过60mm。虚铺厚度应经试压确定，用平板振动器振实时，宜为压实厚度的1.3倍。

二十五、沥青混凝土表面缺陷

1、现象

沥青混凝土压实冷却后，表面出现不规则裂纹，用手捻、敲打可以听到空鼓声，对强度和耐酸性能不利，也影响使用耐久性。

2、原因分析

（1）沥青用量过多，收缩大；开始压实温度过低，碾压、振捣不实或漏振。

（2）压实后环境温度骤然降低，或遭受雨水侵入。

（3）原材料中泥土等杂物较多，潮湿、含有水分。

（4）一次摊铺厚度过厚，局部漏振或振动（捣）不实。

（5）施工环境温度过低（＜5℃），没有保温措施。

（6）粉料和骨料混合物的颗粒级配不好。

（7）沥青熬制温度和开始压实温度过高，一经振动，粗骨料因密度较大而下沉，沥青密度较小而上浮于表面，冷却后易产生收缩裂纹。

3、防治措施

（1）妥善堆放和保管各种材料。堆放地点应保持干燥和干净，防止材料受潮或泥土、油污等杂物混入；熬制沥青的锅和其他施工机具，也都应保持干净、干燥，防止施工垃圾混入。

（2）沥青用量由试验确定。施工中应严格按照配合比计量，不允许随意加大沥青用量。如遇材料变动，也应由试验部门通过试验确定变更后的配合比。

（3）所用材料的品质应符合规范规定和要求，合格证等材料不齐备者不准进场。

（4）冬期施工或环境温度低于5℃时，应采取保温措施；风力较大时，要采取遮挡措施，防止浇筑后的沥青混凝土表面骤然降温，使表里温差过大，造成收缩裂纹。

（5）安排好施工进度计划，加强质检人员对摊铺厚度、拌合物温度和成活温度的随机抽查工作，防止温度过低或过高。

（6）施工技术交底要有文字资料，便于质检人员督促检查。

（7）对有裂纹或空鼓等缺陷的混凝土部位，可将缺陷处挖除，清理干净，预热后，涂一层热沥青，然后视缺陷大小，用沥青胶泥或沥青砂浆、沥青混凝土，趁热进行填铺、压实。对于一般裂纹，则可用铁辊烫平即可。

二十六、电加热养护混凝土方法不当

1、现象

电加热法养护混凝土，根据所使用的加热设备和器具不同，可分为电极加热、电热毯加热、工频涡流模板加热，线圈感应加热和电热器加热等方法。由于各种加热方法在混凝土中所产生的热量传递方式不同，在构件中所形成的温度场也不同。所以各个方法都有一定的适用范围。不了解其适用范围及条件不仅达不到预期效果，反而招致不应有的浪费。

2、原因分析

采用电加热养护混凝土却不了解各种方法的适用范围及条件。

3、防治措施

由于我国电资源紧张有很大的缓解，而且用电加热养护混凝土方法较简便且效率高，越来越多施工单位愿意采用这种方法。但是必须了解各种方法适用范围及使用条件。

（1）电极加热法

电极加热法通常是在混凝土浇筑前或浇筑后，穿过模板，将棒形电极埋入混凝土内，电极可采用ϕ6～ϕ12的钢筋。然后将电极连上导线通电。利用新浇筑的混凝土导电性良好，传递电流使混凝土产生热量进行养护。

电极加热法的电极可采用短钢筋棒插入混凝土构件中，插入深度依构件断面尺寸而定。亦可采用长钢筋，沿构件纵向平行于构件中心线埋入，端部弯成直角伸出模板外连接导线，这种电极称之谓弦形电极。

电极法适用于梁、柱类构件，亦可用于基础结构、装配式构件接头混凝土养护。棒形电极布置（见图 4-19）。

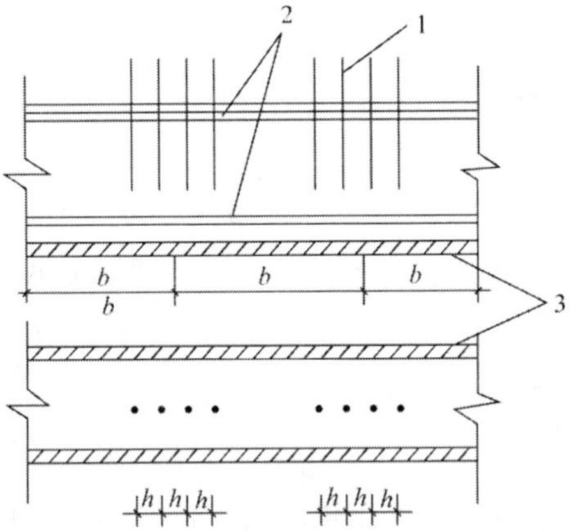

图 4-19　棒形电极布置示意图

1—电极；2—钢筋；3—模板；b—电极组间距；h—同一相的电极间距

（2）电热毯加热养护法

电热毯法是将工业用电热毯通电后产生热量，直接传递给混凝土或通过模板再传递给混凝土，使混凝土获得加热养护。

工业用电热毯是由 4 层玻璃纤维布，中间夹以电热线缝合而成。电热线是由 0. 6mm 的铁路铝合金丝缠绕在由七股石棉绳绞捻的芯绳上，芯绳直径为 5mm，电阻丝的缠绕节距为 10mm。电热线缠好后，呈蛇形均匀布置在玻璃纤维布上，间距要均匀防止打结，然后经缝合固定。电热毯构造见图 4-20。

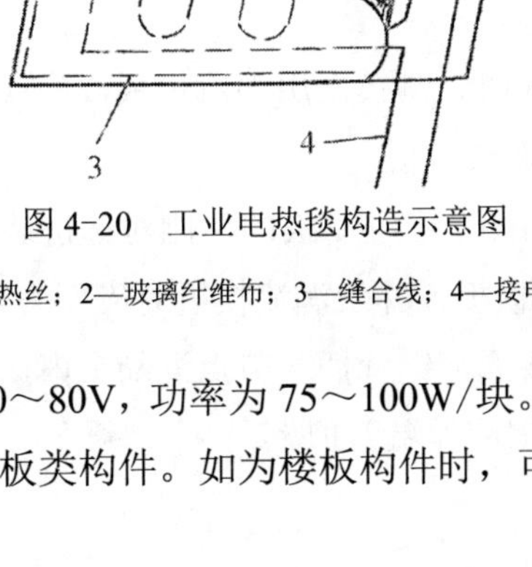

图 4-20　工业电热毯构造示意图

1—电热丝；2—玻璃纤维布；3—缝合线；4—接电源线

电热毯的使用电压可为 60～80V，功率为 75～100W/块。连接电热毯的导线可用 $6mm^2$ 的绝缘电缆。电热毯法适用于板类构件。如为楼板构件时，可将电热毯直接铺设于新浇混凝土板面上，但注意做好绝缘。如用于墙板，宜铺设在大模板外侧，电热毯的尺寸大小，根据大模板的区格尺寸而定。由于墙板的周边部位散热较大，各区格应连续布毯，中间部分可分别跳格布置，然后在电热毯外面覆盖保温层，保温层宜选用岩棉板，厚度为 50mm 左右。

（3）工频涡流模板加热养护法

这种方法首先要制作工频涡流模板。

工频涡流模板是在钢模外侧贴焊直径为 12.5～15mm 的钢管，间距约为 150～200mm，管内穿以 25～35mm^2 的绝缘导线，在钢模板和钢管外面再加设保温层。钢管的极限功率为 200W/m。当通以交流电时，由于交变电流的作用，在导线周围产生交变磁场，钢模板在交变磁场作用下，模板内产生交变电流（涡流电）而发热，然后将热量传递给混凝土使混凝土温度不断升高而获得养护。

这种方法加热温度易于控制，加热比较均匀，不会出现局部过热现象。适用于梁、柱、板。能耗相对较少，但加工模板成本较高。其构造见图 4-21。

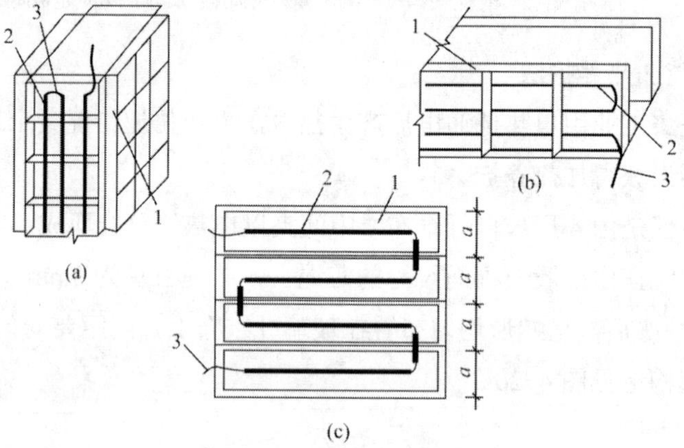

图 4-21　工频涡流模板示意图

（a）柱子模板；（b）梁模板；（c）墙板模板

1—模板；2—钢管；3—导线

各类构件的模板配置通过热工计算确定，也可按下列规则配置：

1）柱子：四面配置。

2）梁：当高宽比大于 2.5 时，侧模采用涡流模板，底模采用普通模板；当高宽比小于 2.5 时，底模和侧模皆宜采用涡流模板。

3）墙板：在墙板底部 600mm 范围内，板的两侧对称拼装涡流模板；600mm 以上部位，应在两侧交错拼装涡流和普通模板，并使涡流模板对应而为普通模板。

4）梁、柱节点部位：可将涡流钢管插入节点混凝土内，钢管总长度应根据混凝土量按 6.0kW/m^2 功率计算。节点外围应保温养护。

（4）线圈感应加热法

该方法是将绝缘导线呈螺旋形缠绕在构件的钢模板外侧形成感应线圈，然后通以交流电，这时在线圈内或线圈周围产生强大的交变磁场，线圈内的钢模板和混凝土内部的钢筋，在交变磁场作用下产生涡流而发热，并将热量传递给混凝土而获得养护。

这种方法适用于单体柱、梁式构件，亦适用于装配式结构接头混凝土加热养护，亦可用于密筋结构的钢筋和模板预热，及受冻的钢筋混凝土构件解冻，其构造见图 4-22。

感应线圈宜选用截面为 35mm^2 的铝质或铜质绝缘电缆。加热主电缆的截面面积可选用 150mm^2。电流不宜超过 500A。变压器宜选用 50～100kVA 低压变压器二次输出电压在 36～110V 范围内调整。

当缠绕感应线圈时，宜靠近钢模板。构件两端的线圈间距，应比中间部位加密一倍，加密范围由端部开始向内至一个线圈直径的长度为止，端头应密缠五圈。线圈外部用保温材料包起来效果更好。在通电过程中随时测量电压、电流变化及混凝土内部温度，发现过高、过低及时调整。

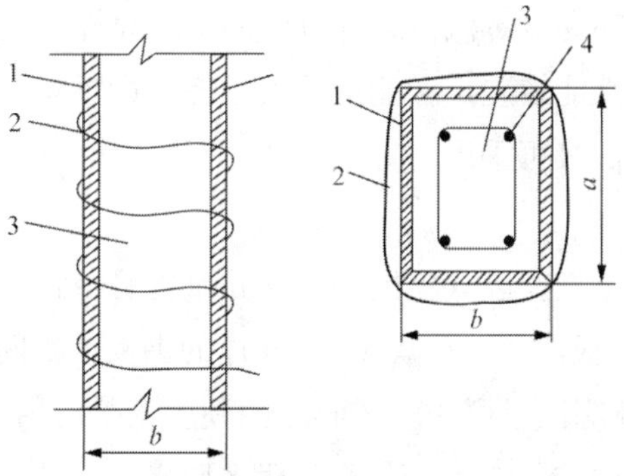

图 4-22　线圈感应构造示意图

1—钢模板；2—导线；3—混凝土柱；4—钢筋

（5）电热器加热法

采用各种电加热器产品，利用通电后产生的红外线射向被加热的混凝土部位，使混凝土逐渐升温养护。

这种方法设备简单，操作方便，升温迅速。但不宜直接照射混凝土，以防表面高温失水，最好用薄钢板覆盖密封。

电热器加热法适用于接头混凝土养护以及要求混凝土强度增长较快的板类构件。

上述诸种方法各有特点，并有一定的适用范围。选用时应根据构件种类，现场的设备条件，经过经济分析比较，选用最佳方案。

二十七、蒸汽法养护混凝土方法不当

1、现象

蒸汽加热养护混凝土，依构件体形不同，有几种方法可供选择。如不考虑构件体形条件，轻率选用某一方法，可能使成本增高不经济，且达不到预期的效果。

2、原因分析

采用蒸汽法养护混凝土时，不考虑结构构件特点，随意选用某种方法。

3、防治措施

蒸汽加热养护法根据通蒸汽方法，模板类型和加热方式不同可分为棚罩法、蒸汽套法、热模板法、内部通气法等。采用哪种方法应依构件体形条件不同来选用。

（1）棚罩法

这种方法可用钢骨架作一塑料大棚，将构件置于棚内通以蒸汽，亦可将构件置于地面上，用帆布或塑料布就地覆盖通以蒸汽。对地面以下的基础结构，可在做好基础构件的地坑上面盖一保温盖子。内部通以蒸汽。这种方法的临时设施简便，适用地面及地面以下的预制构件养护。但因保温性能较差，耗能量较大，耗汽量每立方米混凝土达 1000kg。当汽源来自邻近电厂，成本较低时可采用。

（2）蒸汽套法

这种方法需预先作成定型空腔式模板，可以拆卸装配。空腔模板以 L50×5 的角钢做骨架，一面焊以 3mm 厚的钢板，另一面焊 1. 5mm 厚的钢板，中间可根据高度设置若干个角铁横隔。在 1. 5mm 钢板外侧嵌以厚 30～50mm 的硬质聚苯乙烯泡沫保温板，外面用薄铁皮围护。腔内的角铁横隔钻成若干个 Φ20 的孔，供各腔之间蒸汽串通。蒸汽由上部进汽口通入，经各横隔角铁上的孔串入各腔格，下部设排汽口排出蒸汽和冷凝水。这种方法适用于梁、柱子类构件。其构造见图 4-23。

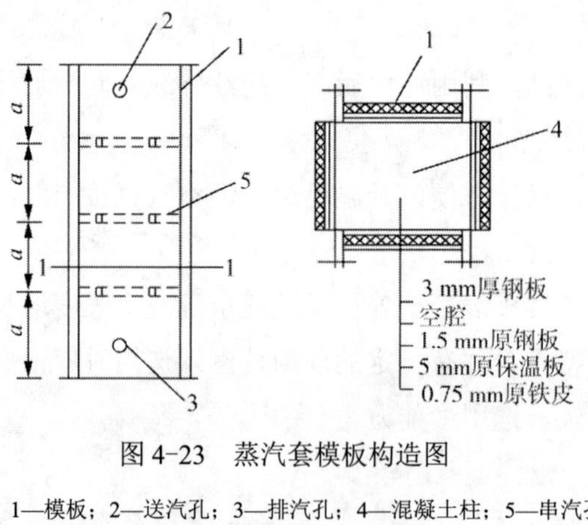

图 4-23　蒸汽套模板构造图

1—模板；2—送汽孔；3—排汽孔；4—混凝土柱；5—串汽孔

（3）热模板法

热模板的构造与蒸汽套模板基本相同，只是蒸汽套模板的空腔改成焊接若干根公称口径为32mm（1英寸）的钢管，钢管焊在模板内侧贴混凝土一面的钢板上，使蒸汽在管内运行。通过加热的热钢管将热量传递给钢模板并加热混凝土。热模板法较适用于板类构件，亦可用于柱子模板。热模板的构造见图4-24。

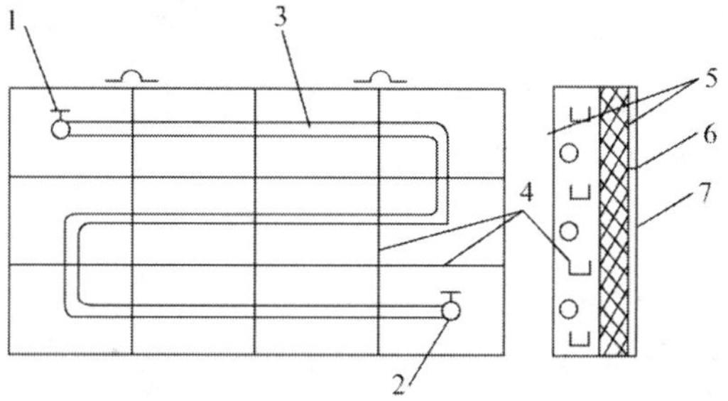

图4-24　大模板的热模板构造图

1—进汽口；2—排汽口；3—焊在模板上的钢管；4—12号槽钢；5—3mm厚钢板；6—保温材料；7—1mm厚铁皮

制作热模板时，钢管的布置注意使模板能加热均匀，注意提高模板的下边缘及两侧温度。浇筑混凝土前可提前通气，对模板预热，加热效果较好。拆模时应控制降温速度，以防混凝土骤然降温产生裂缝。

热模法和蒸汽套法，虽制作模板费用较高，但加热效率高，蒸汽损失少。每立方米混凝土的耗汽量约为300～400kg。

（4）内部通汽法

内部通汽法是在浇筑构件混凝土时，在混凝土内部预留出孔道，在孔道中通以蒸汽加热养护混凝土。

构件内孔道用两种方法形成，预埋钢管法和抽管留孔法。前者为浇筑混凝土前预先将直径25mm的钢管，或者用厚度0.5mm铁皮卷成直径37～50mm的铁皮管埋设在模板内，混凝土浇筑完毕不再抽出留在混凝土内；后者为使用胶管，预先充水鼓胀后置于模板内，浇筑混凝土后放水抽出形成孔道，亦可采用钢管外涂废机油防粘，浇筑混凝土完毕，每5min转动一次钢管，待混凝土达到初凝后将钢管抽出形成孔道。

孔道布置原则是能尽量使构件的混凝土各部位受热均匀。孔道数量应通过热工计算尽量减少，并设在构件受力较小部位。孔洞截面积不宜超过构件断面的2%～5%。

内部通汽法主要适用于柱子、梁类构件，其布置见图4-25、图4-26。

梁的预留孔道应有1/200～1/250的坡度，以利于排除冷凝水。柱子预留孔送汽时，可由上部送汽，亦可由下部送汽。下部送汽方便，送汽管可沿地面铺设，但注意要有排除冷凝水措施。

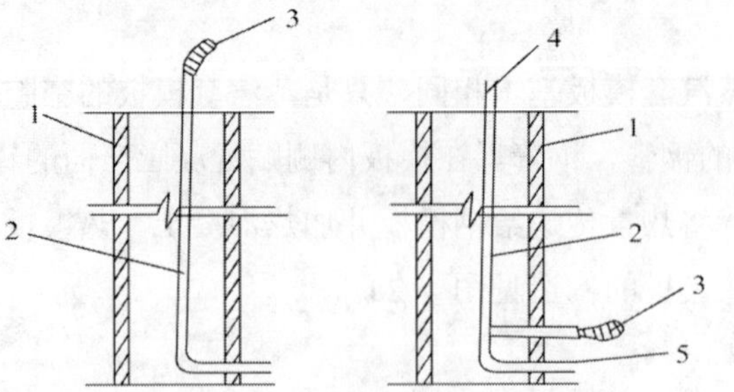

图 4-25 内部通汽法柱子、预留孔图

1—模板；2—预留孔道；3—进汽口；4—排汽口；5—冷凝水排除口

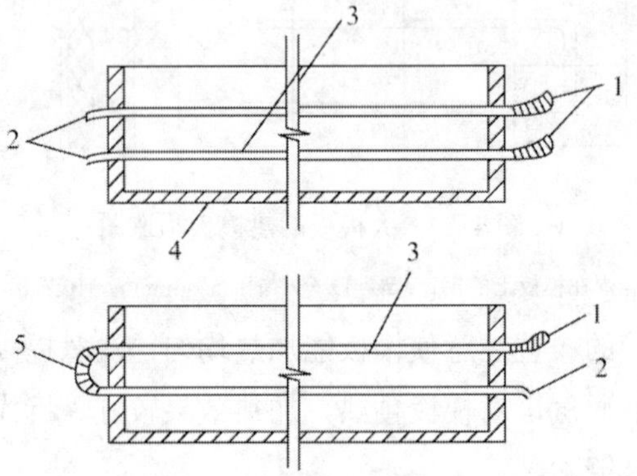

图 4-26 内部通汽法梁预留孔图

1—进汽口；2—排汽口；3—预留孔道；4—模板；5—橡胶连接管

采用内部通汽法注意下列要求：

（1）使用低压饱和蒸汽，压力不可太大。升温速度宜缓慢，以 5～8℃/h 为宜，防止温升过快、孔道入口处混凝土出现裂纹。

（2）最高温度宜为 30～40℃，混凝土的温度以调节送汽时间和送汽量控制。

（3）采用抽管留孔法预留孔道施工中，防止抽管时塌孔。混凝土通汽完毕立即灌浆将全部孔道堵死。

内部通汽法较经济不浪费热源，每立方米混凝土耗汽量约为 200～300kg。

二十八、混凝土浇筑质量常见问题汇总

1、混凝土表面浮浆过多

混凝土构件浇筑完成后在表面如果出现较多的浮浆（表面出现纯水泥浆层，严重时其厚度甚至可达 3～5mm），极易产生表面龟裂缝。对于这个问题，必须认识到这并非单纯是构件表面外观质量的问题，实际上也影响到了混凝土内部的质量。众所周知，混凝土的配合比强度是建立在各种原材料均匀分布及密实的基础上，如果混凝土表面浮浆过多，那么

混凝土内部的水泥浆就相应减少，骨料含量就相应增加。更重要的是这种混凝土在普通钢筋或预应力筋布置稠密、截面狭小或拌合物不能直接倾倒的角隅等部位粗骨料含量也会相对减少，混凝土各种原材料在整个构件的分布是不均匀的。另外由于混凝土坍落度偏大也改变了它的实际水胶比。这些都将直接影响到构件混凝土的整体强度和变形的特性，甚至会造成局部出现裂缝现象，所以应该引起足够的重视。

造成表面浮浆过多的主要原因是，混凝土拌合物的坍落度偏大、运输过程中造成离析、过振造成离析等。在施工中一定要从这些方面注意，严格控制，加大对混凝土拌合物和坍落度的检测频率。在工程实践中，如果保证混凝土的均值性（即各种原材料在整个构件中均匀分布的性质），是非常重要的一个方面，对于混凝土拌合物坍落度的施工控制是整个工程质量控制的最重要的指标之一，要引起施工人员的高度重视，切不可马虎大意。

2、空心板顶板厚度不够

空心板顶板厚度不够是在空心板预制过程中最容易造成的质量弊病，其主要原因是在浇筑混凝土时芯模发生了上浮，尤其是采用橡胶芯模，其自重很小，不能平衡流动混凝土在芯模下边产生向上的浮力。即使采用木芯模或钢芯模，在混凝土浇筑时往往也会因为芯模上浮而造成顶板厚度不够。

由于空心板顶板处于受压区，主要依靠混凝土整体承受着使用荷载时的全部压应力，如果厚度不够将会影响到空心板的整体承载能力。

在工程实践中经常遇到因为空心板顶板厚度不足而导致报废的情况，通过对空心板顶板进行钻孔检查，发现其厚度有时不足设计的一半甚至仅为设计尺寸的1/3，问题比较严重，又无合适的补救办法，只能按报废处理，会造成相当的经济损失和施工进度安排的被动局面。

预制空心板混凝土浇筑工艺流程可以采用：

（1）浇筑底板混凝土→穿芯模→浇筑肋板及顶板混凝土；

（2）先将芯模安装好，一次性浇筑底板、肋板及顶板混凝土这两种施工方法，各有各的优缺点。第一种方法的优点是能较好地控制芯模的上浮，容易保证顶板厚度，其缺点是底板混凝土浇筑好后再安装芯模需要一定的时间，如果芯模安装不顺利或发生其他意外原因造成时间耽搁较长，就会造成混凝土分层处结合不好，表面颜色不一致；第二种方法的优点是混凝土一次性浇筑，不存在分层的问题，其缺点是对芯模的上浮较难控制，尽管采取加密定位筋、顶部加压、模外固定等各种方法，但往往仍得不到理想的控制效果，比较容易造成顶板厚度不够的情况出现。

3、控制顶板厚度的措施

（1）最好采用上述第一种施工工艺流程，即浇筑底板混凝土→穿芯模→浇筑肋板及顶板混凝土，并严格控制底板混凝土的浇筑厚度。

（2）严格检查芯模的外形几何尺寸，对于橡胶芯模应按规定气压充好气后检查，特别是周转次数较多或使用旧芯模时应经常进行检查。

（3）加密芯模定位钢筋，其间距最好不超过 40cm；由于胶囊芯模的弹性较大，定位钢筋的长度可比设计值小 1～2cm 为宜。

（4）为消除定位钢筋之间的波形上浮量，可用 3～4 根直径 12mm 或 14mm，长度大于空心板跨径的钢筋排列放置于芯模顶部与定位钢筋之间，在拆除芯模后将该钢筋取出，可以再次使用。

（5）加强混凝土浇筑前的钢筋、模板质量的检查。

（6）加强现场检查，特别是在浇筑顶板混凝土时，现场技术人员要在刚浇筑好的部位用短钢筋直接缓慢插入尚未凝固的混凝土中检查其厚度，随即通报情况，以便及时进行纠正或采取有效措施。

（7）在跨中部位用塑料空管预留检查孔，以便后期对成品空心板顶板厚度的检查。

4、混凝土分层浇筑易出现的质量问题

在混凝土体积较大时一般要分层浇筑，如果两层混凝土浇筑的间隔时间较长，拆模后混凝土的表面将会出现两层界面颜色不一致，甚至在严重时会出现错台、流浆现象。这不仅是构件表面外观的美观问题，也是一个混凝土内部质量的问题，应该足够的重视。

影响混凝土内部质量的因素主要有：

（1）造成两层混凝土的界面部分材料分布不均匀，从而影响了混凝土的整体强度。

（2）在上层混凝土振捣过程中会使下层已经初凝之后的混凝土因受振可能产生微裂缝，从而影响混凝土的整体强度或耐久性。

（3）由于该层面缺少粗骨料的挤嵌咬合作用，形成混凝土内部的抗剪切薄弱层面。

所以不能简单认为出现的分层界面颜色不一致仅是外观问题，而是直接会影响混凝土强度和变形性质的内部质量问题，施工技术人员应有足够的重视。

在安排施工计划时一定要注意到上下两层混凝土的结合，根据混凝土初凝时间、施工气温等情况计算出两层之间最大允许的间隔时间（下层最先浇筑的混凝土初凝时间），在根据混凝土的拌合生产率、运输能力、每层工作面的大小、振捣时间，计算出每层浇筑所需时间。在保证每层混凝土浇筑时间小于允许间隔时间的条件下，进行人工和各种机械的合理安排，保证在上层混凝土振捣时下一层混凝土仍未初凝（即振捣棒可以插入下层混凝土中并且在拔出时不留下孔穴）。同时，在振捣上层混凝土时要将振捣棒深入下层混凝土不少于 10cm。这样，使上下层混凝土形成整体，拆模后表面颜色就会完全一致。

5、预制梁板底面的外观质量

由于梁板底面属于大面积永久性外露表面，尤其对于立交桥梁，其外观质量显得尤其重要，对建成后整座桥梁的外观质量评价起着举足轻重的作用。所以在施工中应该舍得投资，下大的工夫，花大的精力，采取效果良好的措施；同时要加强质量管理，严格按照规范要求施工，对每道工序都要精工细作；现场技术人员要加大检查频率，严格把关。

除一般性的技术措施外，关键在于底模的结构形式及加工精度。模板是保证混凝土构件外观质量的基础，所以首先应考虑底模的结构形式。底模一般多采用混凝土浇筑而成并在底模两侧边镶以角钢，但对其上表面如何处理，直接关系到预制构件底板的平整和光洁程度。

施工中常采用的治理方法有：

（1）加铺薄铁皮：即在混凝土底模之上粘合或钢钉固定一层0.2～0.5mm薄铁皮，其特点是加工容易费用低，但铁皮接缝不容易处理好，浇筑混凝土时水泥浆容易钻入铁皮下面，造成梁板底部的局部缺陷，而且在进行混凝土振捣时如果振捣棒直接打在底模上很容易将底模局部破坏形成小凹坑（在预制梁板底板的相应位置上形成鼓包），每次梁板起吊后修复工作量大，周转次数少，所以只适应于预制跨径较小且数量不多的零星工程。

（2）加铺钢板：即在混凝土底模之上粘合或焊接固定一层3～5mm钢板，其特点是接缝处可采用电焊连接成整体并经过打磨而无痕迹，虽然一次性投资较多，但周转次数相当大，总的效益还是好的。但施工中应注意钢板和混凝土底模的固定要密贴，不可有空隙，否则在混凝土浇筑过程中钢板上按梅花式布置打孔，然后用混凝土钢钉打入混凝土底模中加以固定，而在两侧边采用粘合剂将钢板与角钢固定在一起。一次失败的例子是，采用3mm厚的钢板，混凝土底模两侧镶以30mm×30mm角钢，在钢板大面积上未采取固定措施，只将钢板两侧与角钢焊接在一起，由于钢板相对于混凝土吸热率快的多，结果在日照温差的作用下大量出现钢板起包的现象，最后不得不进行重新加工。如果钢板厚5mm以上时，在两侧可不加镶角钢，直接将钢板两边修整顺直即可。

（3）固定钢制底模板：即在钢板（3～5mm厚）之下另有角钢或小型槽钢作支撑，并焊接固定整体，采用地脚螺栓的形式固定于混凝土底模基础上。如果刚度足够还可以在底模之下安装附着式振捣器。这时混凝土底模部分只起支撑的作用。

（4）加铺水磨石层：即在普通混凝土底模的表层浇筑3～5cm厚的水磨石混凝土并仔细用磨光机打磨平整光滑。其特点是成本较低，制作简单，但硬度不是很理想，在浇筑混凝土时容易形成凹坑而使梁板底面产生鼓包，如果在振捣时注意振捣棒不直接接触到底模也可以使得梁板底板平整光滑。

(5)加铺各种硬塑料：即在混凝土底模之上粘贴一层硬塑板，可使梁板底面十分光洁，但塑料板周转次数很少甚至只能一次性使用。而且要注意在振捣混凝土时不要使振捣棒直接打击底模，否则同样会出现鼓包现象或将塑料板局部破坏而形成梁板底面局部缺陷。

(6)加铺各种柔性革板：即在混凝土底模之上粘贴一层一次性的柔性革板（如地板革），

只要在振捣混凝土时不要使振捣棒直接打击底模也会取得良好的效果。在粘贴时必须注意要使其紧密相贴，否则很容易形成波形鼓肚，影响梁板底面的平整度。

需要注意的是，除加铺厚钢板或钢底模之外的其他形式都要注意在施工中不可将振捣棒直接打击在底模上，而且在每次使用底模前须将底模仔细地维护修整。

底模的制作精度主要控制：顺直度、宽度、平整度和光洁度。同时应注意，在浇筑混凝土前清除底模上的杂物、锈斑等，并要采用良好的而无颜色的脱模剂。

6、钢筋保护层砂浆垫块痕迹明显

为了保证钢筋厚度的准确，一般采用垫以砂浆块的措施，但有的时候在拆模后发现混凝土构件表面这些砂浆垫块的痕迹十分明显，影响了构件的外表美观。特别是在施工中如果钢筋绑扎所需时间较长或由于钢筋骨架和安装模板工序交替进行而使得浇筑混凝土比较晚的情况下，尤为突出。

分析其原因，主要是因为砂浆垫块放置时间长而且十分干燥缺水，在浇筑时将周围混凝土的水分很快吸干，即使包裹在砂浆垫块外侧的水泥浆，也都会因缺水而造成其颜色显得特别泛白，与其他部分混凝土的颜色形成比较大的反差。

处理措施：

（1）砂浆垫块的面积不可太大，表面也不可过于平整光滑，使得混凝土的水泥浆难以将其包裹严实。

（2）在浇筑混凝土前，将砂浆垫块进行湿润，使其不再缺水。

（3）采用三角形砂浆垫块，使其与模板基本为线接触。

（4）在干旱地区可以用焊接短钢筋来代替砂浆垫块。

二十九、混凝土强度不足质量常见问题汇总

1、原材料质量问题

（1）水泥质量不良

1）水泥实际活性（强度）低：常见的有两种情况，一是水泥出厂质量差，在实际工程中水泥 28d 强度试验结果未测出前，先估计水泥强度等级配制混凝土，当 28d 水泥实测强度低于原估计值时，就会造成混凝土强度不足；二是水泥保管条件差，或贮存时间过长，造成水泥结块，活性降低而影响强度。

2）水泥安定性不合格：其主要原因是水泥熟料中含有过多的游离氧化钙（CaO）或游离氧化镁（MgO），有时也可能由于掺入石膏过多而造成。因为水泥熟料中的 CaO 和 MgO 都是烧过的，遇水后熟化极缓慢，熟化所产生的体积膨胀延续很长时间。当石膏掺量过多时，石膏与水化后水泥中的水化铝酸钙反应生成水化硫铝酸钙，也使体积膨胀。这些体积

变形若在混凝土硬化后产生，都会破坏水泥结构，大多数导致混凝土开裂，同时也降低了混凝土强度。尤其需要注意的是有些安定性不合格的水泥所配制的混凝土表面虽无明显裂缝，但强度极度低下。

（2）骨料（砂、石）质量不良

1）石子强度低：在有些混凝土试块试压中，可见不少石子被压碎，说明石子强度低于混凝土的强度，导致混凝土实际强度下降。

2）石子体积稳定性差：有些由多孔燧石、页岩、带有膨胀黏土的石灰岩等制成的碎石，在干湿交替或冻融循环作用下，常表现为体积稳定性差，而导致混凝土强度下降。例如变质粗玄岩，在干湿交替作用下体积变形可达 600×10^{-6} 倍。以这种石子配制的混凝土在干湿变化条件下，可能发生混凝土强度下降，严重的甚至破坏。

3）石子形状与表面状态不良：针片状石子含量高影响混凝土强度。而石子具有粗糙的和多孔的表面，因与水泥结合较好，而对混凝土强度产生有利的影响，尤其是抗弯和抗拉强度。最普通的一个现象是在水泥和水胶比相同的条件下，碎石混凝土比卵石混凝土的强度高 10%左右。

4）骨料（尤其是砂）中有机杂质含量高：如骨料中含腐烂动植物等有机杂质（主要是鞣酸及其衍生物），对水泥水化产生不利影响，而使混凝土强度下降。

5）黏土、粉尘含量高：由此原因造成的混凝土强度下降主要表现在以下三方面，一是这些很细小的微粒包裹在骨料表面，影响骨料与水泥的粘结；二是加大骨料表面积，增加用水量；三是黏土颗粒、体积不稳定，干缩湿胀，对混凝土有一定破坏作用。

6）三氧化硫含量高：骨料中含有硫铁矿（$FeS2$）或生石膏（$CaSO4\cdot 2H2O$）等硫化物或硫酸盐，当其含量以三氧化硫量计较高时（例如＞1%），有可能与水泥的水化物作用，生成硫铝酸钙，发生体积膨胀，导致硬化的混凝土裂缝和强度下降。

7）砂中云母含量高：由于云母表面光滑，与水泥石的粘结性能极差，加之极易沿节理裂开，因此砂中云母含量较高对混凝土的物理力学性能（包括强度）均有不利影响。

（3）拌合水质量不合格

拌制混凝土若使用有机杂质含量较高的沼泽水、含有腐殖酸或其他酸、盐（特别是硫酸盐）的污水和工业废水，可能造成混凝土物理力学性能下降。

（4）外加剂质量差

目前一些小厂生产的外加剂质量不合格的现象相当普遍，仅以经济较发达的某省为例，抽检了一些质量较好的外加剂生产厂，产品合格率仅 68%左右。其他一些问题更严重，尤应注意的是这些外加剂的出厂证明都是合格品，因此由于外加剂造成混凝土强度不足，甚至混凝土不凝结的事故时有发生。

2、混凝土配合比不当

混凝土配合比是决定强度的重要因素之一，其中水胶比的大小直接影响混凝土强度，其他如用水量、砂率、水胶比等也影响混凝土的各种性能，从而造成强度不足事故。这些因素在工程施工中，一般表现在如下几个方面：

（1）随意套用配合比：混凝土配合比是根据工程特点、施工条件和原材料情况，由工地向试验室申请试配后确定。但是，目前不少工地却不顾这些特定条件，仅根据混凝土强度等级的指标，随意套用配合比，因而造成许多强度不足事故。

（2）用水量加大：较常见的有搅拌机上加水装置计量不准；不扣除砂、石中的含水量；甚至在浇灌地点任意加水等。用水量加大后，使混凝土的水胶比和坍落度增大，造成强度不足事故。

（3）水泥用量不足：除了施工工地计量不准外，包装水泥的重量不足也屡有发生。据四川省某工地测定，包装水泥重量普遍不足，有的甚至每袋（50kg）少 5kg。而工地上习惯采用以包计量的方法，因此混凝土中水泥用量不足，造成强度偏低。

（4）砂、石计量不准：较普遍的是计量工具陈旧或维修管理不好，精度不合格。有的工地砂石不认真过磅，有的将重量比折合成体积比，造成砂、石计量不准。

（5）外加剂用错：主要有两种；一是品种用错，在未搞清外加剂属早强、缓凝、减水等性能前，盲目乱掺外加剂，导致混凝土达不到预期的强度；二是掺量不准，曾发现四川省和江苏省的两个工地掺用木质素磺酸钙，因掺量失控，造成混凝土凝结时间推迟，强度发展缓慢，其中一个工地混凝土浇完后 7d 不凝固，另一工地混凝土 28d 强度仅为正常值的 32%。

（6）碱—骨料反应：当混凝土总含碱量较高时，又使用含有碳酸盐或活性氧化硅成分的粗骨料（蛋白石、玉髓、黑曜石、沸石、多孔燧石、流纹岩、安山岩、凝灰岩等制成的骨料），可能产生碱—骨料反应，即碱性氧化物水解后形成的氢氧化钠与氢氧化钾，它们与活性骨料起化学反应，生成不断吸水、膨胀的凝胶体，造成混凝土开裂和强度下降。

3、混凝土施工工艺存在问题

（1）混凝土拌制不佳；向搅拌机中加料顺序颠倒，搅拌时间过短，造成拌合物不均匀，影响强度。

（2）运输条件差：在运输中发现混凝土离析，但没有采取有效措施（如重新搅拌等），运输工具漏浆等均影响强度。

（3）浇筑方法不当：如浇筑时混凝土已初凝；混凝土浇筑前已离析等均可造成混凝土强度不足。

（4）模板严重漏浆：深圳某工程钢模严重变形，板缝 5～10mm，严重漏浆，实测混凝土 28d 强度仅达设计值的一半。

（5）成型振捣不密实：混凝土入模后的空隙率达 10%～20%，如果振捣不实，或模板漏浆必然影响强度。

（6）养护制度不良：主要是温度、湿度不够，早期缺水干燥，或早期受冻，造成混凝土强度偏低。

4、试块管理不善

（1）试块未经标准养护：至今还有一些工地和不少施工人员不知道混凝土试块应在温度为（20±3）℃和相对湿度为90%以上的潮湿环境或水中进行标准条件下养护，而将试块在施工同条件下养护，有些试块的温、湿度条件很差，并且有的试块被撞砸，因此试块的强度偏低。

（2）试模管理差：试模变形不及时修理或更换。

（3）不按规定制作试块：如试模尺寸与石料粒径不相适应，试块中石子过少，试块没有用相应的机具振实等。

第三节　混凝土施工质量常见裂纹

一、钢筋混凝土柱裂缝

（一）柱水平裂缝

1、现象

混凝土柱表面出现形状接近直线，长短不一，互不连贯的裂缝，这种裂缝较浅，宽度一般在1mm以内，裂缝深度不超过20mm。参见图4-27、图4-28。

图4-27　混凝土柱水平裂缝

图4-28　混凝土柱水平裂缝

2、原因分析

（1）混凝土浇筑后，表面没有及时覆盖养护，表面水分蒸发过快，变形较大，内部湿度变化较小，变形较小。较大的表面干缩变形受到混凝土内部约束，产生较大拉应力而产生裂缝。

（2）混凝土级配中砂石含泥量大，降低了混凝土的抗拉强度。

3、防治措施

（1）混凝土浇筑后，及时进行覆盖，防止水分流失。

（2）加强混凝土潮湿养护措施。

（3）选用级配良好的砂石，同时严格控制砂石含泥量，使用符合规范要求的砂石料配置混凝土。

（二）柱龟裂裂缝

1、现象

混凝土柱表面出现不规则的龟裂裂纹，且宽度大小不一。参见图 4-29。

图 4-29 混凝土柱龟裂

2、原因分析

模板采用木模板支模，因木模板干燥吸收了混凝土的水分，致使混凝土表面产生龟裂状裂纹。

3、防治措施

（1）将木模板在支模前，进行抹油或润湿处理。施工现场有条件的，尽量减少使用木模板支模。

（2）混凝土浇筑后，加强混凝土养护措施。

（三）柱顺筋裂缝

1、现象

沿钢筋混凝土柱主筋位置出现裂缝，其裂缝长度和宽度随时间推移逐渐发展，深度不超过混凝土保护层厚度，且缝隙中夹有黄色锈迹。参见图 4-30。

图 4-30　混凝土柱顺筋裂缝

2、原因分析

（1）混凝土内掺有氯化物外加剂，或以海砂作为集料，用海水拌制混凝土，使钢筋产生电化学腐蚀，氧化铁膨胀把混凝土涨裂。

（2）混凝土保护层厚度不够。

3、防治措施

（1）混凝土外加剂应严格控制氯离子的含量，尽量使用不含氯化物的外加剂。在冬期施工时，混凝土中掺加氯化物含量严格控制在允许范围内，并掺加适量阻锈剂（亚硝酸钠）；采用海砂作细集料时，氯化物含量应控制在砂重的 0. 1%以内；在钢筋混凝土结构中避免用海水拌制混凝土。

（2）适当增厚保护层或对钢筋涂防腐蚀涂料，对混凝土加密封外罩。

（3）混凝土采用级配良好的石子，使用低水胶比配置，加强振捣以降低渗透率，阻止电腐蚀作用。

（四）柱劈裂裂缝

1、现象

裂缝产生在钢筋混凝土柱中部，有时也在柱头或柱根处出现劈裂状裂缝。

2、原因分析

（1）混凝土强度过低，不能满足构件施工使用要求。

（2）混凝土施工或者养护阶段受到荷载，导致结构产生破坏。

3、防治措施

（1）施工前，与结构设计人员协商沟通好，按使用要求设计混凝土柱的强度。在混凝土实际施工过程中，严格按照施工图纸施工，不得私自更改混凝土强度等级，或者使用不合格的混凝土浇筑到结构部位上。

（2）施工现场浇筑的混凝土由商品搅拌站提供的，在浇筑到部位之前，必须由专人对每车混凝土进行强度等级及浇筑部位的核实。严禁错用混凝土。

（3）混凝土施工过程中，严格按照施工工艺施工，严禁违规操作。同时严禁在结构部位上过早加荷载。

（五）柱头裂缝

1、现象

在梁柱交界处或无梁楼盖的柱帽下部有与地面垂直或呈 30°～35°角方向发展的裂缝产生。

2、原因分析

（1）结构、构件下面的地基软硬不均，或局部存在松软土，未经夯实和必要的加强处理，混凝土浇筑后，地基局部产生不均匀沉降而引起裂缝。

（2）结构各部位荷载悬殊，未作必要的加强处理，混凝土浇筑后原地基受力不均，产生不均匀下沉，造成结构应力集中而出现裂缝。

（3）结构在冬期施工，模板支架支承在冻土层上，上部结构未达到规定强度时地层化冻下沉，使结构下垂或产生裂缝。

3、防治措施

（1）混凝土结构施工前，对软硬地基，松软土、填土地基应进行必要的夯实和加固。

（2）结构各部荷载悬殊的结构，适当增设构造钢筋，以避免不均匀下沉，造成应力集中而出现裂缝。

（3）施工场地周围应作好排水措施，并注意防止管道漏水或养护水浸泡地基。

（4）模板支架尽量不支承在冻胀性土层上，如确实不可避免，则应加垫板，做好排水。

4、治理方法

不均匀沉陷裂缝对结构的承载能力、整体性、耐久性有较大的影响，因此应根据裂缝的部位和严重程度，会同设计等有关部门对结构进行适当的加固处理（如设钢筋混凝土围套，加钢套箍等）。

二、钢筋混凝土板裂缝

（一）板横向裂缝

1、现象

混凝土屋面板上出现横向裂缝，且每隔一段距离会出现一条，裂缝的深度不超过板的上翼缘厚度。参见图 4-31。

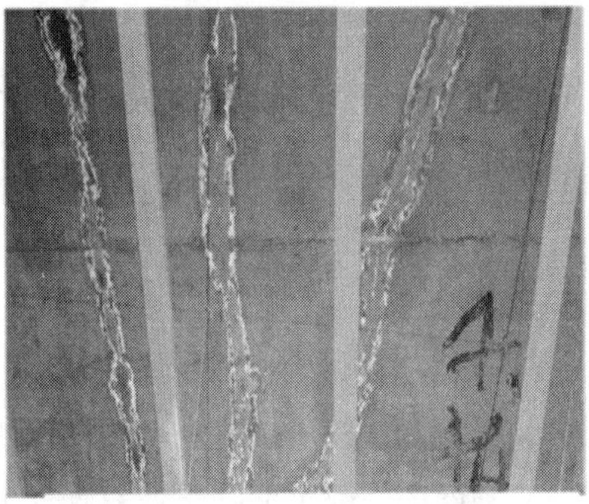

图 4-31　混凝土板横向裂缝

2、原因分析

（1）混凝土浇筑后，受高温或大风等外部条件影响，表面水分损失过快，变形较大，而内部湿度变化较小变形小。较大的表面干缩变形受到混凝土内部约束，产生较大拉应力而产生的裂缝。

（2）预应力钢筋发生过量超张拉现象，由应力引起的横向裂缝，这种裂缝多分布在板面中部，板的两端则较少发现。

3、防治措施

（1）高温季节施工时，尽量选择水化热较低的水泥进行混凝土生产。

（2）施工完成后，应及时进行表面的覆盖，及洒水养护，减少水分损失。

（3）控制预应力钢筋的张拉应力，避免超量张拉。

（二）板表面龟裂裂缝

1、现象

混凝土屋面板上出现无方向性，随意性的裂纹，裂纹的形状形似乌龟背壳上的纹理。参见图 4-32。

图 4-32　混凝土面板龟裂

2、原因分析

（1）混凝土的水胶比、坍落度、砂率偏大，遇到高温或者暴晒天气时，易加速混凝土表面水分的流失，形成龟裂裂缝。

（2）混凝土经过度振捣，表面形成水泥含量较多的砂浆层，从而增大了混凝土表面的收缩量，容易形成裂缝。

（3）混凝土凝结以后，覆盖养护不及时。随着表层水分逐步蒸发，湿度逐步降低，混凝土体积减小。混凝土表层水分损失快，内部损失慢，因此产生表面收缩大、内部收缩小的不均匀收缩，表面收缩变形受到内部混凝土的约束，致使表面混凝土承受拉力，当表面混凝土承受拉力超过其抗拉强度时，表面容易出现龟裂裂纹。

3、防治措施

（1）严格控制混凝土水泥用量、水胶比和砂率。水泥尽量选用中低热水泥，在混凝土配合比设计中应尽量控制好水胶比，同时掺加合适的减水剂；在能够满足泵送或振捣密实的条件下，尽可能降低砂率，提高粗骨料含量，以减少干缩量。

（2）严格控制砂、石料含泥量。

（3）混凝土应振捣密实，但避免过度振捣；在混凝土初凝后，终凝前，进行二次抹压，以提高混凝土的抗拉强度，减少收缩量。

（4）加强混凝土早期养护，覆盖草袋、棉毯，避免曝晒，定期适当喷水保持湿润，并适当延长养护时间。且避免发生过大温、湿度变化。冬期施工时要适当延长保湿覆盖时间，并涂刷养护剂养护。

（三）板横肋角缝

1、现象

在混凝土板端横肋变断面处，呈 45° 斜裂缝，这种裂缝一般端肋有一处出现。

2、原因分析

（1）结构脱模起吊时模板对构件的吸引力不均，造成构件不能水平同时脱模，最后脱模的一角容易拉裂。

（2）在板的横肋端部断面产生应力集中从而产生裂缝。

3、防治措施

（1）支模板时，在模板上均匀的涂抹脱模剂，方便脱模。同时严格按照操作规范进行脱模。

（2）在板的横肋端部的断面处的折线改为圆弧形角，以减少应力集中。

（四）楼板受弯拉处裂缝

1、现象

在板的受弯抗拉处，出现大小与长短视荷载的大小而变化的裂缝，且裂缝多成单条并且较规律。

2、原因分析

（1）刚浇筑的混凝土板，因模板支撑不稳而下沉，拆除模板后表面出现裂缝。

（2）在施工过程中，临时集中堆放了材料，造成楼板随之变形，挠度加大，拆除模板后表面出现裂缝。

（3）由于配筋不足，板厚不够，会造成板的挠度加大，在板的底面产生裂缝。

3、防治措施

（1）工程施工前，必须与设计人员进行沟通，对可能出现的施工部位的质量问题，必须进行分析讨论。最终出具解决办法，保证工程结构质量合格。

（2）支模板时，工人应按要求进行支撑。在混凝土浇筑前，还应由专人进行检查，遇到不符合要求的模板或支模不稳定的，必须重新选模和支模。

（3）施工过程中，建筑材料必须有专门堆放的地点，不得随意堆放。对施工现场场地紧张的情况，应根据混凝土结构强度合理规划堆放地点。

（五）板顺筋裂缝

1、现象

沿钢筋位置出现裂缝，其裂缝长度和宽度随时间推移有逐渐发展的趋势，缝隙中夹有黄色锈迹。

2、原因分析

（1）钢筋锈蚀、氧化铁膨胀，造成混凝土产生裂缝。

（2）混凝土保护层厚度不够。

3、防治措施

（1）配制混凝土时，使用不含氯化物的外加剂。在钢筋上可以涂抹一层防腐蚀涂料。

（2）适当增厚保护层。

（3）混凝土采用级配良好的石子，使用低水胶比，加强振捣，以降低渗透率，阻止电腐蚀作用。

（六）顺预埋线管方向的裂缝

1、现象

在楼板内沿着各专业线管出现的裂缝。

2、原因分析

楼板内敷设的专业线管过多且管径较大，同时加上楼板厚度不够，造成在楼板上产生沿线管方向的裂缝。

3、防治措施

（1）合理敷设线管，尽量避免集中大量的敷设，这样可以降低管径的直径。

（2）对线管敷设较多的楼板，适当增大楼板厚度。

（七）楼板裂缝防治措施

1、混凝土材料使用不当产生的裂缝

（1）使用导致混凝土收缩性较高的矿渣水泥、快硬水泥、低热水泥及水泥标号低或水胶比高均易产生裂缝。以及，在施工过程中，将不同厂家的水泥混用，都是产生裂缝的重要因素。

（2）混凝土中粗骨料的用量大，针片状石子含量高，会造成混凝土内部孔隙增多。细骨料的粒径及含泥量超标，夏季施工时骨料温度偏高，到达施工面上的混凝土质量得不到保证，从而使混凝土出现裂缝。此外，不同集料对混凝土的收缩有不同影响。

（3）混凝土出现离析、泌水等不良现象，造成混凝土各种组份分布不均匀，水化反应差异性大，混凝土整体强度低，容易产生裂缝。另外，混凝土中大量加入掺合料以减少水泥用量，此时混凝土强度不足以抵抗早期的内部拉应力而出现裂缝。

2、施工过程容易产生的裂缝

（1）混凝土钢筋保护层较小、混凝土坍落度较大以及混凝土表面收浆不好，易产生沉淀裂缝。外观表现为沿钢筋纵向出现条状规则裂缝，在预埋件正上方以预埋件为中心出现辐射状裂缝，裂缝部位略高于周围混凝土表面。

（2）塑性收缩是由于混凝土浇筑完毕后养护不及时造成的，在混凝土表面形成伸向四面八方的裂缝。塑性收缩所产生的量级很大，可达 1%左右。在骨料下沉过程中若受到钢筋阻挡，便形成沿钢筋方向的裂缝。

（3）干缩裂缝发生在塑性收缩之后。在干缩过程中，混凝土遇到如钢筋或其他预埋件的约束，在混凝土内部产生的拉应力超过混凝土抗拉强度时就会产生裂缝。在配筋率较大（超过 3%）的构件中，钢筋对混凝土收缩的约束比较明显，混凝土表面容易出现龟裂。另外，骨料的大小和级配对干缩也有影响，如使用偏细砂时，会使混凝土收缩值增大。一般情况下，水泥用量越多、构件尺寸越小或越薄、空气湿度越小，干缩量则越大。干缩的特征是表面开裂，走向为纵横交错，没有一定的规律，裂缝宽度和长度都很小。

（4）由于水泥水化产生的热量不均匀或环境的温度变化，或两者的共同作用，使混凝土内外产生温差，导致混凝土体积的变化，当体积变化引起的拉伸应变超过混凝土的极限拉伸时，混凝土将会开裂。

（5）在混凝土内部的一些危害性化学反应也可导致混凝土产生裂缝。如水泥熟料存在较多游离氧化钙，当混凝土已凝结硬化，而其中的氧化钙继续水化产生体积膨胀，就可以导致在混凝土表面出现龟裂等。另外，混凝土集料中的活性材料与水泥中的碱产生化学反应，生成遇水膨胀的凝胶体，也会造成混凝土结构破坏。

（6）由于混凝土保护层受二氧化碳侵蚀碳化至钢筋表面，使钢筋周围混凝土碱度降低，或由于氯化物介入，均可引起钢筋表面氧化膜破坏；钢筋中铁离子与侵入到混凝土中的氧气和水分发生锈蚀反应，从而对周围混凝土产生膨胀应力，导致保护层混凝土开裂、剥离，沿钢筋纵向产生裂缝。

（7）板筋位置布置不正确。板中正负受力钢筋之间有效高度不够，使受力钢筋的抗拉强度不能有效发挥，反而加重了板上层混凝土的受压应力。该原因产生的裂缝往往是穿透性的，主要出现在板边及板中受力比较集中的位置，这类裂缝严重者将影响结构的使用安全，应采取稳妥的补救措施。

（8）拆模时间过早。有时为赶进度，在现浇混凝土未达到规范规定强度时即拆模，或板上施工堆载过重，也导致板开裂，出现穿透性裂缝。

（9）板中预埋管线目前大都采用 PVC 管。由于 PVC 管直径较大、弹性较大，在浇捣混凝土时，PVC 管受到混凝土的重压而下沉，使支撑在底部的板下层受力筋随着下沉，板底钢筋保护层厚度变薄，一定时间后，板下层出现裂缝，这类裂缝对使用有一定影响，但一般不会影响结构安全。

（10）浇捣混凝土前，板底钢筋无保护层垫块或保护层垫块分布太稀，也易使板出现裂缝，裂缝性质同上。

（11）板件厚度不够也是引起板裂缝的原因之一。钢筋混凝土构件的受力是由钢筋与混凝土共同承担的，板件过薄，板刚度势必减弱，板中受拉钢筋和受压混凝土应力增大以致出现“超载”现象，板因此开裂，此类裂缝往往是穿透性的。

（12）混凝土实际强度等级低于设计强度等级，导致混凝土受压强度不够而开裂。

3、现浇板开裂的预防措施

针对上述裂缝产生的原因分析，可采取以下几项措施进行控制：

（1）选用收缩性较低的水泥，合理搭配水泥强度等级与混凝土强度等级之间关系。一般情况下，水泥强度比所使用的混凝土强度大一个等级。如配置 C30 混凝土，使用强度等级为 42.5 的水泥比较合适，可以达到合理的水胶比，保证施工质量。严禁只为片面追求经济效益，使用高标号水泥、大水胶比的配合比。在现场一定要设置与施工规模和进度相匹配的水泥库，严禁不同厂家、不同等级的水泥混用。

（2）选用级配良好的粗、细骨料，粗骨料中针片状石子严禁超标，细骨料不能使用细砂，含泥量严格控制在规范要求以内。尽量选用收缩率小的骨料。夏季骨料温度高时，采用洒水等降温措施，减缓混凝土水化反应速度，降低混凝土入模温度。

（3）自拌混凝土严格按照操作规程施工。为改善混凝土的和易性，可加入适量保水剂，保水性越好，混凝土收缩越小。

（4）要严格控制钢筋和模板尺寸，选用小坍落度混凝土（多层建筑坍落度不大于120mm为宜），保证保护层厚度达到设计要求。

（5）尽量避开在干旱高温天气浇筑大体积混凝土。对浇筑完毕的混凝土要及时洒水养护或用塑料薄膜对混凝土进行覆盖。

（6）应尽可能采用最小的用水量和最大的集料数量。允许时可在混凝土中掺加适量膨胀剂等。

（7）选用质量稳定、信誉好的水泥厂家及骨料产地，严格按照试验抽检程序对水泥和骨料进行检查，合格后方能投入使用。控制运输机械的整洁，防止对原材料的污染。

（8）加强钢筋工程的隐蔽验收，注意检查钢筋的直径、间距、上下层钢筋之间的有效高度、钢筋的锚固长度、下层钢筋的保护层垫板厚度及分布等是否符合设计、施工规范要求。

（9）浇捣混凝土时，安排专人负责管理，以免上层负筋被踩压下沉。

（10）在板中预埋电线套管时下方多设些垫块，确保下层钢筋的有效保护层。

（11）严格按照施工规范规定，严禁在现浇混凝土未达到设计强度之前拆模，板上施工堆载应均匀分布，且避免过重。

（12）重视事前控制，确保板件厚度及混凝土强度达到设计要求。

（13）加强施工现场监督管理，认真仔细完成现浇钢筋混凝土板工作，事后注意保养。造成现浇钢筋混凝土板开裂可能还有许多其他因素，要杜绝该现象也是不可能的，但认真分析原因有助于预防和减少现浇钢筋混凝土板开裂，有助于对症下药有的放矢地进行补救，把损失减少到最低。

4、现浇板裂缝的主要治理方法

现浇混凝土板开裂问题，应重在预防，补救乃是不得已之下策。

（1）对于板上层裂缝，可用环氧树脂修补方法。具体操作步骤是：将缝表面凿出一个上宽2～3cm，深3～4cm的V型槽，用水冲刷干净，再用环氧树脂掺丙酮（稀释）、乙二胺（增加强度）、苯二甲基二丁脂（增加韧性），并与砂浆混合进行填补。各成分所占比例按有关技术资料确定。

（2）对板上层裂缝还可以用高压喷浆的方法修补。喷浆前应用高压水将缝冲刷干净。

（3）对于板上层裂缝较多的板，可用在板上表层覆盖钢丝网细石混凝土的方法修补。

做法是：先将板上表面凿开，冲洗干净，然后布上一层 4@150 的钢丝网，再浇上一层厚 4～5cm 的细石混凝土（混凝土强度比板高），该覆盖层应锚固在四边支座上。

（4）板下层裂缝，一般不影响结构安全，可用环氧树脂修补法。

三、钢筋混凝土墙体裂缝

（一）墙体无规则裂缝

1、现象

干缩裂缝多出现在混凝土养护结束后的一段时间或是混凝土浇筑完毕后的一周左右。水泥浆中水分的蒸发会产生干缩，且这种收缩是不可逆的。它的特征多表现为表面性的平行现状或网状浅细裂缝，宽度多在 0. 05～0. 2mm 之间，走向纵横交错，没有规律性，裂缝分布不均，裂缝会随着时间的推移，数目会增多，宽度、长度会增大。参见图 4-33。

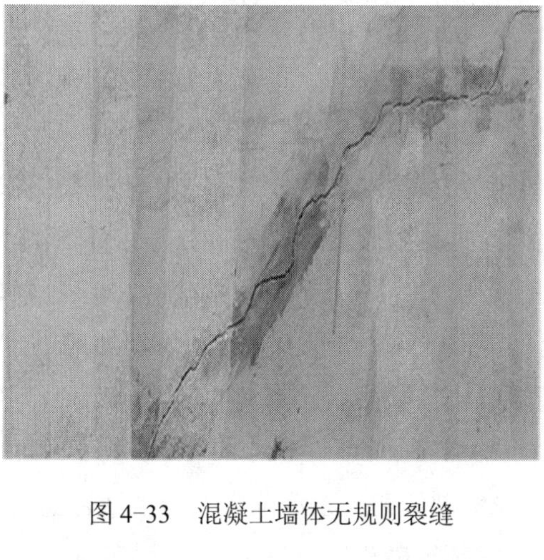

图 4-33　混凝土墙体无规则裂缝

2、原因分析

（1）混凝土浇筑完成后，表面水分蒸发速度高于混凝土内部从里到外的泌水速度，表面会产生干缩，这种收缩受到表面以下的混凝土约束，造成表面裂缝产生。

（2）混凝土墙体结构连续长度较长，受到温度影响后，整体的收缩较大，从而产生裂缝。

（3）采用含泥量大的砂石配制混凝土，或混凝土的水胶比、坍落度及砂率较大等因素都会引起混凝土收缩增大，降低混凝土的抗拉强度。

（4）混凝土经过度振捣，表面形成水泥含量较多的砂浆层，收缩量增大。

3、防治措施

（1）对混凝土原材料的要求：选用低碱含量的水泥；骨料选用弹性模量较高的，可以有效减少收缩的作用。吸水率较大的骨料有较大的干缩量，能有效降低水泥浆体的收缩。

（2）严格控制用水量、水泥用量和水胶比。

（3）混凝土应振捣密实，但避免过度振捣；在混凝土初凝后至终凝前进行二次抹压，以提高混凝土的抗拉强度，减少收缩量。

（4）加强混凝土早期养护，覆盖草袋、棉毯，避免曝晒，定期适当喷水保持湿润，并适当延长养护时间。且避免发生过大温度、湿度变化。冬期施工时要适当延长保湿覆盖时间，并涂刷养护剂养护。

4、治理方法

（1）简单治理方法：若混凝土仍保持塑性，可采取及时压抹一遍或重新振捣的办法来消除，再加强覆盖养护；如混凝土已硬化，可向裂缝内装入干水泥粉，然后加水润湿，或在表面抹薄层水泥砂浆进行处理。

（2）表面封闭修补法：表面涂抹通常是在混凝土表面沿宽度较小的裂缝涂抹树脂保护膜，在裂缝宽度有可能变动时，可采用具有跟踪性的焦油环氧树脂等材料。在裂缝多而且密集或者混凝土老化、砂浆离析的结构物上也可大面积涂抹保护膜。

（3）表面喷浆修补法：表面喷浆修补是在经凿毛处理的裂缝表面，喷射一层密实而且强度高的水泥砂浆保护层来封闭裂缝的一种修补方法。根据裂缝的部位、性质和修补要求与条件，可采用无筋素喷浆或挂网喷浆结合凿槽嵌补等修补方法。

（4）“V”形或“U”形槽口充填修补法：在只用上述表面涂抹处理不能充分修补的场合，可采用如下方法：在混凝土表面沿裂缝凿出“V”形或“U”形槽口，然后用树脂砂浆充填修补。填补前要用钢丝刷清除凿后已浮动的混凝土碎片，必要时可先上底层涂料然后填塞树脂砂浆。

（5）凿深槽嵌补法：先沿裂缝凿一条深槽，槽形根据裂缝位置和填补材料而定，然后在槽内嵌补各种粘结材料，如环氧砂浆等。

（6）压力灌浆法修补法：先将结构物的裂缝或孔隙与外界封闭，仅留出进浆口及排气孔，然后将配制的较低粘度的浆液通过压浆泵以一定的压力将浆液压入缝隙内并使其扩散、胶凝固化，以达到恢复整体性、强度、耐久性及抗渗性的目的。

（7）水泥灌浆修补法：实施灌浆前应对修补部位裂缝再仔细检查一遍，以确定修补数量、范围、钻孔眼位置及浆液数量。灌浆一般采用不低于42.5级的普通水泥，灌浆压力一般为$4.05\times10^5\sim6.08\times10^5$Pa，浆液浓度一般不小于1.6∶1（水与水泥的重量比）。灌浆加压设备，在工程量较大时宜采用灌浆机、灌（压）浆泵，也可采用风泵加压；工程量不大时可用手压泵施工；工程量较小时可采用类似打气筒等工具改制成的注射器施工。

（8）化学灌浆法修补法：灌浆材料应具备粘结强度高、可灌性好等基本要求，一般常采用环氧和甲凝两类材料。环氧灌浆是以环氧树脂为主体，它的粘结力强、稳定性好、收缩小、耐腐蚀及机械强度高，裂缝宽度在0.1mm以上时采用环氧灌浆。甲凝灌浆是以甲基丙烯酸甲酯为主体，它具有粘度低可灌性好、抗拉强度高等特点，常用于修补裂缝宽度在0.1mm以下的细裂缝。灌浆一般采用纯压法灌浆。对于细小裂缝浆液需要较长的胶凝时间，常采用单液法灌浆，此时将所用的浆液在泵前混在一起，用灌浆机进行灌注。对于较宽的裂缝，要求浆液胶凝时间较短，常采用双液法灌浆，此时将所用的浆分成两大部分，用灌浆机分两路送至灌浆孔口混合装置再灌入裂缝。

灌浆可采用单孔或群孔同时灌浆，但必须留有一定数量的排气孔。当在长裂缝上同时布有几个灌浆孔时，可按裂缝的深浅由下而上的顺序进行灌浆。当用灌浆泵进行灌浆时，压力一般由小至大逐步升高，达到设计压力后，再保持压力稳定，直至灌浆达到一定要求（吸浆率小于0.01L/min时再延缓几分钟）再将阻塞器上的进浆管阀门关闭，以使裂缝内浆液在受压状态下胶凝固结。灌浆完毕待浆液聚合固化后，即可将灌浆嘴拆除，并用环氧胶泥抹平。最后对每一道裂缝表面再刷一层环氧树脂水泥浆，确保封闭严实，并使其颜色与混凝土结构尽量保持一致。

（二）墙体棱形裂缝

1、现象

沿钢筋混凝土墙体暴露于空气中的外表面或上表面钢筋通长方向，或箍筋上或靠近模板处断续出现，或在埋设件的附近周围出现。裂缝呈棱形，宽度0.3～0.5mm，深度不大，一般到钢筋上表面为止，多在混凝土浇筑后发生，混凝土硬化后即停止。

2、原因分析

混凝土浇筑振捣后，粗骨料沉落，挤出水分、空气、表面呈现泌水状态，而形成竖向体积缩小沉落。当垂直下沉的固体颗粒遇到水平设置的钢筋或螺栓等预埋件，或受到侧模的摩擦阻力时，或混凝土本身各部相互沉降量相差过大时，就会受到阻拦形成沉降差，结果在墙体混凝土顶部表面处造成塑性沉降裂缝。

3、防治措施

（1）原材料选择上，选用保水性较好的普通硅酸盐水泥，连续级配的粗骨料以及减水率较高的外加剂，从而严格控制混凝土水胶比，减少用水量，控制坍落度。

（2）混凝土浇筑时，控制好下料速度，同时混凝土应振捣密实，避免过振。进行二次振捣时，一般在混凝土浇筑1～2h后，混凝土尚未凝结之前进行。

（3）对于截面厚度相差较大的混凝土构筑物，可先浇筑较深部位，静停2～3h，等沉降稳定后，再与上部薄截面混凝土同时浇筑，以避免沉降过大导致裂缝。

（4）适当增加混凝土的保护层厚度，防止裂缝深入钢筋表面沿着钢筋通长发展。

4、治理方法

当表面发现细微裂缝时，应及时再抹压一次再覆盖养护，或重新再振捣的办法来消除；如已硬化可向裂缝灌入水泥加水湿润、嵌实，再覆盖养护。对预制构件，也可在裂缝表面涂环氧胶泥或粘贴环氧玻璃布封闭处理。

（三）墙体圆形裂缝

1、现象

（1）混凝土墙体表面出现龟裂状裂纹，裂纹较深且比较密，甚至出现块状崩裂。

（2）混凝土表面出现大小不等的圆形或类圆形崩裂、剥落，类似"出豆子"，内有白黄色颗粒，多在浇筑后两个月左右出现。

2、原因分析

（1）混凝土墙体受到碱骨料反应或受硫酸盐、镁盐等化学物质侵蚀造成体积膨胀引起裂缝。

（2）墙体在潮湿情况下，反复遭受冻融循环的伤害，逐渐形成比较密的细裂缝。

（3）水泥中含游离氧化钙过多（多呈颗料），在混凝土硬化后，继续水化，发生固相体积增大，体积膨胀，使混凝土出现豆子似的崩裂。

3、防治措施

（1）采用含铝酸三钙少的水泥或掺加火山灰掺料，以减轻硫酸盐或镁盐对水泥的作用；或对混凝土表面进行防腐，以阻止对混凝土的侵蚀；避免采用含硫酸盐或镁盐的水拌制混凝土。

（2）防止采用含活性氧化硅的骨料配制混凝土，或采用低碱性水泥和掺火山灰的水泥配制混凝土，以降低碱化物质和活性硅的比例，控制化学反应的产生。

（3）加强水泥的检验，防止使用含游离氧化钙多的水泥配制混凝土，或经处理后使用。

（4）遇到可能会受到冻融循环伤害的环境，应提前做好预防措施。

4、治理方法

钢筋锈蚀膨胀裂缝，应把主筋周围含盐混凝土凿除，铁锈以喷砂法清除，然后用喷浆或加围套方法修补。

（四）墙体花纹状裂缝

1、现象

碳化收缩裂缝出现在混凝土结构的表面，呈花纹状，无规律性，裂缝一般较浅（如图4-34）。深1～6mm，有的至钢筋保护层全深，裂缝宽0.05～0.2mm，少数大于1.0mm，多发生在混凝土浇筑后数月或更长时间。

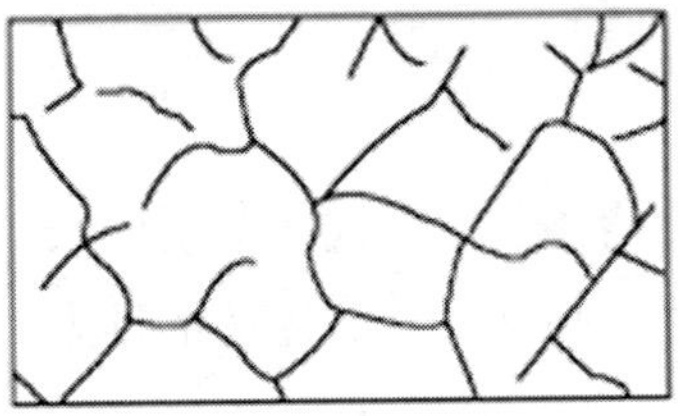

图 4-34　碳化收缩裂缝

2、原因分析

混凝土水泥浆中的氢氧化钙与空气中的二氧化碳作用生成碳酸钙，引起表面体积收缩，受到结构内部未碳化混凝土的约束而导致表面发生龟裂，在空气相对湿度较小（30%～50%）的干燥环境中最为显著。有时在密闭不通风的地方，使用火炉进行加热保温时，容易产生大量二氧化碳，常会使混凝土表面加快碳化，造成裂缝。

3、防治措施

（1）避免过度振捣混凝土，不使表面形成砂浆层，同时加强养护，提高表面强度。

（2）冬期施工时避免在不通风的地方采用火炉加热保温。

4、治理方法

碳化收缩裂缝，可将裂缝清洗干净，干燥后涂刷两遍环氧胶泥或加贴环氧玻璃布进行表面封闭；深进的或贯穿的，应用环氧树脂灌缝或在表面加刷环氧胶泥封闭。

（五）墙体平行钢筋裂缝

1、现象

裂缝的方向与钢筋平行并沿钢筋长度发展，严重时造成混凝土保护层剥落。

2、原因分析

因混凝土碳化而使钢筋表面氧化膜破坏，在含氧水分浸入后钢筋发生锈蚀，锈蚀严重时体积膨胀，导致裂缝沿钢筋长度出现。

3、防治措施

（1）降低水胶比，增加水泥用量，提高混凝土的密实度。

（2）增加混凝土保护层厚度。

（3）严格控制混凝土内氯离子的含量。

（六）墙体八字形裂缝

1、现象

在房屋顶层两端附近的墙体上常出现八字形裂缝，在墙的门窗洞口边更容易出现这种裂缝。

2、原因分析

当外界温度上升时，外墙本身沿长度方向将有所伸长，但屋盖部分的伸长值更大。屋盖伸长对墙体产生附加水平推力，使墙体受到屋盖的推力而产生剪应力，剪应力和拉应力又引起主拉应力，当主拉应力过大时，将在墙体上产生八字形裂缝。由于剪应力的分布大体是中间为零，两端最大，因此八字形裂缝多发生在墙体两端。而洞口角处的应力集中，所以更容易出现这种裂缝。

3、防治措施

合理安排屋面保温层施工，同时避开高温季节进行屋面施工。

四、钢筋混凝土梁裂缝

（一）梁龟裂缝

1、现象

在梁的上下边缘多出现龟裂缝，这种裂缝沿梁长非均匀的分布，裂缝的深度很浅，多为表面裂缝。

2、原因分析

（1）模板未经水湿透就进行使用，或模板浇水不够，容易产生这种裂缝。

（2）拆模后，未做潮湿养护，在夏季施工时，由于气温较高，容易产生这种裂缝。

（3）粉煤灰掺量过多，将导致混凝土收缩率过大，在混凝土浇捣后4小时左右，结构表面会出现不规则裂缝。

3、防治措施

（1）模板使用前，需将模板充分润湿处理。

（2）结构拆模后，应及时进行潮湿养护处理。

（3）粉煤灰选用Ⅱ级或Ⅰ级粉煤灰，同时严格控制粉煤灰掺量。单掺粉煤灰时，最大量为水泥用量的25%。复合掺掺合料时，各组分的总掺量不得超过单掺时的最大掺量。

4、治理方法

对比较严重的龟裂缝，应将疏松部分清除并凿毛，用高强度水泥砂浆嵌补。

（二）梁网状裂缝

1、现象

裂缝出现在钢筋混凝土梁受压区附近，水平裂缝和垂直裂缝交织，形成网状裂缝。

2、原因分析

（1）设计界面尺寸时选择不当，钢筋混凝土梁受压区配筋不足。

（2）施工时，混凝土实际强度偏低，受压区主筋下浮位移。

（3）施工过程中荷载过大，容易产生这类裂缝。

3、防治措施

（1）按照规范规定设计钢筋混凝土梁受压区的配筋数量。

（2）施工过程中保证混凝土强度，同时浇筑过程中确保钢筋位置。

（3）避免在梁上过早加荷载。

4、治理方法

一般情况下，在受压区采用粘钢板加固技术措施进行加固处理。

（三）梁竖向裂缝

1、现象

（1）裂缝产生在梁体中间部位的腹板位置，一般与短边方向平行或接近平行，有的延伸至顶板或马蹄部位，有的只出现在腹板范围内，长短不一，裂缝的宽度大小也不一。

（2）梁体温降收缩受底模约束而产生的变形约束裂缝，裂缝基本上分布在梁中间比较薄弱的腹板处，中间较密，一般与短边方向平行或接近平行，裂缝沿着长边分段出现。

（3）裂缝在梁上呈等间距分布，裂缝宽度相似，竖向裂缝上宽下窄，沿梁两侧面通透。

（4）钢筋混凝土梁侧面及底面周圈裂缝，裂缝位置与梁内箍筋位置相对应，且裂缝仅存在于箍筋混凝土保护层范围。

2、原因分析

（1）梁体混凝土内外温差产生的表面裂缝，多平行于短边，基本上发生在配筋率小的腹板部位。这是由于梁体混凝土内部温度较高，外部温度较低，从而造成内部膨胀受压，表面收缩受拉。当收缩拉应力大于混凝土抗拉强度时，即导致梁体表面裂缝的产生。

（2）水泥用量较多，水化热较大。

（3）由于钢筋配筋数量不足，造成钢筋对混凝土收缩的约束差，产生裂缝。

（4）裂缝出现在顶层上表面的，主要由于隔热不当，或施工时暴晒造成梁板上下表面温差大。

（5）箍筋表面混凝土厚度较薄，混凝土收缩，加之后期养护不当，易在箍筋位置产生裂缝。

3、防治措施

（1）选用水化热较低的水泥配置混凝土，严格控制水泥用量，减少水化热。

（2）严格按照设计要求配置钢筋。严禁私自更改设计进行钢筋绑扎。

（3）适当增加箍筋表面混凝土层的厚度。

（4）钢筋混凝土梁施工应尽量避免高温、大风等天气。同时施工完成后应及时进行覆盖洒水养护。

（四）梁水平顺筋裂缝

1、现象

裂缝与钢筋方向一致，较多出现在已交工使用一段时间后的钢筋混凝土梁上，随着时间的推移，有逐渐发展的趋势。

2、原因分析

（1）钢筋锈蚀，氧化铁膨胀，导致沿钢筋方向产生裂缝。

（2）钢筋混凝土梁的保护层过薄，导致沿钢筋方向产生裂缝。

3、防治措施

（1）使用不含氯化物的混凝土外加剂。

（2）对钢筋混凝土梁做好防腐处理并做好维护。

（3）施工时，将钢筋骨架固定好后，主筋下部加垫块，确保混凝土保护层厚度。

4、治理方法

采用加固处理方法。先将裂缝用环氧胶泥嵌补，然后采用外包型钢加固、外包钢筋混凝土套加固、预应力水平拉杆加固、预应力下撑式拉杆加固、粘钢加固等技术措施进行加固处理。

（五）主梁斜向裂缝

1、现象

在钢筋混凝土梁根部受剪区或弯起筋外端部，有一条或者多条从梁根部向梁中间方向成45°角走向的斜裂缝。裂缝宽度一般在0.05mm左右。

2、原因分析

（1）在结构自重的作用下，主梁的梁端承受剪力较大，且由于边跨梁体失水较快，边跨梁体干缩较严重，故裂缝在部分主梁的梁端会表现为斜裂缝。且由于混凝土材料自身的收缩，加速了裂缝的形成。

（2）钢筋混凝土梁的截面偏小，或抗剪筋配置不足，容易产生斜裂缝。

3、防治措施

（1）混凝土浇筑完成后，及时进行洒水覆盖养护，减少水分流失。

（2）混凝土施工前与设计人员进行沟通，保证混凝土梁结构稳定。

（六）次梁斜向裂缝

1、现象

在次梁与主梁交接处，次梁下面两侧出现斜向裂缝。参见图 4-35。

图 4-35　混凝土次梁斜向裂缝

2、原因分析

（1）设计时，混凝土强度设计过低，箍筋或吊筋配筋不足。

（2）施工过程中，该部位用错强度等级混凝土，或者混凝土质量不合格。

（3）施工过程中，钢筋发生上移。

3、防治措施

（1）按照规范规定设计横向钢筋，施工时保证钢筋定位准确。

（2）按照规范规定设计混凝土强度等级，施工时确保混凝土和易性良好及该部位混凝土的强度等级。

4、治理方法

采用粘钢板加固技术措施进行加固处理。

（七）圈梁、框架梁、基础梁斜裂缝

1、现象

在圈梁、框架梁、基础梁的跨中部位或端部，出现斜向裂缝，有时裂缝贯穿整个梁高。参见图 4-36。

图4-36 框架梁端部裂缝

2、原因分析

基础不均匀沉降引起裂缝的产生，裂缝高的一端指向地基不均匀沉降的方向。

3、防治措施

混凝土结构施工前，对软硬地基，松软土、填土地基应进行必要的夯实和加固。

4、治理方法

采用外包型钢加固和粘钢板加固技术措施进行加固处理。

（八）梁枣核形裂缝

1、现象

裂缝多产生在距柱1/3的跨度处，几乎每道梁均有且为纵向裂缝，大部分出现在梁腰部（腹部），裂缝宽度中间宽，梁上下边缘缩小甚至闭合，裂缝的两端很少超过上下主筋位置，裂缝外形如同"枣核"。这种裂缝往往出现在箍筋或腰筋配置变化的部位。裂缝宽度最大处一般在0.3mm之内。

2、原因分析

（1）在夏季高温季节施工时，混凝土梁温度不均，混凝土内部温度不断提高，使得梁内外温差很大。当出现非均匀的降温时，混凝土表面产生较大的降温收缩，此时混凝土受到内部混凝土的约束，产生很大的拉应力，超过混凝土的抗拉强度，产生裂缝。

（2）混凝土成型后，养护不及时或不到位，受到风吹日晒，表面水分散失快，体积收缩大，而表面收缩变形受到内部混凝土约束，出现拉应力，引起表面开裂。

（3）梁的上下边缘均配有较多的钢筋，此处混凝土与钢筋共同作用而产生的抗拉强度大于由于温度变化和干缩变形产生的拉应力，致使梁上下边缘裂缝较小或几乎没有出现。因此混凝土梁上缠上了中间大而两边小的枣核形裂缝。

（4）水泥品种，水泥用量，用水量，砂石含泥及泥块含量均对裂缝收缩程度有影响。同时施工时养护条件差，养护时间短，拆模早也会增加裂缝宽度。

3、防治措施

（1）设计过程中严格执行规范要求，当梁高大于一定高度时，在梁的两侧沿高度方向200mm处设置腰筋，腰筋截面积不小于梁截面的0.1%，在夏季施工时，钢筋直径不宜小于16mm。

（2）夏季高温环境施工时，用井水、冰水对骨料降温，及时优化配合比或掺加缓凝剂。严格控制水泥用量、砂率、水胶比，同时加强养护。

（3）卵石中掺入20%～30%的5～20mm的碎石，改善骨料结构，增加混凝土骨架刚度和密实度；尽量采用低热或中热水泥配制混凝土，同时适当掺加粉煤灰，减少水泥用量，降低水化热，最终降低混凝土内部温度。

（4）尽量避开高温大风等天气施工。同时浇筑完成后的混凝土应立即覆盖，防止水分蒸发。

4、治理方法

（1）裂缝宽度小于0.1mm的可不处理。这类裂缝在装修阶段可以弥补，不会影响结构安全。

（2）裂缝宽度为0.1～0.3mm的表面裂缝一般做表面封闭处理。一种是表面涂抹水泥砂浆，另一种是表面涂抹环氧胶泥或用环氧粘贴玻璃布。

五、其他因素产生的混凝土裂缝

（一）抗冻混凝土表面裂纹

1、现象

混凝土表面有少量用肉眼可见的、不规则裂纹和大量需借助放大镜才能清晰观察到的微裂纹（通常在0.05～0.1mm之间），呈现于浇筑混凝土的暴露面，基本上展现于混凝土表面。

2、原因分析

（1）水泥（或水玻璃）用量大，用水量大，膨胀珍珠岩混凝土拌合物拌合不均匀。

（2）膨胀珍珠岩质量不好，粉料含量太多，含水率大。

（3）浇筑的膨胀珍珠岩混凝土表面拍压不实，早期失水过多、过快。

（4）养护工作没有跟上，使水泥膨胀珍珠岩混凝土表面处于干燥或近于干燥状态，内外含水率差别大。混凝土浇筑后，遭受烈日曝晒和雨水侵袭，干湿交替作用，使表面产生裂纹。

3、防治措施

（1）水泥用量（或水玻璃）以满足胶结包裹膨胀珍珠岩的需要以及混凝土的强度、表观密度的要求为基准，不宜过多，以免加大收缩值。

（2）以水泥或水玻璃为胶结料的膨胀珍珠岩混凝土，可以采用混凝土或砂浆搅拌机进行搅拌。每次搅拌量以不超过搅拌机标准筒容量的80%为宜，过多会影响搅拌质量。搅拌时间不宜少于3min，要搅拌至颜色一致为止。坍落度以选择30～50mm为宜。

（3）膨胀珍珠岩的表观密度一般为40～300kg/m^3。质量好的膨胀珍珠岩为白色松散颗粒，质量差的膨胀珍珠岩则呈浅黄色或米黄色，含有较多的粉状物或粉细颗粒，不宜用于配制耐低温混凝土，以免大幅度降低绝热保温效果。

（4）要分层浇筑（每层不宜超过250mm），拍压并拉毛，浇筑最后一层应用木抹压平整密实，防止内部水分的过快蒸发，应一次连续浇筑完毕。

（5）为防止拍压过度或拍压不实，应事先通过试铺，求出混凝土拌合物适宜的压缩比，以便于质量控制、施工操作和检查掌握。

（6）浇筑完毕初凝后即可用塑料薄膜或草袋加以覆盖，终凝后即可进行养护。应注意以水泥为胶结料的膨胀珍珠岩混凝土是湿养护，而以水玻璃为胶结料的膨胀珍珠岩混凝土，则要求在相对湿度不大于80%的环境中进行养护，不宜烈日曝晒，并应防止雨水侵袭。室外浇筑应设置遮阳、防水。冬期施工应有保温措施。以水玻璃为胶结料的耐低温混凝土，当环境温度低于10℃时，即应采取保温措施。

（二）轻骨料混凝土表面裂纹

1、现象

混凝土表面有少量用肉眼可见的、不规则裂纹和大量需借助放大镜才能清晰观察到的微裂纹（通常在0.05～0.1mm之间），呈现于浇筑混凝土的暴露面，基本上展现于混凝土表面。

2、原因分析

（1）混凝土拌合物坍落度大，和易性差，水泥和水泥浆量大。

（2）总水胶比、有效水胶比大。

（3）骨料中含有夹杂物质、泥块量，含泥量大。

（4）配合比选择和设计时，没有考虑附加用水量问题；或仅凭估量而定，没有实际测定；或施工中没有得到执行。

（5）混凝土拌合物搅拌、停留时间长，骨料吸水率大（或大于估计值、试验值），失水和水分蒸发后的收缩变形大。

（6）浇筑暴露面积大，养护不及时，养护时间短，或水分失散，蒸发过快，表里（断面）含水率梯度大。

3、防治措施

（1）骨料质量应符合有关标准规定。天然或工业废料轻骨料的含泥量不得大于2%，人工骨料不得含夹杂物质或黏土块。

（2）轻（粗）骨料的附加用水量应取样测定，不能估算，检测结果应有代表性。

（3）配合比设计中应区分总水胶比和有效水胶比。因此必须对轻（粗）骨料的附加水用量（1h的吸水率）或饱和面干含水率进行测定以及相应调整或处理。

（4）轻骨料1h的吸水率：粉煤灰陶粒不大于22%；黏土陶粒和页岩陶粒不大于10%。超过规定吸水率的轻骨料不可随便使用，以免对混凝土的物理力学性能造成危害。

（5）用以配制轻骨料混凝土的粗骨料级配应符合表4-8的要求。

表4-8 粗骨料的级配要求

用途	筛孔尺寸（mm）					
	5	10	15	20	25	30
	累计重量筛余（%）					
保温及结构保温用	不小于90	不规定	30～70	不规定	不规定	不大于10
结构用	不大于90	30～70	不规定	不规定	—	—

注：1. 不允许含有超过最大粒径两倍的颗粒。

2. 采用自然级配时，其孔隙不大于50%。

（6）轻骨料混凝土宜采用强制式搅拌机搅拌。其加料顺序是：轻骨料在搅拌前，应预先润湿，待将粗、细骨料和水泥搅拌30s后，再加水继续搅拌；若轻骨料在搅拌前未预先润湿，则应先加1/2的总水量和粗细骨料搅拌60s，然后再加水泥和剩余用水量继续搅拌，至均匀为止。

掺用外加剂时（应通过试验），应先将外加剂溶（混）于水中，待混合均匀后，再加入拌合水中，一同加入搅拌机。不可将粉料或液态外加剂直接加入搅拌机内。

（7）合理安排搅拌、运输和浇筑的时间，整个过程不要超过45min。终凝后立即进行湿养护，时间不得少于7d，并应尽可能适当延长养护时间，防止收缩开裂。当采用蒸汽养护时，静置时间不宜小于1.5～2h，而且升温不可过快，以避免裂纹等不良现象的发生。

（8）配制轻骨料混凝土的有效用水量，可参考表4-9选用。

表 4-9 轻骨料混凝土有效用水量选择参考

序号	用途		流动性		有效用水量
			工作度（s）	坍落度（mm）	（kg/m³）
1	预制混凝土构件		＜30	0～30	155～300
2	现浇混凝土	（1）机械振动	—	30～50	165～210
		（2）人工振捣或钢筋较密	—	50～80	200～220

注：1．表中数值适用于圆球型和普通型轻骨料，碎石型粗骨料需按表中数值增加 10kg 左右的水。

2．表中数值是指采用普通砂，如采用轻砂，需取 1h 吸水量为附加水量。

（9）配制 C10 以下的轻骨料混凝土时，允许掺入占水泥重量 20%～25%的粉煤灰或其他磨细的水硬性矿物外掺料，以改善混凝土拌合物的和易性。

（10）施工浇筑应分层连续进行。当采用插入式振捣器时，浇筑厚度不宜超过 300mm；如采用表面振动器，则浇筑厚度宜控制在 200mm 以内，并适当加压。对于上浮或浮露于表面的轻骨料，可用木拍等工具进行拍压，使其混入砂浆中，然后用抹子抹平。

（三）高强混凝土表面裂缝

1、现象

混凝土表面有少量用肉眼可见的、不规则裂纹和大量需借助放大镜才能清晰观察到的微裂纹（通常在 0. 05～0. 1mm 之间），呈现于浇筑混凝土的暴露面，基本上展现于混凝土表面。

2、原因分析

（1）混凝土水胶比低，弹性模量增大，应力松弛能力降低，造成混凝土裂缝的产生。

（2）磨细矿渣掺量过大，以及细度越大，均会导致混凝土收缩开裂明显。

（3）部分工程会采用硅灰取代水泥配置高强混凝土。硅灰的颗粒比水泥小很多，因此硅灰对水泥颗粒之间及水泥颗粒与集料之间空隙的填充能力增加，使混凝土更密实。由于硅灰在混凝土中的较大的水化活性及混凝土早起致密的微观结构使混凝土早期的粗毛细孔含量少，细毛细孔含量增多，从而加速了混凝土早期的自干燥作用，引发混凝土自收缩，产生裂缝。

3、防治措施

（1）在保证高强混凝土强度下，严格控制水胶比，禁止采用过低的水胶比进行配置混凝土。

（2）适当的增加粉煤灰掺量。粉煤灰可以使早期弹性模量略低，降低应力松弛能力，从而降低混凝土早期收缩。

（3）严格控制掺入混凝土中磨细矿渣的用量以及矿渣的细度。

（4）混凝土配置时，尽量少用或不使用硅灰。

（5）配置高强混凝土时，可以使用减缩剂，它可以降低混凝土的自由干燥收缩，从而降低高强混凝土的收缩开裂。

（四）混凝土结构表面出现六角形花纹裂缝

1、现象

凝缩裂缝是发生于混凝土表面，呈现碎小的六角形花纹裂缝，裂缝很浅，常在初凝期间出现（如图 4-37）。

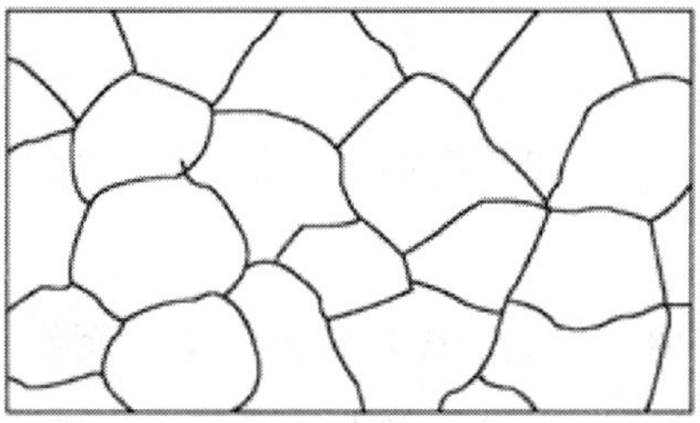

图 4-37　凝缩裂缝

2、原因分析

混凝土表面过度的抹平压光，使水泥和细骨料过多地浮到表面，形成含水量很大的砂浆层，它比下层混凝土有较大干缩性能，水分蒸发后，产生凝缩而出现裂缝。有时在混凝土表面撒干水泥压光，也会产生这种裂缝。

3、防治措施

（1）混凝土表面刮抹应限制在最少程度。

（2）防止在混凝土表面撒干水泥刮抹，如表面粗糙，可撒较稠水泥砂浆再压光。

4、治理方法

裂缝不影响强度，一般可不做处理。如对表面有美观要求，可在表面加抹一层薄砂浆进行处理。

（五）混凝土雨棚、挑檐和阳台裂缝

1、现象

在板支点的顶面，靠近外墙根处，出现与受力钢筋相垂直的裂缝。

2、原因分析

（1）混凝土强度未达到要求，就过早拆除支撑，从而产生裂缝。

（2）雨棚挑檐和阳台内的承受负弯矩钢筋数量不够，从而产生裂缝。

（3）在结构浇筑过程中，工人将负弯矩钢筋踩倒，使其不能承受负弯矩，从而产生裂缝。

3、防治措施

（1）根据混凝土结构强度增长情况，拆除支撑。避免过早拆除。

（2）对结构上的钢筋配置有疑议的，应与设计人员提前进行沟通，保证结构内的钢筋数量。

（3）现场施工人员必须按照施工规范进行现场施工操作，严禁随意踩踏绑扎好的钢筋。

（六）混凝土结构出现撞击裂缝

1、现象

撞击裂缝有水平的、垂直的、斜向的；裂缝的部位和走向都随受到撞击载荷的作用点、大小和方向而异；裂缝宽度、深度和长度不一，无一定规律性。

2、原因分析

（1）混凝土结构拆模时由于工具或模板的外力撞击而使结构出现裂缝，如拆除墙板的门窗模板时，常引起斜向裂缝，用吊机拆除内外墙的大模板时，一有稍微偏移，就撞击承载力还很低的混凝土墙，引起水平或垂直的裂缝。

（2）拆模过早，混凝土强度尚低，常导致出现沿钢筋的横向或纵向裂缝。

（3）拆模方法不当，只起模板一角，或用猛烈振动的办法脱模，使结构受力不均或受到剧烈振动而出现裂缝。

（4）梁板混凝土尚未达到脱模强度，即在板面上荷载，堆放材料，使梁板受到振动或超过比设计大的施工荷载而造成裂缝。

3、防治措施

（1）混凝土结构在成型或拆模时，应防止受到各种施工荷载的撞击和振动。

（2）结构拆模时必须达到规范要求的强度，并应使结构受力均匀。

（3）拆模时应按规定的程序进行，后支的先拆，先支的后拆，先拆除非承重部分，后拆除承重部分，使结构不受到损伤。

（4）在梁板混凝土未达到设计强度前，避免在其上堆放大量工程或施工用料，防止梁板受到振动或将梁板压裂。

4、治理方法

（1）对一般裂缝可采取水泥浆或环氧胶泥进行修补；对较宽较深裂缝，应先沿缝凿成八字形凹槽，再用水泥砂浆或环氧胶泥（环氧砂浆）分层嵌实或再贴环氧玻璃布处理。

（2）对较严重的贯穿性裂缝，应采取环氧或甲凝灌浆处理，或进行结构加固处理。

（七）混凝土结构构件的徐变裂缝

1、现象

预应力吊车梁、屋面板，在使用阶段，在支座附近出现由下而上的竖向裂缝或斜向裂缝，如图 4-38 所示。

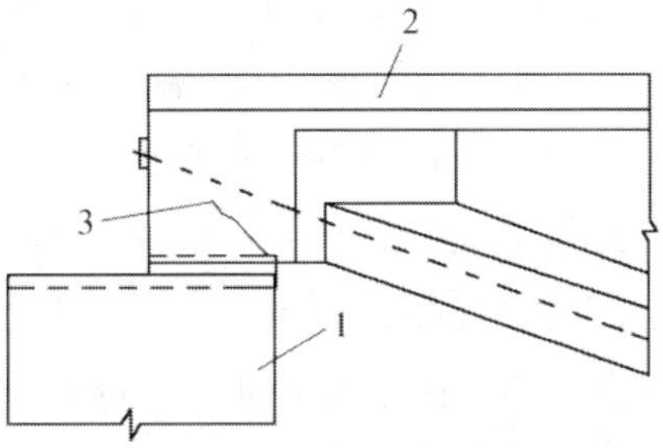

图 4-38　徐变引起的裂缝

1—柱牛腿；2—预应力吊车梁；3—裂缝

2、原因分析

先张法或后张法构件（预应力筋在端部全弯起），支座处混凝土预压应力一般很小，甚至没有预压应力，当构件与下部支承结构焊接后，变形受到约束，由于徐变的作用加上混凝土的温度收缩等影响，使支座处产生拉应力，造成裂缝出现。

3、防治措施

在构件端部设置足够的非预应力纵向构造钢筋或采取附加锚固措施；屋面板等构件，可在预埋件钢板上加焊插筋，伸入受拉区；适当加大吊车梁端头截面高度，压低预应力筋的锚固位置，减小非预压区；支承节点采用微动连接，在预留孔内设橡胶垫圈等。

4、治理方法

轻微的张拉裂缝，在结构受荷后会逐渐闭合，基本上不影响承载力，可不处理或采取涂刷环氧胶泥、粘贴环氧玻璃布等方法进行封闭处理；严重的裂缝，将明显降低结构刚度，应根据具体情况，采取预应力加固或用钢筋混凝土围套、钢套箍加固等方法处理。

（八）混凝土结构表面出现温度裂缝

1、现象

温度裂缝又称温差裂缝，表面温度裂缝走向一定规律性，梁板类长度尺寸较大的结构构件，裂缝多平行于短边，大面积结构裂缝常纵横交错。深进的和贯穿的温度裂缝，一般与短边方向平行或接近于平行，裂缝沿全长分段出现，中间较密。裂缝宽度大小不一，一般在 0. 5mm 以下，沿全长没有多大变化。表面温度裂缝多发生在施工期间，深进的或贯穿的多发生的浇筑后 2～3 月或更长时间，混凝土裂缝宽受温度变化影响较明显，冬期较宽，夏季较细。沿截面高度，裂缝大多呈上宽下窄状，但个别也有下宽上窄的情况，遇顶部或底板配筋较多的结构，有时也出现中间宽两端窄的梭形裂缝。

2、原因分析

（1）表面温度裂缝，多由于温差较大引起的，混凝土结构构件，特别是大体积混凝土基础浇筑后，在硬化期间水泥放出大量水化热，内部温度不断上升，使混凝土表面和内部温差较大。当温度产生非均匀的降温差时（如施工中注意不够而过早拆除模板；冬期施工，过早除掉保温层，或受到寒潮袭击），将导致混凝土表面急剧的温度变化而产生较大的降温收缩（见图 4-39），此时表面受到内部混凝土的约束，将产生很大的拉应力（内部降温慢，受自约束而产生压应力），而混凝土早期抗拉强度很低，因而出现裂缝。但这种温差仅在表面处较大，离开表面就很快减弱，因此裂缝只在接近表面较浅的范围内出现，表面层以下结构仍保持完整。

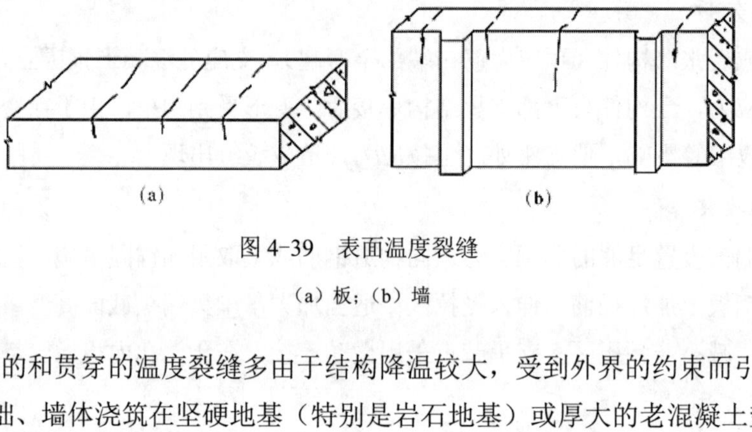

(a)　(b)

图 4-39　表面温度裂缝

（a）板；（b）墙

（2）深进的和贯穿的温度裂缝多由于结构降温较大，受到外界的约束而引起的。当大体积混凝土基础、墙体浇筑在坚硬地基（特别是岩石地基）或厚大的老混凝土垫层上时，没有采取隔离层等放松约束的措施，如果混凝土浇筑时温度很高，加上水泥水化热的温升很大，使混凝土的温度很高，当混凝土降温收缩，全部或部分受到地基、混凝土垫层或其他外部结构的约束，将在混凝土内部出现很大的拉应力，产生降温收缩裂缝。这类裂缝较深，有时是贯穿性的（见图 4-40），将破坏结构的整体性。基础工程长期不回填，受风吹日晒或寒潮袭击作用；框架结构的梁、墙板、基础梁，由于与刚度较大的柱、基础约束，降温时也常出现这类裂缝。

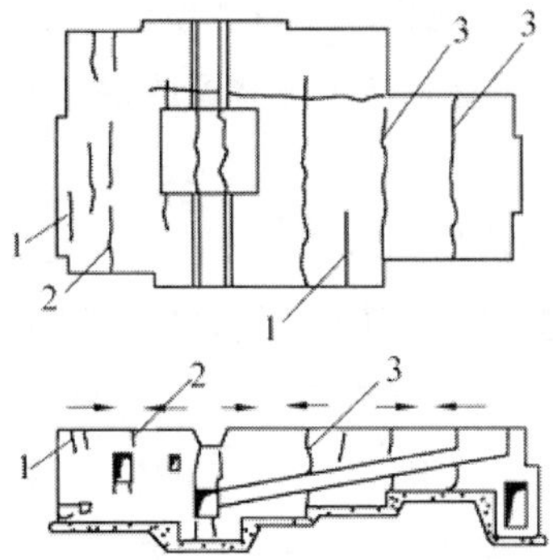

图 4-40　深进的、贯穿的温度裂缝

1—表面裂缝；2—深进裂缝；3—贯穿裂缝

（3）采用蒸汽养护的结构构件，混凝土降温制度控制不严，降温过速，使混凝土表面急剧降温，而受到内部的约束，常导致结构表面出现裂缝。

3、防治措施

（1）一般结构预防措施：

1）合理选择原材料和配合比，采用级配良好的石子、砂、石含泥量控制在规定范围内，在混凝土中掺加减水剂，降低水胶比，严格施工分层浇筑振捣密实，以提高混凝土抗拉强度。

2）细长结构构件，采取分段间隔浇筑，或适当设置施工缝或间断缝，以减少约束应力。

3）在结构薄弱部位及孔洞四角、多孔板板面，适当配置必要的细直温度筋，使对称均匀分布，以提高极限拉伸值。

4）蒸汽养护结构构件时，控制升温速度不大于 15℃/h，降温速度不大于 10℃/h，及时脱模，避免急热急冷，引起过大的温度应力。

5）加强混凝土的养护和保温，控制结构与外界温度梯度在 25℃范围以内。混凝土浇筑后裸露表面及时浇水养护，夏季应适当延长养护时间，以提高抗裂能力。冬期应适当延长保温和脱模时间，使缓慢降温，以防温度骤变、温差过大引起的裂缝。基础部分及早回填保湿保温，减少温度收缩裂缝。

（2）大体积结构预防措施

1）尽量选用低热或中热水泥（如矿渣水泥、粉煤灰水泥）配制混凝土，或混凝土中掺加适量粉煤灰、矿渣粉或减水剂，充分利用混凝土的后期强度（90d～180d），以降低水泥用量，减少水化热量。选用良好级配的骨料，并严格控制砂、石料含泥量，降低水胶比（0. 6 以下），加强振捣，以提高混凝土的密实性和抗拉强度。

2）在混凝土中掺加缓凝剂，减缓浇筑速度，以利于散热。在设计允许的情况下，可掺入不大于混凝土体积 25%的毛石，以吸收热量，并节省混凝土。

3）避开炎热天气浇筑大体积混凝土。如必须在炎热天气浇筑时，应采用冰水或搅拌水中掺加冰屑拌制混凝土；对骨料设简易遮阳装置或进行喷水预冷却，以降低混凝土搅和浇筑温度。

4）浇筑薄层混凝土，每层浇筑厚度控制不大于30cm，以加快混凝土内水泥水化热量的散发，并使温度分布较均匀，同时便于振捣密实，以提高弹性模量。

5）大型设备基础采取分块分层浇筑（每层间隔时间为5～7h），分块厚度为1.0～1.5m，以利于水化热的散发并减少约束作用。对较长基础和结构，采取每隔20～30m留一条0.5～1.0m宽的间断后浇缝，钢筋仍保持连续不断，30d后再用膨胀细石混凝土填灌密实，以消减温度收缩应力。

6）混凝土浇筑在岩石地基或厚大的混凝土垫层上时，在岩石地基或混凝土垫层上铺设防滑隔离层（浇二度沥青胶，撒铺5mm厚砂子或铺二毡三油），底板高低起伏和截面突变处，做成渐变化形式，以消除或减少约束作用。

7）加强早期养护，提高抗拉强度。混凝土浇筑后，表面及时用草袋或棉毯覆盖，并蓄水养护；深坑基础可采取灌水养护。夏季适当延长养护时间。在寒冷季节，混凝土表面应采取保温措施，以防寒潮袭击。对薄壁结构要适当延长拆模时间，使之缓缓地降温。拆模时，块体中部和表面温差控制不大于20℃，以防止急剧冷却，造成表面裂缝，基础混凝土拆模后应及时回填。

8）加强温度管理，混凝土拌制时温度要低于25℃，浇筑时要低于30℃。浇筑后控制混凝土与大气温度差不大于25℃，混凝土本身内外温差在20℃以内，加强养护过程中的测温。发现温差过大，及时覆盖保温，使混凝土缓慢地降温，缓慢地收缩，以有效降低约束应力，提高结构抗拉能力。

4、治理方法

（1）温度裂缝对钢筋锈蚀、碳化、抗冻融（有抗冻要求的结构）、抗疲劳（对受动荷载构件）等方面有影响，故应采取措施治理。

（2）对表面裂缝，可以采用涂两遍环氧胶泥或加贴环氧玻璃布，以及抹、喷水泥砂浆等方法进行表面封闭处理。

（3）对有整体性防水、防渗要求的结构，缝宽大于0.1mm的深进或贯穿性裂缝，应根据裂缝可灌程度，采用灌水泥浆或化学浆液（环氧、甲凝或丙凝浆液）方法进行裂缝修补，或者灌浆与表面封闭同时采用。

（4）宽度不大于0.1mm的裂缝，由于后期水泥生成氢氧化钙、硫酸铝钙等类物质，碳化作用能使裂缝自行愈合，可不处理或只进行表面处理即可。

（九）混凝土结构表面出现冻胀裂缝

1、现象

（1）结构、构件表面沿主筋、箍筋方向出现宽窄不一的裂缝，深度一般到主筋，周围混凝土疏松、剥落。

（2）后张法预应力构件，沿预应力筋孔道方向出现纵向裂缝，如图 4-41 所示。

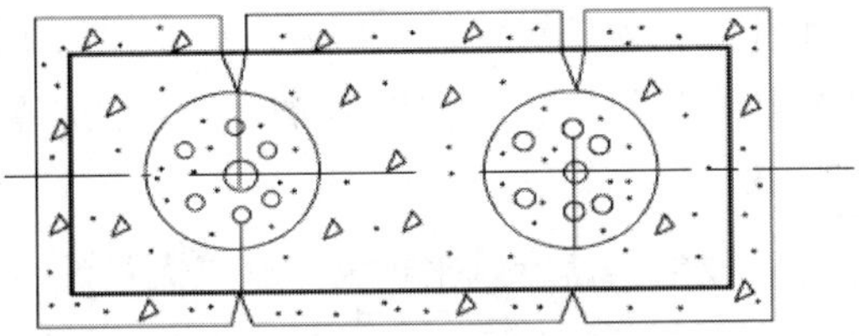

图 4-41　冻胀裂缝

2、原因分析

（1）冬期施工混凝土结构未保温，混凝土早期遭受冻结，将表层混凝土冻胀，解冻后，钢筋部位变形不能恢复，而使混凝土表层出现裂缝、剥落。

（2）冬期进行预应力孔道灌浆，未采取保温措施，或保温不善，孔道内灰浆含游离水分较多，受冻后体积膨胀，沿预应力筋方向孔道薄弱部位胀裂。

3、防治措施

（1）结构、构件在冬期施工，配制混凝土应采用普通硅酸盐水泥和低水胶比，并掺加适量早强抗冻剂，以提高早期强度。

（2）冬期施工时，对混凝土进行蓄热保温或加热养护，直至达到 40%设计强度。

（3）避免在冬期进行预应力构件孔道灌浆，必须灌浆时，应在灰浆中掺加早强型防冻减水剂，或掺加引气剂，防止水泥沉淀产生游离水，灌浆后进行加热养护，直至达到规定强度。

4、治理方法

对一般裂缝可用环氧胶泥封闭；对较宽较深裂缝，用环氧砂浆补缝或再加贴环氧玻璃布处理；对较严重的裂缝，应将剥落疏松部分凿去，加焊钢丝网后，重新浇筑一层细石混凝土，并加强养护。

（十）施工技术不当引起的混凝土裂缝

1、现象

现浇混凝土施工过程中出现的混凝土裂缝。

2、原因分析

（1）模板使用不合理。

模板支撑不牢固，或任意踩踏已经支好的模板，或提前在模板上加荷载。这些都能导致混凝土不均匀沉降或受振动产生裂缝。

（2）浇筑不合理。

混凝土浇筑前和易性不好，浇筑后的结构容易产生裂缝。墙体等垂直结构分层浇筑时，浇筑速度过快，下层混凝土在硬化初期可能发生沉降，产生横向裂缝。或者两层之间浇筑相距时间太长，则会产生冷缝。浇筑梁、柱交界部位时会产生沉降裂缝。

（3）振捣不合理。

由于现在预拌混凝土拌合物的坍落度越来越大，施工人员就少振或不振。这种操作不能排除拌合物中含有的空气，达不到密实的程度。目前工地上还存在过振的现象。过振后，将水泥浆、砂浆、粗骨料按从上层至下层分布，这样表面的水泥浆则极易产生收缩变形裂缝。

（4）抹压不合理。

施工现场只进行一次抹压找平。第一次抹压找平后，混凝土拌合物在自身重力的作用下自然下沉，而在下沉的过程中会受到钢筋的阻滞。到混凝土初凝时，表面会出现凹凸不平的情况，同时会在混凝土表面产生塑性收缩裂缝。

（5）养护不合理。

混凝土浇筑完成后，施工现在未进行及时有效的洒水覆盖等养护措施，造成表面失水过快，产生裂缝。

3、防治措施

（1）模板支撑必须牢固；在混凝土强度未达到 1.2MPa 以前，不准在混凝土上面踩踏、支模和加荷载；混凝土达到规定强度才能进行拆模。

（2）保证混凝土的和易性，同时保证混凝土浇筑结构的连续性，控制浇筑速度，严格按照施工规范操作。

（3）混凝土浇筑完成后，应按照施工规范对不同结构采用合理的振捣方式振捣混凝土。杜绝不振或少振，同时还应避免过振。

（4）在第一次混凝土振捣后，应立即抹压一遍。在混凝土初凝时，进行第二遍全面抹压。在终凝前，进行有选择性的表面抹压，以消除塑性收缩产生的裂缝。

（5）在大风、干燥和高温的天气下，应在第一次抹压后进行洒水养护。在夏季，夜间施工气温比较低，洒水养护在混凝土浇筑后 2～3h 进行。还可对结构表面进行覆盖，可以有效的保持混凝土表面湿润。

（十一）混凝土原材料对混凝土裂缝的影响

1、水泥

（1）水泥矿物成分的影响。

硅酸盐水泥中 C_3S 含量最多，故对水泥的水化热量及收缩率影响较大，C_3A 的水化热量及收缩率均最大，故用 C_3S、C_3A 含量较多，早期强度较高的水泥配制混凝土，早期水泥水化快，放热量大。同时弹性模量增大，徐变较低，早期抗拉强度增长滞后，缓释收缩应变的徐变较小，致使混凝土易因温度收缩、自身收缩及干燥收缩而开裂。

（2）碱的影响。

碱增大水化阶段早期的反应速率，虽然提高了早期强度，但是影响水泥-骨料间的粘结，降低后期强度。碱影响水化硅酸钙的微结构，高碱水泥水化产物趋于凝胶而不是晶体，凝胶层间孔隙水减少，干燥收缩量增大，加重了裂缝的发展。高碱水泥配制混凝土，当骨料具有碱活性时，还会发生碱骨料反应的危害。

（3）水泥细度的影响。

水泥细度越细，水化越快，放热量越大，需水量越大，最终导致混凝土易因干缩而产生开裂。

2、骨料

（1）粗骨料的孔隙率大，弹性模量低，其混凝土的收缩大。

（2）采用较大膨胀系数的骨料会增加混凝土的温度变形，增大混凝土收缩时的约束应力，容易产生裂缝。

（3）粗骨料的表面越粗糙，与水泥石可产生较大的粘结力，有利于提高混凝土的抗拉强度，增强抗裂性能。

（4）骨料中如含有活性氧化硅成分，在混凝土硬化后，在潮湿条件下与混凝土中的碱发生化学反应，生成物吸水膨胀，导致混凝土开裂。

（5）骨料中如含有较多的硫酸盐、硫化物、镁盐时与水泥中的 C_3A 反应的生成物体积膨胀，会导致混凝土开裂。

（6）细骨料的细度越细，需要的水泥浆越多，增大了水和水泥用量，增多了混凝土中的孔隙和毛细孔，加大了混凝土的收缩。

（7）骨料含泥量或含杂质偏多时，影响了水泥石与骨料的咬合粘结，弱化了粘结界面结构，既降低了混凝土强度，特别是降低了抗拉强度，同时又增大了混凝土收缩变形，使混凝土易于产生裂缝。

3、矿物掺合料

（1）掺有掺合料的混凝土一般早期水化反应较慢，早期强度较低，易因施工荷载作用产生裂缝。

（2）粉煤灰等掺合料的密度比水泥小，在混凝土浇筑振捣过程中易上浮，聚集于构件表面，导致强度发展滞后，面层强度偏低，当水分蒸发，易产生塑性收缩，导致表面开裂。

（3）矿渣粉的水化反应较粉煤灰快，提高了早期弹性模量，且产生的凝胶量较大，增大了混凝土收缩开裂趋势。掺入细度较大的超细矿渣粉，混凝土更容易开裂。

（4）硅灰的水化活性很高，但徐变较小，尤其水胶比较小时，抗裂性能降低，无助于改善混凝土的抗裂性能。

4、外加剂

（1）对于较多使用低水胶比的高性能混凝土，由于自收缩已相对较大，掺用高效减水剂降低用水量可能加重自收缩而增大总收缩，不利于控制裂缝。

（2）常用的木钙、糖蜜以及萘系高效减水剂可以降低混凝土的用水量，但不能降低混凝土的干燥收缩。

（3）膨胀剂可使混凝土产生一定膨胀，以补偿混凝土的后期干缩，从而改善混凝土抵抗干缩开裂的能力。膨胀剂与优质粉煤灰复合使用可以明显改善混凝土的抗裂性能，但这些必须是在饱水养护充分和配比适当的条件下方可实现，否则在干燥条件下收缩更大。

（十二）混凝土配合比对控制裂缝的影响

进行配合比设计时除了按混凝土强度等级、抗渗等级、抗冻等级要求，参照《混凝土配合比设计规程》等有关标准进行设计外，还要根据施工现场环境、施工条件及建筑结构承载情况等，选定合适的水泥、粗细骨料、掺合料及外加剂的品种。

1、选用有利于改善混凝土抗裂性能的水泥（低水化热，C_3A、C_3S较少，C_2S、C_4AF含量较多，C_3A/SO_3比值较低，含碱量较少，粒度较粗）。

2、选用较大粒径的粗骨料、级配良好的粗细骨料及较小的砂率，以求能用较少的水泥浆量，满足和易性的要求。

3、选用膨胀系数较低的、质地致密、吸水率较低的岩石粗骨料，以使混凝土收缩较小。碎石骨料较之卵石骨料有利于改善混凝土抗拉性能。

4、严格控制粗、细骨料的含泥量。

5、优先选用粉煤灰掺合料，需要时可适量复掺硅灰。掺粉煤灰、矿渣粉有利于降低混凝土水化温升。单掺硅灰不利于改善抗裂性能。

6、采用掺合料配制混凝土时，适量掺用减水剂及引气剂。

7、由于混凝土的抗裂性能受到多种因素综合影响，宜采用抗裂测试环、板式混凝土约束开裂试验等方法，测定不同原材料、不同配合比对抗裂的影响，综合评定混凝土抗裂性能，优选配合比。

第四节　装配式结构

一、框架柱垂直度过大

1、现象

框架柱垂直偏差超过允许值。参见图 4-42。

图 4-42　柱垂直度超偏差

2、原因分析

（1）吊装时复测次数不够。

（2）柱与柱钢筋连接采用立坡口、帮条焊和搭接焊时，焊接变形对柱垂直偏差有直接影响。

（3）梁与柱钢筋连接为平坡口焊接时，由于焊接变形而将柱拉偏但比柱与柱钢筋焊接变形的影响要小。

3、防治措施

（1）安装柱子时要用线坠校核。

1）柱子位置调整准确后，采取电焊点固小柱墩，然后进行二次校正。

2）对齿槽式节点下层柱突出地面 800mm 者，用柱子校正器临时固定并进行二次校正。

3）对浆锚式节点柱可采用柱与梁叠合部分钢筋电焊点固并进行二次校正。

（2）焊接时宜对角等速焊接。焊接过程中应用经纬仪随时观察柱子垂直偏差情况。

（3）根据钢筋的残余变形小于热胀变形的原理，可利用电焊或氧乙炔火焰烤钢筋以调整柱子垂直偏差。即在出现偏差的方向继续施焊，此时对面焊工停焊，当偏差值已向相反偏 1～2mm 时，两个焊工再等速焊接。

（4）钢筋帮条焊应按图 4-43 所示顺序焊接。

Ⅰ级钢筋帮条的面积应不小于主筋的 1. 2 倍；Ⅱ级钢筋帮条的面积应不小于主筋的 1. 5

倍。两钢筋直径不等时，应以直径较小的主筋直径为准。

钢筋帮条焊或搭接焊接型式如下图所示。采用帮条或搭接接头电弧焊时，焊缝高度及宽度应按图4-44所示的要求。

（5）立坡口焊接是一种新的焊接工艺，没有进行过立坡口焊接的焊工应预先培训，并做试件焊接，然后通过试件的拉力试验，证明焊接质量合格后，方可在正式工程中施焊。钢筋立坡口焊接接头及运弧方法如图4-45所示，焊接基本参数见表4-10。上下钢筋应焊平。用电弧将焊根部位的焊渣吹掉，补焊好，其装饰焊高出钢筋表面1～2mm为止。

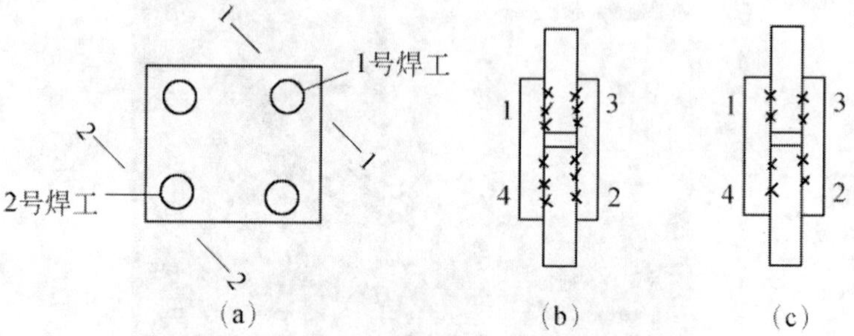

图4-43　柱子钢筋帮条焊施焊顺序

（a）施焊顺序；（b）1-1　1号焊工施焊；（c）2-2　2号焊工施焊

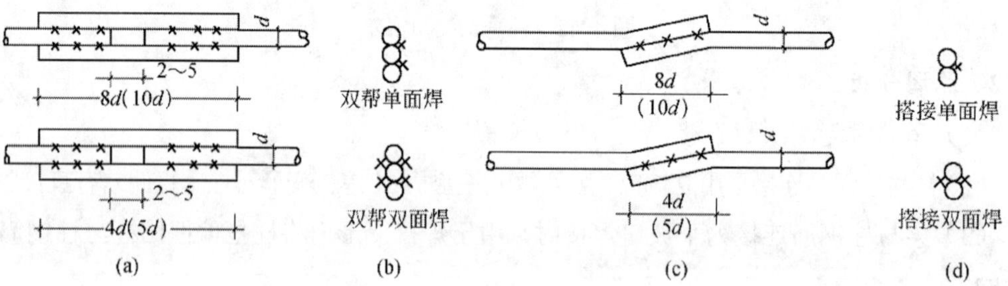

图4-44　框架梁柱钢筋焊接型式

（a）钢筋帮条焊；（b）帮条焊剖面；（c）钢筋搭接焊；（d）搭接焊剖面

注：4d，8d适用于Ⅰ级钢筋；5d，10d适用于热轧带肋钢筋。

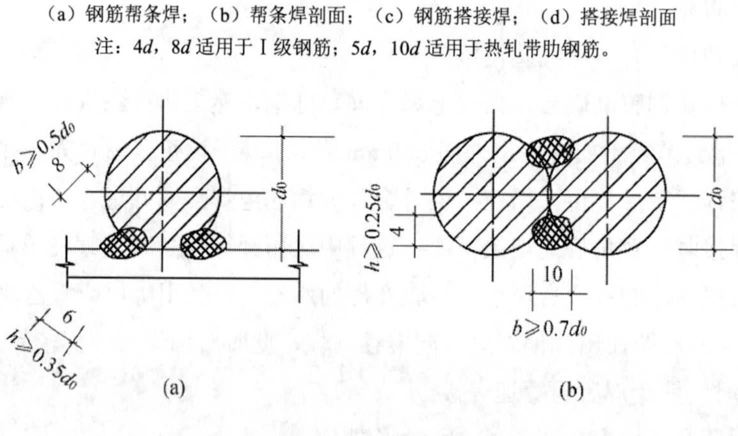

图4-45　钢筋焊接焊缝高度及宽度

（a）钢筋与平板焊接；（b）钢筋与钢筋焊接

表 4-10　立坡口焊接基本数据表

焊接参数	钢筋直径（mm）			
	22	25	28	32
最小间隙（mm）	4	4	5	5
最大间隙（mm）	10	15	15	15
坡口角度（°）	50	50	45	45
焊条直径（mm）	4	4	5	5
焊接电流（A）	160	160	180	180

（6）平坡口焊接时应首先由坡口尖端处引弧，使之连接起来。然后由铁板的一端到另一端，用“之”形运弧，将坡口部位堆焊起来，直至焊缝高出钢筋表面 1～2mm 为止。再将钢筋两侧与铁板焊在一起，表面进行装饰焊，如图 4-46、图 4-47 所示。在焊接过程中，应随时进行清渣，结束接头的焊接时，应注意电弧坑不要留在钢筋上。焊接基本参数见表 4-11。

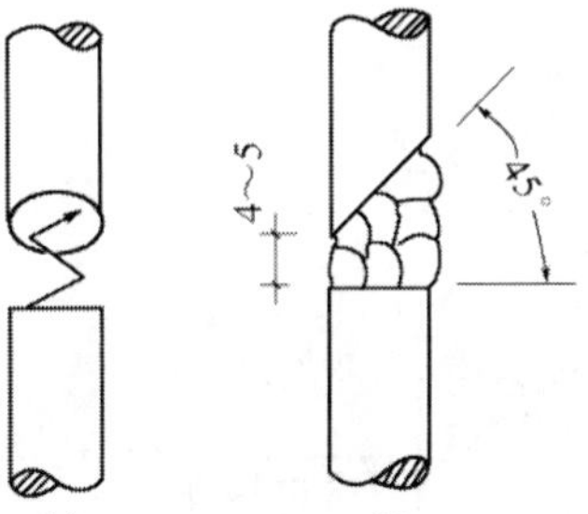

图 4-46　钢筋立坡口焊接接头及运弧方法

（a）运弧；（b）焊接；（c）接头尺寸

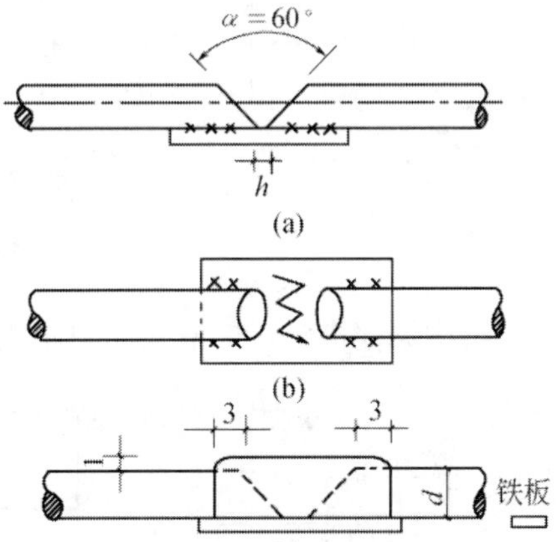

图 4-47　钢筋平坡口焊接接头及运弧方法

（a）坡口；（b）运弧；（c）焊接尺寸

表 4-11　平坡口焊接基本数据表

焊接参数		钢筋直径（mm）			
		22	25	28	32
最小间隙（mm）		2	4	5	5
最大间隙（mm）		15	20	20	20
钢垫板尺寸（mm）	长	60	60	60	60
	宽	d+10	d+10	d+10	d+10
	高	6	6	6	6
焊条直径（mm）		4	4	5	5
焊接电流（A）		180	180	200	200

为避免影响柱子垂直偏差，必须采取合理的施焊顺序，保证柱子垂直偏差在规范允许范围之内。

1 个节点有 2 个或 2 个以上焊点时，施焊顺序应采取轮流间歇焊法，即 1 个焊点不要一次焊完，而对整个框架应采用“梅花焊法”，如图 4-48 所示，先由中柱到边柱，或由边柱到中柱分别组成框架。由于焊接时梁的一端固定、一端自由，减小了焊接过程中拉应力引起的框架变形，同时便于土建工序流水施工。

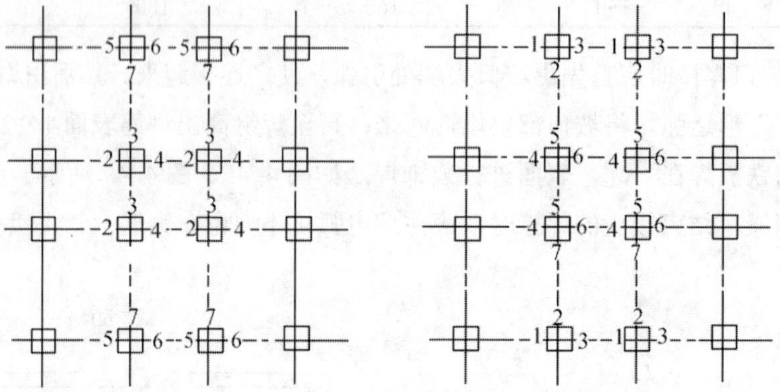

(a) (b)

图 4-48 平坡口梅花焊法

（a）由中柱到边柱；（b）由边柱到中柱

框架结构梁柱接头焊接型式如图 4-49 所示。

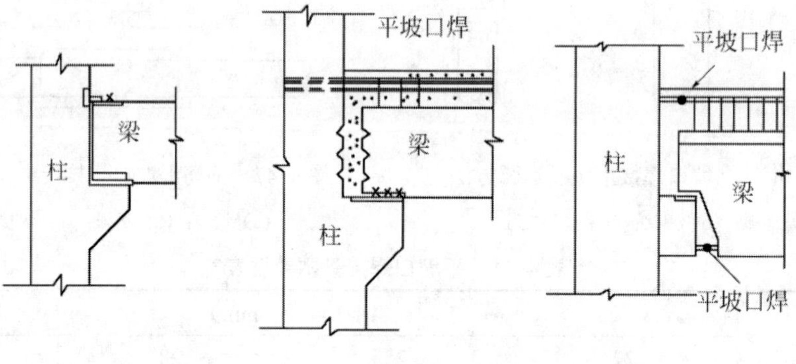

(a) (b) (c)

图 4-49 框架结构梁柱接头

（a）明牛腿梁柱铰接接头；（b）明牛腿梁柱刚性接头；（c）暗牛腿梁柱接头

二、柱子轴线偏差

1、现象

柱子实际轴线偏离标准轴线。

2、原因分析

（1）杯口十字线放偏。

（2）构件制作时断面尺寸、形状不准确。

（3）对于多层框架DZ1型（见图4-50）和DZ2型（见图4-51）柱，由于安装时采用了小柱墩的十字线，而不采用柱子大面十字线，从而造成柱子扭曲和位移。

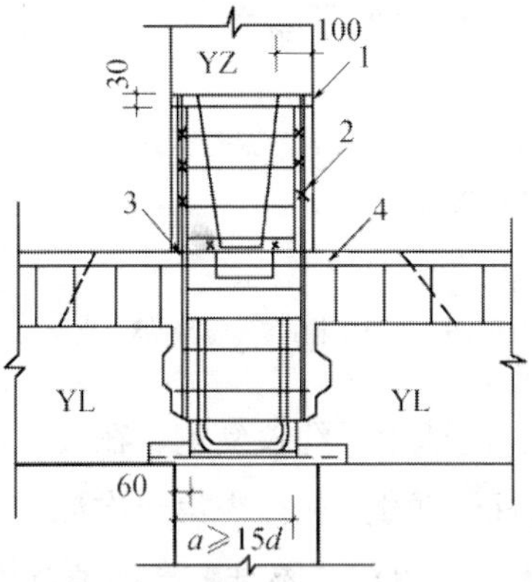

图4-50　DZ1型梁柱节点

1—捻浆；2—单面焊6d；3—定位箍筋；4—第一次浇筑面

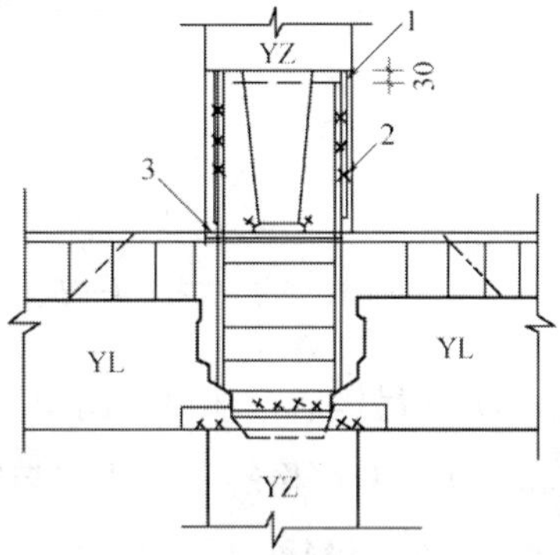

图4-51　DZ2型梁柱节点

1—捻豆石混凝土；2—单面焊（6d～8d）；3—封闭定位箍

（4）对于插杯口的柱子，没有预检杯口尺寸。由于杯口偏斜，柱子在杯口内不能移动无法调整，或因四周钢楔未打紧，在外力作用下松动。

（5）多层框架柱连接依靠钢筋焊接，由于钢筋较粗，不能移动，也会造成位移加大。

（6）框架柱轴线虽已找正，但由于柱墩预埋件埋设不牢，扳动钢筋时预埋件活动，使柱子产生位移。

3、防治措施

（1）柱中心线要准确，并使相对两面中心线在同一个平面上。

（2）吊装前，对杯口十字线及杯口尺寸要进行预检。

（3）框架柱有小柱墩时，初校垂直偏差应控制在2mm左右，而后再看位移线。对浆锚式节点可采取使柱主筋与梁架立筋电焊点固临时固定。当在柱头上面接柱（小柱墩无预埋铁）时，可采用柱子校正器固定（见图4-52）。任何柱三面对线时，必须以大柱面中心线为准。

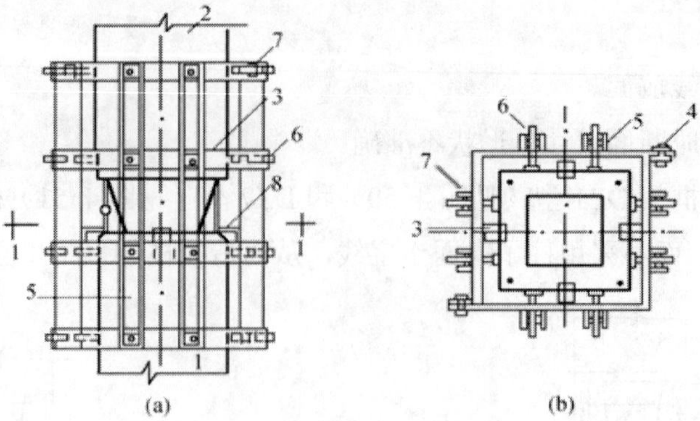

图4-52 柱子校正器

(a)柱子校正器；(b)1-1剖面图

1—下节柱；2—上节柱；3—环箍；4—固定螺栓；5—竖杆；6—调整螺栓；7—螺母；8—支承角钢

(4)松吊钩后，杯口内钢楔应再打紧一遍，并随即用经纬仪复测。在校正时，钢楔的调整和增减应有严格的工艺要求与安全措施，以防柱子倾倒。杯口内第一次浇筑的混凝土，在强度未达到10MPa（有特殊要求者以设计说明为准）以前，不准随意拆掉钢楔，否则柱子垂直偏差会发生变化。

(5)位移线应采取初校和复校方法。

(6)DZ1型、DZ2型节点柱子安装时，在撬动钢筋前必须将小柱墩下部电焊点固。

三、预留孔道偏移、变形

1、现象

(1)预留孔道局部弯曲，会引起穿筋困难，摩阻力增大。

(2)预留孔道偏移，施加预应力时构件发生侧弯或开裂，甚至导致整个屋架或托架等后张预应力构件破坏。

2、原因分析

(1)固定芯管或波纹管用钢筋井字架的间距大、井格也比芯管大，浇筑混凝土时会引起孔道局部弯曲。

(2)芯管或波纹管的位置固定不牢。尤其是波纹管的重量轻，如未用铁丝绑牢在井字架上或漏绑井字架的上横筋，则在浇筑混凝土时波纹管容易上浮。

3、防治措施

(1)预留孔道的位置应正确，孔道应平顺，端部的预埋钢垫板应垂直于孔道的中心线。

(2)芯管或波纹管的位置应采用钢筋井字架固定。钢筋井字架的尺寸应正确，其间距：钢管不宜大于1.5m；金属波纹管不宜大于1.0m；胶管不宜大于0.6m；曲线孔道宜适当加密。

（3）芯管或波纹管要用铁丝绑扎在钢筋井字架上或利用钢筋井字架的上横筋压住，钢筋井字架应绑扎或点焊在钢筋骨架上。

（4）预应力筋孔道之间的净距不应小于50mm，孔道至构件边缘的净距不应小于40mm；凡需起拱的构件，预留孔道应随构件同时起拱。

（5）浇筑混凝土前，应检查预埋件、芯管或波纹管的位置是否正确，固定是否牢靠。

（6）浇筑混凝土时，切勿用振动棒振动芯管或波纹管，以防芯管或波纹管偏移。

4、*治理方法*

（1）某工程12m预应力混凝土托架下弦杆的预应力筋采用2束205钢丝束，预留孔道采用金属波纹管成型。预应力筋张拉锚固后，二榀托架下弦杆发生断裂，当即停止张拉。从断口看出，波纹管上浮引起张拉力偏心是事故发生的主要原因（见图4-53）。托架共计43榀，每榀钻孔经检查，多数波纹管都不同程度上浮。对尚未张拉的托架治理方法：①凡波纹管上浮到中心线以上的托架，判废。②凡波纹管上浮较大的托架，降低总张拉力，上下束采取不同张拉力，使合力作用点靠近中心线，并降级使用。③凡波纹管上浮较小的托架，则拉足张拉力；或仅在波纹管一端上浮，则该端作为固定端，另端拉足张拉力，跨中建立的应力不低于原设计图纸，经荷载试压后，按原级别使用。

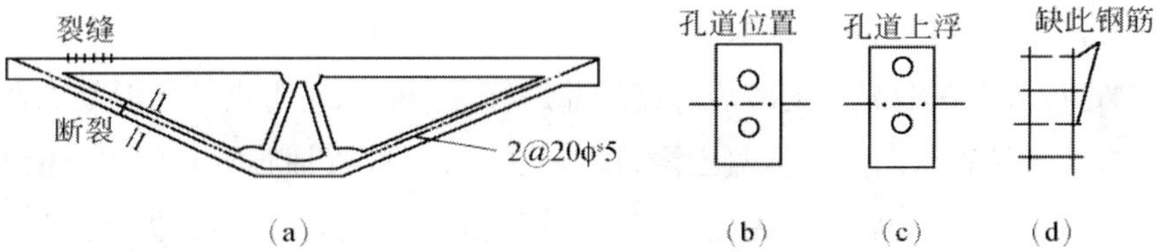

图4-53　预应力混凝土托架断裂

（a）断裂示意图；（b）正确位置（1-1剖面）；（c）波纹管上浮（1-1剖面）；（d）钢筋井字架

（2）某工程24m预应力混凝土屋架下弦杆的预应力筋采用冷拉粗钢筋，预留孔道采用胶管抽芯成型。浇筑混凝土后，预留孔道局部弯曲，粗钢筋无法穿入。治理方法：

1）首选人工修凿，扩大弯孔。由于下弦杆截面尺寸较小，加之修凿扩孔操作不当，孔壁被凿穿，并出现宽0. 15mm裂缝。经张拉阶段验算，下弦杆的预压应力仍满足设计要求，张拉后混凝土没有出现压酥、脱皮、开裂等现象。孔洞修补后，经压力灌浆未出现渗漏现象。

2）改用简易钻孔机扩孔，未发生孔壁凿穿、裂缝等，张拉时无异常情况。

四、预留孔道塌陷、堵塞

1、现象

预留孔道塌陷或堵塞，预应力筋不能顺利穿过，影响预应力筋张拉与孔道灌浆。

2、原因分析

（1）抽管过早，混凝土尚未凝固，造成坍孔事故。

（2）抽管太晚，混凝土与芯管粘结牢固，抽管困难，尤其使用钢管时往往抽不出来。

（3）孔壁受外力或振动影响，如抽管时因方向不正而产生的挤压力和附加振动等。

（4）芯管接头处套管连接不紧密，漏浆。

（5）预埋金属波纹管的材质低劣，抵抗变形能力差，接缝咬口不牢靠。

3、防治措施

（1）单根钢管长度不得大于 15m，胶管长度不得大于 30m；较长构件可用两根管对接，从两端抽出。对接处宜用 0. 5mm 厚白铁皮做成的套管连接。套管长度 40cm，套管内壁应与钢管外表面紧密贴合（对胶管接头，套管内径应比胶管外径大 2～3mm，使胶管压气或压水后贴紧套管）。

（2）浇筑混凝土后，钢管应每隔 10～15min 转动一次，转动工作应始终顺着一个方向。用两根钢管对接时，两者的旋转方向应相反。转管时为防止钢管沿端头外滑，事先最好在钢管上作记号，以观察有无外滑现象。

（3）钢管抽芯宜在混凝土初凝后、终凝前进行。一般以用手指按压混凝土表面不显凹痕时为宜，常温下抽管时间约在混凝土浇筑之后 3～5h，胶管抽芯时间可适当推迟。

（4）抽管顺序宜先上后下，先曲后直。抽管速度要均匀，钢管要边抽边转，其方向要与孔道走向保持一致。胶管要先放水降压，待其截面缩小与混凝土自行脱离即可抽出。

（5）夏季高温下浇筑混凝土时，应考虑合理的安排，避免先抽管的孔道因邻近的混凝土振捣而塌陷。

4、治理方法

（1）芯管抽出后，应及时检查孔道成型质量，局部塌陷处可用特制长杆及时加以疏通。

（2）对预埋波纹管成孔，应在混凝土凝固前用通孔器及时将漏进的水泥浆液散开。

（3）如预留孔道堵塞，应查明堵塞部位，可用冲击钻与人工凿开疏通，重新补孔。

五、构件支座处裂缝

1、现象

预应力混凝土构件（吊车梁、屋面板）在使用阶段，在支座附近出现由下而上的竖向裂缝或斜向裂缝（见图 4-54）。

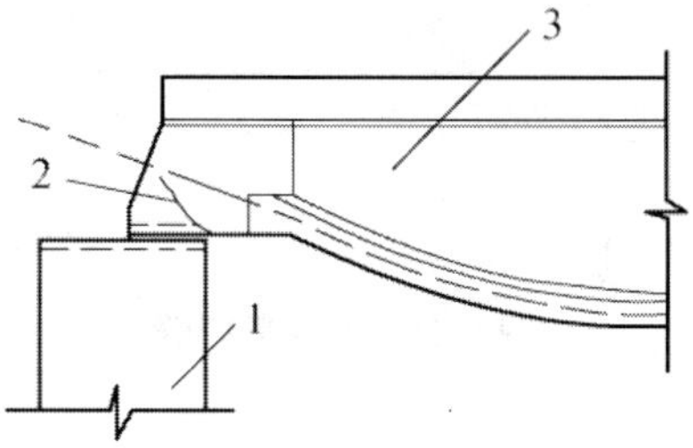

图 4-54 竖向裂缝

1—下部支承结构；2—裂缝；3—预应力构件

2、原因分析

先张法构件或后张法构件（预应力筋在端部全部弯起）支座处的混凝土预压应力一般很小，甚至没有预压应力。当构件与下部支承结构焊接后，变形受到一定约束，加之受混凝土收缩、徐变或温度变化等影响，使支座连接处产生拉力，导致裂缝出现。

3、防治措施

（1）在构件端部设置足够的非预应力纵向构造钢筋或采取附加锚固措施。

（2）屋面板等构件，可在预埋件钢板上加焊插筋，伸入受拉区（见图 4-55）。

（3）适当加大吊车梁端头断面高度，压低预应力筋的锚固位置，减小非预压区。

（4）支承节点采用微动连接。如螺栓连接，在预留孔内设橡胶垫圈等。

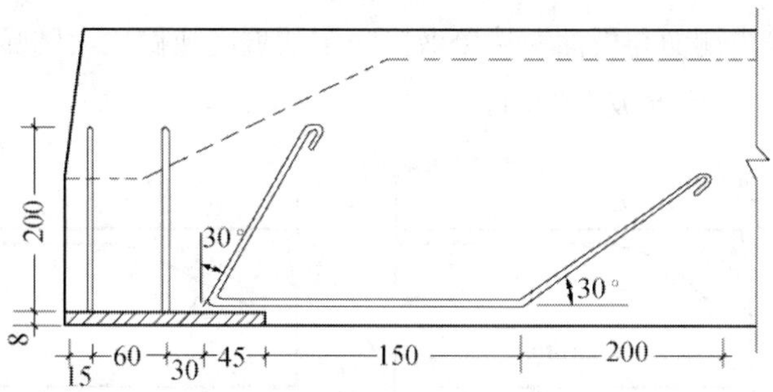

图 4-55 纵肋端部锚筋简图

六、大型屋面板端横肋处裂缝

1、现象

放松预应力筋时，大型屋面板等构件的端横肋处出现斜向裂缝（见图 4-56）。

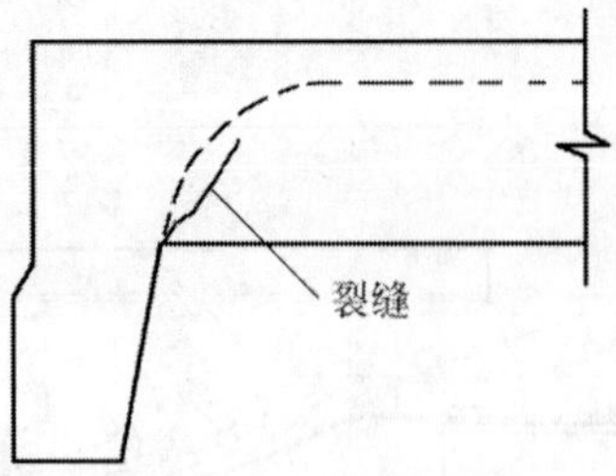

图 4-56 端横肋裂缝

2、原因分析

放松预应力筋时，纵肋产生压缩变形；而端横肋受端部横板的阻碍，不能和纵肋同时变形，在其交接处产生剪切应力，导致裂缝出现。

3、防治措施

（1）将端部横板做成活动端模（见图 4-57）。放松预应力筋时，先将活动端模拆除，以使构件可以自由回缩。

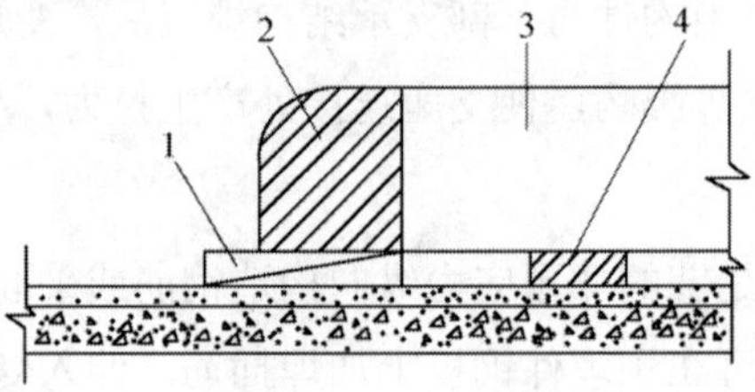

图 4-57 活动端模

1—楔块；2—活动端模；3—胎模；4—支座

（2）将端横肋内侧面与板面交接处做出一定的坡度或做成大圆弧（见图 4-58），以便放松钢筋时，端横肋能沿着坡面滑动。

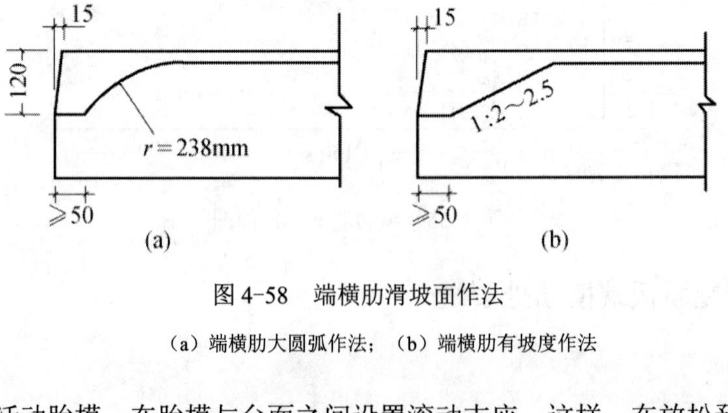

图 4-58 端横肋滑坡面作法

（a）端横肋大圆弧作法；（b）端横肋有坡度作法

（3）采用活动胎模，在胎模与台面之间设置滚动支座。这样，在放松预应力筋时，构件与胎模可随着钢筋的回缩一起自由移动。

（4）在纵肋和端横肋交接处，配置构造钢筋，以提高该处截面的抗裂性能。

七、屋架下弦杆侧向弯曲

1、现象

预应力屋架扶直后检查时发现屋架下弦杆产生较大的侧向弯曲（平面外弯曲），其数值已超过允许值（1/1000）。

2、原因分析

（1）下弦杆预留孔道位置偏移、张拉力偏心，往往是引起屋架侧向弯曲的主要原因。

（2）屋架预制场地未压实，混凝土浇筑后遇到大暴雨，使用的砖胎模产生较大的不均匀沉降；此时屋架混凝土强度较低，侧向刚度又差，引起屋架侧弯和裂缝。

（3）制作屋架的底模高低不平。

3、防治措施

（1）某工程 24m 预应力屋架，采用 2 束预应力筋。扶直后检查时发现有 4 榀屋架下弦杆产生较大的侧向弯曲，最严重的一榀弯曲值为 105mm。通过调查认为，预留孔道错位（20mm）是主要原因，治理方法如下：

1）调整下弦杆两束预应力筋张拉力。将离中心线远的预应力筋张拉力降低 5%，靠近中心线的一束预应力筋张拉力提高 5%，以减小偏心距。

2）施加外力校正。在孔道灌浆前，用手动千斤顶在下弦杆弯曲的反方向施加水平力，将屋架校正。考虑到外力撤除后，屋架的回弹，校正时向反方向超弯 20～30mm，然后进行孔道灌浆，待其强度达到 $10N/mm^2$ 时，撤除外加力的机具。

3）增设支撑。为了留有足够的安全储备，在屋架安装后，又增设了水平拉杆和垂直支撑。

（2）某工程 27m 预应力屋架，采用 2 束 245 钢丝束。平卧重叠制作，砖地胎模，4 榀叠浇。遇到大暴雨，有一叠屋架的地胎模产生明显的不均匀沉降，下弦杆最大下弯 58mm，上弦杆最大下弯 36mm。经检查屋架上、下弦杆裂缝呈形，上表面贯通，两侧面从上往下的裂缝长约为截面高的 1/3。裂缝宽度：上弦杆 0. 1～0. 3mm，下弦杆 0. 1～0. 7mm。治理方法如下。

1）防止继续下沉：在下沉节点处的地胎模上垫钢板，并在钢板与地胎模间打入硬木楔；同时作好现场排水。

2）调平屋架：采用 5t 倒链 6 台，搭设 6 个钢管门形架，利用已垫入的钢板作为提升板，采取先拉通线后同步提升的控制方法。调平后的屋架没有发现新的裂缝，原有裂缝也未扩展。

3）降低张拉力10%：钢丝束张拉后，检查可见的下弦杆裂缝全部闭合，上弦杆裂缝未继续发展。

4）使用限制规定：将这4榀处理过的屋架使用在山墙和伸缩缝处，以降低使用荷载。

八、预应力圆孔楼板板面裂缝

1、现象

在圆孔板成型后，从混凝土初凝起，直至构件钢丝放张的整个生产过程中，都会出现各种不同形式的横向裂缝。有的不规则地分布在板表面的各个部位，长约100～200mm；有的沿整个板的宽度裂通，严重时扩展至两个侧面直至板底。

2、原因分析

（1）构件成型后，由于板的表面积大，水分蒸发过快，尤其是在炎热的夏天或风天，混凝土因脱水产生收缩裂缝。这种裂缝一般是不规则的，两端窄，中间宽。混凝土硬化后继续收缩，由于这种收缩是不均匀的，板表面收缩比内部大，其收缩差造成板表面产生裂缝，这类裂缝的方向往往与短边平行。水泥质量差、骨料含泥量高等因素都可能导致混凝土收缩加大，而使板面开裂。

（2）石子粒径过大，芯管表面粗糙，抽芯时表面的石子随芯管移动，将构件表面拉裂。这种裂缝一般较宽（约3～5mm），但长度较短，一般不超过100mm。

（3）钢丝的张拉应力超高。放张时，使构件的上部产生拉应力。由于空心板上部未设置抗拉钢丝，混凝土强度不足以抵抗所产生的拉应力，以致在构件的中部上表面产生通长的横向裂缝。

3、防治措施

（1）严格控制石子粒径，应将粒径大于15mm的石子筛除掉。对因抽芯拉裂的板表面，可及时用水泥砂浆修理。

（2）构件成型后，当最高气温低于25℃时应在12h以内；当最高气温高于25℃时应在6h以内，用湿草帘或麻袋覆盖并浇水。浇水次数以能保持混凝土具有足够的润湿状态为度。如气温低于+5℃时，不得浇水。

（3）抽芯的速度不宜过快，一般不超过4m/min。

（4）严格控制预应力钢丝的应力值，不得超过设计应力值的5%。钢丝放张时，要先剪断1根，观察钢丝有无滑动，如滑动在3mm以内，即可继续进行剪断。剪断要从板的中间或两侧开始，逐根对称地进行。

（5）构件达到放张强度（一般是设计强度标准值的75%），并撤除养护材料后，应及时切断钢丝，可以避免因长期不放张，构件混凝土的收缩受到钢丝应力的限制而引起的后期裂缝。

（6）加强原材料（特别是水泥）的检验，安定性不合格的水泥不能用，不同品种的水泥也不得混合使用。

4、治理方法

（1）在板中部的表面细小横向裂缝，对构件的承载能力不会产生大的影响，可不修理。

（2）在距离板端约 300mm 的区段范围内的表面横向裂缝，如果不裂通至板的侧面，可用环氧胶泥修理。

（3）有延伸至侧面的通长裂缝的板，则应认为是废品，但可以根据裂缝位置将板沿裂缝部位予以切除，切除后的部分可作短板或其他用途。

九、预应力圆孔楼板台座面开裂

1、现象

长线混凝土台座面上通常设有伸缩缝，或由于温差使台座面出现一些不规则的收缩裂缝。如果空心板浇筑在伸缩缝或裂缝的上面，将会由于温度变化使横跨台面伸缩缝或裂缝处的空心板断裂。

2、原因分析

主要原因是由于混凝土台座面因气温变化引起的热胀冷缩所致。新浇筑的空心板，其底部混凝土与台座面之间有一定的粘结力存在。当台座面伸缩时，空心板底部的混凝土亦随之伸缩；但由于新成型的混凝土，其抗拉强度很低，抵抗不了台座对其施加的拉力，以致出现裂缝；严重时，使整块空心板断裂，造成废品。

3、防治措施

（1）在设计台座时，可以根据所生产构件的长度的倍数设置伸缩缝。例如生产 3m 和 4m 构件时，可将伸缩缝的距离定为 12. 5m 左右。

（2）尽量避免跨越台座伸缩缝或裂缝生产构件。必须横跨台座的伸缩缝或裂缝生产构件时，可以在伸缩缝或裂缝的上部铺上油毡、塑料布或薄铁皮等，以减小构件底部与台座表面间的粘结力。

（3）改进混凝土台座设计。建造有预应力混凝土面层的台座（见图 4-59）。在混凝土台座表面再加上一层厚约 6～10cm 的面层，面层配有施加预应力的 ϕ4～ϕ5 钢丝。这种台座表面不易产生裂缝。

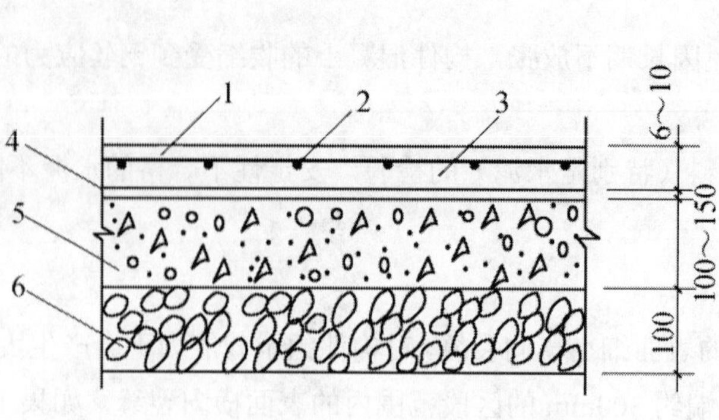

图 4-59 有预应力面层的长线台座

1—ф4 预应力钢丝；2—ф4 分布钢丝；3—预应力面层；4—厚 1～3mm 砂层上铺油毡或塑料布；

5—素混凝土底层；6—碎石垫层

十、预应力圆孔楼板板底缺陷

1、现象

（1）板底局部混凝土表面无水泥浆，露出石子深度大于 5mm，但小于保护层厚度，形成蜂窝状的混凝土质量缺陷。

（2）钢丝没有被混凝土包裹而外露，通常长约 20～30cm 左右，严重时整根钢丝外露。

（3）板底混凝土不密实层的厚度超过保护层厚度时，形成孔洞。

2、原因分析

（1）混凝土的和易性不良，浇筑混凝土时又振捣不够，底部的混凝土未完全振捣密实，形成蜂窝、孔洞。

（2）在夏季高温条件下，混凝土拌合物过干，与台座接触后混凝土的水分蒸发过快，引起底部出现蜂窝、麻面。

（3）台座上的隔离剂没有涂刷均匀，构件起吊时，部分板底粘结在台座面上，出现麻面。

（4）石子粒径偏粗，石子夹在芯管与台座之间，抽芯时使底面拉出空洞。

（5）浇筑混凝土前未将钢丝垫离台座，或垫离措施不可靠。

3、防治措施

（1）在常温条件下，应采用半干硬性混凝土，干硬度以 30s 为宜。

（2）在台座面上涂隔离剂，一定要做到薄而均匀。隔离剂未干时，严禁铺放钢丝。遇雨天时，雨后要扫除场地的积水，被雨水冲刷掉隔离剂的部位要补涂。

（3）为了保证底部混凝土的密实性，最好采用先铺底部混凝土，振实底部混凝土后再穿芯管的方法，振捣时要特别注意振实构件两端钢丝锚固长度段内的混凝土。

（4）在浇筑混凝土前，要认真将钢丝垫离台座。可以在板的两端模板外面用Φ15钢筋支垫，在模板内用15mm厚水泥砂浆垫块交错支垫。

十一、预应力大型屋面板预埋件位移

1、现象

屋面板纵肋的预埋件位通常有：预埋件中线与设计位置不符，即向左或右偏移；预埋件向上移，不紧贴纵肋底面；预埋件歪斜。

2、原因分析

（1）没有采取有效的固定预埋件的措施，在振动混凝土过程中，预埋件被振动移位。

（2）采取下振动的生产工艺，由于预埋件没有紧固在底模上，振动混凝土时，预埋件随同模板跳动，混凝土砂浆流进预埋件的底部，使预埋件上移。

（3）预埋件的插筋和屋面板纵肋的钢筋骨架以及端部钢筋网互相交错。在预埋件与钢筋骨架入模时，稍有不慎，就会造成预埋件歪斜。

3、防治措施

（1）在屋面板钢模板纵肋放预埋件的位置处，加焊Φ8～Φ10钢筋（见图4-60）以阻挡预埋件沿纵肋纵向位移。

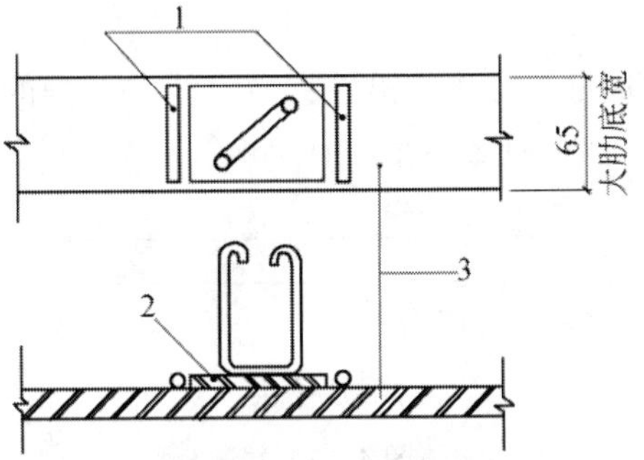

图4-60　在钢模纵肋内加焊短筋

1—钢筋；2—预埋件；3—纵肋底模

（2）在预埋件上加焊Φ10～Φ12短钢筋，或将预埋件锚筋做法改成如图4-61所示。预应力主筋正好在其上通过，主筋张拉完毕，即紧紧地压在预埋件上面，既可防止预埋件向上移动，又可保证预应力主筋保护层的厚度。

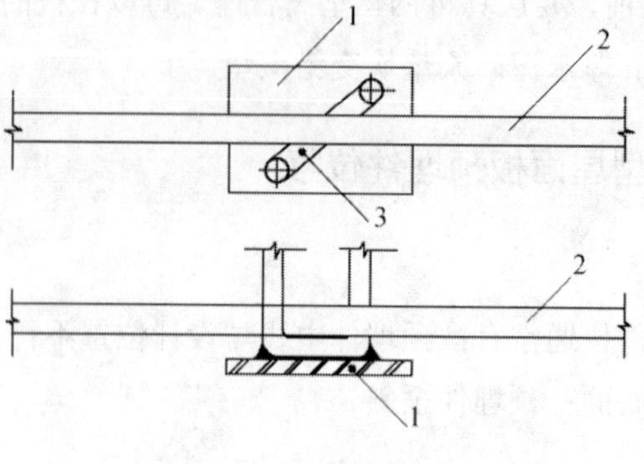

图 4-61 利用主筋压紧预埋件

1—预埋件；2—主筋；3—短钢筋

（3）制作预埋件时，要保证预埋件本身的平整，安放在肋内的预埋件的下料宽度应比设计尺寸小 3～5mm，便于紧贴肋的底部和不产生歪斜现象。

（4）预埋件与钢筋骨架入模后，要认真检查预埋件是否有歪斜现象。如有歪斜，要修理好以后才能浇筑混凝土。

十二、预应力大型屋面板端头裂缝

1、现象

（1）屋面板端部变断面处，出现沿端头横肋呈 45° 角的斜向裂缝（见图 4-62）。这种裂缝一般在每端肋一处，严重时 4 个角同时出现。

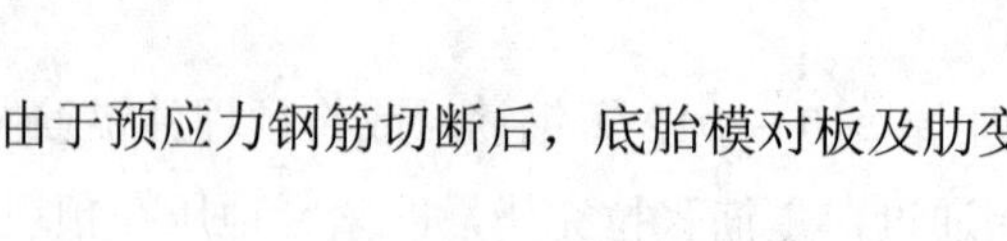

图 4-62 端部角裂

（2）纵肋两个端部出现斜裂缝。

2、原因分析

（1）横肋端头裂缝是由于预应力钢筋切断后，底胎模对板及肋变形的阻力作用和纵肋变形受横肋的约束而造成。

（2）在脱模起吊时，由于模板对构件的吸附力不均匀，构件不是水平地同时脱离模板，而是略带倾斜。这样，后脱离模板的一角混凝土容易被拉裂。

（3）在脱模起吊时，吊钩未对准构件中心或起吊过猛，使构件端部变断面处混凝土拉裂。

（4）冬期构件出池前降温不够，构件本身的温度与大气温度之间相差过大，容易产生端部角裂。

（5）钢筋放张后回缩，对混凝土产生压应力。此时如果钢筋的应力过高或混凝土强度不足，将会沿着钢筋的方向产生水平裂缝。又由于胎膜阻止了混凝土的收缩变形，纵肋的上部和下部之间产生剪应力，形成至拉应力，使纵肋端部产生斜向裂缝。

3、防治措施

（1）在端部变断面处易出现裂缝的部位，加长度300mm以上的Φ6斜向构造钢筋，提高该区域的抗裂性能（见图4-63）。

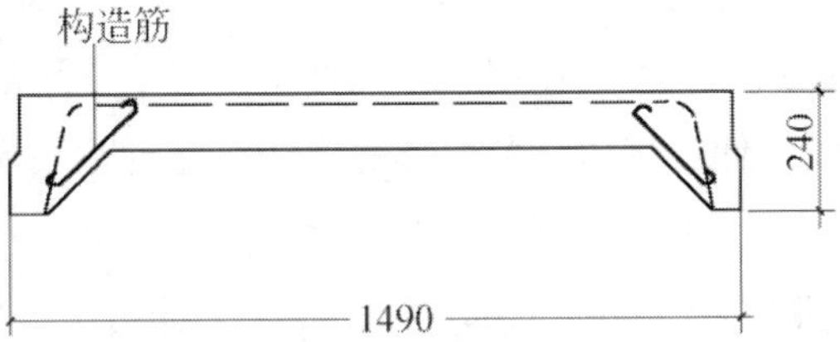

图4-63　端部加斜向构造钢筋

（2）构件脱模时，吊钩一定要对准构件的中心，钢丝绳长度要一致，使受力均匀。吊车起吊时要缓慢平稳。

（3）适当延长降温时间。密封较好的养护池有时不易降温，可以在全部打开池盖前，先将池盖错开，让温度缓慢下降，使出池前的构件温度接近大气温度。

（4）加工模板胎模时，各处的圆角最好用冲制的方法成型，特别是四角的球面过渡部分，更应用统一的冲模制作，以减少胎膜与混凝土的吸附力。

（5）注意认真涂刷模板隔离剂。涂刷要均匀，不得有漏刷部分。

为了防止纵肋端头的裂缝可以采取以下几项措施：

1）纵肋端头增配网片筋或螺旋筋，以增强端部混凝土的抗压能力和承受主拉应力的能力。

2）板端预埋件的锚筋适当加长，并伸入端肋，以提高抗剪强度。

3）提高肋端部混凝土的密实度。

十三、装配式梁、柱侧面裂缝

1、现象

梁或柱的表面、侧面出现横向裂缝。裂缝间距有的与箍筋间距相近；有的裂缝出现在构件临时支点附近。

2、原因分析

（1）混凝土多余水分蒸发造成干缩。由于干缩沿截面深度是不均匀的，表面干缩快，内部干缩慢。这种收缩差在混凝土构件自身的约束下，使表面产生拉应力，当拉应力超过混凝土抗拉强度时，构件表面产生裂缝。早期的干缩裂缝一般宽度不大，大多数缝宽不超过 0. 2mm。构件浇筑成型后养护不当，将促使这类裂缝的形成和发展。

（2）因梁、柱箍筋尺寸过大或安装位置不正，混凝土保护层过薄，将出现沿箍筋位置的横向裂缝。

（3）混凝土浇筑振实和抹平后，还会出现少量的沉缩。因受到钢筋的阻挡，而在钢筋底部出现孔隙，钢筋上表面形成沿钢筋方向的裂缝。这种裂缝仅出现在构件上表面，深度仅到钢筋表面为止。

（4）模板刚度不足或模板支承下沉。新浇筑混凝土的早期强度很低，此时如出现构件预制场地不均匀沉降或在其他外力的作用下，构件将出现因非正常受力而造成表面横向裂缝，严重时裂缝向两侧面延伸。采用三节脱模等方法快速拆除底模时，也可能因支点不均匀沉降而造成横向裂缝。

（5）梁预应力筋放张时，在梁的上部，特别是上表面可能产生较大的拉应力。一般预制梁上部为受压区，配筋较少，放张引起的拉应力导致梁上表面出现横向裂缝，严重时裂缝向梁的两个侧面延伸。

3、防治措施

（1）常温条件下预制钢筋混凝土构件，应根据施工规范的规定进行浇水养护。养护方法应采用表面覆盖草帘、麻袋后浇水，以保证养护期内混凝土表面始终保持湿润。

（2）严格控制混凝土坍落度，一般控制在 20～40mm。出现沉缩裂缝时，及时进行二次抹压，必要时进行第三次抹压，以消除沉缩裂缝。但是抹压必须在混凝土终凝前完成。

（3）大型梁柱的预制场地必须碾压密实，防止因施工用水引起地基出现较明显的不均匀沉降。

（4）梁柱模板应有足够的强度和刚度。三节脱模等快速脱模技术使用前应作必要的鉴定。

（5）为防止放张裂缝，可在构件上部适当增加配筋，以承受预应力筋放张时产生的拉应力。预应力筋的放张要缓慢进行，特别是用气焊直接切割钢筋时，极易产生突然冲击，不仅造成构件上部出现横向裂缝，还可能在梁的端部产生横向裂缝。为防止放张裂缝宜采用的放张方法是先将钢筋加热、烧红，使钢筋出现延伸，然后切割。

4、治理方法

横向裂缝中，大多数属于干缩裂缝或沉缩裂缝，不影响结构的承载能力。沿箍筋开裂的裂缝宽度较大时，将影响外观，并导致钢筋锈蚀。混凝土硬化前出现的收缩裂缝、沉缩裂缝，可用铁铲或铁抹子拍实压平，消除这类裂缝。混凝土硬化后，表面出现宽度小于 0. 3mm，深度不大，条数较多的裂缝，可用涂刷环氧浆液法处理，每隔 3～5min 涂刷一次，涂层厚度达 1mm 左右为止。这种治理方法的环氧浆液深入深度可达 16～84mm。虽然裂缝并未完全充填环氧胶粘剂，但这种治理方法可有效地防止空气和水从裂口渗入混凝土内。

十四、装配式小构件局部边角缺陷

1、现象

各类小构件局部边角有劈裂、脱落或其他硬伤等缺陷，影响使用功能。

2、原因分析

（1）在构件成型过程中，快速脱模时模板凹角的隔离措施失效而与构件边角粘结；翻转脱模或起模时碰撞构件边角；养护时踩踏损伤边角，又未及时修补。

（2）在对构件拆模、脱模、构件翻身及搬运、码放时，由于操作方法不当，造成构件硬伤掉角。

3、防治措施

（1）构件搬运时的混凝土强度，不得低于设计规定。当设计无具体规定时，不应小于设计的混凝土强度标准值的 75%。

（2）在拆模搬运码放构件时，各道工序均不得用撬棍或其他器械猛撬、击砸构件边角。

（3）要采取有效的隔离措施，如涂刷隔离剂、放置隔离塑料布或普通布，防止模板粘结构件边角。

（4）刚生产出的构件，因无模板防护，应加强管理，不踩踏、不碰撞，一旦发生质量缺陷，要及时整修完好。

（5）起吊构件时要严格按照设计要求的吊点，码放构件一定要遵照设计规定，如过梁不得倒置或侧置；盖板可平置堆放，也可斜立堆放（见图 4-64），应避免直立堆放；其他小型构件的堆放同样应注意与安装状态相一致。垫木要选用厚度一致和材质相同的材料，同一垛同一位置的各层垫木应上下垂直对正。

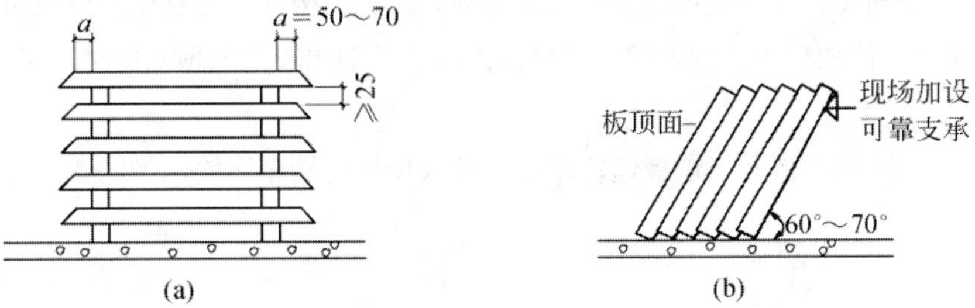

图 4-64　盖板的堆放方法

（a）平置堆放；（b）斜立堆放

十五、构件运输后产生裂纹

1、现象

构件在运输中产生裂纹或断裂。

2、原因分析

构件运输时支承强度不足，或支承垫木位置不当，上下层垫木不在一条直线上或悬挑过长；运输时构件受到剧烈的颠簸、冲击或急转弯产生扭转；或支撑不牢倾倒，都可能使构件断裂。

3、防治措施

（1）构件运输时混凝土强度一般不应小于设计的混凝土强度标准值的75%，特殊构件应达到100%。

（2）非预应力等截面梁的垫点位置应选在距梁端0.207l（l为梁长）处，使正负弯矩相等；如果构件本身刚度很好，垫点位置也可以小于0.207l。预应力梁必须按设计要求的垫点位置支垫。

（3）构件上下垫点必须垂直（见图4-65）。

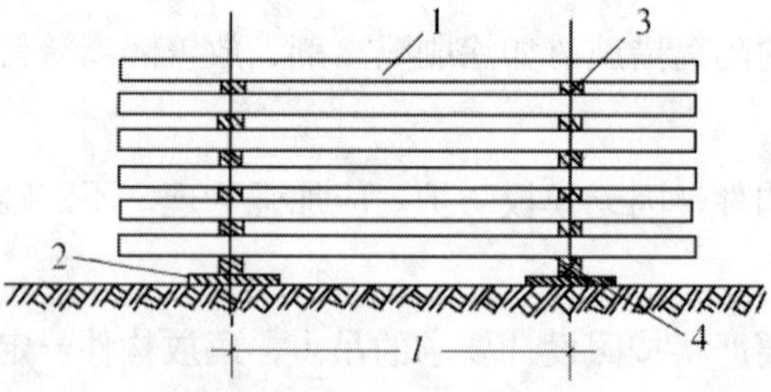

图4-65 板构件堆放要求

1—板；2—脚手板；3—方木（50×50）；4—方木（100×100）；h，l-根据构件情况而定

（4）尽量避免构件在运输过程中发生碰撞。较长的构件，为避免剧烈振动造成构件破坏，可在构件中间放一个待受力的辅助垫点。运输长细比较大的预制柱时，应在两端垫点中间另加几个辅助垫点。

（5）墙板应用立放条形墙板运输车或插放式墙板运输车运输，如图4-66、图4-67所示。

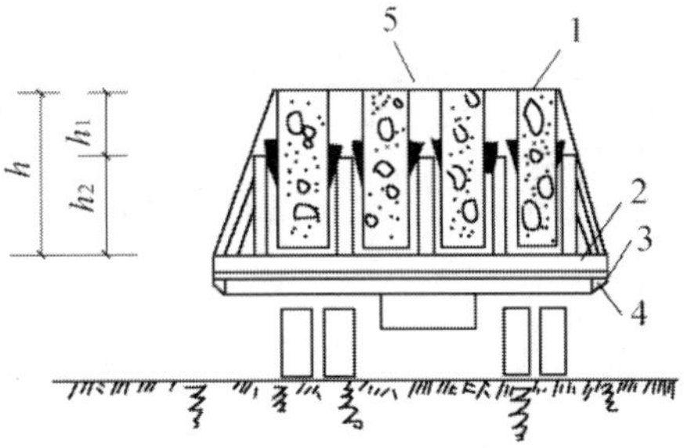

图 4-66　立放条形墙板运输车

1—墙板；2—支承架；3—汽车托板；4—紧绳器；5—钢丝绳

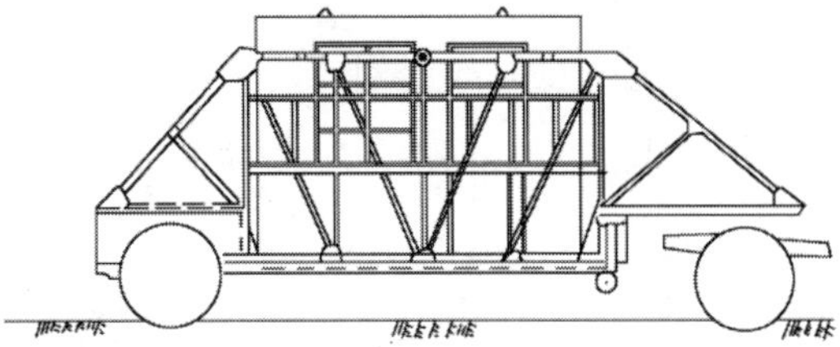

图 4-67　插放式墙板运输车

十六、构件拼装时轻微扭曲

1、现象

混凝土构件拼装节点错口，构件发生扭曲。

2、原因分析

（1）分部制作的构件本身几何尺寸不准确或组拼后构件几何尺寸不符合设计要求。

（2）中间拼接点有错位。

（3）平拼（卧拼）时，标高点抄测太少或抄测不准确。

（4）平拼构件加固不牢。

（5）构件立拼时临时支撑架刚度差，受力后产生变形。

3、防治措施

（1）严格检查构件本身的尺寸及组拼后的几何尺寸，尤应注意对角线尺寸是否准确。

（2）中间拼接点错口移位时应及时处理，以免构件产生扭曲变形。

（3）如拼接点需浇筑混凝土，应待混凝土强度达 75%以上时才允许吊装。

（4）构件平拼应设拼装台，地面应夯实。其抄标高点数一般不少于 5 个点，并应根据构件形状合理确定。

（5）平拼的构件，一面焊好后必须用加固材料进行加固；翻过另一面后，仍应按正面抄标高点位置及数量抄测标高。图 4-68 为天窗架平拼法示意图。

（6）立拼支承架应有足够的刚度。图 4-69 为组合屋架拼装方法示意图。校正方法与屋架安装时校正方法相同。

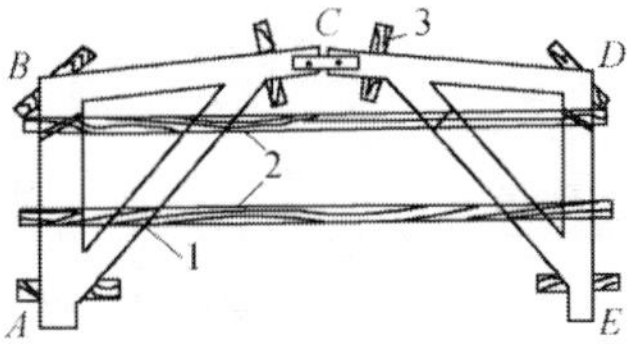

图 4-68　天窗架平拼法

1—铅丝；2—加固杆；3—垫木

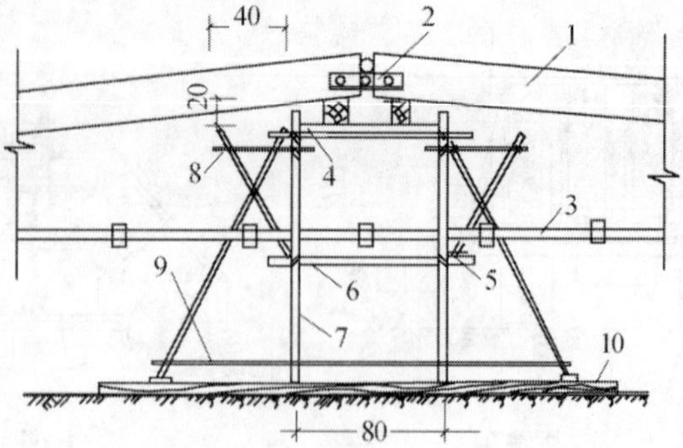

图 4-69 组合屋架拼装方法

1—屋架；2—连接角钢；3—下弦；4—脚手板；5—顺水杆；6—横杆；7—立杆；8—悬挑平台；9—扫地杆；10—脚手板

（当下弦较轻时，顺水杆正是下弦位置；当下弦较重时，此顺水杆可不用，另加斜撑给予稳定）

十七、异形柱安装后裂纹

1、现象

异形柱安装后出现变形或有裂纹产生。

2、原因分析

（1）吊钩垂线与异形刚架的平面重心不重合。

（2）吊索绑扎方法不当，造成梁先起或柱先起，都会引起异形柱或梁的变形或产生裂纹。

（3）梁柱或刚性节点处（梁柱交点处），吊装钢筋或构造钢筋不足。

3、防治措施

（1）垫点位置必须按设计要求放置，如图 4-70 所示。

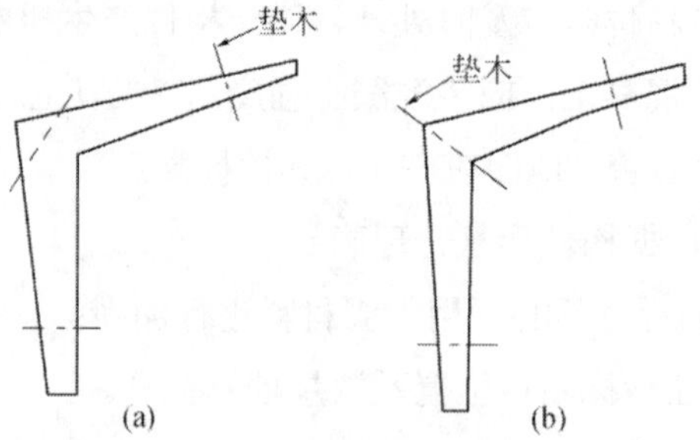

图 4-70 刚架支垫方法

（a）垫点位置正确；（b）垫点位置错误

（2）吊装时应根据构件几何尺寸，计算出构件平面重心，吊钩垂线要与重心重合。

（3）异形刚架的正确绑扎与吊装方法，应按计算和模拟试验结果确定吊点位置。例如“Γ”形刚架的一点、两点、三点绑扎方法如图 4-71 所示。

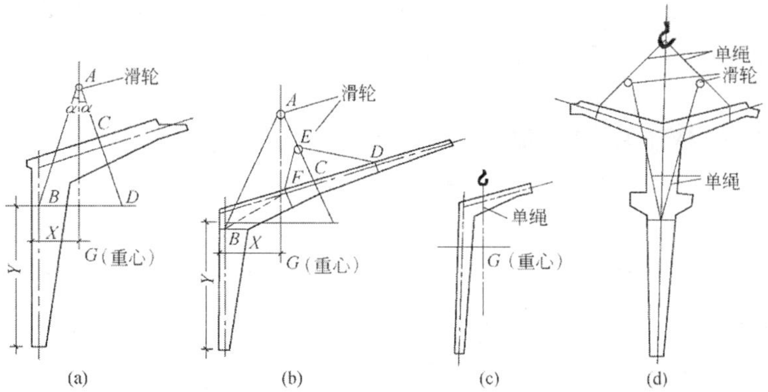

图 4-71 “Γ”形柱一、二、三点绑扎

（a）两点绑扎；（b）、（c）三点绑扎；（d）单点绑扎

在起吊开始时，必须使“Γ”形柱的底部和梁的顶部同时接触地面，以增加刚架纵向和侧向的刚度。对重叠构件尽量做到柱与梁先起，而肩膀（指梁柱交点处）后起，以减少构件间的吸附力。

（4）进行钢筋混凝土裂缝开展验算，如果钢筋不足，必须附加钢筋以满足吊装要求。

十八、预制梁定位轴线偏差

1、现象

预制梁中心线相对定位轴线位移超过允许值。

2、原因分析

（1）梁、梁主筋相碰，梁、柱主筋相碰。在齿槽式节点（见图 4-72）中，柱预埋筋与梁主筋相对位移大。

（2）由于外力对框架主次梁的影响。

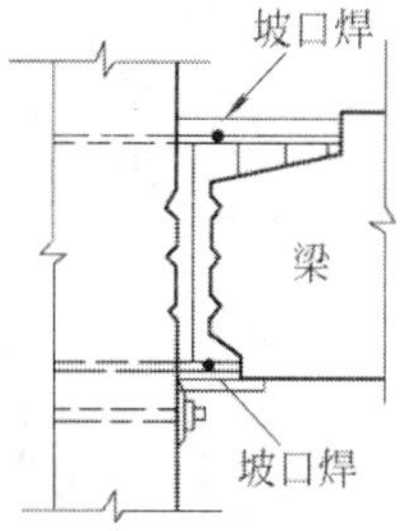

图 4-72 齿槽式节点

3、防治措施

（1）安装梁之前，柱顶上要重新放出正确的轴线，同时量测梁间距尺寸，且应从中间向两边排尺。梁上应画出梁搭接长度线。

（2）主次梁制作时，要严格控制梁主筋的斜向位置。发生位移时，需用氧乙炔火焰烘烤钢筋校正，但要防止将钢筋烤成折线。两相对主筋轴线中心位移不得大于 1∶6，超过者应经设计单位研究确定治理方法。

（3）相碰的钢筋不准擅自割掉。

（4）对于端部没有任何焊接的梁，吊装时，必须与柱临时固定，以防移动。在安装楼板和调整板缝时，不应将外力传给梁。在支接头模板等操作时，不准随意挪动次梁。

（5）由于齿槽式节点处柱梁的预留筋过短，无法烤弯校正，只能调整梁位置。在钢筋焊接时，再略作调整，根据设计意见采取其他补救措施。

十九、大楼板吊点处裂缝

1、现象

大楼板在吊点处出现裂缝。

2、原因分析

（1）大楼板尺寸较大，出场强度不够。

（2）堆放时垫点不合理。

（3）索具在吊点处受力不均。

3、防治措施

（1）构件出池、运输、吊装时，混凝土强度必须符合设计要求，如设计无规定时，不得低于设计要求强度等级的 75%。

（2）由于板面较大，堆放时 4 个垫点必须垫实，如有不实之处应用小木楔垫稳。

（3）大楼板吊装可采用 8 个点互相串联吊法，以保证各吊点受力均匀（见图 4-73）。

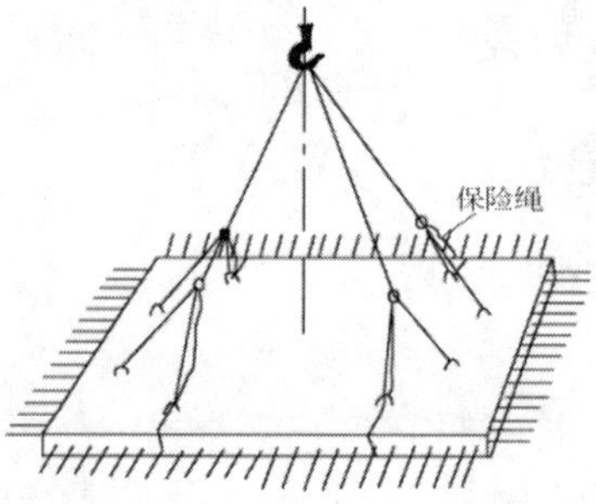

图 4-73　大板 8 点串联吊法

二十、大型屋面板安装时位移

1、现象

大型屋面板安装时板边压线或发生位移。

2、原因分析

（1）由于模板（尤其是大型模板）长期使用，构件跑模，出现超长超宽或窜角，以及板端出现上大下小或上小下大情况。

（2）放线或安装不精心。

（3）梁预埋铁件位置不正确。

3、防治措施

（1）构件应经检验合格后再出厂。重点检查有无裂缝、鼓胀、飞边、大头板等。

（2）严格按照板安装工艺进行操作，应从屋脊往两端对称扣板，使误差出现在梁的两端。如果到梁端板仍放不下，可在梁端加焊板或小钢牛腿。安装中应尽量通过调整板缝等措施做到不超线。

在安装第一间板时，横向应适当往梁侧方向移动一些（一般 1mm 左右），纵向往厂房的两端或伸缩缝处移动一点；但不能过多，尽量使累计偏差处于厂房两端。

（3）如已造成板边吃线，一端搭接长不符合质量要求时，应征得设计单位同意，将板端保护层凿掉（严禁凿板肋）再安装。

（4）梁上预埋铁件位置错误的治理方法（见图 4-74）。

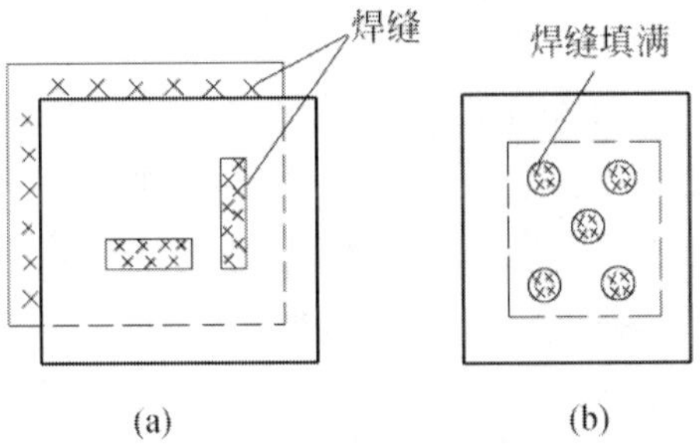

图 4-74 预埋铁件处理办法

（a）预埋铁件埋偏；（b）预埋铁件尺寸小

二十一、预制楼板地面裂缝

1、现象

有规则的顺预制楼板的拼缝方向通长裂缝。这种裂缝有时在工程竣工前就出现，一般上下裂通，严重时水能通过裂缝往下渗漏。

2、原因分析

（1）板缝嵌缝质量粗糙低劣：预制楼板地面是由预制楼板拼接而成，依靠嵌缝将单块预制楼板连接成一个整体。在荷载作用下，各板可以协同工作。粗糙低劣的嵌缝将大大降低甚至丧失板缝协同工作的效果，成为楼面的一个薄弱部位，当某一板面上受到较大的荷载时，在有一定的挠曲变形情况下，就会出现顺板缝方向的通长裂缝。

造成板缝嵌缝质量粗糙低劣的原因，一般有以下几个方面：

1）对嵌缝作用认识不足，对嵌缝施工的时间安排、用料规格、质量要求、技术措施等不作明确交底，也不重视检查验收。甚至采用如图 4-75 所示的错误做法，用石子、碎砖、水泥袋纸等杂物先嵌塞缝底，再在上面浇筑混凝土，嵌缝上实下空，大大降低了板缝的有效断面，影响了嵌缝质量。

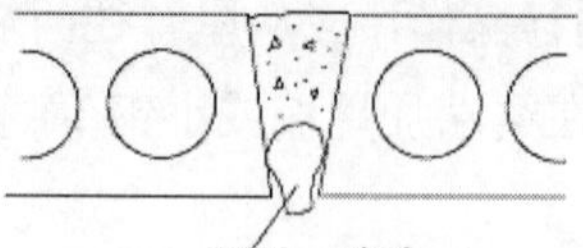

图 4-75　错误的嵌缝做法

2）嵌缝操作时间安排不恰当，未把嵌缝作为一道单独的操作工序，预制楼板安装后也未立即进行嵌缝，而是在浇筑圈梁或楼地面现浇混凝土结构时顺带进行，有的甚至到浇捣地面找平层或施工面层时才进行嵌缝。这样，上面各道工序的杂物、垃圾不断掉落缝中，灌缝时又不做认真的清理，结果嵌缝往往是外实内空。

3）嵌缝材料选用不当，不是根据板缝断面较小的特点选用水泥砂浆或细石混凝土嵌缝，而是用浇捣梁、板的普通混凝土进行嵌缝，往往大石子灌入小缝中，形成上实下空的现象。

4）预制构件侧壁几何尺寸不正确，有的预制楼板侧壁倾斜角度太小，难于进行嵌缝。

（2）嵌缝养护不认真，嵌缝前板缝不浇水湿润，嵌缝后又不及时进行养护，致使嵌缝砂浆或混凝土强度达不到质量要求。

（3）嵌缝后下道工序安排过急，特别是一些砖混宿舍工程，常常在嵌缝完成后立即上砖上料准备砌墙，楼板受荷载后产生挠曲变形，而嵌缝混凝土强度尚低，致使嵌缝混凝土与楼板之间产生缝隙，失去了嵌缝的传力效果。

（4）在预制楼板上暗敷电线管，一般沿板缝走线，如处理不当，将影响嵌缝质量。图 4-76 所示是一种错误的敷设方法，管子嵌在板缝中，使嵌缝砂浆或混凝土只能嵌固于管子上面，管子下面部分形成空隙。楼面一旦负荷，嵌缝错动而发生裂缝。

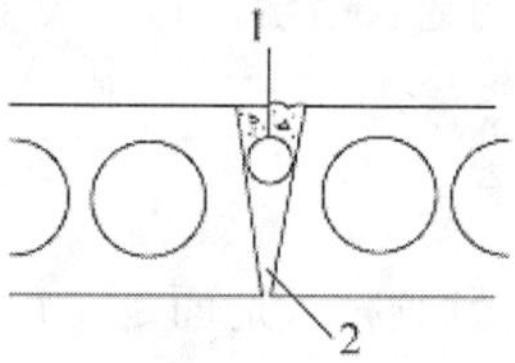

图 4-76　板缝敷管的错误做法

1—管道；2—浇灌不实的板缝

（5）预制构件刚度差，荷载作用下的弹性变形大；或是构件预应力钢筋保护层及预应力值大小不一，使同批构件的刚度有差别，刚度小的构件两侧易出现裂缝。

（6）局部地面集中堆荷过大，也容易造成顺板缝裂缝。

（7）预制楼板安装时，两块楼板紧靠在一起，形成“瞎缝”。此外，由于安装时坐浆不实或不坐浆，在上部荷载作用下，预制楼板往往发生下沉、错位，均可引起地面顺板缝方向裂缝。

3、防治措施

（1）必须重视和提高嵌缝质量，预制楼板搁置完成后，应及时进行嵌缝，并根据拼缝的宽窄情况，采用不同的用料和操作方法。一般拼缝的嵌缝操作程序为：清水冲洗板缝，略干后刷 0.4～0.5 水胶比的纯水泥浆，用水胶比约 0.5 的（1∶2）～（1∶25）水泥砂浆灌 2～3cm，捣实后再用 C20 细石混凝土浇捣至离板面 1cm，捣实压平，但不要光，然后进行养护。做面层时，缝内垃圾应认真清洗。嵌缝时留缝深 1cm，以增强找平层与预制楼板的粘结力。

宽的板缝浇筑混凝土前，应在板底支模，过窄的板缝应适当放宽，严禁出现“瞎缝”。

（2）严格控制楼面施工荷载，砖块等各种材料应分批上料，防止荷载过于集中。必要时，可在砖块下铺设模板，扩大和均布承压面。在用塔吊作垂直运输上料时，施工荷载往往超过楼板的使用荷载，因此必须在楼板下加设临时支撑，以保证楼板质量和安全生产。

（3）板缝中暗敷电线管时，应将板缝适当放大，如图 4-77 所示。板底托起模板，使电线管道包裹于嵌缝砂浆及混凝土中，以确保嵌缝质量。

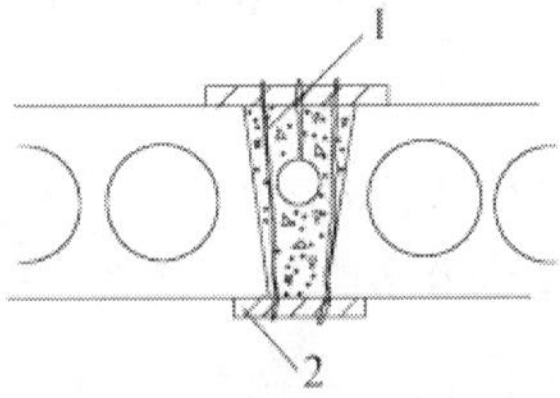

图 4-77　板缝敷管的正确方法

1—铅丝；2—模板

（4）改进预制楼板侧边的构造，如采用键槽形式，则能有效地提高嵌缝质量和传力效果。

（5）如预制楼板质量较差，刚度不够，楼板安装后，相邻板间出现高差，可在面层下做一层厚约 3cm 的细石混凝土找平层，既可使面层厚薄一致，又能增强地面的整体作用，防止裂缝出现。

对于面积较大或是楼面荷载分布不均匀的房间，在找平层中宜设置一层双向钢筋网片（Φ5～Φ6，间距 150～200mm），这对防止地面裂缝会有显著效果。

（6）预制楼板安装时应坐浆，搁平、安实，地面面层宜在主体结构工程完成后施工。特别是在软弱地基上施工的房屋，由于基础沉降量较大且沉降时间较长，如果在主体结构工程施工阶段就穿插做地面面层，则往往因基础沉降而引起楼、地面裂缝。这种裂缝，往往沿质量较差的板缝方向开裂，并形成面层不规则裂缝。

（7）使用时应严格防止局部地面集中荷载过大，这不仅使地面容易出现裂缝，还容易造成意外的安全事故。

4、治理方法

（1）如果裂缝数量较少，且裂缝较细，楼面又无水或其他液体流淌时，可不作修补。

（2）如果裂缝数量虽少，且裂缝较细，但经常有水或其他液体流淌时，则应进行修补。修补方法如下：

1）将裂缝的板缝凿开，并凿进板边 30～50mm，接合面呈斜坡形，坡度 h/b=1∶（1～2），如图 4-78 所示。预制楼板面和板侧适当凿毛，并清理干净。

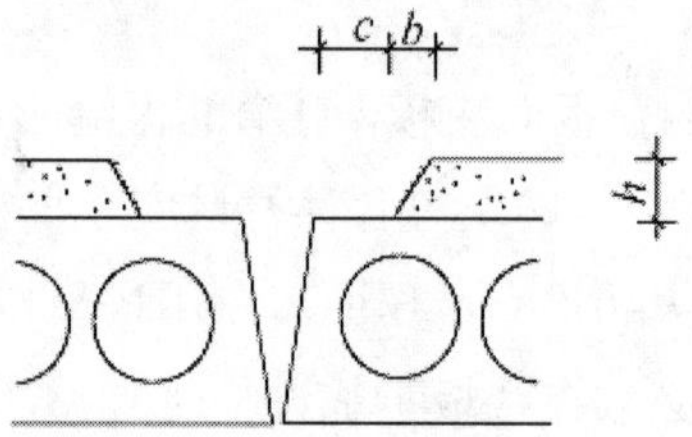

图 4-78　板缝修补示意图

2）修补前 1～2d，用清水冲洗，使其充分湿润，修补时达到面干饱和状态。

3）补缝时，先在板缝内刷水胶比为 0.4～0.5 的纯水泥浆一遍，然后随即浇筑细石混凝土，第一次浇筑板缝深度的 1/2，稍等吸水，进行第二次浇筑。如板缝较窄，应先用（1∶2）～（1∶2.5）水泥砂浆（水胶比为 0.5 左右）浇 2～3cm，捣实后再浇 C20 细石混凝土捣至离板面 1cm 处，捣实压平，可不压光，养护 2～3d。养护期间，严禁上人。

4）修补面层时，先在板面和接合处涂刷纯水泥浆，再用与面层相同材料的拌合物填补，高度略高于原来地面，待收水后压光，并压得与原地面平。压光时，注意将两边接合处赶压密实，终凝后用湿砂或湿草袋等进行覆盖养护。养护期间禁止上人活动。

（3）如房间内裂缝较多，应将面层全部凿掉，并凿进板缝深 1～2cm，在上面满浇一层厚度不小于 3cm 的钢筋混凝土整浇层，内配一层双向钢筋网片（ϕ5～ϕ6，间距 150～200mm），浇筑不低于 C20 的细石混凝土，随捣随抹（表面略加适量的 1∶1.5 水泥砂浆）。有关清洗、刷浆、养护等要求同前。

第五章　砌体工程

第一节　砌筑砂浆

一、砂浆和易性差

1、现象

（1）砂浆和易性不好，砌筑时铺浆和挤浆都较困难，影响灰缝砂浆的饱满度，同时使砂浆与砖的粘结力减弱。

（2）砂浆保水性差，容易产生分层、泌水现象。

（3）灰槽中砂浆存放时间过长，最后砂浆沉底结硬，即使加水重新拌合，砂浆强度也会严重降低。

2、原因分析

（1）强度等级低的水泥砂浆由于采用高强度等级水泥和过细的砂子，使砂子颗粒间起润滑作用的胶结材料——水泥量减少，因而砂子间的摩擦力较大，砂浆和易性较差，砌筑时，压薄灰缝很费劲。而且，由于砂粒之间缺乏足够的胶结材料起悬浮支托作用，砂浆容易产生沉淀和出现表面泛水现象。

（2）水泥混合砂浆中掺入的石灰膏等塑化材料质量差，含有较多灰渣、杂物，或因保存不好发生干燥和污染，不能起到改善砂浆和易性的作用。

（3）砂浆搅拌时间短，拌合不均匀。

（4）拌好的砂浆存放时间过久，或灰槽中的砂浆长时间不清理，使砂浆沉底结硬。

（5）拌制砂浆无计划，在规定时间内无法用完，而将剩余砂浆捣碎加水拌合后继续使用。

3、防治措施

（1）低强度等级砂浆应采用水泥混合砂浆，如确有困难，可掺微沫剂或掺水泥用量5%～10%的粉煤灰，以达到改善砂浆和易性的目的。

（2）水泥混合砂浆中的塑化材料，应符合试验室试配时的质量要求。现场的石灰膏、黏土膏等，应在池中妥善保管，防止暴晒、风干结硬，并经常浇水保持湿润。

（3）宜采用强度等级较低的水泥和中砂拌制砂浆。拌制时应严格执行施工配合比，并保证搅拌时间。

（4）灰槽中的砂浆，使用中应经常用铲翻拌、清底，并将灰槽内边角处的砂浆刮净，堆于一侧继续使用，或与新拌砂浆混在一起使用。

（5）拌制砂浆应有计划性，拌制量应根据砌筑需要来确定，尽量做到随拌随用、少量储存，使灰槽中经常有新拌的砂浆。砂浆的使用时间与砂浆品种、气温条件等有关，一般气温条件下，水泥砂浆和水泥混合砂浆必须分别在拌后3h和4h内用完；当施工期间气温超过30℃时，必须分别在2h和3h内用完。超过上述时间的多余砂浆，不得再继续使用。

4、优质工程示例

参见图5-1。

图5-1　砂浆和易性良好

二、砂浆强度不稳定

1、现象

砂浆强度的波动性较大，匀质性差，其中低强度等级的砂浆特别严重，强度低于设计要求的情况较多。

2、原因分析

（1）影响砂浆强度的主要因素是计量不准确。对砂浆的配合比，多数工地使用体积比，凭经验计量。由于砂子含水率的变化，可导致砂子体积变化幅度达10%～20%；水泥密度随工人操作情况而异，这些都造成配料计量的偏差，使砂浆强度产生较大的波动。

（2）水泥混合砂浆中无机掺合料（如石灰膏、黏土膏、电石膏及粉煤灰等）的掺量，对砂浆强度影响很大，随着掺量的增加，砂浆和易性越好，但强度降低，如超过规定用量一倍，砂浆强度约降低40%。但施工时往往片面追求良好的和易性，无机掺合料的掺量常常超过规定用量，因而降低了砂浆的强度。

（3）无机掺合料材质不佳，如石灰膏中含有较多的灰渣，或运至现场保管不当，发生结硬、干燥等情况，使砂浆中含有较多的软弱颗粒，降低了强度。或者在确定配合比时，用石灰膏、黏土膏试配，而实际施工时却采用于石灰或干黏土，这不但影响砂浆的抗压强度，而且对砌体抗剪强度非常不利。

（4）砂浆搅拌不匀，人工拌合翻拌次数不够，机械搅拌加料顺序颠倒，使无机掺合料未散开，砂浆中含有多量的疙瘩，水泥分布不均匀，影响砂浆的匀质性及和易性。

（5）在水泥砂浆中掺加微沫剂（微沫砂浆），由于管理不当，微沫剂超过规定掺用量，或微沫剂质量不好，甚至变质，严重地降低了砂浆的强度。

（6）砂浆试块的制作、养护方法和强度取值等，没有执行规范的统一标准，致使测定的砂浆强度缺乏代表性，产生砂浆强度的混乱。

3、防治措施

（1）砂浆配合比的确定，应结合现场材质情况进行试配，试配时应采用重量比。在满足砂浆和易性的条件下，控制砂浆强度。如低强度等级砂浆受单方水泥预算用量的限制而不能达到设计要求的强度时，应适当调整水泥预算用量。

（2）建立施工计量器具校验、维修、保管制度，以保证计量的准确性。

（3）无机掺合料一般为湿料，计量称重比较困难，而其计量误差对砂浆强度影响很大，故应严格控制。计量时，应以标准稠度（120mm）为准，如供应的无机掺合料的稠度小于120mm时，应调成标准稠度，或者进行折算后称重计量，计量误差应控制在±5%以内。

（4）施工中，不得随意增加石灰膏、微沫剂的掺量来改善砂浆的和易性。

（5）砂浆搅拌加料顺序为：用砂浆搅拌机搅拌应分两次投料，先加入部分砂子、水和全部塑化材料，通过搅拌叶片和砂子搓动，将塑化材料打开（不见硬块为止），再投入其余的砂子和全部水泥。用鼓式混凝土搅拌机拌制砂浆，应配备一台抹灰用麻刀机，先将塑化材料搅成稀粥状，再投入搅拌机内搅拌。人工搅拌应有拌灰池，先在池内放水，并将塑化材料打开至不见疙瘩，另在池边干拌水泥和砂子至颜色均匀时，将拌好的水泥砂子均匀撒入池内，同时来回扒动直至拌合均匀。

（6）试块的制作、养护和抗压强度取值，应按《建筑砂浆基本性能试验方法标准》JGJ/T 70的规定执行。

三、砌筑砂浆强度偏低

1、现象

砌筑砂浆质量不合格，影响砌筑的操作质量，降低砌体砖缝中的砂浆饱满度，粘结性能下降；减低砌体的抗压、抗拉和抗剪强度。从某些建筑质量问题分析来看，产生质量问题建筑的砌筑砂浆强度等级一般都低于设计要求。

2、原因分析

使用的材料质量不符合标准，有的使用小厂生产的水泥，或贮存期超过 3 个月，或受潮结块，进场后不经复试就拌制砂浆，常造成拌制的砌筑砂浆强度等级偏低；有的用泥砂，轧石泥砂、建筑废料轧的碎粉等代替中砂拌制砌筑砂浆，其砂浆粘性大、收缩性大、强度低。

3、防治措施

（1）把好砂浆的原材料关：

1）水泥砂浆采用的水泥标号，不宜大于 425 号；水泥混合砂浆采用的水泥标号，不宜大于 525 号。进场的水泥要有出厂合格证，并经抽样测试合格后方可使用。严禁使用废水泥；不同品种的水泥不能混用。

2）砌筑砂浆所用砂，砌体砂浆宜选用中砂，毛石砌体宜选用粗砂。砂的含量不应超过 5%。强度等级为 M2. 5 的水泥混合砂浆，砂的含泥量不应超过计划 10%。

3）生石灰熟化成石膏灰时，应用网过滤，熟化时间不少于 7d，贮存的石膏灰应防止干燥。严禁使用脱水硬化的、受冻的、污染的石膏灰。

4）拌制砂浆时应用不含有害物质的洁净水。

（2）现场拌制砂浆时须中间抽样测试，应满足砌筑稠度要求，即保水性能的分层度不大于 30mm。每立方米砂浆中，水泥用量不宜少于 200kg。水泥混合砂浆中水泥和掺加料总量应在 300～350kg/m^3 之间，凡不符合要求的砂浆要停止使用，调整配合比达到标准的砂浆方可应用。

4、治理方法

经抽样的试块检测为不合格砂浆时，已用于砌筑的砌体须拆除更换合格的砂浆重砌。

四、砂浆强度波动较大

1、现象

多数砂浆强度较低，影响砌体强度和质量。

2、原因分析

有的工地拌制砂浆无配合比，有的有配合比也不计量，任意加减用水量和水泥；个别工地还有将水泥直接倒在砂堆上，随意将砂和水泥注入搅拌机内拌合，拌出的砂浆强度波动较大，多数偏低。有的工地制作砂浆试块时吃“小灶”。使得砂浆试块强度与实际砂浆强度不符。

3、防治措施

加强施工管理：按照《砌筑砂浆配合比设计规程》JGJ/T 98 中有关砂浆配合比的规定

进行配合比确定。

4、治理方法

（1）如发现搅拌砂浆无配合比或不计量时，必须立即停机纠正后再搅拌。

（2）如有强度低的砂浆已用于砌墙，必须拆除后换合格砂浆重新砌筑。

五、初凝砂浆影响砌筑质量

1、现象

由于水泥砂浆、水泥混合砂浆自搅拌机中出机后超过3h以上导致砂浆已初凝，强度与和易性显著降低，使用这种砂浆直接影响砌体质量。

2、原因分析

拌制好的水泥砂浆、水泥混合砂浆没有及时用完（如上午拌好的砂浆到下午继续使用），甚至当天用不完的砂浆到第二天再继续使用。由于这种砂浆里的水能在2h左右后开始凝结，即“初凝阶段”，其保水性能和强度已开始下降。

3、防治措施

（1）严格执行《砌体工程施工及验收规范》GB 50203-2011相应规定。

（2）测试证明，砂浆的抗压强度随拌成后到使用完毕的时间延长而降低，例如延长4～5h，强度降低20%～30%；延长10h后，砂浆强度降低50%。当环境气温超过300℃，则砂浆强度下降幅度更大。

4、治理方法

（1）发现已拌好的砂浆超过3h时，必须加水和水泥重新搅拌后使用。

（2）当天没有用完的水泥砂浆、水泥混合砂浆不能留到第二天再用。

六、砖缝砂浆不饱满

1、现象

砖层水平灰缝砂浆饱满度低于80%（规范规定）；竖缝内无砂浆（瞎缝或空缝）。

2、原因分析

（1）砂浆和易性（工作度）差，如使用低强度水泥砂浆；采用不适当的砌筑方法，如推尺铺灰法砌筑。

（2）干砖上墙。

（3）砌筑方法不良。

3、防治措施

（1）改善砂浆和易性：不宜选用过高强度水泥和过细的砂，可经试配确定掺水泥量10%～25%的粉煤灰。

（2）改进砌筑方法：不得采取推尺铺灰法或摆砖砌筑，应推广“三一砌筑法（一块砖、一铲灰、一挤揉）”或“2381 砌筑法（两种步法、三种身法、八种铺灰手法、一种挤浆动作）”。

（3）严禁用干砖砌墙，冬期施工时，应将砖面适当润湿后再砌筑。

4、优质工程示例

参见图 5-2。

图 5-2　砌筑灰缝质量良好

第二节　砖砌体工程

一、砖砌体组砌混乱

1、现象

混水墙面组砌方法混乱，砖缝不规律，出现直缝和“二层皮”，砖柱采用包心砌法，里外皮砖层互不相咬，形成周圈通天缝，降低了砌体强度和整体性；砖规格尺寸误差对清水墙面影响较大，如组砌形式不当，形成竖缝宽窄不均，影响美观。

2、原因分析

因混水墙面要抹灰，操作人员容易忽视组砌形式，因此出现了多层砖的直缝和“二层皮”现象。

砌筑砖柱需要大量的七分砖来满足内外砖层错缝的要求，打制七分砖会增加工作量，影响砌筑效率，而且砖损耗很大，当操作人员思想不够重视，又缺乏严格检查的情况下，三七砖柱习惯于用包心砌法。

3、防治措施

应使操作者了解砖墙组砌形式不单纯是为了墙面美观，同时也是为了满足传递荷载的需要。因此不论清、混水墙，墙体中砖缝搭接不得少于1/4砖长；内外皮砖层最多隔五层砖就应有一层丁砖拉结（五顺一丁）。为了节约，允许使用半砖头，但也应满足1/4砖长的搭接要求，半砖头应分散砌于混水墙中。

砖柱的组砌方法，应根据砖柱断面和实际使用情况统一考虑。但不得采用包心砌法。

砖柱横、竖向灰缝的砂浆都必须饱满，每砌完一层砖，都要进行一次竖缝刮浆塞缝工作，以提高砌体强度。

墙体组砌形式的选用，应根据所砌部位的受力性质和砖的规格尺寸误差而定：一般清水墙面常选用一顺一丁和梅花丁组砌方法；在地震区，为增强齿缝受拉强度，可采用骑马缝组砌方法；砖砌蓄水池应采取三顺一丁组砌方法；双面清水墙，如工业厂房围护墙、围墙等，可采取三七缝组砌方法。由于一般砖长正偏差，宽度负偏差较多，采用梅花丁的组砌形式，可使所砌墙面的竖缝宽度均匀一致。在同一栋号工程中，应尽量使用同一砖厂的砖，以避免因砖的规格尺寸误差而经常变动组砌形式。

二、砖砌体的空头缝和瞎头缝较多

1、现象

（1）砖砌体工程施工中，两端墙的砖皮数高差一皮砖且无法合扰，且造成门窗洞口标高不一，水平灰缝厚薄不均匀，灰缝的饱满度也达不到规范要求，粘结度也差。

（2）砖砌体的空头缝和瞎头缝较多。

2、原因分析

（1）一般工地砌墙不立皮数杆，是造成高度差的主要原因之一。

（2）砖墙的空头缝会影响建筑的使用功能，如降水从空头缝隙渗入内墙面，造成隔声效果差，保温隔热性能下降等。

3、防治措施

（1）砌墙要立好皮数杆，控制灰缝均匀符合规范。

（2）门窗洞口上下一条线，砌墙拉的线要细要拉紧拉平，不能时紧时松，确保水平缝均匀。

（3）砌墙应消除空头缝，确保条条头缝都必须挤满砂浆，严格做到错缝要求，不允许有多皮同缝的砌体。

4、治理方法

砌墙要立好皮数杆，控制灰缝均匀符合规范。规范规定灰缝厚度不小于 8mm ，不大于 12mm 是有科学根据的。用强度等级为 MU7. 5 的砖，强度等级 M5 的砂浆砌筑试件，当灰缝为 8. 5mm 时，测试的抗压强度是 6. 15N/mm^2；当试件灰缝为 12mm 厚时，测试的抗压强度是 4. 45N/mm^2 ，前者比后者的强度高 38. 2%。

三、半砖、七分砖使用不规范

1、现象

半砖、七分砖集中使用，并且用于受力较大的砖垛和窗间墙上或砌成游丁走缝现象明显。

2、原因分析

工地由于运输和使用要求的限制导致一些断砖，施工员、质量员及监理人员对断砖的使用方法不明确，导致工人随意使用半砖现象的发生。

3、防治措施

运输和使用中产生的断砖，可考虑分散砌筑在内墙面和受力较小的部位，不准集中使用，不准用于受力较大的砖垛和窗间墙上，也不能砌成游丁走缝。

四、砖缝砂浆不饱满

1、现象

砖层水平灰缝砂浆饱满度低于 80%；竖缝内无砂浆（瞎缝），特别是空心砖墙，常出现较多的透明缝；砌筑清水墙采取大缩口缝深度大于 2cm 以上，影响砂浆饱满度。砖在砌筑前未浇水湿润，干砖上墙，致使砂浆与砖粘结不良。

2、原因分析

M2. 5 或小于 M2. 5 的砂浆，如使用水泥砂浆，因水泥砂浆和易性差，砌筑时挤浆费劲，操作者用大铲或瓦刀铺刮砂浆后，使底灰产生空穴，砂浆不饱满。用干砖砌墙，使砂浆因早期脱水而降低强度。而干砖表面的粉屑起隔离作用，减弱了砖与砂浆的粘结。用推尺铺灰法砌筑，有时因铺灰过长，砌筑速度跟不上，砂浆中的水分被底砖吸收，使砌上的砖与砂浆失去粘结。

砌清水墙时，为了省去刮缝工序，采取了大缩口的铺灰方法，使砌体砖缝缩口深度达 2～3cm，既减少了砂浆饱满度，又增加了勾缝工作量。

3、防治措施

改善砂浆和易性是确保灰缝砂浆饱满和提高粘结强度的关键。改进砌筑方法。不宜采取推尺铺灰法或摆砖砌筑，应推广“三一砌砖法”，即使用大铲，“一块砖、一铲灰、一揉挤”的砌筑方法。严禁用干砖砌墙。砌筑前 1～2d 应将砖浇湿，使砌筑时砖的含水率达到 10%～15%。

冬期施工时，在正温度条件下也应将砖面适当湿润后再砌筑。负温下施工无法浇砖时，砂浆的稠度应适当增大。对于抗震设防烈度为 9 度的地震区，在严冬无法浇砖情况下，不宜进行砌筑。

五、清水墙面砖缝歪斜

1、现象

大面积的清水墙面常出现丁砖竖缝歪斜、宽窄不匀，丁不压中（丁砖在下层条砖上不居中），清水墙窗台部位与窗间墙部位的上下竖缝发生错位、变活等，直接影响到清水墙面的美观。

2、原因分析

砖的长、宽尺寸误差较大，如砖的长为正偏差，宽为负偏差，砌一顺一丁时，竖缝宽度不易掌握，稍不注意就会产生游丁走缝。开始砌墙摆砖时，未考虑窗口位置对砖竖缝的影响，当砌至窗台处窗口尺寸时，窗的边线不在竖缝位置，使窗间墙的竖缝搬家，上下错位。里脚手砌外清水墙，需经常探身穿看外墙面的竖缝垂直度，砌至一定高度后，穿看墙缝不太方便，容易产生误差，稍有疏忽就会出现游丁走缝。

3、防治措施

砌筑清水墙，应选取边角整齐、色泽均匀的砖。砌清水墙前应进行统一摆底，并先对现场砖的尺寸进行实测，以便确定组砌方法和调整竖缝宽度。摆底时应将窗口位置引出，使砖的竖缝尽量与窗口边线相齐，如安装不开，可适当移动窗口位置（一般不大于 2cm）。当窗口宽度不符合砖的模数时，应将七分头砖留在窗口下部的中央，以保持窗间墙处上下竖缝不错位。游丁走缝主要是丁砖游动所引起，因此在砌筑时，必须强调丁压中，即丁砖的中线与下层条砖的中线重合。

在砌大面积清水墙（如山墙）时，在开始砌的几层砖中，沿墙角 1m 处，用线坠吊一次竖缝的垂直度，至少保持一步架高度有准确的垂直度。沿墙面每隔一定间距，在竖缝处弹墨线，墨线用经纬仪或线坠引测。当砌至一定高度（一步架或一层墙）后，将墨线向上引伸，以作为控制游丁走缝的基准。

六、清水墙面凹凸不平、勾缝不直

1、现象

同一条水平缝宽度不一致，个别砖层冒线砌筑；水平缝下垂；墙体中部（两步脚手架交接处）凹凸不平。

2、原因分析

由于砖在制坯和晾干过程中，底条面因受压墩厚了一些，形成砖的两个条面大小不等，厚度约差2～3mm。砌砖时，如若大小条面随意跟线，必然使灰缝宽度不一致，个别砖大条面偏大较多，不易将灰缝砂浆压薄，因而出现冒线砌筑。所砌的墙体长度超过20m，控线不紧，挂线产生下垂，跟线砌筑后，灰缝就会出现下垂现象。

搭脚手排木直接压墙，使接砌墙体出现“捞活”（砌脚手板以下部位）；接立线时没有从下步脚手架墙面向上引伸，使墙体在两步架交接处，出现凹凸不平、平行灰缝不直等现象。由于第一步架墙体出现垂直偏差，接砌第二步架时进行了调整，因而在两步架交接处出现凹凸不平。

3、防治措施

砌砖应采取小面跟线，因一般砖的小面棱角裁口整齐，表面洁净。用小面跟线不仅能使灰缝均匀，而且可提高砌筑效率。挂线长度超长（15～20mm）时，应加腰线砖探出墙面3～4cm，将挂线搭在砖面上，由角端穿看挂线的平直度，用腰线砖的灰缝厚度调平。

墙体砌至脚手架排木搭设部位时，预留脚手眼，并继续砌至高出脚手板面一层砖，以消灭“捞活”。挂立线应由下面一步架墙面引伸，立线延至下部墙面至少50cm。挂立线吊直后，拉紧平线，用线坠吊平线和立线，当线坠与平线、立线相重，即“三线归一”时，则可认为立线正确无误。

七、清水墙面勾缝不符合要求

1、现象

清水墙面勾缝深浅不一致，竖缝不实，十字缝搭接不平，墙缝内残浆未扫净，墙面被砂浆严重污染；脚手眼处堵塞不严、不平，留有永久痕迹（堵孔砖与原墙面色泽不一致）；勾缝砂浆开裂、脱落。

2、原因分析

清水墙面勾缝前未经开缝，刮缝深度不够或用大缩口缝砌砖，使勾缝砂浆不平，深浅不一致。竖缝挤浆不严，勾缝砂浆悬空未与缝内底灰接触，与平缝十字搭接不平，容易开裂、脱落。脚手眼堵塞不严，补缝砂浆不饱满。堵孔砖与原墙面的砖色色泽不一致，在脚手眼处留下永久痕迹。勾缝前对墙面浇水湿润程度不够，使勾缝砂浆早期脱水而收缩开裂。墙缝内浮灰未清理干净，影响勾缝砂浆与灰缝内砂浆的粘结，日久后脱落。采取加浆勾缝时，因托灰板接触墙面，使墙面被勾缝水泥砂浆弄脏，留下印痕。如墙面胶水过湿，扫缝时墙面也容易被砂浆污染。

3、防治措施

勾缝前，必须对墙体砖缺棱掉角部位、瞎缝、刮缝深度不够的灰缝进行开凿。开缝深度为 1cm 左右，接缝上下切口应开凿整齐。砌墙时应保存一部分砖供堵塞脚手眼用。脚手眼堵塞前，先将洞内的残余砂浆剔除干净，并浇水湿润（冲去浮灰），然后铺以砂浆用砖挤严。横、竖灰缝均应填实砂浆，顶砖缝采取喂灰方法塞严砂浆，以减少脚手眼对墙体强度的影响。勾缝前，应提前浇水冲刷墙面的浮灰（包括清除灰缝表层不实部分），待砖墙表皮略见干时，再开始勾缝。勾缝用 1∶1.5 水泥细砂砂浆，细砂应过筛，砂浆稠度以勾缝镏子挑起不落为宜。

外清水墙勾凹缝，凹缝深度为 4～5mm，为使凹缝切口整齐，宜将勾缝镏子作成倒梯形断面。操作时用镏子将勾缝砂浆压入缝内，并来回压实、上下口切齐。竖缝镏子断面构造相同，竖缝应与上下水平缝搭接平整，左右切口要齐。为防止托灰板对墙面的污染，将板端刨成尖角，以减少与墙面的接触。勾完缝后，待勾缝砂浆略被砖面吸水起干，即可进行扫缝。扫缝应顺缝扫，先水平缝，后竖缝，扫缝时应不断地抖掉扫帚中的砂浆粉粒，以减少对墙面的污染。干燥天气，勾缝后应喷水养护。

八、墙体留槎随意

1、现象

砌筑时随意留槎，且多留置阴槎，槎口部位用砖渣填砌，使墙体断面遭受严重削弱。阴槎部位接槎砂浆不严，灰缝不顺直。参见图 5-3。

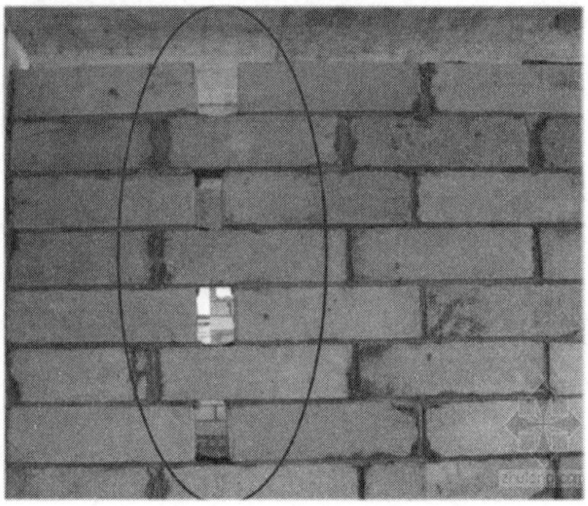

图 5-3　砌体工程留茬随意

2、原因分析

操作人员对留槎问题缺乏认识，习惯于留直槎；由于施工操作不便，施工组织不当，造成留槎过多。后砌 12cm 厚隔墙留置的阳槎不正不直，接槎时由于咬槎深度较大，使接槎砖上部灰缝不易堵严。斜槎留置方法不统一，留置大斜槎工作量大，斜槎灰缝平直度难以控制，使接槎部位不顺线。施工洞口随意留设，运料小车将混凝土、砂浆撒落到洞口留槎部位，影响接槎质量。填砌施工洞的砖，色泽与原墙不一致，影响清水墙面的美观。

3、防治措施

在安排施工组织计划时，对施工留槎应作统一考虑。外墙大角尽量做到同步砌筑不留槎，或一步架留槎处，二步架改为同步砌筑，以加强墙角的整体性，纵横墙交接处，有条件时尽量安排同步砌筑，如外脚手砌纵墙，横墙可以与此同步砌筑，工作面互不干扰，这样可尽量减少留槎部位，有利于房屋的整体性。斜槎宜采取 18 层斜槎砌法，为防止因操作不熟练，使接槎处水平缝不直，可以加立小皮数杆。清水墙留槎，如遇有门窗口，应将留槎部位砌至转角门窗口边，在门窗口框边立皮数杆，以控制标高。非抗震设防地区，当留斜槎确有困难时，应留引出墙面 12cm 的直槎，并按规定设拉结筋，使咬槎砖缝便于接砌，以保证接槎质量，增强墙体的整体性。应注意接槎的质量。首先应将接槎处清理干净，然后浇水湿润，接槎时，槎面要填实砂浆，并保持灰缝平直。

九、砌体预留洞口不规整

1、现象

在砌体工程中，经常发生电气设备、给排水管道预留洞不符合施工规范等问题，在民用砖混结构砌体工程中尤为突出。

2、原因分析

（1）砌体工程施工中，电气设备、电气线路以及暖通工程预留洞大多没有统一尺寸。施工图纸只注明配电箱的规格，并附说明“电气施工时，电工应紧密配合，做好预留洞及预埋件工作”，而未注明预留洞的尺寸。

（2）砌体施工与电气施工时交接不明确，沟通不畅导致预留孔洞遗漏或位置错误。

3、防治措施

（1）电气配电箱等的设计图纸要有明确的设计要求，有留洞部分的具体设计图，有图形有尺寸。

（2）在施工交底会中做出明确的指示，防止沟通不畅。

4、优质工程示例

参见图 5-4。

图 5-4　预留洞口规范

十、配筋砖砌体中钢筋漏放和锈蚀

1、现象

配筋砌体（水平配筋）中的钢筋在操作时漏放，或没有按照设计规定放置；配筋砖缝中砂浆不饱满，年久钢筋遭到严重锈蚀而失去作用。上述两种现象会使配筋砌体强度大幅度地降低。

2、原因分析

（1）配筋砌体钢筋漏放，主要是操作时疏忽造成的。由于管理不善，待配筋砌体砌完后，才发现配筋网片有剩余，但已无法查对，往往不了了之。

（2）配筋砌体灰缝厚度不够，特别当同一条灰缝中，有的部位（如窗间墙）有配筋，有的部位无配筋时，皮数杆灰缝若按无配筋砌体划制，造成配筋部位灰缝厚度偏小，使配筋在灰缝中没有保护层，或局部未被砂浆包裹，造成钢筋锈蚀。

（3）配筋砌体操作不当，有的先放钢网片后铺灰，有的先铺灰后放钢筋网片，钢筋没有保护层而锈蚀。

3、防治措施

（1）砌体中的配筋与混凝土中的钢筋一样，都属于隐蔽工程项目，应加强检查，并填写检查记录存档。施工中，对所砌部位需要的配筋应一次备齐，以便检查有无遗漏。砌筑时，配筋端头应从砖缝处露出，作为配筋标志。

（2）技术交底时要明确配筋的位置及间隔皮数。操作时要注意，先铺 10mm 砂浆，上面放钢筋网片，再铺 6mm～8mm 砂浆，随即挤揉砌砖，确保砂浆饱满密实。配筋宜采用冷拔钢丝点焊网片，砌筑时，应适当增加灰缝厚度（以钢筋网片厚度上下各有 2mm 保护层为宜）。如同一标高墙面有配筋和无配筋两种情况，可分划两种皮数杆，一般配筋砌体最好为外抹水泥砂浆混水墙，这样就不会影响墙体缝式的美观。

（3）为了确保砖缝中钢筋保护层的质量，应先将钢筋网片刷水泥净浆。网片放置前，底面砖层的纵横竖缝应用砂浆填实，以增强砌体强度，同时也能防止铺浆砌筑时，砂浆掉入竖缝中而出现露筋现象。

（4）配筋砌体一般均使用强度等级较高的水泥砂浆，为了使挤浆严实，严禁用干砖砌筑。应采取满铺满挤（也可适当敲砖振实砂浆层），使钢筋能很好地被砂浆包裹。

（5）如有条件，可在钢筋表面涂刷防腐涂料或防锈剂。

4、治理方法

（1）查明砌体中漏放钢筋时，将该处内墙面的砖缝中砂浆剔凿除 50mm 深，扫刷冲洗干净浮灰，缝内填嵌 1∶2 水泥砂浆 5mm 厚，嵌入漏放的钢筋，随将水泥砂浆填嵌平整密实，浇水养护 7d。再将外墙面的砖缝中砂浆剔凿、补嵌砂浆、钢筋、砂浆和养护。

（2）砖缝中的钢筋锈蚀严重，将锈钢筋和缝中砂浆凿除，用上述方法补嵌钢筋混凝土和砂浆，养护。如局部锈蚀的钢筋。用钢丝板刷刷除锈污。扫刷冲洗干净，用 1∶2 水泥砂浆抹 10mm 厚的保护层。

十一、砖柱采用包心砌法

1、现象

砖砌体结构施工中，柱采用包心砌法，导致砖柱随拉伸裂缝的扩大而倒塌。但有的砖柱仍用包心砖法，包心砌的砖柱中心部位与四周的包砖没有错缝搭接，形成重直通缝，通缝不能传递剪力，则砖柱不能成为整体，当砖柱受偏心受压时，砖柱局部压缩，部分拉伸，砖柱随拉伸的裂缝扩大而倒塌。

2、原因分析

包心砌的砖柱中心部位与四周的包砖没有错缝搭接，形成重直通缝，通缝不能传递剪力，则砖柱不能成为整体，当砖柱受偏心受压时，砖柱局部压缩部分拉伸，砖柱随拉伸裂缝的扩大而倒塌。

3、防治措施

禁止采用包心法砌筑砖柱。

第三节　混凝土小型空心砌块砌体工程

一、小型空心砌块墙体垂直裂缝

1、现象

竖直裂缝发生在外墙上，一般在外山墙离前后檐大墙角 2m 左右。

2、原因分析

由于室内外温差在墙内产生弯曲应力，高温侧受压，低温侧受拉，再加上收缩拉应力，从而出现竖直裂缝。无门窗洞的整块山墙，由于四周的约束程度较大，在墙体的中部产生竖直裂缝。裂缝中间宽，上下两头渐小。

3、防治措施

（1）提高砌体的抗拉和抗剪强度，增设水平通长钢筋，增设芯柱。

（2）保证施工质量。因砌块的壁薄，水平灰缝接触面小，应配制塑性好的混合砂浆。为确保砌筑质量，水平灰缝、竖缝应饱满；搭接错缝要合格，不准有通缝；应用的砌块必须保持生产 28d 以上方可砌筑。堆放和砌筑时要防止雨淋，减少收缩，减少裂缝。

4、治理方法

处理前应对裂缝进行观察，在裂缝基本稳定后方可进行修补。铲除疏松、剥落和脱裂的装饰层，清除裂缝中的浮渣、积垢和油渍。参照以下治理方法处理。

（1）当确认为温度变形裂缝时，应根据结构特征、环境条件、使用要求和可能造成的危害做适当的处理。对温度变形裂缝，一般不做结构性修补，而仅做恢复建筑功能的局部修补。

（2）温度裂缝一般不影响结构安全。经过一段时间观察，待到裂缝最宽的时候，采用下述封闭保护或局部修复方法处理。

1）当墙体裂缝较重时，最大裂缝宽度 W_t=3～10mm，应采取相应处理措施。当墙体裂缝严重，W_t＞10mm 时，应定制建筑加固处理方案，经有关部门认可后，按方案要求加固处理。

2）铲除裂缝处的空鼓脱壳和装饰层，扫刷冲洗干净。

3）裂缝宽度小于 0. 5mm 时，可直接在墙面喷涂无色或与饰面颜色相同的防水剂或合成高分子防水涂料两遍，涂层厚度不小于 2mm，涂刷范围为裂缝周边扩大 300mm。

4）裂缝宽度在 0. 5～3. 0mm 之间，清扫干净缝内浮灰杂物，浮渣和灰尘，分层嵌填密封材料，嵌实填平后，在喷涂两遍防水剂。

5）加筋锚固：在混凝土小型空心砌块墙两面每隔 5 皮砖，将砖缝中砂浆剔凿长 1m、深 40～50mm，扫刷干净，浇水冲洗，嵌填 10mm 厚的 M10 砂浆。随将调直的Φ4～Φ6 钢筋，两端弯成直角“Ц”形，嵌入缝中。深度应大于 30mm，直钩要嵌入砌砖的竖缝中，然后用砂浆填嵌密实。先施工一面墙，浇水保养后，按原有抹灰层或装饰层的材料配合比修补好抹灰层。要确保和周边的装饰层色泽一致，平整度相同，新旧抹灰层结合处要磨实。

二、小型空心砌块构造柱不规范

1、现象

砌块未按施工工艺砌筑，留槎方法错误，直接影响建筑质量。

2、原因分析

（1）对设计意图不明，对有关规定和操作规程不熟悉。

（2）技术交底不清；没有明确构造柱的位置，钢筋直径，混凝土强度等级和具体做法。

3、防治措施

（1）芯柱所用的不封底砌块，在砌筑前清除砌块孔内的毛边。在地、楼面砌芯柱砌块第一皮时，应采用预制开口砌块，供清除芯柱孔洞内的杂物和冲洗之用。

（2）芯柱钢筋一般用 1Φ10～12 的，下面伸入地圈梁锚固。上下楼层的钢筋可分段搭接，沿墙高每隔 600mm（即三皮砌块）在水平缝中设置拉接钢筋或钢筋网片；伸入墙内长度不少于 700mm。

（3）芯柱混凝土灌筑：当砌完一个砌筑高度后应连续分层浇灌，灌孔后的芯柱应低于最上一皮砌块表面的 30～50mm。在芯柱中浇筑混凝土前，底部应先灌入 50mm 厚的 1∶2∶5 的水泥砂浆。

水泥品种和标号要和拌混凝土的水泥相同。宜采用坍落度为 100～200mm 的混凝土，分层浇筑并捣实。每层混凝土的浇筑厚度为 400mm 左右。

4、治理方法

（1）明确构造柱的数量、位置，不需另挖设构造柱；用芯柱的方法省工省料，同样可以达到抗震效果，必要时适当扩大范围。

（2）检查已浇筑的芯柱质量，如有缺陷必须及时纠正达到设计要求。

4、优质工程示例

参见图 5-5。

图 5-5　构造柱留置规范

三、小型空心砌块砌体排列不规范

1、现象

头角、门、窗间墙都有留有不规格的砌块；头缝大小不均匀，上下孔不对孔、肋不对肋，组砌方法不规范等，都直接影响建筑的安全和使用功能，如裂缝、渗水、透风等。

2、原因分析

（1）管理人员、操作技工不熟悉施工规范和规程；事前没有绘制砌块排列图和准备技术交底资料，使工人心中无数。

（2）操作技工没有培训就上岗，不懂砌块砌筑的关键和方法。

（3）质量检查不到位，未发现不合格的砌体；有的发现后没有及时纠正。

3、防治措施

（1）根据预排的砌块，先在墙基上面抹灰，将砌块的底面向上，叫“反砌法”。用双手搬砌块挤浆砌筑，如头缝上部砂浆不足须及时补足；砌上皮砌块时，用瓦刀在砌好的下皮砌块的四周肋上满铺砂浆，将铺好头缝的砌块挤浆砌筑，达到和下皮砌块的孔、肋错缝相对，砂浆饱满密实。

（2）门、窗孔的处理是：砌好有预埋件的砌块（每边上、中、下三块），以便门、窗框的安装。

（3）圈梁底的砌块空洞处理，应预先将砌块底面向下，在砌块的孔中填灌 1/3 厚的细石混凝土（强度等级为 C15）养护后把该砌块反砌在圈梁底的砌块顶面，形成没有孔洞的平面，确保钢筋混凝土圈梁的密实性。

4、治理方法

（1）尚对没有砌筑的砌块砌体，要立即绘制砌块排列图；然后在现场预排，发现不规范砌块时，可适当平均调整灰逢宽度和门窗框的位置以凑模数。

（2）检查已砌筑的砌块砌体，如发现不规范处，必须及时纠正后方可继续施工。

四、小型空心砌块基础砌筑未填实

1、现象

用空心砌块砌基础，承重构件的下面没有按规定填灌混凝土，影响砌体的局部承压强度。

2、原因分析

没有学习设计图纸和规范；设计交底不清；施工管理不善；施工不重视构造要求。

3、防治措施

（1）施工前学好图纸和有关规定，设计中有不明确的地方，必须在设计交底时明确规定。

（2）编制施工工艺程序，其中包括砌块排列图、构造要求、各种型号的砌块、预埋件的砌块、芯柱底部的开口砌块所示及穿管线的横向砌块，并提出具体的施工方法和要求。

（3）在墙体的下列部位应用强度等级为C15的混凝土灌满压实砌块的空心孔洞。

1）±0.000以下砌体的砌块孔洞必须砌一皮用混凝土灌筑一皮，确保砌块孔中填满混凝土。

2）搁置楼板的支承处无圈梁时，板下应用混凝土填实一皮砌块。

3）次梁支承处一般用混凝土填实砌块孔洞，宽度不少于400mm，高度不少于一皮砌块。

4）悬挑梁的支承处的内外墙交接处，应用混凝土填实砌块孔洞；檐墙处宽度不少于800mm，内墙长度比悬挑梁搁置长度长400mm，灌筑厚度不少于三皮砌块。

4、治理方法

（1）在±0.000以下砌体的砌块孔洞中都要灌注强度等级不低于C10的混凝土，如没有灌注，必须采用加固措施或返工补浇灌混凝土。在楼板底，次梁支承处、悬挑梁底的砌块孔洞中如没有灌注混凝土，要返工补灌混凝土。

（2）预埋件的砌块中混凝土应灌密实。

五、小型空心砌块砌筑的墙体保温隔热效果差

1、现象

190mm厚单排孔混凝土小型空心砌块砌块的墙体实测热阻相当于150mm厚粘土实心砖墙体， 夏季室外热传入多， 冬季室内温度散发快， 成为冬冷夏热的房子。

2、原因分析

（1）混凝土砌块保温、隔热性能差，这是因混凝土本身传热系数高所致。

（2）砌块使用了单排孔的规格品种，使起保温隔热作用的空气层厚度达不到要求，没有充分发挥空气具有的保温隔热作用。

（3）单排孔通孔砌块墙体，上下砌块仅靠壁面黏结，上下通孔，产生空气对流，热辐射大。

（4）外墙内外侧没有采取保温隔热措施。

3、防治措施

采用 240mm 或 190mm 3 排孔砌块，其热阻值将超过 0. 5m^2K/W， 比 240mm 粘土多孔砖效果还好。通过增加空气隔层而不是厚度解决热辐射造成的热损失。

六、小型空心砌块砌筑的墙体易出现裂缝渗漏

1、现象

单排孔砌块外壁厚为 30mm， 水平灰浆接触面小，且上下通孔，一旦出现砌块裂缝或灰浆不饱满， 雨水就会直接渗入缝隙。

2、原因分析

（1）砌块本身面积小，单排孔砌块的外壁为 30～35mm，上下砌块搭接长度不够。

（2）水平灰缝不饱满，低净面积 90%，留下渗漏通道。

（3）砌筑顶端竖缝铺灰方法不正确，先放砌块后灌浆，或竖缝灰浆不饱满，低于面积 80%。

（4）外墙未做防水处理。

3、防治措施

（1）多排孔封底砌块中间增加 1～2 条肋，即使砌块一侧裂缝，里边还有 2～3 道防线。

（2）封底反砌，砂浆满铺，既便于拉接筋铺，增加握裹力，提高抗震强度，还解决渗水问题。

第四节　石砌体工程

一、石材材质差

1、现象

石材的岩种和强度等级不符合设计要求；料石表面色差大、色泽不均匀；疵斑较多；石材外表有风化层，内部有隐裂纹。

2、原因分析

（1）未按设计要求采购石料；

（2）不按规定检查材质证明；

（3）采石场石材等级分类不清，优劣大小混杂；

（4）外观质量检验马虎。

3、防治措施

（1）按施工图规定的石材质量要求采购。

（2）认真按规定查验材质证明或试验报告，必要时应抽样复验。

（3）加强石材外观质量的检查验收，风化石等不合格品不准进场。

4、治理方法

（1）强度等级不符合要求或质地疏松的石材应予以更换。

（2）已进场的个别石块，如表面有局部风化层，应凿除后方可砌筑。

（3）色泽差和表面疵斑的石块，不砌在裸露面。

二、石块组砌不规范

1、现象

（1）毛石形状过于细长、扁薄和尖锥。

（2）料石表面凹入深度大于施工规范的规定；料石长度太小。

（3）卵石大小差别过大，外观呈针片状，长厚比大于4。

（4）石材表面有泥浆或油污。

2、原因分析

（1）没有按照石材质量标准和施工规范的要求采购、验收。

（2）运输、装卸方法和保管不当。

3、防治措施

（1）认真学习和掌握石材质量标准的规定。按规定的质量要求采购、定货。

（2）对于经过加工的料石、装卸、运输和堆放贮存时，均应有规则地叠放。为避免运输过程中损坏，应用竹木片或草绳隔开。

（3）各种料石的宽度、厚度均不宜小于200mm，长度宜大于厚度的4倍。石材进场应认真检查验收，杜绝不合格品进场。

4、治理方法

（1）少量形状、尺寸不良的石块在砌筑前进行再加工。

（2）清洗被泥浆污染的石块。对石材表面的铁锈斑可用2%～3%的稀盐酸或3%～5%磷酸溶液涂刷石面2～3遍，然后用清水冲洗干净。

三、石块之间粘结不牢

1、现象

（1）石块之间无砂浆，即石块直接接触形成“瞎缝”。

（2）石块与砂浆粘结不牢，个别石块出现松动。

（3）石块叠砌面的粘灰面积（砂浆饱满度）小于80%。

参见图5-6。

图5-6　石砌体砂浆饱满度小

2、原因分析

（1）石块表面有风化层剥落，或表面有泥垢、水锈等，影响石块与砂浆的粘结。

（2）毛石砌体不用铺浆法砌筑，有的采用先铺石、后灌浆的方法，还有的采用先摆碎石块后塞砂浆或干填碎石块的方法。这些均造成砂浆饱满度低，石块粘结不牢。

（3）料石砌体采用有垫法（铺浆加垫法）砌筑，砌体以垫片（金属或石）来支承石块自重和控制砂浆层厚度，当砂浆凝固后会产生收缩，料石与砂浆层之间形成缝隙。

（4）砌体灰缝过大，砂浆收缩后形成缝隙。

（5）砌筑砂浆凝固后，碰撞或移动已砌筑的石块。

（6）毛石砌体当日砌筑高度过高。

3、防治措施

（1）石砌体所用石块应质地坚实，无风化剥落和裂纹。石块表面的泥垢和影响粘结的水锈等杂质应清除干净。

（2）石砌体应采用铺浆法砌筑。砂浆必须饱满，其饱满度应大于80%。

（3）料石砌筑不准用先铺浆后加垫，即先按灰缝厚度铺上砂浆，再砌石块，最后用垫片来调整石块的位置。也不得采用先加垫后塞砂浆的砌法，即先用垫片按灰缝厚度将料石垫平，再将砂浆塞入灰缝内。

（4）毛石墙砌筑时，平缝应先铺砂浆，后放石块，禁止不先坐灰而由外面向缝内填灰的做法；竖缝必须先刮碰头灰，然后从上往下灌满竖缝砂浆。

（5）毛石墙石块之间的空隙（即灰缝）≤35mm时，可用砂浆填满，>35mm时，应用小石块填稳填牢，同时填满砂浆，不得留有空隙。严禁用成堆小石块填塞。

（6）按施工规范要求控制砂浆层厚度。有关规定如下：毛石砌体的灰缝厚度宜为20～30mm；料石砌体的灰缝厚度按不同种类料石分别不宜大于下述数值：细料石≤5mm；半细料石≤10mm；粗料石和毛料石≤20mm。

（7）砌筑砂浆凝固后，不得再移动或碰撞已砌筑的石块。如必须移动，再砌筑时，应将原砂浆清理干净，重新铺砂浆。

（8）毛石砌体每日的砌筑高度不应超过1.2m。

4、治理方法

当出现石块松动，敲击墙体听到空洞声，以及砂浆饱满度严重不足时，这些情况将大大降低墙体的承载力和稳定性，因此必须返工重砌。

对个别松动石块或局部小范围的空洞，也可采用局部掏去缝隙内的砂浆，重新用砂浆填实。

四、石砌体粘结不牢固

1、现象

砌体中的石块和砂浆不粘结，掀开石块查看常发现铺灰不足，石块与石块之间还是干缝，有的石块还有松动，由于砌体粘结不良，使毛石砌体的承载能力降低。

2、原因分析

（1）毛石之间缝隙过大，砂浆干缩沉降产生裂缝，和石块不粘结。

（2）高温干燥季节施工，石材粘有泥灰，与砂浆不能粘结。

（3）违章作业，如铺砌干石块后再灌砂浆，造成灌浆不足。

3、防治措施

（1）控制材料的质量，砌筑用的石块应洁净湿润。砂浆强度、稠度、分层度都应满足设计与施工的要求。砂浆的稠度，干燥天气为30～50mm，阴冷天气为20～30mm。

（2）毛石砌体的灰缝厚度以20～30mm为宜，砂浆应饱满，石块间较大的空隙应先填塞砂浆后用碎石块嵌实，不得先摆碎石块后塞砂浆或干填碎石块。砌体中的砂浆饱满度与砌体抗压强度的关系，见表5-1。

表 5-1　石砌体中砂浆饱满度与砌体抗压强度关系

砂浆饱和度	50%	75%	80%	95%
相对强度（%）	64	97	100	212.4

4、治理方法

检查已砌的石砌体，如石缝空隙过多，要返工灌足铺满砂浆重砌；如有个别石缝空隙，可先浇水湿润后晾干，再补灌砂浆，填嵌密实。

五、毛料石挡土墙组砌不规范

1、现象

（1）上下两层石块不错缝搭接或搭接长度太少。

（2）同皮内采用丁顺相间组砌时，丁砌石数量太少（中心距过大）。

（3）采用同皮内全部顺砌或丁砌时，丁砌层层数太少。

（4）阶梯形挡土墙各阶梯的标高和墙顶标高偏差过大。

2、原因分析

（1）不执行施工规范和操作规程的有关规定。

（2）不按设计要求和石料的实际尺寸，预先计算确定各段应砌皮数和灰缝厚度。

3、防治措施

（1）毛料石挡土墙应上下错缝搭砌。阶梯形挡土墙的上阶梯料石至少压砌下阶梯料石宽的 1/3。

（2）同皮内采用丁顺组砌时，丁砌石应交错设置，其中心距不应大于 2m。

（3）毛料石挡土墙厚度大于或等于两块石块宽度时，可以采用同皮内全部顺砌，但每砌两皮后，应砌一皮丁砌层。

（4）按设计要求、石料厚度和灰缝允许厚度的范围，预先计算出砌完各段、各皮的灰缝厚度，如果上述三项要求不能同时满足时，应提前办理技术核定或设计修改。

六、料石砌体墙身标高误差过大

1、现象

（1）层高或圈梁标高误差过大。

（2）门窗洞口标高偏差过大。

2、原因分析

（1）砌料石墙时，不按规范规定设置皮数杆，或皮数杆计算或画法错误，标记不清。

（2）皮数杆安装的起始标高不准；皮数杆固定不牢固，错位变形。

（3）砌筑时，不按皮数杆控制层数。

3、防治措施

（1）画皮数杆前，应根据图纸要求，石块厚度和灰缝最大厚度限值，计算确定适宜的灰缝厚度。当无法满足设计标高的要求时，应及时办理技术核定。

（2）立皮数杆前先测出所砌部位基础标高误差。当每一层灰缝厚度大于 20mm 时，应用细石混凝土铺垫。

（3）皮数杆标记要清楚；安装标高要准确，安装应牢固，经过逐个检查合格后方可砌筑。

（4）砌筑时应按皮数杆拉线控制标高。

（5）砌筑料石墙时，砂浆铺设厚度应略高于规定灰缝厚度值，其高出厚度为：细料石和半细料石宜为 3～5mm；粗料石和毛料石宜为 6～8mm。

（6）在墙体第一步架砌完前，应弹（画）出地面以上 50cm 线，用来检查复核墙体标高误差。发现误差应在本步架标高内予以调整。

七、料石砌体勾缝砂浆粘结不牢

1、现象

勾缝砂浆与砌体结合不良，甚至开裂和脱落，严重时造成渗水漏水。

2、原因分析

（1）砌筑或勾缝砂浆所用砂子含泥量过大，影响石材和砂浆间的粘结。

（2）砌体的灰缝过宽，勾缝时采取一次成活的做法，勾缝砂浆因自重过大而引起滑坠开裂。当勾缝砂浆硬结后，由于雨水或湿气渗入更促使勾缝砂浆从砌体上脱落。

（3）砌石过程中未及时刮缝，影响勾缝挂灰。从砌石到勾缝，其间停留时间过长，灰缝内有积灰，勾缝前未清扫干净。

（4）勾缝砂浆水泥含量过大，养护不及时，发生干裂脱落。

3、防治措施

（1）要严格掌握勾缝砂浆配合比（宜用 1∶1.5 水泥砂浆），禁止使用不合格的材料，宜使用中粗砂。

（2）勾缝砂浆的稠度一般控制在 40～50mm。

（3）凸缝应分两次勾成，平缝应顺石缝进行，缝与石面抹平。

（4）勾缝前要进行检查，如有孔洞应填浆加塞适量石块修补，并先洒水湿缝。刮缝深度宜大于 20mm。

（5）勾缝后早期应洒水养护，以防干裂、脱落，个别缺陷要返工修理。

4、治理方法

凡勾缝砂浆严重开裂或脱落处，应将勾缝砂浆铲除，按要求重新勾缝。

八、料石砌体勾缝形状不符合要求

1、现象

（1）勾缝表面低于石材面，缝深浅不一致、搭接不平整。

（2）料石墙勾缝横平竖直偏差过大，毛石墙勾缝与自然砌合缝不一致。

（3）石墙表面污染严重。

2、原因分析

不按设计要求和施工规范规定施工，操作不认真。

3、防治措施

（1）墙面勾缝应深浅一致，搭接平整并压实抹光，避免丢缝、开裂等缺陷。

（2）设计无特殊要求时，石墙勾缝应采用凸缝或平缝。料石墙缝应横平竖直；毛石墙勾缝应保持砌合的自然缝。

（3）勾缝完毕，应清扫墙面。

九、墙面垂直度及表面平整度误差过大

1、现象

（1）墙面垂直度偏差超过规范规定值。

（2）墙表面凹凸不平，表面平整度超过规范规定值。

2、原因分析

（1）砌墙未挂线。

（2）砌筑时没有随时检查砌体表面的垂直度，以致出现偏差后，未能及时纠正。

（3）在浇筑混凝土构造柱或圈梁时，墙体未采取必要的加固措施，以致将部分石砌体挤动变形，造成墙面倾斜。

3、防治措施

（1）砌筑时必须认真跟线。在满足墙体里外皮错缝搭接的前提下，尽可能将石块较平整的大面朝外砌筑。不规则毛石块未经修凿不得使用。

（2）砌筑中认真检查墙面垂直度，发现偏差过大时，及时纠正。

（3）浇筑混凝土构造柱和圈梁时，必须加好支撑。混凝土应分层浇灌，振捣不得过度。

十、毛石墙有垂直通缝或石块相互无拉结

1、现象

（1）毛石墙上下各皮的石缝连通，形成垂直通缝。

（2）石墙各皮砌体中的石块相互没有拉结，形成两片薄墙，施工中易出现坍塌。

2、原因分析

（1）石块体形过小，造成砌筑时压搭过少。

（2）砌筑时没有针对已有砌体状况，选用了不适当体形的石块。

（3）对形状不良的石块砌筑前没有加工。

（4）石块砌筑方法不正确，造成墙体稳定性降低。

3、防治措施

（1）毛石过分凸出的尖角部分应用锤打掉；斧刃石（刀口石）必须加工后，方可砌筑。

（2）应将大小不同的石块搭配使用，不得将大石块全部砌在外面，而墙心用小石块填充。

（3）毛石砌体宜分皮卧砌，各皮石块应利用自然形状经修凿使能与先砌石块错缝搭砌。

（4）砌乱毛石墙时，毛石宜平砌，不宜立砌。每一石块要与左右、上下的石块有叠靠，与前后的石块有交搭，砌缝要错开，使每一石块既稳定又与其四周的其他石块交错搭接，不能有松动、孤立的石块。

（5）毛石砌体必须设置拉结石。拉结石应均匀分布，相互错开，每 $0.7m^2$ 墙面至少设置一块，且同皮内的中距不应大于 2m。拉结石的长度，当墙厚≤400mm 时，应与墙厚相等，当墙厚大于 400mm，可用两块拉结石内外搭接，搭接长度不应小于 150mm，且其中一块长度不应小于墙厚的 2/3。

（6）毛石墙的第一皮及转角处、交接处和洞口处，应用较大的平毛石砌筑。

4、治理方法

（1）墙体两侧表面形成独立墙，并在墙厚方向无拉结的毛石墙，其承载力低，稳定性差，在水平荷载作用下极易倾倒，因此必须返工重砌。

（2）对于错缝搭砌和拉结石设置不符合规定的毛石墙，应及时局部修整重砌。

5、优质工程示例

参见图 5-7。

图 5-7　毛石砌体砌筑规范

十一、毛石地基松软局部嵌入土内

1、现象

地基松软不实，毛石局部嵌入土内。参见图 5-8。

图 5-8　毛石局部嵌入土内

2、原因分析

（1）未认真验槽、检查基底土质，就进行清理找平和夯实，基底有软弱土层、杂物、浮土积水等。

（2）砌基础时，未铺灰坐浆，即将石头单摆浮搁在基土上。

（3）底皮石头过小，未将大面朝下，致使个别尖棱短边挤入土中。

（4）基础砌完未及时回填土，地基受雨水浸泡，造成基础、墙体下沉。

3、防治措施

坚持做好验槽工作，土质不合要求，要认真进行处理；砌基础前清理底面，并夯实整平；底皮石材应选用块体较大的石头，将大面朝下；顶皮石材应选用块体较直、长的，上部用水泥砂浆找平；基础砌完后，应及时回填土，两侧应同时进行，逐层逐皮夯实，以防灌水，引起基础墙体下沉。

十二、石材压搭不正确

1、现象

大方脚收台处所砌石材未压搭在下皮材上或搭不够，下皮石缝外露影响传力性能。

2、原因分析

（1）毛石规格不合要求，尺寸偏小或大小搭配，造成大方角上级台阶压砌下级台阶过少。

（2）未按操作规程作业，缺乏严格检查。

3、防治措施

乱毛石基础第一批石块，应选用比较方正的，大面朝下，放平放稳，第二批石块与第一皮错缝砌筑；毛石基础的顶面宽度应比墙厚大200mm；每台阶至少砌二皮毛石，使下台阶上皮的石块压入上台阶内应不少于1/2石长，台阶的高宽比不应小于1∶1。

十三、挡土墙里外层拉结不良

1、现象

挡土墙里外两侧用毛料石，中间填砌料石，两种石料间搭砌长度不足，甚至未搭砌，形成里、中、外三层砌体。

2、原因分析

（1）砌毛石料时，未砌拉结石或拉结石数量太少，长度太短；

（2）中间的乱毛石部分不是分层砌筑，而是采用抛投方法填砌。

3、防治措施

（1）料石与毛石组砌的挡土墙中，料石与毛石应同时砌筑，并每隔2～3皮料石层用丁砌层与毛石砌体拉结砌合。丁砌料石的长度宜与组合墙厚度相同。

（2）采用分层铺灰分层砌筑的方法，不得采取投石填心的做法。

（3）料石与毛石组砌的挡土墙，宜采用同皮内引帧相间的组合砌法，丁砌石的间距不大于1～1.5m。中间部分砌筑的乱毛石必须与料石砌平，保证丁砌料石伸入毛石部分的长度不小于20cm。

4、治理方法

（1）墙体两侧表面形成独立墙，并在墙厚方向无拉结的毛石墙，其承载力低，稳定性差，在水平荷载作用下极易倾倒，因此必须返工重砌。

（2）对于错缝搭砌和拉结石设置不符合规定的毛石墙，应及时局部修整重砌。

5、优质工程示例

参见图 5-9。

图 5-9　挡土墙优质工程

第五节　填充墙砌体工程

一、楼梯及大梁处填充墙裂缝

1、现象

（1）在较长的多层房屋楼梯间处、楼梯休息平台与楼板邻接部位发生的竖直裂缝。

（2）大梁底部的墙体（窗间墙），产生局部裂缝。

参见图 5-10。

图 5-10　楼梯与楼板部位竖直裂缝

2、原因分析

大梁下面墙体局部裂缝，主要由于未设梁垫或梁垫面积不足，砖墙局部承受荷载过大所引起。此外，与砖和砂浆标号偏低、施工质量差也有关。

3、防治措施

（1）斜裂缝主要发生在软土地基上，由于地基不均匀下沉，使墙体承受较大的剪力，当结构刚度较差、施工质量和材料强度不能满足要求时，导致墙体开裂。

（2）有大梁集中荷载的窗间墙，应有一定的宽度（或加垛），梁下应设置足够面积的混凝土梁垫；当大梁荷载较大时，墙体尚应考虑横向配筋；对宽度较小的窗间墙，施工中应避免留脚手架眼。

（3）有些墙体裂缝具有地区性特点，应会同设计与施工单位，结合本地区气候、环境和结构形式、施工方法等，进行综合调查分析，然后采取措施，加以解决。

二、填充墙梁、板处水平裂缝

1、现象

填充墙砌块沿梁或板下方出现水平裂缝，同时抹灰墙面还出现干缩裂缝。

2、原因分析

框架结构砌体填充墙主要原因：

（1）砌体自身随时间逐渐干缩，引起裂缝；

（2）材料差异变形大，线膨胀系数不同；

（3）昼夜温差大，造成材质变形不一致；

（4）日砌筑高度过高，材料收缩变形；

（5）砌体沉降未完成就进行斜蹬砖砌筑；

（6）墙体拉结筋未按照规范要求放置。

3、防治措施

（1）严格把关材料进场时的质量，对于有破损、尺寸偏差等缺陷的材料当场退回；材料在搬运过程中轻拿轻放选定合格砌块。砌块应在砌筑前一天淋水，派专人将砌块与砌筑面适量洒水湿润，湿润砌块渗入表层一般以 0. 8～1. 2cm 为宜。砌块的含水量最好等于或低于现场外界空气平均年相对湿度，避免在砌筑时砌块将砌筑砂浆中的水份吸走，而影响砂浆的强度。控制砂浆配合比使砌块最低量吸水并在后期干缩最小。

（2）在砌块墙身与混凝土梁、柱、剪力墙交接处，门窗洞边框处和阴角处，钉挂 10mm×10mm 孔眼的钢丝网或贴麻片（墙体材料的强度较高时应钉钢丝网，强度较低时应贴麻片），每边宽度不小于 200mm。将挂网展平，用射钉与梁、柱或墙体连接，或与预埋钢筋点焊固定，网材搭接做到平整、连续、牢固，搭接长度不小于 100mm。

（3）控制日砌筑高度不大于 1.8m，斜蹬砖的砌筑必须待砖墙沉实（一般为 7d）后方可砌筑或在填充墙顶预留 20～30mm 预留缝，灌注膨胀砂浆或灌注膨胀剂细石混凝土。

三、填充墙梁、柱处水平裂缝

1、现象

框架柱中留的拉接筋位置、数量、长度、焊接质量达不到设计和规范要求，框架梁底与围护墙顶常产生水平裂缝，造成沿梁底渗水等缺陷。

2、原因分析

（1）施工前技术交底不清，要求不明；施工中检查不认真。

（2）操作人员没有掌握操作规程要领，质量责任心不强，违章作业而留下隐患。

3、防治措施

（1）对需砌围护墙的工程，应先检查框架柱中留的拉接筋位置、数量、长度是否符合设计和规范要求，如有不足之处，必须纠正或补足，满足设计要求。

（2）拉接筋设置宜在柱内预埋连接件，砌墙前在柱上划好砌砖的皮数，根据皮数焊好拉接钢筋。砌砖与柱间的缝隙要用砂浆填嵌密实。当填充墙砌到离框架梁底 500mm 左右时停 3d 以上，待下部砖砌体砖缝中砂浆干缩下沉后，方可再砌顶部的砖墙，并留 180～200mm 的空隙，然后再用砖斜撑砌，保持撑砌倾斜度在 50º ～80º 之间。砌斜砖的斜角缝中和斜面缝中都必须铺满填实砂浆，隔天湿养护，共 7d。

4、治理方法

砌筑完的填充墙体若发现有裂缝，还没有做装饰工程的墙体，可拆除墙顶的斜砌立砖，刮除灰浆层和灰疙瘩，扫刷冲洗，再用浇水湿润的砖批足砂浆挤紧撑牢。斜角缝中都要填嵌实砂浆，隔天浇水湿养护 7d。

四、填充墙与柱交接处竖向裂缝

1、现象

填充墙与混凝土框架柱交接处出现竖向裂缝，有的墙体较长，在墙中部也会出现竖向沿灰缝的裂缝，一般外墙比内墙更易产生。

2、原因分析

（1）块体产品质量不合格。

（2）产品龄期未满 28d 即使用，或进场后露天堆放浸水。砌筑后墙体干缩造成开裂。

（3）填充墙拉结筋未按规定设置或拉结筋不直，影响柱与砌体的拉结。

（4）砌筑时竖缝砂浆不饱满，尤其小砌块顶面凹槽内不填砂浆，造成假缝，降低砌体的水平拉结能力。

（5）砌筑砂浆粘结性差或铺灰过长，砂浆脱水影响粘结性能，降低抗剪能力。

（6）墙体过长未在墙中采取竖向构造措施，使砌体干缩值增大开裂。

（7）干燥或高温条件下砌筑，未采取养护措施，当砌体干缩过早过快时，砂浆的强度尚低，难以抵抗干缩引起的拉、剪应力。

3、防治措施

（1）针对砌块自身干缩的控制措施：

砌块自身干缩，控制砌筑时砌块的含水率。其含水率接近于现场年平均相对湿度（81%）。

1）严格把关墙体材料进场时的质量，对于有破损、尺寸偏差等缺陷的材料当场退回；材料在搬运过程中轻拿轻放选定合格砌块。

2）砌块应在砌筑前一天淋水，派专人将砌块与砌筑面适量洒水湿润，湿润砌块渗入表层一般以 0.8～1.2cm 为宜。砌块的含水量最好等于或低于现场外界空气平均年相对湿度。避免在砌筑时砌块将砌筑砂浆中的水份吸走，而影响砂浆的强度。

3）在上述措施的前提下，砂浆配合比保持在 C∶S∶W=0.246∶1.015∶0.29 左右，能使砌块最低量吸水并在后期干缩最小。

（2）针对材料差异变形引起裂缝的控制措施：

在砌块墙身与混凝土梁、柱、剪力墙交接处，门窗洞边框处和阴角外钉挂 10×10mm 孔眼的钢丝网或贴麻片。墙体材料的强度较高时应钉钢丝网，强度较低时应贴麻片。每边宽度不小于 200mm，在蒸压灰砂砖与砌块处每边 100mm 宽，将挂网展平，用射钉与梁、柱或墙体连续，或与预埋钢筋点焊固定。网材搭接做到平整、连续、牢固、搭接长度不小于 100mm。

（3）仅设置拉结筋仍不能解决裂缝问题的改进措施：

1）整改植筋的数量和植筋的灌入孔深：要求在填充墙施工前，必须把墙、柱上填充墙体拉结筋每 500mm 高植一道。每道设 A6 钢筋，每边伸入墙内不应小于墙长的 1/5 且不应小于 700mm 或至门窗洞口边，锚入柱内 200mm。端部设 90° 弯钩；植筋前，做好三清两吹清空；埋植钢筋并在插入钢筋时有植筋胶溢出，保证其连接强度。

2）在拉结筋处浇注 C20 细石混凝土带，长度约 1m。

五、填充墙砌体裂缝

1、现象

（1）柱、墙与填充墙交界位置裂缝。

（2）梁、板底与填充墙交界位置裂缝。

（3）墙面凿槽埋管位置裂缝。

（4）外墙阳面受温度变化影响较显著位置裂缝。

（5）不同时期砌筑的交界位置裂缝。

2、原因分析

（1）柱、墙与填充墙交界位置裂缝：墙柱间隙过大；砌块与柱间灰缝不饱满；砌块含水率大，未达到龄期；未按规定设置拉结筋；抹灰层干缩等。

（2）梁、板底与填充墙交界位置裂缝：最上皮砌块未斜砌顶紧；砌体沉缩过大；墙梁板交接处灰缝不饱满；墙梁板交接处灰缝过厚等。

（3）墙面凿槽埋管位置裂缝：抹灰过早过厚未分层操作；灰浆配合比不当，用水量过大；砂浆填塞不紧固等。

（4）外墙阳面受温度变化影响较显著位置裂缝：温度作用在墙体上，当温度应力过大或砌体强度偏低时产生裂缝。

（5）不同时期砌筑的交界位置裂缝：临时间断处分段施工时留槎不正确。

3、防治措施

（1）非承重砌体应分次砌筑，每次砌筑高度不应超过1.5m。应待前次砌筑砂浆终凝后，再继续砌筑；日砌筑高度不宜大于2.8m。

（2）墙长超过5m时，应按照下列规定于墙中部每隔不超过5m设置钢筋混凝土构造柱。

1）构造柱的截面尺寸和配筋应满足设计要求。当设计无要求时，构造柱截面最小宽度不得小于200mm，厚度同墙厚，纵向钢筋不应小于4Φ10，箍筋可采用Φ6@200。

2）纵向钢筋顶部和底部应锚入混凝土梁或板中。

3）砌体与构造柱的连接处应砌成马牙槎，每个马牙槎的高度不宜超300mm。

4）构造柱应于砌筑完成后浇筑混凝土。

5）墙高超过4m时，墙体半高处应设置端部与结构构件连接且沿墙全长贯通的钢筋混凝土水平连系梁。当连系梁在门窗洞口处切断时，洞口上方过梁的截面和配筋不得低于连系梁的要求，连系梁与过梁水平投影处搭接长度不应小于连系梁与洞口过梁的垂直距离的2倍，过梁两边伸入墙体不应小于500mm。

6）砌体与混凝土结构构件之间应设置拉结钢筋，拉结钢筋应符合下列规定：

a. 沿楼层全高每隔3皮砌块并不超过600mm设置2Φ6拉结钢筋。

b. 拉结筋宜根据皮数杆的标识设置于灰缝所在位置的混凝土墙柱上。

c. 钢筋伸入砌体内的长度，对于蒸压加气混凝土砌块，宜为700mm；

d. 拉结筋应砌入水平灰缝中，有拉结钢筋处水平灰缝厚度应比拉结钢筋直径大 4mm。

7）下列部位抹灰时应挂加强网：

a. 不同材料基体结合处在基体上挂加强网。

b. 暗埋管线的孔槽处在基体上挂加强网。

c. 当抹灰总厚度大于或等于 35mm 时，在找平层中应附加一道加强网。

d. 高度 24m 以上的外墙，找平抹灰时基体上应满挂加强网。

第六节　砌体施工质量常见裂纹

一、地基不均匀下沉引起墙体裂缝

1、现象

（1）斜裂缝一般向上发展。由于横墙刚度较大（门洞口亦少），一般不会产生较大的相对变形，故很少出现这类裂缝。裂缝多在墙体下部，向上逐渐减少，裂缝宽度下大上小，常常在房屋建成不久就出现，其宽度和数量随时间而逐渐发展。参见图 5-11。

图 5-11　横墙斜裂缝

（2）窗间墙水平裂缝。一般在窗间墙的上下对角处成对出现，沉降大的一边裂缝在下，沉降小的一边裂缝在上。

（3）竖向裂缝发生在纵墙中央的顶部和底层窗台处，裂缝上宽下窄。当纵墙顶层有钢筋混凝土圈梁时，顶层中央顶部竖直裂缝则较少。

2、原因分析

（1）斜裂缝主要发生在软土地基上，由于地基不均匀下沉，使墙体承受较大的剪力，当结构刚度较差、施工质量和材料强度不能满足要求时，导致墙体开裂。

（2）窗间墙水平裂缝产生的原因是在沉降单元上部受到阻力，使窗间墙受到较大的水平剪力，而发生上下位置的水平裂缝。

（3）房屋底层窗台下竖直裂缝，是由于窗间墙受到荷载后，窗台墙起着反梁作用，特别是较宽大的窗口或窗间墙承受较大的集中荷载情况下（如礼堂、厂房等工程），窗台墙因反向变形过大而开裂，严重时还会挤坏窗口，影响窗扇开启。另外，地基如建在冻土层以上，由于冻胀作用而在窗台处发生裂缝。

3、防治措施

（1）合理设置沉降缝。凡不同荷载（高差悬殊的房屋）、长度过大、平面形状较为复杂，同一建筑物地基治理方法不同和有部分地下室的房屋，都应从基础开始分成若干部分，设置沉降缝，使其各自沉降，以减少或防止裂缝产生。沉降缝应有足够的宽度，操作中应防止浇注圈梁时将断开处浇在一起，或砖头、砂浆等杂物落入缝内，以免房屋不能自由沉降而发生墙体拉裂现象。

（2）加强上部结构的刚度，提高墙体抗剪强度。由于上部结构刚度较强，可以适当调整地基的不均匀沉降。故应在基础顶面（+0. 000）处及各楼层门窗口设置圈梁，减少建筑物端部门窗数量。操作中严格执行规范规定，如砖浇水湿润、改善砂浆和易性、提高砂浆饱满度和砖层的粘结（提高灰缝的饱满度，可以大大提高墙体的抗剪强度）。在施工临时间断处应尽量留置退槎。留置直槎时，也应加拉结条，坚决消灭阴槎又无拉结条的做法。

（3）加强地基探槽工作。对于较复杂的地基，在基槽开挖后应进行普遍钎探，待探出的软弱部位进行加固处理后，方可进行基础施工。

（4）宽大窗口下部应考虑设混凝土圈梁或砌反石砖旋以适应窗台反梁作用的变形，防止窗台处产生竖直裂缝。为避免多层房屋底层窗台下出现裂缝，除了加强基础整体性外，也可采取通长配筋的方法来加强。另外，窗台部位也不宜使用过多的半砖砌筑。

二、温度变化引起墙体裂缝

1、现象

（1）八字裂缝。出现在顶层纵墙的两端（一般在 1～2 开间的范围），严重时可发展至房屋 1/3 长度内，有时在横墙上也可能发生。裂缝宽一般中间大、两端小。当外纵墙两端有窗时，裂缝沿窗口对角方向裂开。

（2）水平裂缝。一般发生在平屋顶屋檐下或顶层圈梁 2～3 皮砖的灰缝位置，裂缝一般沿外墙顶部断续分布，两端较中间严重，在转角处，纵、横墙水平相交而形成包角裂缝。

2、原因分析

（1）八字裂缝一般发生在平屋顶房屋顶层纵墙面上，这种裂缝往往在夏季屋顶圈梁、挑檐混凝土浇筑后，而保温层未施工前，由于混凝土和砖砌体两种材料线膨胀系数不同（前者比后者约大一倍），在较大温差情况下，纵墙因不能自由缩短而在两端产生八字裂缝。无保温屋盖的房屋，经过冬、夏气温的变化也容易产生八字裂缝。

（2）檐口下水平裂缝、包角裂缝以及在较长的多层房屋楼梯间处的竖直裂缝，产生的原因与上述原因相同。

3、防治措施

合理安排屋面保温层施工，由于屋面结构层施工完毕至做好保温层，中间有一段时间间隔，因此屋面施工应避开高温季节。屋面挑檐可采取分块预制或留置伸缩缝，以减少混凝土涨缩对墙体的影响。

4、治理方法

（1）对于沉降差不大，且已不再发展的一般性细小裂缝，因不会影响结构的安全和使用，采取砂浆堵抹即可。

（2）对于不均匀沉降仍在发展，裂缝较严重且在继续开展阶段情况，应本着先加固地基后处理裂缝的原则进行。一般可采用桩基托换加固方法来加固，即沿基础两侧布置灌注桩，上设抬梁，将原基础圈梁托起，防止地基继续下沉。然后根据墙体裂缝的严重程度，分别采用灌浆充填法（1∶2 水泥砂浆）；钢筋网片加固法（250×250mm φ4～6 钢筋网，用穿墙拉筋固定于墙体两侧，上抹 35mm 厚 M10 水泥砂浆或 C20 细石混凝土）；拆砖重砌法（拆去局部砖墙，用高于原强度等级一级的砂浆重新砌筑）进行处理。

三、砌体工程抹灰面裂缝

1、现象

砌块建筑室内外抹灰，随砌体的水平裂缝和沿砌块形状而出现相应的抹灰裂缝；同时，墙面抹灰还会出现干缩裂缝和起壳。

2、原因分析

（1）砌体裂缝往往在结构完工以后才陆续出现。这种后期出现的裂缝会造成抹灰层开裂，其特征是抹灰层裂缝与砌体裂缝出现在同一部位。

（2）砌块采用钢模生产，表面光滑，而且常粘有脱模剂或黏土、浮灰等污物，使抹灰砂浆与砌体粘结困难；另外，砌块的块体大，墙面灰缝少，减少了砌体灰缝对粉刷层的嵌固作用，增加了抹灰起壳的可能性。

（3）砌块吸水率较大，干燥砌块很容易吸收砂浆中的水分，影响砂浆硬化和强度发展。使砂浆与墙体粘结性减小，结合不牢，并且使施工操作困难。

（4）抹灰砂浆材料不合要求，如水泥安定性不合格、石灰膏消化不透、砂子偏细，以及砂浆配合比不准、和易性不好等原因，或是砂浆拌制后停放时间过长。

（5）由于墙体不平整、凹凸过大，或砌块缺损、脚手洞未砌筑等原因，造成抹灰层过厚，或抹灰时底层、面层同时进行，影响了砂浆跟墙面的粘结，并由此引起表里收水快慢不同，造成收水裂缝，容易产生起鼓、开裂。

（6）门窗框与墙体连接不牢，或施工质量不好，使用一段时间后，由于门窗扇碰撞振动，使门窗框周围出现裂缝或起壳脱落。

（7）水泥砂浆涂抹在石灰砂浆、混合砂浆或珍珠岩砂浆的抹灰层上；或在接茬处，基层的石灰砂浆、混合砂浆或珍珠岩砂浆没有处理干净。

（8）砌块砌体的装饰、抹灰材料选用不合理。

3、防治措施

（1）由于墙体裂缝而引起的抹灰层裂缝，应消除引起墙体裂缝的各种因素。

（2）砌块就位、校正、灌垂直缝后，应随即进行水平缝和垂直缝的勒缝，勒缝深度一般为3～5mm，可起到嵌固抹灰层的作用，如果在砌筑时没有处理，应在抹灰前扫去浮灰、嵌补凹进墙面过大的灰缝。

（3）砌块生产厂应选用易于清洗、对粉刷层粘结影响较小的脱模剂。目前脱模剂的种类很多，有海藻酸钠类、妥尔油类、石蜡乳剂类、废机油类、皂脚—滑石粉类等。由于货源间隔等多种原因，选用废机油类、皂脚—滑石粉类的较多。而皂脚滑石粉类在砌块墙面上比较容易处理，对抹灰层粘接力影响也较小。

（4）抹灰前，对砌块墙面的污点、油渍、尘土等污物，用钢丝刷、竹扫帚或其他工具清理墙面。如果砌块表面被废机油污染严重，尚需用10%碱水洗刷，再用清水冲洗干净。在抹灰前1～2d应视气候情况，适当浇水湿润墙面。

（5）抹灰前应先检查墙面的平整度，把凸出墙面较大处铲平，修补脚手洞眼和其他洞口，并镶嵌密实；凹进墙面较大处、砌块缺损部位或深度过太的缝隙，应提前用水泥砂浆分层修补平整，以免局部抹灰过厚，造成干缩裂缝或局部起壳。底层刮糙不宜太厚，一般控制在10mm以内。一般刮糙后要经过一天的时间，待砂浆收水后，再进行中层抹灰，尽量做到厚度均匀，表面平整。面层施工应根据不同装饰要求进行，如果过于干燥，可以洒水湿润，厚度不得过大。铁抹子压光不得少于两遍。

外墙面抹灰一般在刮糙的第二天进行，厚度控制在5mm左右，抹平后还应用木抹子打磨一遍，使表面光洁平整和密实。

（6）抹灰砂浆及其原材料应符合要求，有适当的稠度和保水性，机械喷涂抹灰砂浆的稠度一般为14～15cm，手工抹灰砂浆的稠度一般为8～10cm。

（7）机械喷涂抹灰工艺可提高砂浆与墙面的粘结性能。根据实验测定，机械喷涂抹灰比手工抹灰的粘结强度可提高50%～100%，有条件时应优先采用。

（8）砌块墙面一般宜用石灰砂浆和混合砂浆抹灰（配合比为1∶1∶4或1∶1∶6），不宜贴挂重量较大的饰面材料；除护角线，踢脚板、勒脚、局部墙裙外，不宜做大面积的水泥砂浆抹灰，粉煤灰砌块和混凝土砌块抹水泥砂浆时，墙面应划毛，然后用内掺107胶（水泥用量10%）的1∶1水泥砂浆洒毛，待洒毛有一定的强度后，再用1∶2.5的水泥砂浆分层抹灰，以增强抹灰层和墙面的粘接力。墙面用混合砂浆、石灰砂浆或珍珠岩砂浆抹灰时，应留出踢脚板、墙裙、勒脚或其他水泥砂浆抹灰的位置，以防止水泥砂浆因基层粘有白灰砂浆而起壳。如果采用机械喷涂抹灰，宜先做水泥砂浆抹灰。

（9）在砌块砌筑时，应在门窗洞到适当部位（一般应在安装合页处和门锁处）砌筑带木砖的砌块或直接镶砌木砖，以便固定门窗框。不能用薄木板代替木砖，更不能用铁钉等直接钉入灰缝。钢门窗框的固定可在门窗洞的墙体凿出孔穴，将固定门窗的铁脚用1∶2的水泥砂浆稳埋牢固（如孔穴较大，应用C20细石混凝土填塞）。

（10）在加气混凝土砌体内墙同一墙身两面，不得同时满做不透气饰面。在严寒地区，加气混凝土砌体的外装修不得满做不透气饰面。

四、砌体工程接茬处裂缝

1、现象

砌体留直槎处是影响房屋整体刚度的薄弱部位。后续施工时，连接处理不好，处于结构主要承载部位出现裂缝。

2、原因分析

砌体的临时间断处、转角处及内外墙交接处砌筑时任意留直槎。

3、防治措施

砌筑时砌体转角或纵横墙交接处，应同时砌筑，如不能同时砌筑的临时间断处，应留斜槎。实心砌体的斜槎长度，应不小于临时间断处砌体高度的2/3（见图5-12）。

图5-12 砌体留槎示意图

除转角处外，如临时间断处，留斜槎有困难，也可留直槎，但必须做成阳槎，并设置拉结筋。拉结筋为不小于ϕ56mm钢筋。按墙厚每120mm放一根，分层放置。500mm为一层。拉结筋末端应弯成90°直角勾，埋入砌体内长度从墙的留槎处算起不小于500mm，伸出端长度亦不小于500mm。采用冻结法砌筑时，埋入砌体内长度不小于1000mm。每层拉结筋不少于2根。

五、砌体阶梯形裂缝

1、现象

砌块砌体水平灰缝抗剪强度比相应的砖砌体低，竖缝的粘结力更低，在水平力的作用下，墙体产生水平裂缝、竖向裂缝、阶梯形裂缝和砌块周边裂缝。在一般情况下，大多数阶梯形裂缝出现在内横墙和纵墙尽端，顶层多于下层，顶层楼梯间两侧的内横墙更为明显；多数的竖向裂缝出现在砌块竖缝和底层窗台下；水平裂缝出现在屋面板底、楼板底或圈梁底，影响建筑物的整体性。

2、原因分析

（1）砌体的抗剪强度较低，是砌块建筑的薄弱环节。在一般情况下，混凝土空心砌块主要受空心率的影响，剪切面积减少，水平通缝抗剪只相当于相应砖砌体的40%～50%；粉煤灰密实砌块因表面光滑，以及砌块与砂浆之间的材质差异，粘接力较差，水平通缝抗剪强度只相当于相应砖砌体的25%～30%。

在砌筑中不注意操作质量，抗剪强度还会继续降低；而另一方面，砌块块体大，灰缝少，应力集中于灰缝中，因此砌体中的裂缝较多，而且很容易形成阶梯形裂缝。

（2）砌块表面粘有脱模剂、黏土、浮灰等污物，砌筑前没有洗刷干净，在砂浆和砌块形成隔离层，影响砌块砌体的抗剪强度和粘结性能。

（3）砌块的收缩值较大。由于砌块本身的材性影响，砌块蒸养出池后，内部空隙中的水分在干燥环境中脱水，引起较大的体积收缩；此外，砌块在空气中二氧化碳的作用下，发生碳化，也会引起砌块的体积收缩。粉煤灰硅酸盐砌块标准规定其收缩值为1mm/m（即1/1000）；蒸压加气混凝土砌块标准对不同温度、湿度条件下的一等品和二等品分别规定其收缩值为0. 5mm/m（即5/10000）、0. 8mm/m（即8/10000）、0. 9mm/m（即9/10000）；比普通混凝土的收缩值大，而且大部分收缩发生在开始的30～50d内。在一般情况下，如果采用没有适当存放的砌块砌筑，砌块收缩值较大；而砂浆因龄期不足，没有达到一定强度，砌体的抗剪强度较低，因此很容易在灰缝中产生裂缝。

小型混凝土空心砌块根据不同用途规定干缩率，对用作清水外墙、承重墙、非承重内墙（或隔墙）的砌块干缩率分别控制为5/10000、6/10000、8/10000，如果生产、贮存使用过程中不注意，很容易混淆，而造成不良后果。

（4）砂浆原材料质量不符合要求。如水泥安定性不合格，石灰膏消化处理不透，砂子偏细，含泥量过多或砂浆稠度过小，保水性不好，操作性能差，影响砌体施工质量。

（5）砂浆的配合比不好，收缩率过大。特别是竖向灰缝宽度和水平灰缝厚度过大时，收缩值更大。如果竖向灰缝过小，又因为砂浆是后灌的，缝中无法灌实，成了空心缝或瞎缝，使相邻砌块失去粘性，形成缝隙。

（6）砌块在砌筑前，没有浇水湿润或浇水不够，使砂浆失水，影响相互间的粘接或砂浆的强度。

（7）砌块间粘接不良。如砂浆中有较大的石粒，造成灰缝不密实；砌筑空心砌块时，因支承面较小，采用退榫法砌筑，砌块就位使用的木榫束能高出砂浆面；砌筑时铺灰长度太长，砂浆失水影响粘接；砌块就位校正后，经碰撞、撬动等，影响砂浆和砌块的粘接。由于上述种种原因，造成之间粘接不好，甚至在灰缝中形成初期裂缝。

（8）砌块排列不合理。

（9）圈梁施工，因为没有做好垃圾清理、浇水湿润、墙体找平工作，使混凝土圈梁与墙体不能形成整体，失去圈梁的作用。

（10）楼板安装前，没有做好墙顶清理、浇水湿润、墙体找平，以及安装时的坐浆等工作，或是楼板缝没有灌实，使楼面没有形成整体，削弱了楼板的整体水平刚度。

（11）墙体、圈梁、楼板之间没有可靠的连接。某一构件或部位受力后，力不能可靠传递，不能共同承受外力，很容易在局部发生裂缝或局部损坏，甚至最终造成整个建筑物的损坏。

（12）后砌砖墙整体性差。一般砌块的规格只是水平尺寸发生变化，而厚度不变，因此在砌块建筑工程中，特别是在住宅建筑中的非承重隔墙.大多数都采用半砖砌体。但因黏土砖和砌块的尺寸、模数不一，而且在砌块砌体完成以后再砌砖，因此砖砌体与砌块砌体无法咬槎砌筑，造成砖砌体隔墙整体性差。

（13）砌块建筑因为砌块块体大，灰缝较少，对地基不均匀沉降特别敏感，很容易在砌体中出现阶梯形裂缝。

（14）建筑物各部分之间的温度差太大，造成建筑物各部分（或各种构件）之间的温度膨胀值或收缩值不一样。这在钢筋混凝土屋盖中特别明显，往往因为温度变形引起顶层墙体开裂，或是屋面与墙体的结合处开裂。

3、防治措施

（1）配制砌筑砂浆的原材料必须符合质量要求，做好砂浆配合比设计，砂浆稠度以5～7cm为好；同时应有良好的和易性、保水性，一般均采用混合砂浆或掺1/10000皂化松香有机塑化剂的微沫砂浆。砂浆应随拌随用，水泥砂浆必须在初凝之前用完，混合砂浆也应在4h之内用完，不得使用隔夜砂浆。

（2）控制铺灰长度和灰缝厚度。

（3）为了减少砌块在砌体中收缩引起的周边裂缝，砌块应在蒸养出池以后，适当存放一段时间（一般为30～50d），待砌块收缩基本稳定以后再上墙砌筑。

（4）在砌筑前，一般要根据砌块表面情况，用竹扫帚、钢丝刷清理或水冲洗等措施，清除表面脱模剂或黏土、浮灰等污物。

（5）砌块在砌筑前要浇水湿润。

（6）绘制砌块排列图。

（7）在空心砌块建筑的房屋四大角、楼梯四角、内纵墙和山墙交接处的砌体空洞内，沿房屋全高设置钢筋混凝土芯柱（构造柱），并与基础和各层圈梁连接成整体。构造柱的竖向钢筋应不小于 1Φ12，钢筋搭接长度应不小于 35d；空洞内浇筑 C20 细石混凝土，并分层分段填实。对五层以及五层以上的小型混凝土空心砌块建筑，还应沿墙每隔三皮砌块在水平灰缝内设置与构造柱连接的拉结钢筋，以增强房屋的整体刚度。

（8）承重加气混凝土砌块建筑，除墙外转角以及内墙交界处应咬槎砌筑外，还应沿墙高每 1 米左右灰缝内设置 2Φ6 钢筋，每边伸入墙内 1 米。顶层山墙部位也应采取加筋防裂措施。

六、砌体结构墙体裂缝

砖砌墙体的脆性（比之混凝土构件）大，比较容易出现裂缝。有些裂缝还是几种原因组合的结果，有时难以绝对分类。

1、竖向承载力不足引发的裂缝

竖向承载力不足的墙体可能因局部承压过大而出现竖向裂缝，也可能因墙身压曲而发生水平裂缝。

（1）梁端支座下的墙体因局部承压过大，而出现竖向及斜向裂缝，图 5-13（a）所示为某砖混结构民房实例。出现类似情况者已属局部危险构件。

（2）砖木结构的房屋，由于黏土瓦会顺屋面坡度下移，如果山墙斜坡无钢筋混凝土压顶，在门洞上方（是山墙的薄弱环节），黏土瓦的下移力（水平分力）可能将山墙拉裂，如图 5-13（b）所示；与山墙呈 T 字形连接的外纵墙顶部会因瓦的下滑（外推）出现水平裂缝。

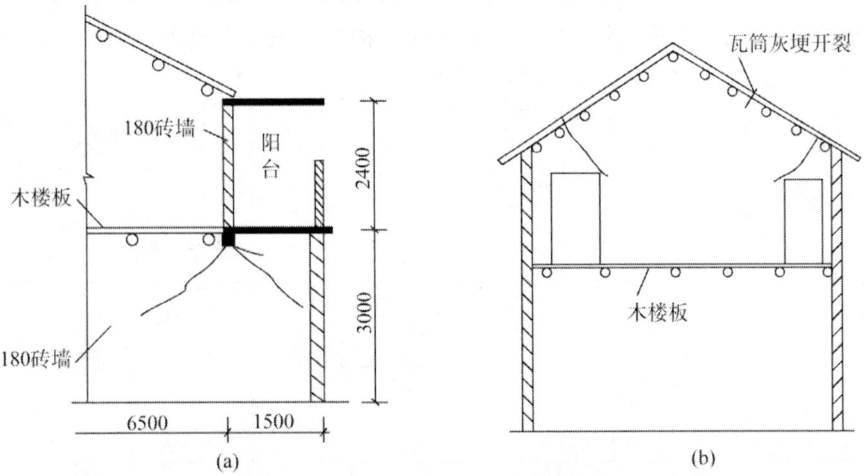

图 5-13　墙体因竖向荷载作用而产生裂缝的实例

（a）某民居砖墙在梁端因局部承压过大而开裂；（b）某旧居山墙因土瓦沿坡下移开裂

2、顶层墙体裂缝

房屋的顶层墙体对环境温度变化（比之其下各层）最为敏感，容易出现裂缝。

（1）正八字形裂缝

砖墙的线膨胀系数约为 5×10^{-6}，混凝土的线膨胀系数约为 10×10^{-6}，两者相差近半。当环境温度升高时，屋盖混凝土膨胀得多，砖墙膨胀得少，房屋的顶墙容易出现正八字裂缝。如果屋盖无保温隔热措施，再加墙体的砌筑砂浆强度低下，裂缝会加剧。

1）图 5-14 所示为某砖混结构小学教学楼严重开裂情况；其砂浆因掺黏土过多，砂浆强度低，用手指即可抠出大量粉末。

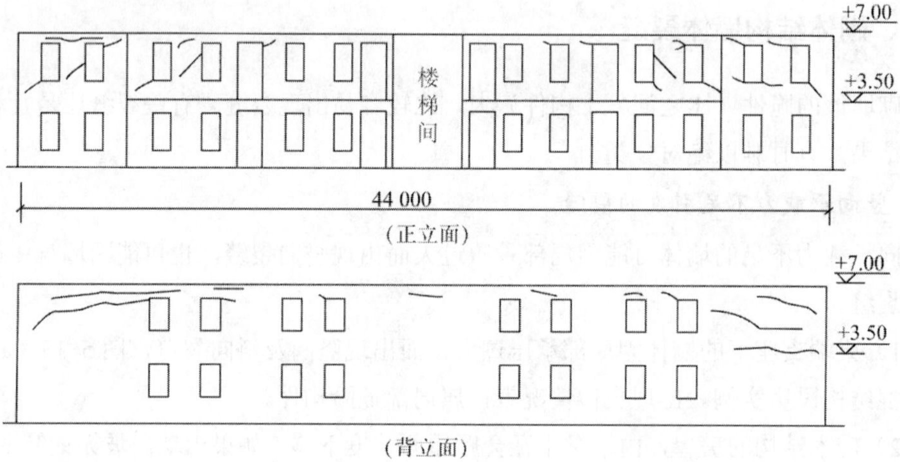

图 5-14　砂浆强度低下的某小学顶墙裂缝实例

2）如果楼房顶层不设置圈梁，外端角不设置构造柱，裂缝也会加剧，图 5-15 所示为某砖混结构变电所顶墙正八字形裂缝从角柱底（构造柱未全高设置，仅顶层设置）开始。

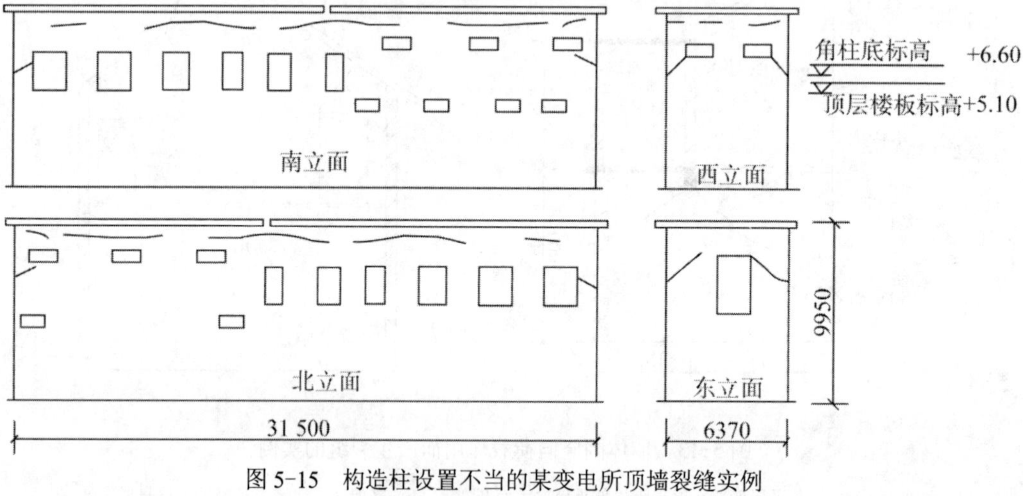

图 5-15　构造柱设置不当的某变电所顶墙裂缝实例

3）由于室内隔墙无阳光直射，比之房屋两端山墙，屋面的温差更大，其裂缝往往比较严重（如图5-16所示）。同一结构形式、同一尺寸的楼房，烧结黏土砖砌筑的墙体，其裂缝相应较轻。

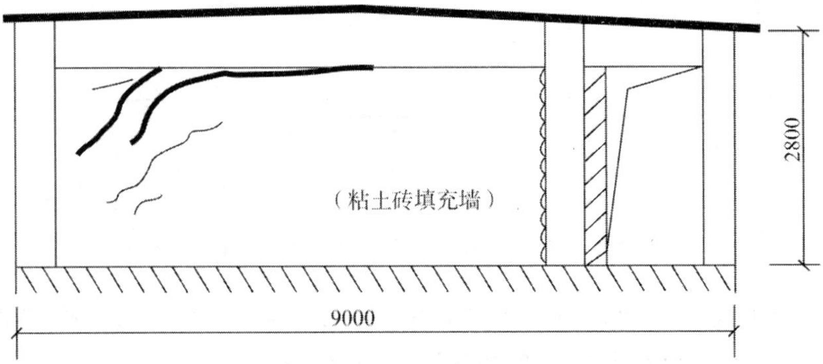

图5-16　某室内隔墙开裂的实例

4）墙体材料不同。图5-17（a）为黏土砖砌筑的填充墙（现浇框架结构）楼房，下图（b）为灰砂砖砌筑的填充墙，两者相比，灰砂砖墙开裂比较严重。

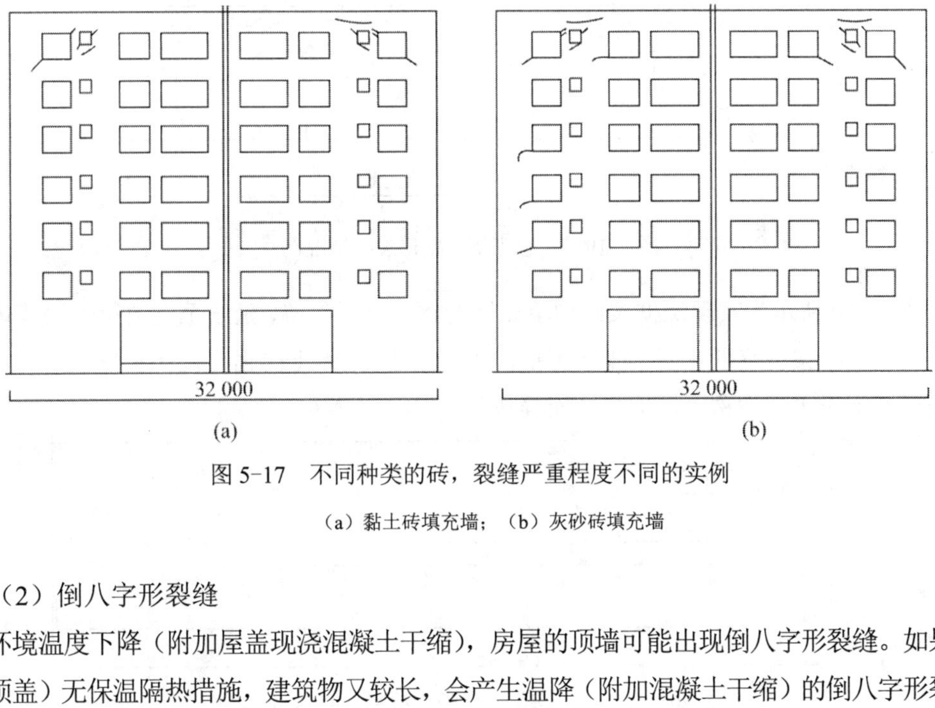

图5-17　不同种类的砖，裂缝严重程度不同的实例

（a）黏土砖填充墙；（b）灰砂砖填充墙

（2）倒八字形裂缝

环境温度下降（附加屋盖现浇混凝土干缩），房屋的顶墙可能出现倒八字形裂缝。如果屋盖（或顶盖）无保温隔热措施，建筑物又较长，会产生温降（附加混凝土干缩）的倒八字形裂缝。

1）例如某体育场看台，长分别为42m、49m（露天现浇框架结构伸缩缝最大间距规定为35m）。于夏天赶工期施工，使用前发现看台下的黏土砖填充墙普遍开裂，裂缝宽达0.55mm。由于它建在软土地基上，单从裂缝形态看，曾怀疑是不均匀沉降所致，经多次沉降观测，未见不均匀下沉的迹象，如图5-18所示，实为温降产生倒八字形裂缝。

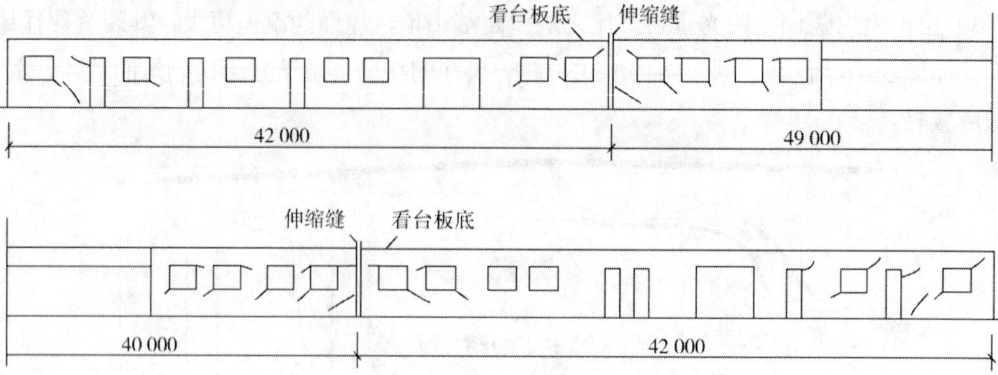

图 5-18　某体育场看台下墙体倒八字形裂缝情况图

2）图 5-19 所示为另一倒八字形裂缝实例，砖混结构，房屋不长，裂缝却很严重，其主要原因是屋盖无保温隔热措施而产生温降的倒八字形裂缝。

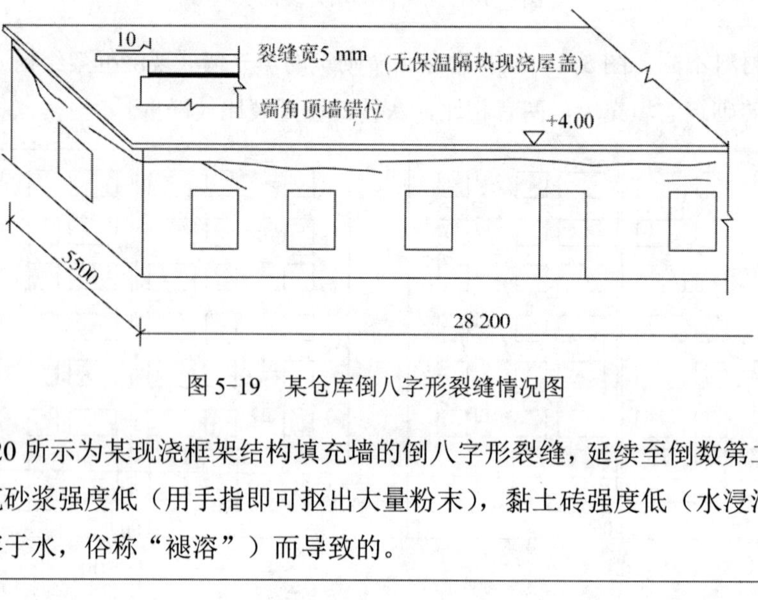

图 5-19　某仓库倒八字形裂缝情况图

3）图 5-20 所示为某现浇框架结构填充墙的倒八字形裂缝，延续至倒数第二层墙体上，原因是其砌筑砂浆强度低（用手指即可抠出大量粉末），黏土砖强度低（水浸泡之后，黏土砖表面局部溶于水，俗称“褪溶”）而导致的。

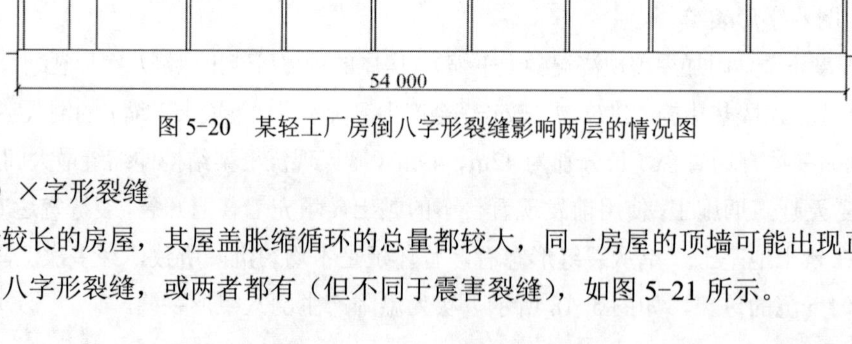

图 5-20　某轻工厂房倒八字形裂缝影响两层的情况图

（3）×字形裂缝

体量较长的房屋，其屋盖胀缩循环的总量都较大，同一房屋的顶墙可能出现正八字形裂缝或倒八字形裂缝，或两者都有（但不同于震害裂缝），如图 5-21 所示。

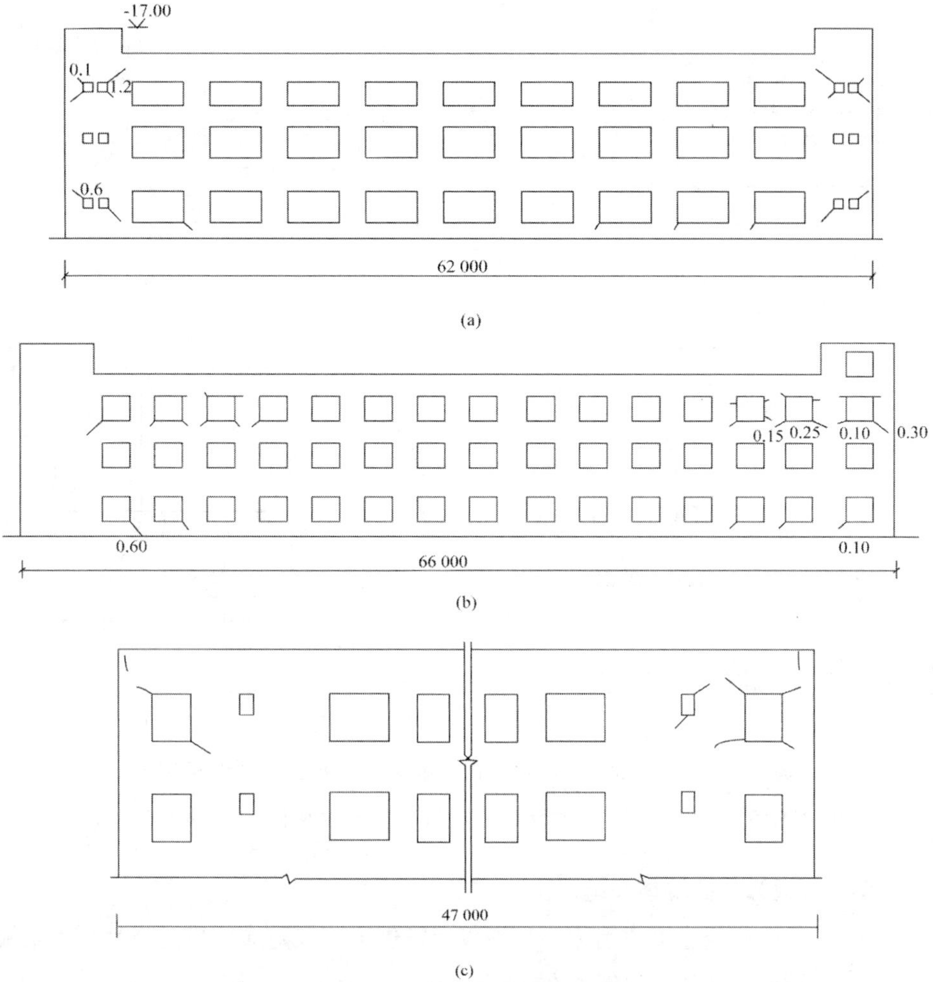

图 5-21　顶墙出现×字形裂缝的实例

（a）某现浇框架结构厂房实例；（b）某现浇框架结构厂房实例；（c）某现浇 7 层框架结构住宅实例

3、楼层梁板干缩引发的墙体裂缝

由于现浇混凝土梁板的干缩（附加环境温降）与梁板相连的墙体可能随之开裂。

（1）楼房中间段楼板开裂，引发与之相连的墙体开裂。

图 5-22（a）所示为某砖混结构招待所，其现浇楼板在房屋的中间段设楼梯，楼层平面被削弱，被削弱出现干缩裂缝，将外墙拉裂。

图 5-22（b）所示为某现浇框架结构住宅，房屋中间段的“细腰”部位的楼板出现干缩裂缝，将外墙拉裂。

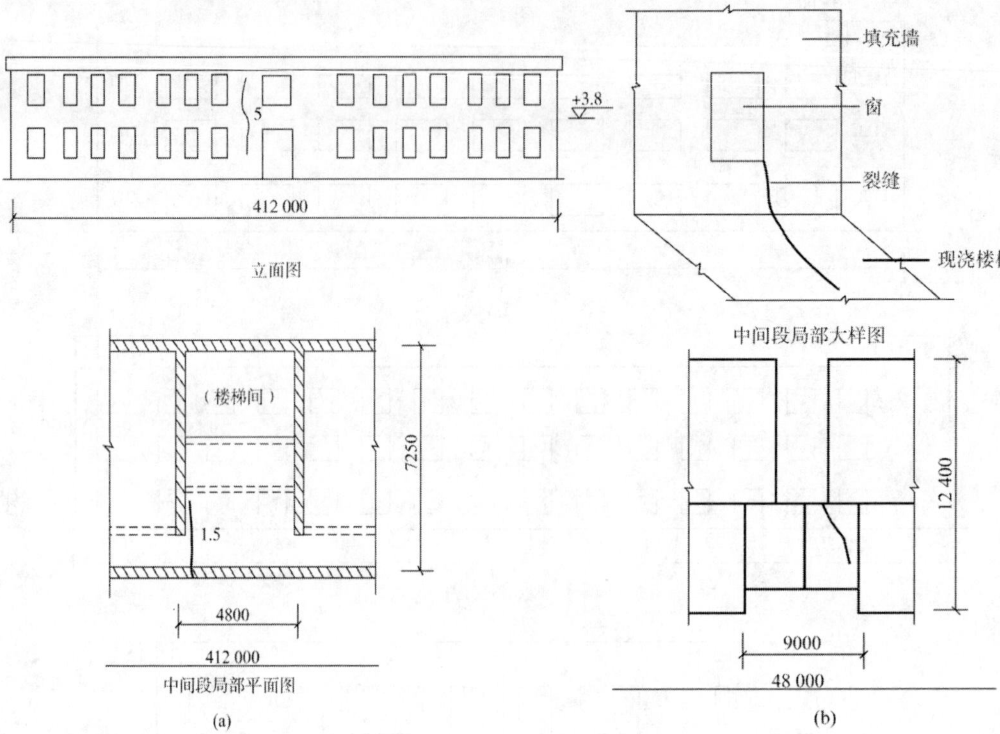

图 5-22 楼房中间段因现浇楼盖干缩裂缝而引发墙体开裂的实例

（a）楼房中间段因现浇板干缩裂缝而引发墙体开裂的实例；（b）楼房中间段的现浇板干缩裂缝与墙体裂缝

（2）梁（或板）端的墙体裂缝。

与现浇梁（或板）相连接的墙体，当混凝土发生干缩（附加环境温降）时，梁板端头的墙体可能受其拉扯而开裂，如图 5-23 所示。

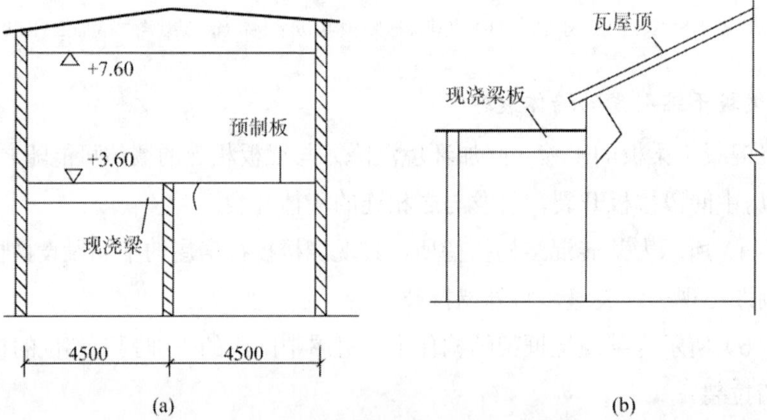

图 5-23 因现浇梁板收缩而拉裂梁端墙体的实例

（a）某砖混楼房实例；（b）某砖混平房实例

（3）圆弧形外墙在板（梁）端出现V字形裂缝。

由于楼盖混凝土干缩（附加环境温降），楼层周边外墙（窗台墙）的墙根（会因墙根的砂浆粘结力）“紧跟”楼板发生“内缩”，越是远离墙根的墙体则越“跟不上”内缩，在接槎部位出现细长的呈楔形的竖向裂缝。

大尺寸的长方形平面的楼房也有这一现象，但圆弧形楼面的外墙（窗台墙）最为突出，如图5-24所示；尤其外墙凸出框架柱者，窗台无钢筋混凝土压顶者，内外墙连接无构造柱者，墙、柱拉结筋设置不当或失效者。

为减免这一现象应改进其节点大样设计，加强节点部位的整体性。

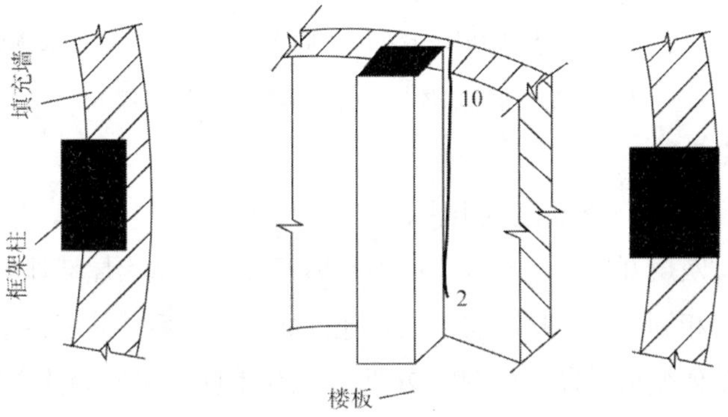

(a)　　(b)　　(c)

图5-24　圆弧形填充墙在墙柱接槎部位的裂缝形态图

（a）圆弧墙与框架柱相关位置平面图；（b）圆弧墙与柱在接槎部位发生V字形裂缝；（c）圆弧墙与框架柱节点改进示意图

4、墙体单薄引发的细长裂缝

房屋墙体单薄可能有如下原因，如高厚比太大，房屋隔墙太少（过于空旷），开洞太多，长墙无构造柱，高墙无水平系梁等，在环境温度变化（胀缩循环）下容易产生裂缝（见图5-25）。

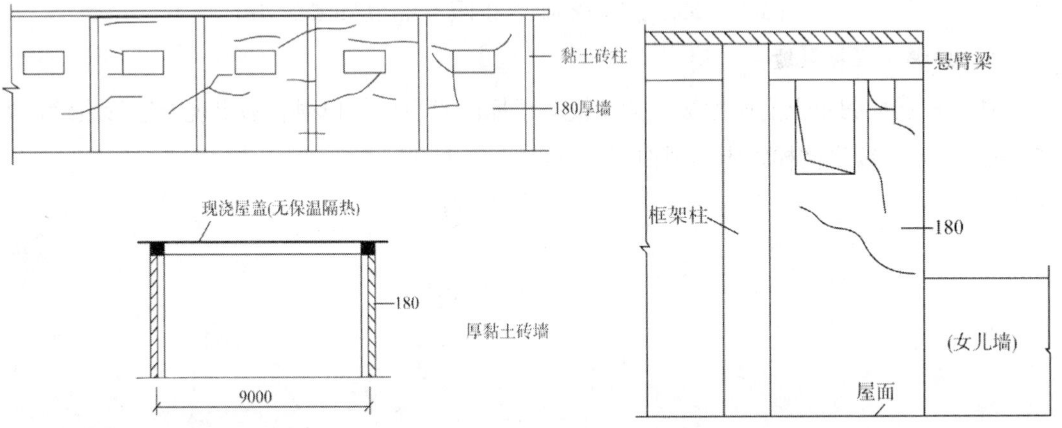

(a)某砖混结构仓库实例　　(b)某砖混结构仓库实例

图5-25　房屋墙体单薄产生裂缝示意图

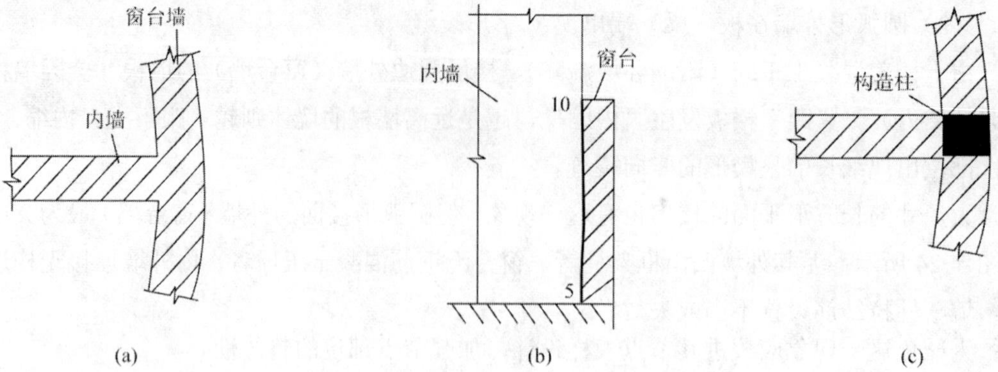

(a)圆弧墙局部大样平面图　(b)圆弧墙与内墙在接槎部位发生V形裂缝　(c)圆弧墙与内墙节点改进示意

图 5-25　房屋墙体单薄产生裂缝示意图（续）

5、外墙装饰层开裂

构件抗裂能力相比较：钢筋混凝土大，砖墙次之，抹灰层最小。

因此墙体上的抹灰层开裂，还不等于砖墙基体开裂。有些房屋墙体外表明显开裂，其形态与一般的墙体裂缝相同；铲开抹灰层（或其他饰面层）之后，砖墙并未开裂，但装饰层的开裂又确是由砖墙基体变形引发，如图 5-26 所示（屋盖膨胀引发墙体变形而产生的裂缝）。

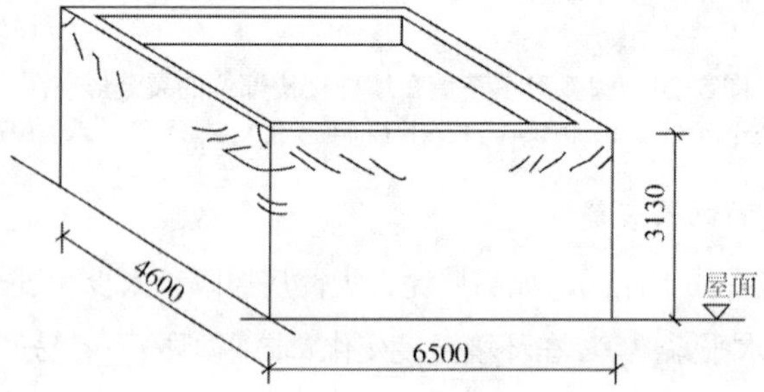

图 5-26　某住宅现浇屋面楼梯间马赛克面层开裂的实例

6、楼梯砖栏板裂缝

曲梁楼梯内凹角上的砖栏板，其墙根与楼梯的界面部位也很容易出现一字形裂缝，如图 5-27 所示；或沿楼梯踏步出现曲折裂缝。

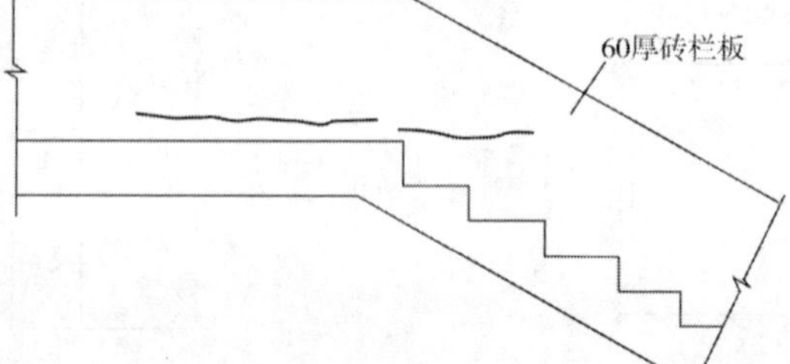

图 5-27　曲梁楼梯内凹角上的砖栏板裂缝

七、加气混凝土砌体裂缝

1、加气混凝土墙面抹灰层空裂的主要原因

（1）抹灰砂浆自身收缩引起开裂

抹灰砂浆收缩是引起裂缝最常见的因素之一，它主要包括化学减缩、干燥收缩、自收缩、温度收缩及塑性收缩。每种收缩各有特点，在引起抹灰砂浆开裂时表现各不相同。

化学减缩，又称水化收缩，水泥水化会产生水化热，使固相体积增加，但水泥-水体系的绝对体积减小。所有胶凝材料水化后都有这种减缩作用。大部分硅酸盐水泥浆体完全水化后体积减缩量为7%～9%，在硬化前，抹灰砂浆水化所增加的固相体积填充原来被水所占据的空间，使水泥石密实，而宏观体积减缩；硬化后的抹灰砂浆宏观体积不变，而水泥-水体系减缩后形成许多毛细孔缝，影响了抹灰砂浆的性能。

干燥收缩是指抹灰砂浆停止养护后，在不饱和空气失去内部毛细孔和凝胶孔的吸附水而发生的不可逆收缩。

自收缩是指抹灰砂浆初凝后，水泥继续水化，在没有外界水分补充的情况下，抹灰砂浆因自干燥作用产生负压引起的宏观体积减小。自收缩从初凝开始，主要发生在早期。

抹灰砂浆的温度收缩又称冷缩，是抹灰砂浆内部由于水泥化温度升高，最后又冷却到环境温度时产生的收缩。温度收缩的大小与热膨胀系数、抹灰砂浆内部最高温度和降温速率等因素有关。

抹灰砂浆的塑性收缩是指抹灰砂浆硬化前由于表面的水分蒸发速度大于内部从上至下的泌水速度，而发生塑性干燥收缩。抹灰砂浆表面发生塑性干缩受时间、温度、相对湿度及抹灰砂浆自身泌水特征的影响。一旦抹灰砂浆具有一定的强度，不能通过塑性流动来适应塑性收缩，此时就会发生塑性收缩开裂，抹灰砂浆的塑性收缩缝，无论是否可见，都会影响抹灰砂浆的耐久性。

通常，由于抹灰砂浆早期强度增长很快，强度增长周期比较短，而其各种收缩周期却很长，这种强度增长周期与收缩周期的不协调是导致抹灰层开裂的一个重要原因。由于抹灰砂浆存在这些收缩，将不可避免地会产生拉应力，当拉应力超过抹灰砂浆的抗拉强度时，就会出现裂缝。

（2）抹灰砂浆保水性不能满足加气混凝土的吸水要求

保水性是指砂浆保持水分的能力。胶凝材料要有足够的水分进行水化、凝固，这样才能形成满足设计要求的抹灰砂浆层。在施工过程中，要求砂浆中各组分材料彼此不发生分离而产生析水和泌水现象。若砂浆在使用过程中发生泌水、流浆等现象时，则会使砂浆与砌体基层之间粘结不牢，并且由于失水而影响砂浆正常凝结和硬化，使砂浆强度降低。

加气混凝土是一种具有高分散多孔结构的硅酸盐建筑材料，整个结构总体构成坚固的

多孔人造石。多孔性是加气混凝土最主要的特性。加气混凝土的孔隙率一般达70%～80%，其中由铝粉在碱溶液中进行化学反应产生的氢气造成的气孔约占40%～50%，这部分气孔大部分为闭气孔；由水分蒸发留下的毛细孔造成的气孔约20%～40%，大部分气孔的孔径为0.5～2mm，平均孔径约1mm左右。气孔总量、气孔分布、气孔壁厚度及其水化产物种类数量和结晶度，直接影响着其物理力学性能。

针对加气混凝土材料的孔形结构基本上为分散独立的多孔结构，而不是像黏土砖那样的毛细孔管结构，有人把加气混凝土的孔形结构比作"墨水瓶"结构—嘴小肚子大。这种孔形结构吸水多而且速度慢，表面浇水不易浇透。根据对05级加气混凝土吸水试验结果，在浸水后1h内吸水速度很快，可达总体积含水率的50%(总体积饱和吸水率约为45%左右)，10h后吸水速度极其缓慢，要达到饱和吸水率大概需要30d。由于加气混凝土的气孔大部分是"墨水瓶"结构的气孔，只有少部分是水分蒸发形成的毛细孔，所以，毛细孔作用较差，从而造成了加气混凝土吸水多、吸水导湿缓慢的特性。

因此当新抹灰砂浆上墙后，如果它的保水性不大，水分散失太快，则砂浆还未初凝，砂浆中的水分就被加气混凝土墙面吸走或表面挥发掉，造成抹灰砂浆中水化所需的水分不充足。这样会造成砂浆强度不高、粘结力下降以及使抹灰砂浆收缩太快，尤其在抹灰砂浆与加气混凝土相结合的界面处。当砂浆层的强度增长还不足以抵抗收缩拉力的时候，砂浆层的过大、过快收缩势必造成开裂。同样，由于这时砂浆层与加气混凝土墙面的粘结力，也还未达到足以抵抗由于砂浆层的收缩而造成的砂浆层在加气混凝土墙面上的滑动，因而会发生空鼓现象。

所以，当使用普通水泥砂浆对加气混凝土墙进行抹灰处理时，由于其保水性差，必然达不到加气混凝土吸水量大、"吸水先快后慢时间长"的特点，使砂浆的硬化、强度和粘结力均受到影响，从而导致抹灰层出现空鼓、裂缝甚至脱落现象。

（3）抹灰砂浆与加气混凝土墙面导热系数、线膨胀系数相差过大

加气混凝土的导热系数一般约为0.081～0.29W/（m·K），因温变的线膨胀系数为8×10^{-6}mm/（m·℃）；而普通抹灰砂浆的导热系数约为0.93W/（m·K），普通抹灰砂浆的线膨胀系数为5×10^{-4}mm/（m·℃）左右。由此可见，普通抹灰砂浆的导热系数和线膨胀系数都比加气混凝土材料的大很多。

所以，随着环境温度发生变化时，普通抹灰砂浆吸收或释放热量都比加气混凝土要快许多，这样就造成普通抹灰砂浆温度变化比加气混凝土要大，从而在两种材料之间产生比较大的温差。这种温差使得普通抹灰砂浆的变形速度要快许多，同时，由于线膨胀系数的不一致，使得普通抹灰砂浆随温度变化发生的热胀冷缩变形量也要比加气混凝土的变形量大许多，从而会在加气混凝土墙面和抹灰砂浆之间加气混凝土砌块与砌筑砂浆之间产生巨大的温差变形应力6，而加气混凝土制品的抗拉强度一般约为0.25MPa左右。因此当温差

变形应力 $\sigma>0.25$MPa 时，就不可避免地会出现开裂现象；同时，当受温度变化，热胀冷缩产生的应力差大于抹灰砂浆抗拉强度和粘结力时，抹灰层也会出现空鼓以及开裂现象尤其在应力比较集中的加气混凝土砌块之间、墙顶处、门窗洞口四周等处。

这种由于导热系数差异和线膨胀系数差异引起的热胀冷缩而产生的温度应力，会使加气混凝土墙面抹灰层，在经过反复的年温差形变影响后，出现开裂及脱落现象。

（4）抹灰砂浆与加气混凝土的线收缩相差过大

加气混凝土的体积安定性湿度影响变化较大，它吸湿膨胀，干燥收缩，其干燥收缩系数比普通抹灰砂浆大。加气混凝土的线收缩为 0. 8mm/m 左右，普通抹灰砂浆的线收缩在 0. 03mm/m 左右。当加气混凝土的收缩应力超过制品抗拉强度或砌体粘结强度时，砌块本身或墙体接缝处就会出现裂缝。有关资料表明，加气混凝土在 20℃、不同环境相对湿度条件下的干燥收缩值变化很大。

同时，加气混凝土解湿时间长，导湿速度慢，其表面水分蒸发较快，内部水分蒸发缓慢，形成沿厚度方向含湿率差很大，当抹灰层已硬化干燥时而加气混凝土基层仍然含湿较大，造成抹灰基层与抹灰层水分不能同步蒸发，干燥收缩不同步，使得抹灰层干燥收缩应力过大，抹灰基层与抹灰层干燥收缩变形量不一致而使抹灰面层开裂或空鼓。

加气混凝土和抹灰砂浆两种材料存在着较大的变形差，在两种材料受到冷热干湿作用时，则其变形量和变形速度也会不一致，这必然会造成加气混凝土与抹灰层接触处出现空鼓开裂。

（5）抹灰砂浆与加气混凝土的强度相差较大

加气混凝土的强度比较低，抗压强度一般在 5MPa 左右，抗折强度在 0. 5MPa 左右，弹性模量在 2.3×10^3 MPa 左右，是一种弹塑材料，极限拉伸变形值比普通混凝土约大 4 倍，因此在受力后加气混凝土适应变形的能力较强；而普通抹灰砂浆的强度一般在几十兆帕以上，弹性模量一般为 $2.3\times10^4\sim2.6\times10^4$MPa，其适应变形的能力较弱。加气混凝土与普通抹灰砂浆二者受力变形差较大，当水泥砂浆抹灰强度越高，抹灰层越厚，刚性越大就越不适应加气混凝土的变形特性；相反，抹灰层较薄，强度较低，在改善粘附条件的情况下适应加气混凝土的变形能力就会提高。

所以，当加气混凝土与普通抹灰砂浆受湿度变化时吸水膨胀、脱水收缩以及当受温度变化时热胀冷缩都会引起变形不协调，在其接合面处产生剪切力，而加气混凝土适应变形能力又比普通抹灰砂浆强许多，因而会引起抹灰层空鼓、掉皮及开裂。同时，在相同荷载的作用下，加气混凝土的变形量较大，则抹灰砂浆的变形量比较小，由于两者的抵抗变形能力不一致，也会导致在应力比较集中处产生空鼓及裂纹。

（6）框架梁柱处变形差引起的开裂

在框架结构中采用加气混凝土砌块进行填充时，由于框架柱、构架柱、横梁等处采用的是钢筋混凝土，其强度、热工性能、胀缩性能等都与加气混凝土有较大的差别，因而在受到冷热干湿等作用时，两种材料的变形速度和变形量也有较大的差别，所以在钢筋混凝土与加气混凝土这两种材料结合上存在着较大的变形差，而变形差引起的应力应变大于抹灰砂浆的抗拉强度时，则必然会在框架梁柱处等部位出现开裂空鼓现象。在实际工程应用当中，框架梁柱等钢筋混凝土与加气混凝土结合部位，通常是开裂最严重的部位，其主要原因也就在于这两种材料不同的变形差，导致了这些部位的开裂。

（7）砌筑砂浆不配套

加气混凝土目前均采用普通水泥砂浆砌筑，砌体、砌缝材料与加气混凝土材料的导热系数、强度、收缩率等都不一致，而且可操作性不好，砌缝饱满度差，所以易在砌缝处造成开裂。

（8）加气混凝土砌体本身质量因素的影响

其一，加气混凝土切割表面呈鱼鳞状，砌体表面受损气孔及切割过程中残渣余屑的存在，对砌体及抹灰层会起隔离作用，影响砌体与砂浆的粘结力，使墙体易出现墙皮空鼓、开裂和脱落等。

其二，由于加气混凝土含水量大，解湿时间缓慢，抗冻性能较差，所以容易在其表面层出现空鼓及开裂现象。

其三，由于砌块强度较低，有的外形尺寸偏差较大，砌块质量不合格，会造成砌体的灰缝宽窄不一，抹灰层厚薄不均，引起收缩变形不一，从而使抹灰层出现空裂现象。

其四，因砌块堆放条件、气候、浇水及出厂时间、施工周期等原因，使加气混凝土的含水率差异大，相应产生变形差异也大；另外，加气混凝土的密度大小不一，所产生的变形也不一致。这也会引起抹灰后空裂。

（9）施工操作因素的影响

施工中，砌块墙体上留有的脚手架眼以及面层的损坏部位等，要用不规则砌块或异物进行填塞，或使用不配套的浆料修补，会使该处易发生开裂。

表面浮灰没有清理干净，没有充分湿润，砌体灰缝饱满度达不到设计要求，砌块有严重损坏，操作程序不标准等都会引起抹灰层出现空裂现象。

在外墙的同一表面采用不同强度和收缩值的材料进行抹灰，这样，抹灰后容易在两种不同材料界面间发生开裂。

（10）设计因素的影响

设计存在缺陷也会造成墙体开裂，主要表现在以下几个方面。

1）未考虑到地基沉降差异。

2）框架结构柱的拉结筋未明确设在灰缝位置，拉结筋部位的砂浆未表明强度要求。

3）建筑物未考虑温度应力的变化。

4）在梁底下口与加气混凝土砌块接触处塞填要求不明确。

5）楼层面按常规应抹踢脚线，一般砂浆属脆性材料，设计时未考虑砌体和抹灰材料的结合。

6）未考虑采用与加气混凝土性能接近的砌筑砂浆和抹灰砂浆。

7）对电线管及开关盒的安装方法无详细技术交底。

2、加气混凝土内、外墙面抹灰层空裂原因差异分析

对加气混凝土建筑内、外墙进行抹灰，抹灰层产生空鼓裂缝的原因存在一定的差异。

在加气混凝土内墙面上进行抹灰，由于加气混凝土保温隔热作用，室内温度及湿度变化不大，所以由加气混凝土和抹灰材料导热系数差异、线膨胀及线收缩差异所引起的二者变形差异比较小，即加气混凝土内墙面抹灰层空裂受导热系数差异、强度差异、线膨胀及线收缩差异的影响比较小。所以，在正确设计、正确选用材料进行合理的施工时，引起加气混凝土内墙面抹灰层空裂的主要原因，就是由于抹灰砂浆的自收缩以及抹灰砂浆保水性，不能满足加气混凝土的吸水要求。

而加气混凝土外墙面抹灰层空裂的原因，与上面分析的所有因素都有关系，是多方面因素共同作用的结果。

3、解决方案

砌筑时，要选用专用的砌筑材料对加气混凝土进行砌筑，灰缝砂浆力求饱满，嵌缝要用全柔性的材料。抹灰时，由于加气混凝土内、外墙抹灰空裂的原因存在差异，所以要选用不同的材料并采用不同的施工方案对加气混凝土建筑内、外墙面进行抹灰防裂。特别是对外墙抹灰时，一定要选用导热系数比较小的抹灰材料对钢筋混凝土与加气混凝土结合处进行均质化处理，即对这些易开裂的薄弱部位进行补充保温，使结合处的两种材料受温度变化的影响减小，这样钢筋混凝土与加气混凝土之间的变形差也会减小，因而出现开裂的几率也就大大降低了。

在实际工程应用中，对加气混凝土框架墙体采用保温性能比较好的材料进行抹灰处理，减小温度变化对两种材料尤其是结合处的影响，即用保温材料对两种材料进行均质化处理，就可解决加气混凝土框架墙体抹灰层的开裂现象；而采用普通水泥砂浆对加气混凝土框架墙体进行抹灰时，由于普通水泥砂浆的导热系数很高，对钢筋混凝土与加气混凝土结合处起不到保护作用，因而受到温度变化影响时不可避免地就出现了开裂现象。

（1）加气混凝土内墙面

用加气混凝土进行内墙保温时，单一的加气混凝土砌体结构就可达到节能的要求，所以在选用专用砂浆进行砌筑的同时，只需做好内墙面的抹灰防裂及装饰工作就可以了。由于加气混凝土的强度较小，所选用的抹灰砂浆要与加气混凝土材料相适应，要求这些砂浆的密度小，吸水吸湿性强，保水性好，隔热保温及透汽性好，拉应力变大，弹性模量及线膨胀系数小，强度低，和易性、亲和性好。可选用专用抹灰砂浆或粉刷石膏进行加气混凝土的内墙面抹灰。

施工时，先用钢丝刷将墙面松散灰皮刷掉，用棉丝擦净，再浇水充分润湿，控制加气混凝土的含水率在15%左右。然后选专用界面剂作基层处理，处理好加气混凝土表面的封闭气孔，减小吸水率，并使抹灰层与加气混凝土有很好的粘结力。这种界面剂要有很强的柔韧性和粘结强度，而且憎水性好，宜选用ZL喷砂界面剂。用专用喷枪将喷砂界面剂均匀地喷射到墙面上，厚度2～3mm，门窗口角喷砂时应先将玻璃挡住，24h后即可进行抹灰。

抹灰可选用专用的抹灰砂浆，也可选用粉刷石膏进行抹灰。抹灰厚度控制在10mm左右即可。用粉刷石膏抹灰时，粉刷石膏水化后，主要生成呈网络结构排列的二水石膏晶体，与加气混凝土材料的多孔结构配合协调，具有良好的整体强度，同时粉刷石膏凝结时产生的微膨胀性，加强了抹灰层与加气混凝土墙表面的咬合能力，使抹灰层不易收缩开裂和空鼓。

等抹灰层材料固化后，就可涂刷弹性底层涂料或刮柔性耐水腻子以及进行饰面处理。在选材时要注意，使外层材料的柔韧性要大于内层材料的柔韧性，同时外层材料的变形能力要比内层材料的变形能力强，这样，才能保证在加气混凝土内墙面上抹灰后长期不空裂。

（2）加气混凝土外墙面

要解决加气混凝土外墙面抹灰层空裂的技术难题，除了要选用专用的砌筑砂浆进行施工外，最重要的是要选用与加气混凝土材料相适应的专用抹灰砂浆进行施工，这种抹灰砂浆的强度、导热系数、弹性模量、线膨胀系数、线收缩系数等性质都要与加气混凝土相适应，同时还要有很强的保水性和吸水性，和易性、亲和性好。实践证明，为了防裂，选用的抹灰砂浆的变形能力应大于加气混凝土的变形能力，其柔韧性要比加气混凝土好，强度和加气混凝土相差不大；同时抹灰层外面的抗裂层材料和饰面层材料的变形能力及柔韧性也要逐层加强，逐层渐变。也就是说，整个抹灰材料体系采用允许变形、诱导变形的柔性渐变技术，使各构造层的柔韧变形量高于内层的变形量，其弹性模量变化指标相互匹配逐层渐变，满足允许变形与限制变形相统一的原则，能随时分散和消解温度应力。

加气混凝土外墙面抹灰的简单工艺流程如下：

（1）基层处理：用钢丝刷将加气混凝土墙面鱼鳞状疏松粉粒刷掉，用棉丝擦净，再浇水充分润湿。

（2）涂刷界面砂浆：用专用喷枪将ZL喷砂浆界面剂均匀地喷射到墙面上，厚度2～3mm。界面处理的作用是不使加气混凝土过多地吸取抹灰砂浆中的水分，避免砂浆在未充分水化前失水而形成空鼓开裂。同时，也能增强抹灰层与加气混凝土墙的粘结力。

（3）用抹灰材料进行吊垂直、水平通线、贴灰饼。

（4）抹灰：由于在进行外墙外保温时，只用加气混凝土材料作保温的话，梁、柱等局部地方还很难达到保温隔热的规定要求，因此还应做补充保温。选用 ZL 胶粉聚苯颗粒保温浆料作为加气混凝土外墙面抹灰材料，不仅可做到补充保温的效果，而且也能达到加气混凝土外墙面抹灰的要求。同时该材料的粉料是由不同比例、不同弹性模量、长短匹配的多种纤维复合无机粉料和高分子有机粘结材料构成，具有很好的施工性能和抗裂性能。抹灰厚度在 20mm 左右即可。框架、异形柱等处与加气混凝土材料性质不同的地方，均统一用 ZL 胶粉聚苯颗粒保温浆料进行抹灰找平找直。

（5）抗裂防护处理：用铁抹子将配好的 ZL 抗裂砂浆薄薄地抹在抹灰后的墙面上，同时将耐碱玻纤网格布（网格布应事先按铺设面积尺寸裁好，并将两边包边部分裁掉）粘贴在抗裂砂浆上，从中间往四边压出砂浆，均匀地布满在网格布上，网格布要似露非露，若局部露网可用抗裂砂浆补满，总厚度 3～5mm，网格布搭接≥30～50mm，干燥后可隐约显露出网格布的轮廓。复合耐碱玻纤网格布后抗裂砂浆垂直墙面方向变形能力增加，沿墙面方向变形受到限制。

（6）刮抗裂柔性腻子：在水泥砂浆抗裂层干燥后，用专用工具刮 ZL 抗裂柔性腻子进行找平处理，要求腻子层厚度控制在 3mm 以下。这种腻子具有很好的抗裂性及柔韧性，变形能力强，同时有很好的耐水性。

（7）涂刷弹性底层涂料：等腻子层干燥后，就可开始滚刷弹性底层涂料，要求滚刷均匀，不透底，口、角可用毛刷刷匀。弹性底层涂料宜用 ZL 高分子乳液弹性底层涂料。这种弹性底层涂料具有很好的呼吸性和憎水性，低温柔性好，变形能力达 300%，耐冻融性好，可以有效地防止饰面层出现裂纹。

（8）进行饰面装饰处理。

通过以上的分层处理后，整个外保温系统都具有很好的呼吸性的和憎水性，透汽性好，这样就使得水蒸气进少出多，有效地防止了因冻融循环而引起的开裂，而且也可防止内墙因水蒸气影响而产生结露等不良现象。同时，选用 ZL 胶粉聚苯颗粒保温浆料进行分层抹灰处理后，可使各层材料的变形能力逐层加强，柔韧性逐层增加，内层产生的变形应力可被诱导释放出去，从而解决了因温度应力及收缩变形应力所产生的空裂现象。而且抹灰材料良好的保水性，也可解决加气混凝土吸水性强易产生空裂的问题。

第六章 钢结构工程

第一节 钢结构焊接

一、钢结构焊缝出现裂纹

1、现象

钢结构焊缝焊后出现结晶裂纹、液化裂纹、再热裂纹、氢致延迟裂纹等。焊接裂纹是焊接接头最危险的缺陷，是导致结构断裂的主要原因。

2、原因分析

（1）钢结构在焊接后，不仅会产生变形，当焊件超厚大于30mm，刚度较大，而且焊缝内部存在残余应力，以及不合理的装配顺序，焊接工艺不当，焊条含氢超标等，都会使焊缝焊后出现裂纹。

（2）结晶裂纹是焊缝金属在凝固过程中由冶金因素与力学因素共同作用所致的裂纹，凝固温度区间越宽越易生成裂纹，其中以碳、硫危害最大。

（3）热影响区液化裂纹是施焊时晶间层物质重新熔化，而局部形成液相，当快速冷却时在熔合线附近出现的裂纹。

（4）再热裂纹也称消除应力处理裂纹，产生于低合金结构钢焊缝未焊透根部、焊趾及咬边处。

（5）氢致延迟裂纹也称冷裂纹或低温裂纹，焊缝含氢量是冷裂纹产生的重要因素，约束应力是冷裂纹生成的必要条件。焊缝金属中氢的来源是焊条、焊丝、焊剂及保护气体的水分，焊接原材的浊污、铁锈以及大气中的水分。

3、防治措施

（1）对重要结构必须有经焊接专家认可的焊接工艺，施工过程中有焊接工程师做现场指导。

（2）结晶裂纹：限制焊缝金属碳、硫含量，在焊接工艺上调整焊缝形状系数，减小深度比，减小线能量，采取预热措施，减少焊件约束度。

（3）液化裂纹：减少焊接线能量，限制母材与焊缝金属的碳、硫、磷含量，提高锰含量，减少焊缝熔透深度。

（4）再热裂纹：防止未焊透、咬边、定位焊或正式焊的凹陷弧坑，减少约束、应力集中，降低残余应力，尽量减少工件的刚度，合理预热和焊后热处理，延长后热时间，预防再热裂纹产生。

（5）氢致延迟裂纹：选择合理的焊接规范及线能量，改善焊缝及热影响区组织状态。焊前预热，控制层间温度及焊后缓慢冷却或后热，加快氢分子逸出。焊前认真清除焊丝及坡口的油锈、水分，焊条严格按规定温度烘干，低氢型焊条 300～350℃保温 1h，酸性焊条 100～150℃保温 1h，焊剂 200～250℃保温 2h。

（6）焊后及时热处理，可清除焊接内应力及降低接头焊缝的含氢量。对板厚超过 25mm 和抗拉强度在 500N/mm2 以上钢材，应选用碱性低氢焊条或低氢的焊接方法，如气体保护焊，选择合理的焊接顺序，减小焊接内应力，改进接头设计，减小约束度，避免应力集中。

（7）凡需预热的构件，焊前应在焊道两侧各 100mm 范围内均匀预热，板厚超过 30mm，且有淬硬倾向和约束度较大的低合金结构钢的焊接，必要时可进行后热处理。常用预热温度，当普通碳素结构钢板厚大于等于 50mm、低合金结构钢板厚大于等于 36mm 时，预热及层间温度应控制在 70～100℃（环境温度 0℃以上）。低合金结构钢的后热处理温度为 200～300℃，后热时间为每 30mm 板厚 1h。

4、治理方法

（1）钢结构焊缝一旦出现裂纹，焊工不得擅自处理，应及时通知焊接工程师，找有关单位的焊接专家及原结构设计人员进行分析采取处理措施，再进行返修，返修次数不宜超过两次。

（2）受负荷的钢结构出现裂纹，应根据情况进行补强或加固。

1）卸荷补强加固。

2）负荷状态下进行补强加固，应尽量减少活荷载和恒载，通过验算其应力不大于设计的 80%，拉杆焊缝方向应与构件拉应力方向一致。

3）轻钢结构不宜在负荷情况下进行焊接补强或加固，尤其对受拉构件更要禁止。

（3）焊缝金属中的裂纹在修补前应用超声波探伤确定裂纹深度及长度，用碳弧气刨刨掉的实际长度应比实测裂纹长两端各加 50mm，而后修补。对焊接母材中的裂纹原则上更换母材。

二、钢结构焊缝咬边

1、现象

焊缝咬边是指在焊缝两侧发生将母材部分熔化的情况，如图 6-1 所示。

参见图 6-2。

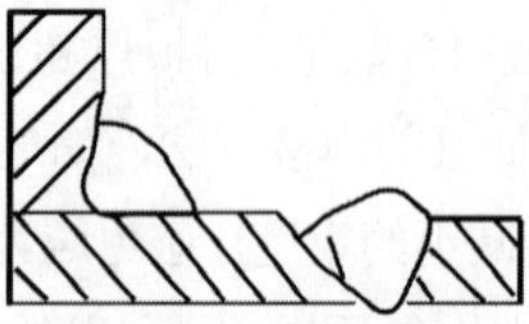

图 6-1　焊缝咬边

图 6-2　钢结构焊接咬边

2、原因分析

产生咬边的原因有：

（1）电流太大。

（2）电弧过长或运条角度不当。

（3） 焊接位置不当。

3、防治措施

咬边处会造成应力集中，降低结构承受动荷的能力和降低疲劳强度。为避免产生咬边缺陷，在施焊时应正确选择焊接电流和焊接速度，掌握正确的运条方法，采用合适的焊条角度和电弧长度。

可以用车削、打磨、铲或碳弧气刨等方法清除多余的焊缝金属或部分母材，清除后所存留的焊缝金属或母材不应有割痕或咬边。清除焊缝不合格部分时，不得过分损伤母材；修补焊接前，应先将待焊接区域清理干净；修补焊接时所用的焊条直径要略小，一般不宜大于直径 4mm。

三、钢结构焊缝夹渣

1、现象

夹渣是指残存在焊缝中的熔渣或其他非金属夹杂物。参见图 6-3。

图 6-3　焊缝夹渣

2、原因分析

产生原因有：

（1）焊接材料质量不好，熔渣太稠；

（2）焊件上或坡口内有锈蚀或其他杂质未清理干净；

（3）各层熔渣在焊接过程中未彻底清除；

（4）电流太小，焊速太快；

（5）运条不当。

3、防治措施

为防止夹渣，在焊前应选择合理的焊接规范及坡口尺寸，掌握正确操作工艺及使用工艺性能良好的焊条，坡口两侧要清理干净，多道多层焊时要注意彻底清除每道和每层的熔渣，特别是碱性焊条，清渣时应认真仔细。

修补时夹渣缺陷一般应用碳弧气刨将其有缺陷的焊缝金属除去，重新补焊。

四、钢结构焊缝气孔

1、现象

焊缝表面和内部存在近似圆形或洞形的空穴，如图 6-4 所示。参见图 6-5。

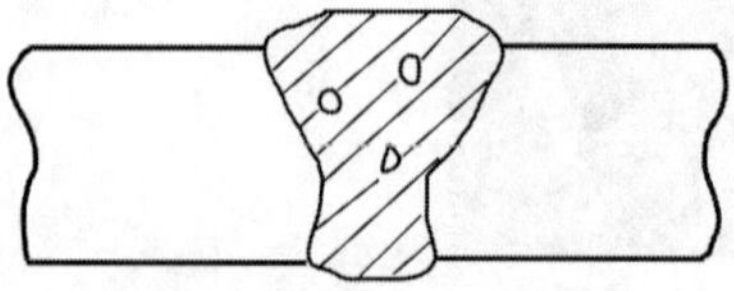

图 6-4　气孔缺陷

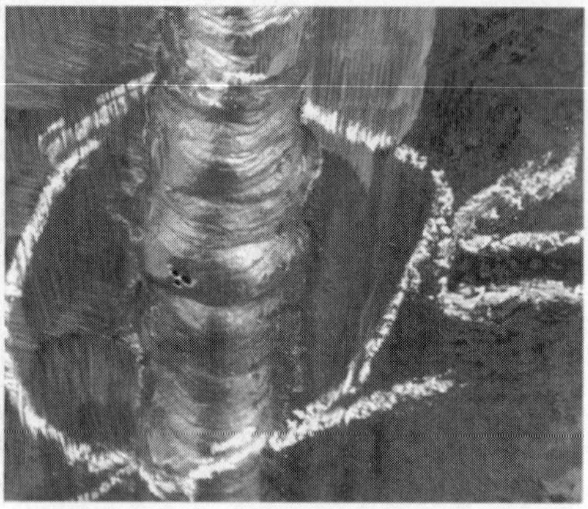

图 6-5　焊缝气孔

2、原因分析

产生气孔的原因有：

（1）碱性焊条受潮；

（2）酸性焊条的烘焙温度太高；

（3）焊件不清洁；

（4）电流过大，使焊条发红；

（5）电弧太长，电弧保护失效；

（6）极性不对；

（7）气保护焊时，保护气体不纯；焊丝有锈蚀。

3、防治措施

焊缝上产生气孔将减小焊缝有效工作截面，降低焊缝机械性能，破坏焊缝的致密性。连续气孔会导致焊接结构的破坏。焊前必须对焊缝坡口表面彻底清除水、油、锈等杂质；合理选择焊接规范和运条方法；焊接材料必须按工艺规定的要求烘焙；在风速大的环境中施焊应使用防风措施。超过规定的气孔必须刨去后，重新补焊。

五、钢结构焊接未焊透

1、现象

未焊透是指焊缝与母材金属之间或焊缝层间的局部未熔合（见图 6-6）。按其在焊缝中的位置，可分为根部未焊透、坡口边缘未焊透和焊缝层间未焊透。参见图 6-7。

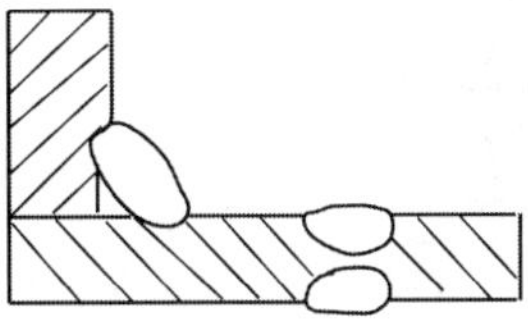

图 6-6　未焊透缺陷

图 6-7　焊接未焊透

2、原因分析

（1）焊接电流太小，焊接速度太快。

（2）坡口角度太小，焊条角度不当。

（3）焊条有偏心。

（4）焊件上有锈蚀等未清理干净的杂质。

3、防治措施

未焊透缺陷降低焊缝强度，易引起应力集中，导致裂纹和结构的破坏。防止措施是选择合理的焊接规范，正确选用坡口形式、尺寸、角度和间隙，采用适当的工艺和正确的操作方法。

超过标准的未焊透缺陷应消除，消除方法一般采用碳弧气刨刨去有缺陷的焊缝，用手工焊进行补焊。

六、钢结构焊接焊瘤

1、现象

焊瘤是指在焊接过程中，熔化金属流淌到焊缝以外未熔化的母材上所形成的金属瘤。焊瘤处常伴随产生未焊透或缩孔等缺陷（见图 6-8）。参见图 6-9。

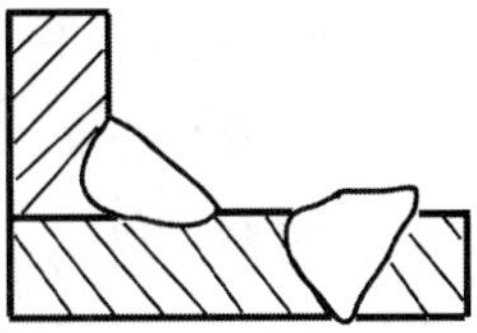

图 6-8　焊瘤缺陷

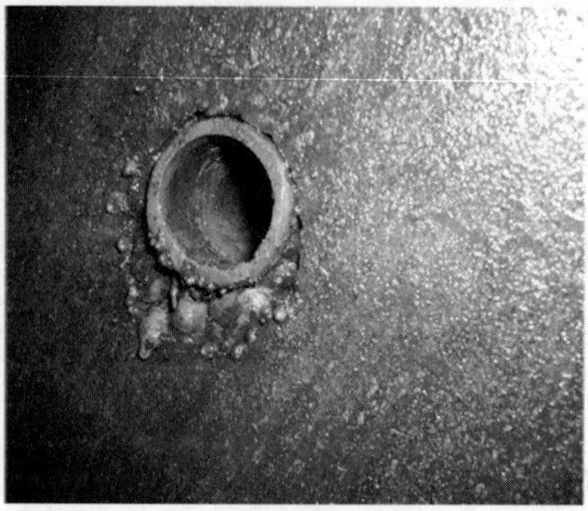

图 6-9 焊缝焊瘤

2、原因分析

（1）焊条质量不好；

（2）运条角度不当；

（3）焊接位置及焊接规范不当。

3、防治措施

焊瘤不但影响成形美观，而且容易引起应力集中，焊瘤处易夹渣、未熔合，导致裂纹的产生。防止的办法是尽可能使焊口处于平焊位置进行焊接，正确选择焊接规范，正确掌握运条方法。对于焊瘤的修补一般是用打磨的方法将其打磨光顺。

七、焊接残余变形

1、现象

焊接残余变形包括纵、横向收缩、弯曲变形、角变形和扭曲变形等（见图 6-10），且通常是几种变形的组合。任一焊接变形超过验收规范的规定时，必须进行校正，以免影响构件在正常使用条件下的承载能力。

2、原因分析

在焊接过程中，由于不均匀的加热，在焊接区局部产生了热塑性压缩变形，当冷却时焊接区要在纵向和横向收缩，势必导致构件产生局部鼓曲、弯曲、歪曲和扭转等。

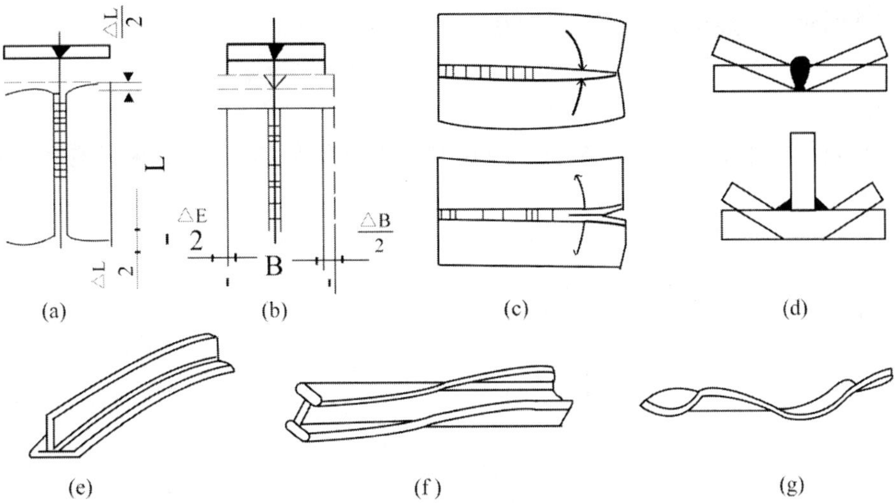

图 6-10　焊接变形

（a）从横向收缩；（b）面内弯曲变形；（c）角变形；（d）角变形；（e）面外弯曲变形；（f）扭曲变形；（g）翘曲变形

3、防治措施

（1）采用合理的焊接顺序：

1）对于对接接头、丁形接头和十字接头坡口焊接，在工件放置条件允许或易于翻身的情况下，宜采用双面坡口对称顺序焊接；对于有对称截面的构件，宜采用对称于构件轴线的顺序焊接；

2）对双面非对称坡口焊接，宜采用先焊深坡口侧部分焊缝、后焊浅坡口侧、最后焊完深坡口侧焊缝的顺序；

3）对长焊缝宜采用分段退焊法或与多人对称焊接法同时运用；

4）采用跳焊法，避免工件局部加热集中。

（2） 在节点形式、焊缝布置、焊接顺序确定的情况下，宜采用熔化及气体保护电弧焊或药芯焊丝自保护电弧焊等能量密度相对较高的焊接方法，并采用较小的热输入。

（3）采用反变形法控制角变形。

（4）对一般构件可用定位焊固定限制变形；对大型、厚板构件宜用刚性固定法增加结构焊接时的刚性。

（5）对于大型结构宜采取分部组装焊接、分别矫正变形后再进行总装焊接或连接的施工方法。

（6）对于较厚的焊缝，可采用分层焊的方法进行焊接。

八、钢构件节点处焊接质量缺陷

1、现象

梁、柱及梁、梁节点（见图 6-11、图 6-12）平缝有咬边、夹渣、未焊透等缺陷。

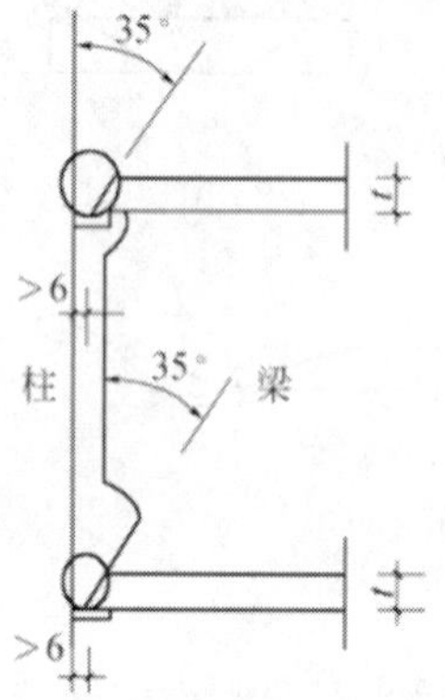

图 6-11　梁、柱焊接节点

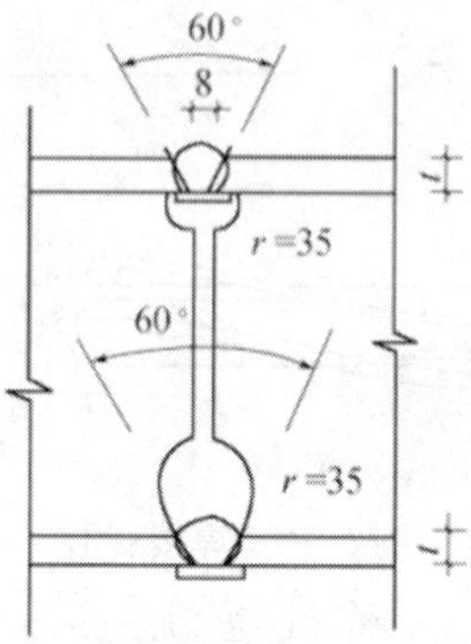

图 6-12　梁、梁焊接节点

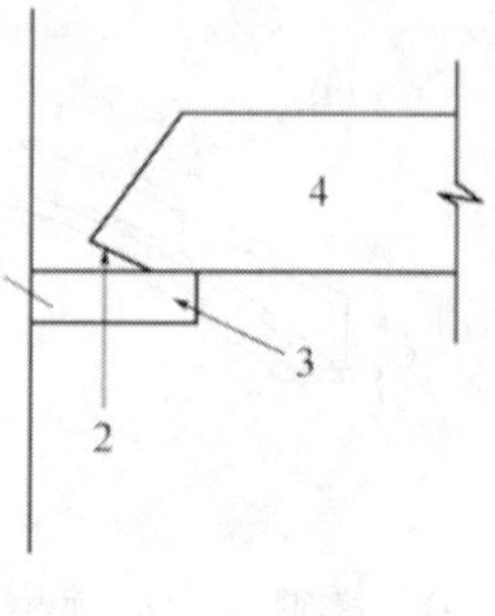

图 6-13　梁翼缘板倒坡口示意

1—柱；2—倒坡口；3—垫板；4—梁翼

2、原因分析

（1）焊接参数选择不当，操作工艺不正确。如焊接电流过大，电弧过长，焊条角度不当等，易出现咬边。在咬边处，易引起应力集中，产生裂纹结构破坏。

（2）在坡口边缘有污物；被焊工件与垫板接触不严密，工件间间隙过小，焊条直径太粗，焊接电流小；施焊中，换焊条处接口不好，清理药皮不及时；焊缝排列顺序不当，出现凹焊缝；冷却速度过快，熔渣浮不上来；焊条偏心，产生磁偏吹等。

（3）电流太小，运条速度太快，坡口角度小，间隙小，背面清根不彻底，操作工艺不当，焊件散热太快等。

3、防治措施

（1）选择合适的电流，电弧不要拉得过长，采用合适的焊条角度，在坡口边缘运条稍慢些，在中间运条速度要快些。

（2）将母材上污物及前道焊缝的药皮清理干净，再继续焊接；适当地增加焊接电流，使熔化金属和熔渣分离好；并随时调整焊条角度和运条方法。根据被焊工件正确选择焊接材料，能有效地防止夹渣。

（3）倒坡口必须处理好，否则垫板贴不紧，根部易产生夹渣，给超声波判断带来困难（见图 6-13）。处理办法是将底部打磨平整或将坡口尖削去些，以增大间隙。

（4）焊接规范要正确，操作方法要得当。

九、梁、柱接头焊接出现层状撕裂

1、现象

T形接头、十字接头、对接接头焊接时，使钢材沿厚度方向受拉，出现层状撕裂（见图6-14）。

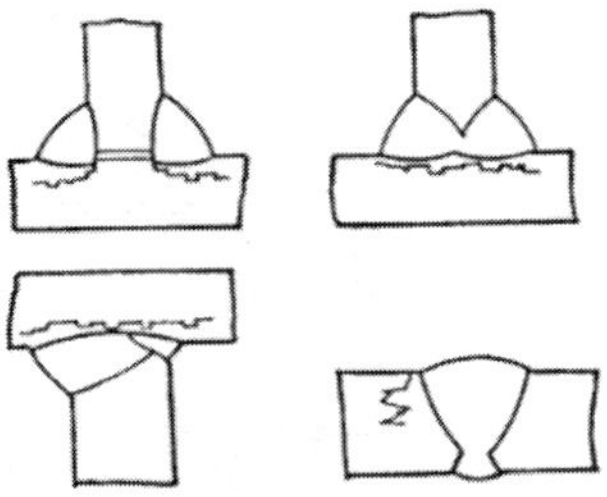

图6-14　层状撕裂示意图

2、原因分析

（1）层状撕裂发生于高约束的钢板，在任意厚的钢板中都可能出现，但更多的出现在厚板中，碳素钢厚度大于50mm，低合金结构钢厚度在30mm以上且有淬硬倾向。因为厚钢板上的焊缝较厚，其冷却收缩较大，沿厚度方向的分应力就较大。如果钢板中存在片状硫化夹杂物，就易产生层状撕裂。

（2）钢材材质Z向延性性能选择不合理。

（3）层状撕裂主要出现在T形、丁字形和角部，这些地方焊缝易引起焊接变形与应力。

（4）与焊条含氢量、焊接方法、焊接顺序、焊接工艺参数以及根据被焊工件材质要求预热、层间温度、后热处理都有关。

3、防治措施

（1）改进焊接节点的连接形状，谨慎布置加劲肋（见图6-15）。

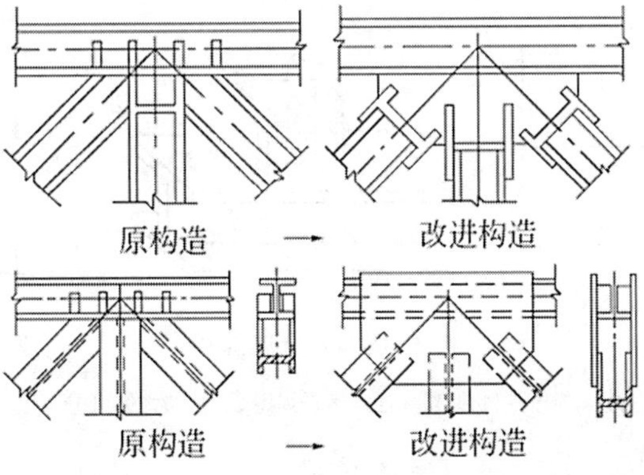

图6-15　大型连接节点的构造设计

（2）采用合理的焊接形状及小焊脚焊缝。

（3）分段拼装，采用合理的焊接方法、焊接工艺参数及焊接顺序。梁柱接头焊接顺序（见图 6-16）；先焊梁下翼缘板，再焊梁的上翼缘板；先焊梁的一端，待焊缝冷却至常温，再焊梁的另一端。平面上从中部对称的向四周发展，立面上有利于结构的稳定性，尽量减少焊接应力，确保安装及焊接质量。焊工要严格遵守焊接顺序，不得随意变更。

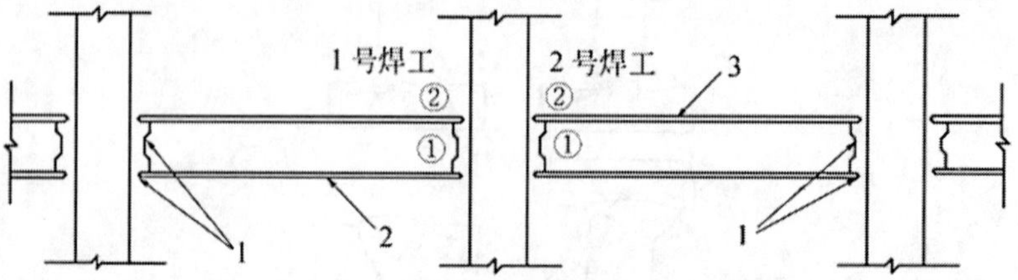

图 6-16　柱—梁焊接顺序

1—自由端；2—下端缘；3—上端缘

（注：①、②为焊接顺序号）

焊接前，沿焊缝中心两侧各 2 倍板厚加 30mm 区进行超声波探伤，检查其裂纹、夹层及分层等。

（4）选择屈服强度低的焊条，在坡口内的材料面上先堆焊塑性过渡层。板厚超过 25mm 和抗拉强度在 $500N/mm^2$ 以上的钢材，必须采用低氢型焊条施焊，必要时可采用超低氢型焊条。

（5）Ⅱ类及Ⅱ类以上的钢材箱形柱角接头，当板厚大于等于 80mm 时，宜用机械方法去除板边火焰切割面淬硬层。

（6）使用涂层和垫层（见图 6-17、图 6-18）、窄焊道焊接技术（见图 6-19），防止层状撕裂。

（7）采用能保证沿板面垂直方向（Z 向）延性性能的钢材，梁柱接头处的柱板，由于焊接约束度较大，为防止层状撕裂，常选择 Z15 级或 Z25 级低合金结构钢。

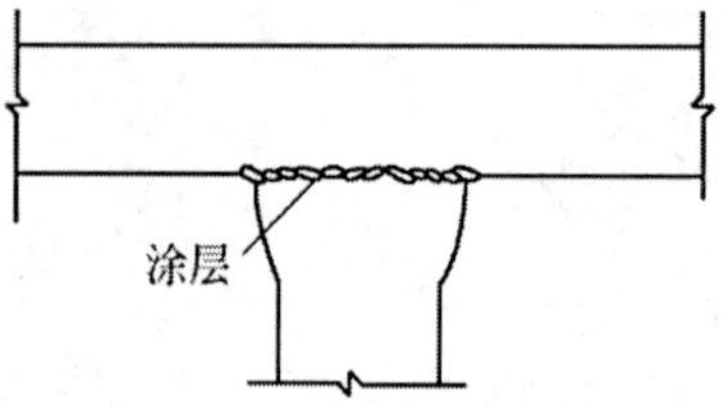

图 6-17　涂焊防层状撕裂

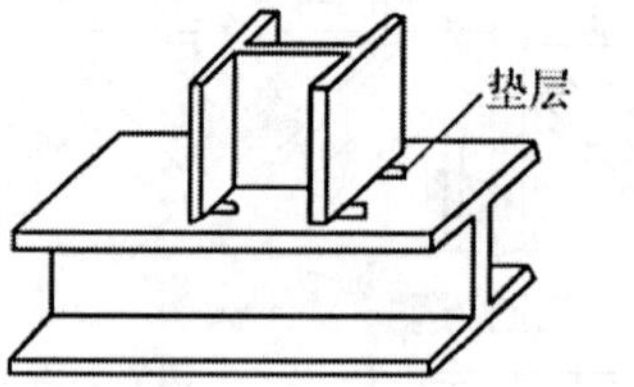

图 6-18　软金属丝垫层

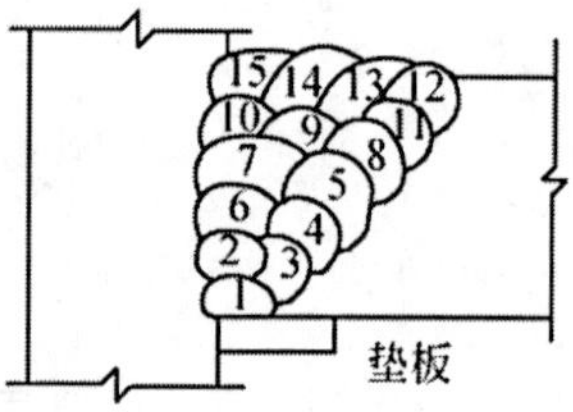

图 6-19　窄焊道的先后次序

防层状撕裂（注：锤击焊道 2，6，7，9，10）

（8）提高预热温度施焊，Ceq（碳当量）值越高，钢材的淬硬倾向越大，需要较高的预热温度。根据焊接（常温或低温）工艺试验，制定出预热、层间温度及后热参数。

4、治理方法

出现层状撕裂应立即停止施焊，由焊接专业工程师与有关焊接专家、结构设计、监理、质检部门对层状撕裂的部位、深度、长度、范围进行探伤检查，分析原因并制定处理方案；如条件允许最好更换母材。

十、箱形钢柱横隔板与翼缘板未焊合

1、现象

横隔板与翼缘板之间焊缝未焊透。

2、原因分析

（1）施焊环境不符合要求。

（2）焊接工艺参数不准确，焊接工艺不合理。

（3）构件制作精度不够。

3、防治措施

（1）焊接现场的相对湿度等于或大于 90%时，应停止焊接。

（2）熔嘴孔内不得受潮、生锈或有污物。

（3）应保证稳定的网路电压。

（4）电渣焊板装进箱形内部，重点控制与翼缘的间隙应小于 0. 5mm。间隙过大，易使熔池泄漏，造成缺陷；当间隙大于 1mm 时，应进行修整和补救，检查合格后，再封最后的盖板。

（5）根据焊接工艺试验，确定合理的焊接工艺和焊接工艺参数进行施焊。

1）电渣焊焊管、焊道要求预先烘干。

2）电渣焊电源需要专门供应，保证焊接过程中电源不中断，电流、电弧电压稳定，施焊时应随时注意调整，以保持规定参数。

3）为防止焊件变形，焊接时应由两台电渣焊机在构件两侧同时施焊，并一次焊接成型。

4）焊道两端应按要求设置引弧和引弧套筒，引弧器与构件贴合紧密，防止铁水流出而无法形成渣池。

5）焊接过程要密切注意金属熔池的稳定性，用反光镜随时观察，当发现有明火出现的现象，可用小勺浇少量铁粉，以保持熔池稳定。

6）熔嘴应保持在焊道的中心位置。焊接过程中，应使焊件处于赤热状态，表面温度在 800℃以上时熔合良好，否则应调整焊接工艺参数，适当增加渣池的总热能。

4、治理方法

遇有未焊透或其他质量不合格情况时，只能打开盖板，返工重做。

十一、钢柱焊接后垂直度超偏差

1、现象

高层钢结构焊接过程及焊后柱垂偏超标。

2、原因分析

（1）焊接工艺参数不准确。

（2）焊接工艺不合理。

（3）阳光照射温差的影响。

（4）焊接过程跟踪校正不及时，造成偏差。

3、防治措施

（1）钢结构安装前，应进行焊接工艺试验（正温及负温，根据当地情况而定），制定所用钢材、焊接材料及有关工艺参数和技术措施。一般情况，手工电弧焊打底采用∮3. 2、电流 150A，∮4. 0、电流 170A，焊速 150mm/min；CO_2焊打底采用∮3. 2、电流 150A，焊速 150mm/min，焊丝直径∮1. 2；填充层电流 280～320A，电压 9～36V；盖面层电流 250～290A，电压 25～34V，焊速 350～450mm/min，层间温度 100～150℃，焊丝伸出长度 20mm；气体流量 20～80L/min。

（2）箱形、圆形柱一柱焊接工艺（见图 6-20）按以下顺序进行。

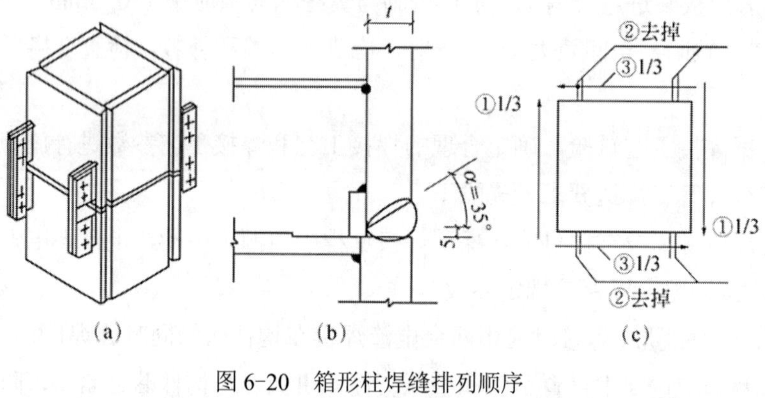

图 6-20　箱形柱焊缝排列顺序

（a）柱-柱箱形节点；（b）柱箱形焊接节点；（c）柱焊缝排列顺序

1）在上下柱无耳板侧，由 2 名焊工在两侧对称等速焊至板厚 1/3，切去耳板（见图 6-21）。

2）在切去耳板侧由 2 名焊工在两侧焊至板厚 1/3。

3）2 名焊工分别承担相邻两侧面焊接，即 1 名焊工在一面焊完一层后，立即转过 90°接着焊另一面，而另一面焊工在对称侧以相同的方式保持对称同步焊接，直至焊接完毕。

4）两层之间焊道接头应相互错开，2 名焊工焊接的焊道接头每层也要错开。

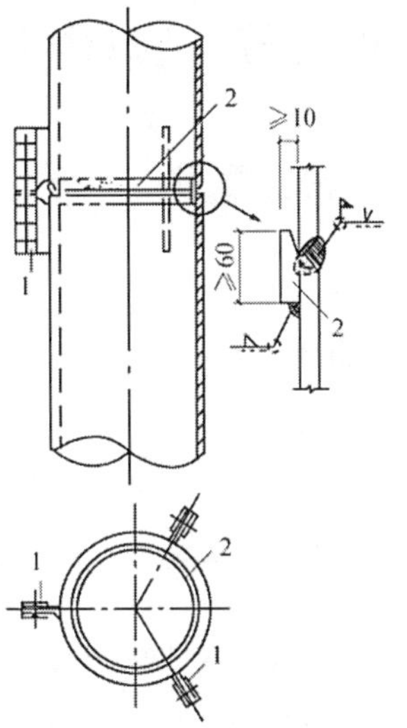

图 6-21　圆管形截面柱拼接连接设置安装耳板和环形衬板的示例

1—安装连接用耳板；2—环形衬板

（3）阳光照射对钢柱垂偏影响很大，应根据温差大小，柱子端面形状、大小、材质，不断总结经验，找出规律，确定留出预留偏差值。

（4）柱一柱焊接过程，必须采用 2 台经纬仪呈 90° 跟踪校正，由于焊工施焊速度、风向、焊缝冷却速度不同，柱一柱节点装配间隙不同，焊缝熔敷金属不同，焊接过程就出现偏差，测工有权指挥，利用焊接来纠偏。

4、优质工程示例

参见图 6-22。

图 6-22　钢结构优质工程

第二节　紧固件链接

一、栓钉焊接外观质量不符合要求

1、现象

栓钉焊接外观过厚、少薄、凹陷、裂纹、未熔合、咬边、气孔等（见图 6-23）。

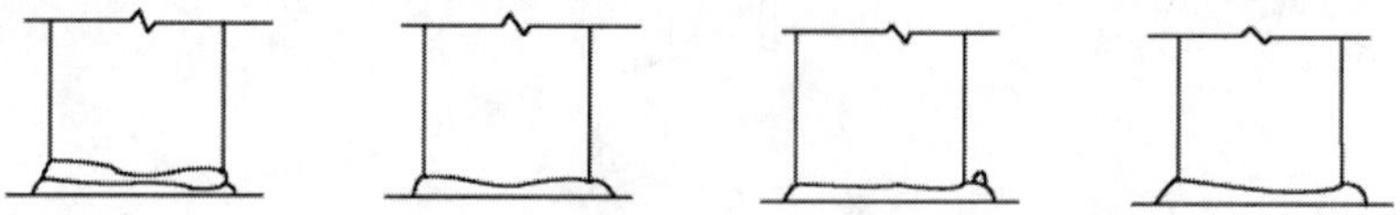

(a)　　(b)　　(c)　　(d)

图 6-23　栓钉焊外形检查标准

（a）双层过厚焊层；（b）少薄焊层；（c）凹陷焊层；（d）正常焊层

2、原因分析

（1）栓钉熔化量过多，焊接金属凝固前，焊枪被移动，焊肉过厚。

（2）焊枪不够平滑，膨径太小，焊肉过薄。

（3）当焊枪脱落时，焊枪向右移动，焊肉凹凸。

（4）母材材质问题，除锈不彻底，低温焊接、潮湿等，焊肉易出现裂纹。

（5）电流过小，出现焊钉与母材未熔合，电流过大易咬边。

（6）瓷环排气不当，接触面不清洁，易出现气孔。

3、防治措施

（1）栓钉焊前，必须按焊接参数调整好提升高度（即栓钉与母材间隙），焊接金属凝固前，焊枪不能移动。

（2）栓钉焊接的电流大小、时间长短应严格按规范进行，焊枪下落要平滑。

（3）焊枪脱落时要直起不能摆动。

（4）母材材质应与焊钉匹配，栓钉与母材接触面的锌和潮湿必须彻底清除干净，低温焊接应通过低温焊接试验确定参数进行试焊，低温焊接不准立即清渣，应加以保温。

（5）控制好焊接电流，以防栓钉与母材未熔合和焊肉咬边。

（6）瓷环尺寸应符合标准，排气要好，栓钉与母材接触面必须清理干净。

（7）焊肉高>1mm，焊肉宽>0. 5mm；焊肉应无气泡和夹渣；咬肉深度小于 0. 5mm 或咬肉深度小于等于 0. 5mm 并已打磨去掉咬肉处的锋锐部位；焊钉焊后高度高度偏差小于±2mm。

4、治理方法

修补栓钉焊接挤出缝缺损时，焊缝应超过缺损两端 9. 5mm；构件受扭部位修补时应铲除不合格焊钉的母材表面，打磨光洁、平整，若母材出现凹坑，用手工焊方法填足修平；修补构件受压部位的不合格焊钉时可以不铲除，在原焊钉附近重焊一枚，若进行铲除，母材缺损处应打磨光洁、平整，凹坑填足修平；若缺损深度小于 3mm，且小于母材厚度的 7%，则可不作修补。

二、高强度螺栓紧固力矩超拧或少拧

1、现象

高强度螺栓紧固力矩超拧易断，少拧达不到设计额定值。

2、原因分析

（1）手动或电动扭矩扳手未经定期检验校准，班前未对扭矩扳手进行校核；

（2）对大六角头高强度螺栓和扭剪型高强度螺栓的扭矩值计算有误；

（3）高强度螺栓连接副产生预拉力损失；

（4）高强度螺栓施工人员未经专业培训，不懂操作要领，违反操作规程；

（5）螺栓群施拧顺序混乱或未经标记，个别螺栓漏拧或超拧。

3、防治措施

（1）高强度螺栓施工人员，必须经过专业的培训，熟悉全套施工工艺，取得上岗证后方可操作；

（2）扭矩扳手使用前必须校正，其扭矩误差不得超过±5%，校正后的扭矩扳手，其扭矩误差不得超过±3% ，校正合格后方可使用；

（3）对大六角头高强度螺栓和扭剪型高强度螺栓的扭矩值准确计算。

1）大六角头高强度螺栓的初拧力矩不得小于终拧力矩的 50%，终拧力矩应符合设计要求，按照下式计算：

大六角头高强度螺栓的终拧扭矩值按照以式(6-1)计算

$$T_c = K \cdot P_c \cdot d \quad \text{（式 6-1）}$$

式中　T_c——终拧扭矩值（N·m）

K——高强度螺栓连接副的扭矩系数平均值（0.11～0.15），经试验确定；

P_c——高强度螺栓施工预拉力值标准值（kN）　；

d——高强度螺栓公称直径（mm）。

高强度螺栓预拉力标准值如表 6-1 所示。

高强度螺栓连接副施工预拉力标准值（kN）

表 6-1 高强度螺栓预拉力标准值

螺栓的性能等级	螺栓公称直径（mm）					
	M16	M20	M22	M24	M27	M30
8.8s	75	120	150	170	225	275
10.9s	110	170	210	250	320	390

2）剪扭型高强度螺栓初拧扭矩值 T_0 按式（6-2）计算：

$$T_0=0.065P_c \cdot d \quad \text{（式 6-2）}$$

式中 T_0——初拧扭矩值（N·m）。

3）在扭矩计算公式中，应适当考虑高强度螺栓连接副产生预拉力损失；

（4）扭剪型高强度螺栓终拧结束，梅花头拧掉为合格。大六角头高强度螺栓终拧结束，采用 0. 3～0. 5kg 的小锤逐个敲击检验，且应进行扭矩检查，欠拧或漏拧者应及时补拧，超拧者应予更换。

（5）扭矩检查应在终拧后 1h～24h 内完成，欠拧或漏拧者应及时补拧，超拧者必须更换。扭矩检查，应将螺母退回 60 度，再拧至原位测完扭矩，该扭矩与检查施工扭矩的偏差应控制在 10%以内才算合格。

三、柱地脚螺栓套丝长度不够

1、现象

地脚螺栓套丝长度不够主要表现为轻型钢柱安装时螺母和垫板不能正确就位。

2、原因分析

（1）地脚螺栓安装时标高有误，地脚螺栓套丝长度不够。

（2）柱脚底板下抗剪连接件（常用角钢、工字钢等型钢焊在柱脚底板下表面）高度过大，超过了柱脚底板至基础顶预留空隙。设计时未充分考虑其对柱底标高的影响。

3、防治措施

（1）地脚螺栓套丝长度不够。地脚螺栓长度允许偏差见表 6-2。

表 6-2 地脚螺栓的长度偏差

地脚螺栓	允许偏差
伸出支承面长度	0～+30mm
螺纹长度	0～+30mm

（2）地脚螺栓加工前应该计算好套丝的长度，应包括上下螺母及垫板的厚度，标高调整的余量及外露丝的长度。

（3）基础施工单位应在浇注混凝土前把地脚螺栓固定，避免浇注过程中地脚螺栓滑移。

（4）设计时应注意使抗剪连接件高度小于底板与基础的预留空隙。

（5）柱脚底板上部丝长不够时，可将双螺母改为单螺母，但应与螺杆焊牢；柱脚底板下部丝长不够时，可变螺母垫板找平为垫铁找平，也可以加长套丝。

四、高强度螺栓扭矩系数偏小

1、现象

大六角头高强度螺栓的扭矩系数达不到设计要求是指扭矩系数超过 0. 11～0. 15 的范围。

2、原因分析

（1）大六角头高强度螺栓运输、工地保管不当，安装时未按同一批次配套使用；

（2）大六角头高强度螺栓未作连接副扭矩系数复验；

（3）大六角头高强度螺栓连接副、螺母、垫圈安装方向不对；

（4）螺栓孔错位，安装时强行打入，使螺纹损伤，导致扭矩系数降低，直接影响螺杆的拉力；

（5）高强度螺栓用作临时固定螺栓，初拧、终拧间隔时间过长，冬雨季容易影响螺杆拉力，导致扭矩系数会发生较大的变化。

3、防治措施

（1）大六角头高强度螺栓在成品运输、保管过程要轻装、轻卸，制造厂是按批保证扭矩系数，所以安装时也要按批内配套使用，并且要求按数量领取，不乱扔乱放，不要碰坏螺纹及沾污物；

（2）如果螺孔错位，高强度螺栓不准强行打入，在允许范围内可以扩孔；

（3）制造厂按批配套进货，必须具有相应的出厂质量保证书；

（4）运到现场的高强度螺栓在施工前必须对连接副按批做扭矩系数复验，并应与质量保证书技术指标相符；

（5）大六角头高强度螺栓连接副有两个垫圈，安装时垫圈带倒角的一侧必须朝向螺栓头，对于螺母一侧的垫圈，有倒角的一侧朝向螺母，因有倒角一侧平整光滑，拧紧时扭矩系数较小；

（6）螺栓孔错位时不应该强行打入，在允许偏差范围内可以扩孔；

（7）高强度螺栓不允许用作临时固定螺栓，初拧、终拧间隔时间不应过长，应在同一天内完成。

五、高强度螺栓抗滑移系数偏小

1、现象

高强度螺栓摩擦面的抗滑移系数最小值小于设计限值。

2、原因分析

（1）高强度螺栓摩擦面处理方法不当；

（2）已经处理的摩擦面未采取保护措施，使摩擦面上有污染物、雨水等；

（3）试件连接件制作不合理；

（4）试验时试件轴线未与拉力试验机夹具对中；

（5）抗滑移系数计算时高强度螺栓实测预拉值不符合要求；

（6）制造、安装单位没有按照钢结构制作批次抽样试验。

3、防治措施

（1）高强度螺栓摩擦面处理方法有喷砂或喷丸处理、喷丸后生锈处理、喷丸后涂无机富锌漆处理、砂轮打磨、手工钢丝刷清理等。每种方法都有其适用范围和工艺，必须按照标准的规程操作。如采用砂轮打磨的方法，打磨的方向应与构件受力方向垂直，且打磨范围不得小于螺栓直径的 4 倍；

（2）已经处理好的摩擦面再度沾有污物、油漆、锈蚀、雨水等，都会降低抗滑移系数值，对加工好的连接面，必须采取保护措施；

（3）试件连接应采取双面对接拼接，试件轴线必须与试验夹具严格对中，避免偏心引起的测量及实验误差；

（4）为避免偏心引起测试误差，试件连接形式采用双面对接拼接，采用二栓试件，以避免偏心影响；

（5）制作工厂应在钢结构制作的同时进行抗滑移系数试验。安装单位应检验运到现场的钢结构构件摩擦面抗滑移系数是否符合设计要求；

（6）抗滑移系数应根据试验测得的滑移荷载和螺栓预拉力的实测值按照式(6-3)计算

$$\mu=\frac{N_v}{n_f \cdot \sum_{i=1}^{m} P_i} \quad \text{（式 6-3）}$$

式中 μ——抗滑移系数；

N_v——实测抗滑移荷载（kN）；

$\sum_{i=1}^{m} P_i$——试件滑移侧高强度螺栓实测值（kN）；

n_f——摩擦面数。

（7）抗滑移系数检验的最小值，必须大于或等于设计值，否则钢结构不能出厂或者工地不能进行安装，必须对摩擦面做重新的处理，重新检验，直到合格为止。

（8）制造、安装单位应按照钢结构制作批次抽样试验，检验钢结构构件摩擦面抗滑移系数，以保证满足设计要求。摩擦面的抗滑移系数是连接设计的重要参数，检验值必须大于等于设计值，否则不能进行安装，必须对摩擦面重新处理，直到满足要求。现行国家标准《钢结构设计规范》GB 50017 规定抗滑移系数见表 6-3。

表 6-3　抗滑移系数

连接处构件接触面的处理方法	构件的钢号		
	Q235	Q345、Q390	Q420
喷砂（丸）	0. 45	0. 50	0. 50
喷砂（丸）后涂无机富锌漆	0. 35	0. 40	0. 40
喷砂（丸）生赤锈	0. 45	0. 50	0. 50
钢丝刷清除浮锈 或未经处理的干净轧制表面	0. 30	0. 35	0. 40

六、高强度螺栓连接副质量常见问题

1、现象

外观及材质不符合设计要求。

2、原因分析

（1）高强度螺栓连接副由于运输、存放、保管不当，表面生锈，沾染污物，螺纹损伤，直接影响连接副的扭矩系数和紧固轴力。材质和制作工艺不合理，连接副表面出现发丝裂纹。规范不清楚或代用长度不够标准化。

（2）高强度螺栓连接副选材不符合标准，螺栓楔负载、螺母保证载荷、螺母及垫圈硬度、连接副的扭矩系数平均值和标准偏差或连接副的紧固轴力平均值和变异系数，在制作中易出现问题。

3、防治措施

（1）高强度螺栓连接副储运应轻装、轻卸、防止损伤螺纹；存放、保管必须按规定进行，防止生锈和污物。所选用材质必须经过化验，符合有关标准，制作出厂必须有质量保证书，严格制作工艺流程，用超探或磁粉探伤检查连接副有无发丝裂纹情况，合格后方可出厂。高强度螺栓连接副长度必须符合标准，附加长度可按表 6-4 选用。

表 6-4　高强度螺栓加长度表（单位：mm）

螺栓直径	12	16	20	22	24	27	30
大六角高强度螺栓	25	30	35	40	45	50	55
扭剪型高强度螺栓	—	25	30	35	40	—	—

（2）高强度螺栓连接副施拧前必须对上述原因分析（2）中所列项目进行检验。检验结果应符合国家标准后方可使用。高强度螺栓连接副制作单位必须按批配套供货，并有相

应的成品质量保证书。

4、治理方法

（1）施拧前进行严格检查，严禁使用螺纹损伤的连接副，对生锈和沾染污物要按有关规定进行除锈和去除污物。

（2）根据设计有关规定及工程重要性，运到现场的连接副必要时要逐个或批量按比例进行磁粉和着色探伤检查，凡裂纹超过允许规定的，严禁使用。

（3）螺栓丝扣外露长度应为2～3扣，其中允许有10%的螺栓丝扣外露1扣或4扣。

（4）大六角头高强度螺栓（见图6-24a）施工前，应按出厂批复验高强度螺栓连接副的扭矩系数，每批复检8套，8套扭矩系数的平均值应在0.110～0.150范围之内，其标准偏差小于或等于0.010。

（5）扭剪型高强度螺栓（见图6-24b）施工前，应按出厂批复验高强度螺栓连接副的紧固轴力，每批复检8套，8套紧固预拉力的平均值和标准偏差应符合表6-5规定。

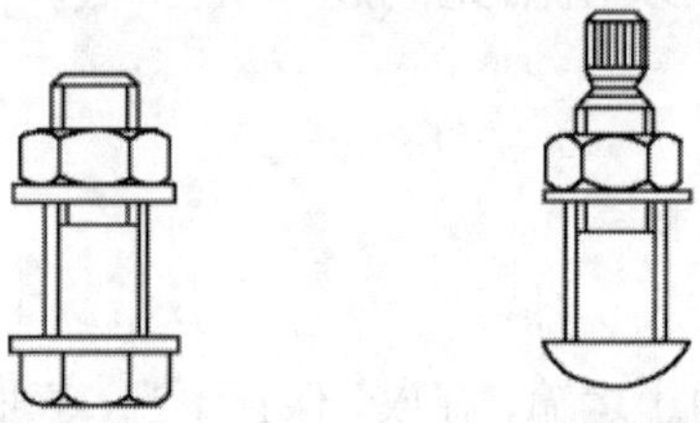

(a)　　(b)

图6-24　两种高强度螺栓构造

（a）大六角高强度螺栓；（b）扭剪型高强度螺栓

表6-5 扭剪型高强度螺栓紧固预应力和标准偏差（单位：kN）

螺栓直径/mm	16	20	22	24
紧固预拉力的平均值 P	99～120	154～186	191～231	222～270
标准偏差 σ_p	10.0	15.7	19.5	22.7

（6）复检不符合规定者，制作厂家、设计、监理单位协商解决，或作为废品处理。为防止假冒伪劣产品，无正式质量保证书，拒绝使用。

七、地脚螺栓埋设不规范

1、现象

螺栓位置、标高、丝扣长超过允许值，预埋地脚螺栓与轴线相对位置超过允许值。

2、原因分析

（1）固定螺栓的样板尺寸有误或孔距不准确。

（2）固定螺栓措施不当，预埋时没有精确到位，在浇筑混凝土时造成螺栓位移。

（3）施工机械造成的碰撞错位。

3、防治措施

（1）样板尺寸放完后，在自检合格的基础上交监理抽检，进行单项验收。

（2）在预埋螺栓的定位测量时，大型厂房若从第一条轴线依次量测到最后一条轴线，往往容易产生累计误差，故宜从中间开始往两边测量。

（3）预埋地脚螺栓尽量不要与混凝土结构中的钢筋焊接在一起，最好有一套独立的固定系统，如采用井字型钢管固定。在混凝土浇灌完成后要立即进行复测，发现偏差及时处理。

（4）预埋完成后，要对螺栓及时进行围护标示，作好成品保护。

（5）固定螺栓可采用下列两种方法。

1）先浇筑混凝土预留孔洞后埋螺栓时，再埋螺栓时，采用型钢两次校正办法，检查无误后，浇筑预留孔洞。

2）将每根柱的地脚螺栓每 8 个或 4 个用预埋钢架固定，一次浇筑混凝土，定位钢板上的纵横轴线允许误差为 0. 3mm。

（6）做好保护螺栓措施。

4、治理方法

（1）实测钢柱底座螺栓孔距及地脚螺栓位置数据，将两项数据归纳是否符合质量标准。

（2）当螺栓位移超过允许值，可用氧乙炔火焰将底座板螺栓孔扩大，安装时，另加长孔垫板或厚钢垫板焊接。也可将螺栓根部混凝土凿去 50～100mm，而后将螺栓稍弯曲，再烤直。

八、球壳安装不规范

1、现象

安装过程中出现杆件长短和栓孔偏差过大，无法安装。

2、原因分析

（1）杆件及零部件加工精度不够。

（2）测量仪器精度不够。

（3）测量工艺不合理。

（4）安装工艺不尽合理。

（5）阶段性施工荷载对已安装好的结构构件产生影响。

3、防治措施

（1）双层（单层）球壳节点形状一般为焊接空心球和螺栓球（包括螺栓空心球）节点，其质量应符合表 6-6、表 6-7 的规定。

表 6-6 螺栓球加工的允许偏差（单位：mm）

项次	项目		允许偏差	检验方法
1	圆度	d≤120	1.5	用卡尺和游标卡尺检查
1	圆度	d>120	2.5	用卡尺和游标卡尺检查
2	同一轴线上两铣平面平行度	d≤120	0.2	用百分表 V 形块检查
2	同一轴线上两铣平面平行度	d>120	0.3	用百分表 V 形块检查
3	铣平面距球中心距离		±0.2	用游标卡尺检查
4	相邻两螺栓孔中心线夹角		±30′	用分度头检查
5	两铣平面与螺栓孔轴线垂直度		±0.005r	用百分表检查
6	球毛坯直径	d≤120	+2.0 −1.0	用卡尺和游标卡尺检查
6	球毛坯直径	d>120	+3.0 −1.5	用卡尺和游标卡尺检查

表 6-7 焊接球加工的允许偏差（单位：mm）

项次	项目	允许偏差	检验方法
1	直径	±0.005d ±2.5	用卡尺和游标卡尺检查
2	圆度	2.5	用卡尺和游标卡尺检查
3	壁厚减薄量	0.13t，且不应大于 1.5	用卡尺和测厚仪检查
4	两半球对口错边	1.0	用套模和游标卡尺检查

（2）经纬仪、全站仪、激光铅直仪、水平仪、钢尺等测量仪器必须经过计量鉴定合格后方可使用。

（3）网壳节点属于三维空间，节点坐标控制至关重要。根据网壳特点，定出测量节点特征点，支架支点间距为±5mm，螺栓球间距为±1mm，螺栓球标高为±5mm。

（4）采用合理的安装工艺。要满足网壳安装精度，必须控制好小拼单元制作和装配精度；控制好球节点的空间定位；控制好焊接、安装变形及整体组拼时的精度。

焊接空心球节点网壳，宜采用全支架法拼装，易于掌握各节点的坐标位置。

螺栓球节点网壳，刚度较小部分各节点不可设支托。单层网壳刚度较小时，可采用全支架法。

网壳可根据现场施工条件，在端部搭设拼装平台，利用柱间联系梁设滑道，可采用累积滑移法。如果柱间无联系梁，可采用活动拼装平台滑移法累积拼装网壳。

对双层（单层）球壳，刚度较大时可采用外（内）扩法，球壳可逐圈向外（内）拼装，利用开口壳来支承壳体自重（见图 6-25、图 6-26）。

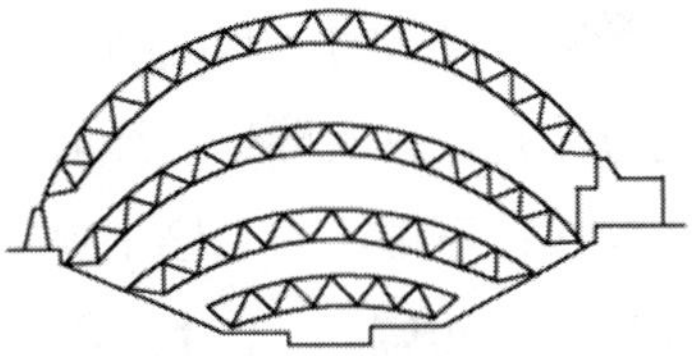

图 6-25　外扩法拼接网壳

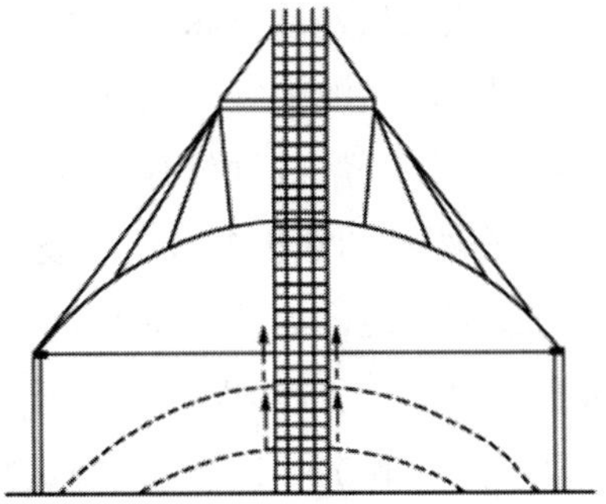

图 6-26　球面网壳外扩法拼接示意图

（5）对悬挑法无支架的外（内）扩法，应通过设计验算，在拼装过程中，网壳刚度能否承受自重及施工荷载。如果在拼装过程经计算杆件会出现挠度，就需增加必要的支架或局部搭设支架。

九、栓钉焊接质量常见问题汇总

1、购买的栓钉，表面应无有害皱皮、毛刺、微观裂纹、扭曲、弯曲，不得粘有油垢、铁锈等有害物质，栓钉头部的径向裂纹或开裂尚未延伸到头部周边至柱体距离的一半时，应视为合格。

2、焊接工艺评定试验、检测中所使用的设备、仪器，应在计量检定有效期内，相关的力学试验、化学检测报告应由具有相应资质的检测单位出具。

3、栓钉焊施焊环境温度低于 0℃时，打弯试验的数量应增加 1%；当焊钉采用手工电弧焊或气体保护电弧焊焊接时，其预热温度应符合相应工艺要求。

4、组合梁栓钉连接件的设置除应满足结构构造要求外，应注意以下要求。

（1）当栓钉位置不正对钢梁腹板时，如钢梁上翼缘受拉力，则栓钉直径不应大于钢梁上翼缘板厚度的 1.5 倍；如钢梁上翼缘不承受拉力，则栓钉直径不应大于钢梁上翼缘板厚度的 2.5 倍。

（2）栓钉长度不应小于栓钉直径的 4 倍。

（3）沿钢梁轴线方向布置的栓钉间距不应小于 $6d$（d 为栓钉直径）；而垂直轴线布置的栓钉间距不应小于 $4d$。

（4）栓钉焊接位置距钢构件边缘的距离不得小于 50mm。

5、常见的问题及防治

（1）未熔合：栓钉与压型铜板金属部分未熔合，要加大电流增加焊接时间。

（2）咬边：栓焊后压型钢板甚至钢梁被电弧烧成缩径。原因是电流时间长，要调整焊接电流及时间。

（3）磁偏吹：由于使用直流焊机电流过大造成。要将地线对称接在工件上，或在电弧偏向的反方向放一块铁板，改变磁力线的分布。

（4）气孔：焊接时熔池中气体未排出而形成的。原因是板与梁有间隙、瓷环排气不当、焊件上有杂质在高温下分解成气体等。应减小上述间隙，做好焊前清理。

（5）裂纹：在焊接的热影响区产生裂纹及焊肉中裂纹。原因是焊件的质量问题，压型钢板除锌不彻底或因低温度焊接等原因造成。解决的方法是，彻底除锌、焊前作栓钉的材质检验。温度低于-10℃要预热焊接；低于-18℃停止焊接；下雨、雪天停止焊接。当温度低于0℃时，要求在每100枚中打弯两根试验的基础上，再加1根，不合格者停焊。

6、当不合格栓钉已经从组件上去除，则应将切除栓钉的部位修整光滑和平齐。当在去除栓钉过程中该部位母材被拉出，则应按工艺规定使用低氢型焊条采用手工焊方法补焊（应注意预热），并将焊缝表面打磨平齐，再在附近重新焊上栓钉，替换的栓钉应做与原轴线成约15°的弯曲试验。

7、在栓钉杆（无螺纹部分）发生深度0.5mm以上的咬肉，在其邻近部位用手工焊条补焊，在母材上产生的超标咬肉，则采用手工焊条按工艺先预热再进行补焊。

8、对焊后尺寸不符的栓钉，将不好的栓钉根部保留5～10mm，其余部分全部割掉，在附近重新焊接。对有裂纹和损伤的栓钉原则上保留5～10mm，其余则割掉，再在附近重新焊上，替换的栓钉应做与原轴线成约15°的弯曲试验。

9、进行栓钉焊的构件，应搁置平整，构件中部适当支撑，避免支撑不当导致构件变形。

10、栓钉焊接的质量检验及验收应由有资格的专职质检人员承担。

11、焊工自检。

（1）焊接前都要检验构件标记，检验焊接设备，检验焊接材料，清理现场，预热。

（2）焊接过程中，应预热并保持温度，按认可的焊接工艺焊接。

（3）焊后应清除焊渣和飞溅物，检查焊缝尺寸、焊缝外观、咬边、焊瘤、裂纹和弧坑。

12、在施工工地，栓钉焊应设单独电源。

第三节　钢零部件加工

一、原材料加工缺陷

1、现象

（1）裂纹：钢板表面在纵横方向上呈现断断续续不同形状的裂纹。因轧制方向不同，裂纹呈现的部位及形状有所不同，纵轧钢板的裂纹出现在表面两侧的边缘部位；横轧钢板裂纹出现在钢板表面两端的边缘部位，成鱼鳞状。

（2）结疤（熏皮）：钢材表面呈现局部薄皮状重叠，呈棕色或黑色。结疤容易脱落，形成表面的凹坑。

（3）铁皮：钢材表面粘附着以铁为主的金属氧化物，特征是钢材表面有黑灰色或棕红色呈鳞状、条状或块状的铁皮。

（4）麻点：钢材表面无规则分布的凹坑，形成表面粗糙，严重时有类似橘子皮状的、比麻点大而深的麻斑。

（5）压痕：轧辊表面局部不平，表面呈现有次序排列的压痕（轧辊造成的凹凸）；钢板表面呈现无次序排列的压痕（非轧件压入）。

（6）刮伤（划痕）和勒伤：钢板表面有低于轧制面的沟状缺陷为刮伤；钢板两侧边因钢绳吊运产生的永久变形，成为勒伤。

2、原因分析

（1）裂纹：由于钢板轧制过程中的缺陷所产生的。

（2）结疤（熏皮）：由于钢板轧制过程中在钢材表面产生的缺陷。

（3）铁皮：钢材表面在空气中产生的氧化物。

（4）麻点：将未除净的氧化铁皮压入钢板表面，一旦脱落即呈麻点。

（5）压痕：有非轧件落入而经轧制后呈现在钢板上的印迹。

（6）刮伤（划痕）和勒伤：运输和施工过程中由于摩擦等原因产生的表面伤。

3、防治措施

（1）裂纹：经宏观检查发现后，用深度千分表进行测量，按有关标准判断。可用砂轮消除。

（2）结疤（熏皮）：用工具测量，按标准判断，经宏观检查发现后，用砂轮或扁铲清理。

（3）铁皮：利用设备进行表面清理。

（4）麻点：利用宏观检查，按标准要求进行判断和处理。

（5）压痕：进行表面处理，消除压痕。

（6）刮伤（划痕）和勒伤：宏观检查，按标准要求判断和处理。

二、原材料冶炼缺陷

1、现象

（1）夹渣：钢板内部含有非金属材料，例如氧化物或硫化物等杂质，一般呈灰白色或黑色的粉状物（见图 6-27）。

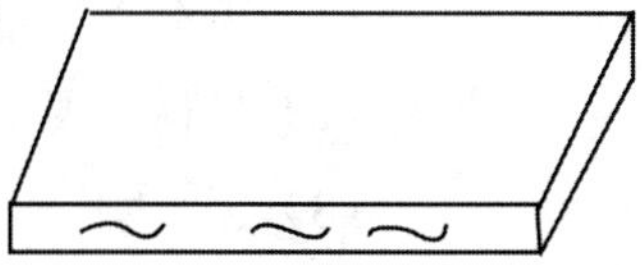

图 6-27　在网板断面上发现的非金属夹渣

（2）分层：在仿版的断面上出现的离层，横轧钢板出现在钢板的纵断面上，纵轧钢板出现在钢板的横断面上。

（3）发纹（毛缝）：在钢板纵横断面上呈现断断续续发丝状现象，呈现灰白色细小断续的发状裂缝，发纹比裂纹浅，且比裂纹短细。

（4）气泡：在钢板表面上局部呈沙丘状的凸包，在钢板断面处呈凸起式的空窝（见图6-28）。

图6-28 钢板气泡

2、原因分析

（1）夹杂：钢材在冶炼过程中，由于非金属材料进入所产生的缺陷。

（2）分层：发生分层的钢板大多数情况下由非金属夹杂引起，但有的也不是非金属夹杂引起，而是冶炼过程中出现的冶炼缺陷。

（3）发纹（毛缝）：刚才在冶炼和轧制过程中产生的内部缺陷。

（4）气泡：在浇注钢锭时，由氧化铁和碳作用所生成的一氧化碳气体不能充分逸出而形成气泡。

3、防治措施

（1）夹杂：利用宏观法与机械法结合进行检查，对于非金属夹杂，按标准要求进行评定，发现时必须切掉。

（2）分层：宏观与机械法结合进行检查，按标准要求进行评定，对于出现分层的部位，发现时必须切掉。

（3）发纹（毛缝）：用宏观检查发现后，按有关标准进行评定并进行相应的处理。

（4）气泡：利用宏观检查，发现凸包时用手锤敲打鉴别，如听有空响声便是气泡。按标准要求进行评定，将有缺陷部分切掉。

三、下料尺寸偏差大

1、现象

下料的对角线、外形尺寸及孔距等超过允许值。

2、原因分析

（1）下料人员对下料图及定尺尺寸不明确。

（2）材料外观不平直，弯曲或端部有倾斜。

（3）锯、割、刨、铣、焊工序所留加工余量及焊接收缩值不对。

（4）拼接件制孔工序颠倒。定位靠模下料尺寸有误。

（5）下料件未加工基准线或其他标记，又未经专业人员程序检验。

3、防治措施

（1）下料人员对下料图必须看清楚，尤其是对定尺计划排料更要合理安排，才能保证下料尺寸并合理节约钢材。

（2）材料外观不符合要求的要进行矫正或裁边后使用。

（3）按有关工序规定留好加工余量及焊接收缩值。对高层钢框架柱，尚应预留弹性压缩量。具体数据由制作厂和设计人员协商确定。

（4）采用无齿锯（即砂轮锯）下料时，要注意由于砂轮越磨越薄，致使定尺下料的杆件尺寸越下越长。

（5）对受力和弯曲构件，下料应按工艺规定的方向取料，弯曲件外侧不应有伤痕。

（6）拼接件制孔必须是先拼接好，并矫正完毕达到拼接允许偏差之内再制孔，否则会出现误差。

（7）定位靠模下料，必须随时检查靠模及成品尺寸的正确性。

（8）下料件必须加工基准线或冲点标准，否则拼装无依据。

（9）钢材下料宜用钢针划线，并配弹簧钢丝、直尺、角尺联合划线，以保证精度。

（10）根据下料件部位的重要性，进行不同比例的抽检。

4、治理方法

（1）专业人员对下料件按比例抽检，对超出偏差者，找出原因，采取改正措施。

（2）边缘加工精度达不到标准，应分析原因，经有关部门研究采取技术处理解决。如果仍达不到标准，直接影响拼接质量，要坚决返工。

四、钢零部件加工后变形

1、现象

钢结构工件焊接后出现纵向缩短和横向收缩；角变形、弯曲变形、波浪变形和扭曲变形。

2、原因分析

（1）金属具有热胀冷缩特性，由于焊接过程对工件进行了局部的、不均匀的加热，焊接后焊缝逐步冷却使结构纵向和横向都缩短。刚性大的工件变形小，刚性小的工件变形大。

（2）V 形坡口焊缝横向缩短，冷却速度不同，上下受力不均匀，出现角变形。刚性小的工件焊后出现角变形，连续起来形成波浪变形。

（3）整体结构中焊缝不对称，拉应力不等，工件抗弯刚度又小，引起弯曲变形。

（4）焊接长、宽、高均相等的工字钢梁和箱形梁时，如果装配质量不好，工装不牢固，焊接工艺（焊接顺序、焊接方向、焊接电流、焊接速度、焊工熟练程度、气候影响等）参数选用不合理，将引起扭曲变形。

3、防治措施

（1）焊接工件线膨胀系数不同，焊后焊缝收缩量也随之有大小。碳钢的线膨胀系数是 0.000011，16Mn 钢为 0.00012 焊缝纵向和横向参数参考收缩值见表 6-8。

表 6-8　钢构件焊接收缩余量

<table>
<tr><th>结构类型</th><th colspan="2">焊接特征和板厚</th><th>焊缝收缩量/mm</th></tr>
<tr><td>钢板对接</td><td colspan="2">各种板厚</td><td>长度方向：0.7/m；宽度方向：1.0/每个接口</td></tr>
<tr><td rowspan="3">实腹结构及焊接H 型钢</td><td colspan="2">断面高≤1000mm
板厚≤25mm</td><td>4 条纵向焊缝 0.6/m，焊透梁高收缩 1.0，每对加劲焊缝，梁的长度收缩 0.3</td></tr>
<tr><td colspan="2">断面高≤1000mm
板厚＞25mm</td><td>4 条纵向焊缝 1.4/m，焊透梁高收缩 1.0，每对加劲焊缝，梁的长度收缩 0.7</td></tr>
<tr><td colspan="2">断面高≤1000mm 的各种板厚</td><td>4 条纵向焊缝 0.2/m，焊透梁高收缩 1.0，每对加劲焊缝，梁的长度收缩 0.7</td></tr>
<tr><td rowspan="2">格构式结构</td><td colspan="2">屋架、托架、支架等轻型桁架</td><td>接头焊缝每个接口 1.0，搭接贴角焊缝 0.5/m</td></tr>
<tr><td colspan="2">实腹柱及重型桁架</td><td>搭接贴角焊缝 0.25/m</td></tr>
<tr><td rowspan="2">圆筒形结构</td><td colspan="2">板厚≤16mm</td><td>直焊缝每个接口周长 1.0；环焊缝每个接口周长 1.0</td></tr>
<tr><td colspan="2">板厚＞16mm</td><td>直焊缝每个接口周长 2.0；环焊缝每个接口周长 2.0</td></tr>
<tr><td rowspan="2">焊接球节点网架杆件下料长度预加焊接收缩量</td><td rowspan="2">钢管厚度</td><td>≤6mm</td><td>每端焊缝放 1～1.5（参考值）</td></tr>
<tr><td>≥8mm</td><td>每端焊缝放 1～2.0（参考值）</td></tr>
</table>

（2）工件焊前根据经验及有关试验所得数据，按变形的反方向变形装配。如 60° 左右的坡口对接焊，反变形约在 2° ～3° 之间。焊接网架结构支座时，为防止变形，两支座应用螺栓拧紧在一起，以增加其刚性。钢桁架或钢梁为防止在焊接过程中由于自重影响产生挠度变形，应在焊前先起拱后再焊。

（3）高层或超高层钢柱，构件大，刚性强，无法用人工反变形时，可在柱安装时人为预留偏差值。钢柱之间焊缝焊接过程发现钢柱偏向一方，可用两个焊工以不同焊接速度和焊接顺序来调整变形。

（4）钢框架钢梁为防止焊接在钢梁内产生残余应力和防止梁端焊缝收缩将钢柱拉偏，可采取跳焊的焊接顺序，梁一端焊接，另一端自由，由内向外焊接。

（5）收缩量最大的焊缝必须先焊，因为先焊的焊缝收缩时阻力小，变形就小。

（6）利用胎具和支撑杆件加强刚度，增加约束达到减小变形。

（7）对碳素结构钢可通过焊缝热影响区附近的热量迅速冷却达到减小变形，而对低合金结构钢必须缓冷以防热裂纹。

（8）在焊接过程中除第一层和表面层以外，其他各层焊缝用小锤敲击，可减小焊接变形和残余应力。

（9）对接接头、T 形接头和十字接头的坡口焊接，在工件放置条件允许或易于翻面的情况下，宜采用双面坡口对称顺序焊接；对于有对称截面的构件，宜采用对称于构件中和轴的顺序焊接。对双面非对称坡口焊接，宜采用先焊深坡口侧，后焊浅坡口侧的顺序。

（10）对长焊缝宜采用分段退焊法或与多人对称焊法同时运用。采用跳焊法可避免工件局部加热集中。

（11）在节点形式、焊缝布置、焊接顺序确定的情况下，宜采用熔化极气体保护电弧焊或药芯焊丝自保护电弧焊等能量密度相对较高的焊接方法，并采用较小的热输入。

（12）对一般构件可用定位焊固定同时限制变形；对大型、厚型构件宜用刚性固定法增加结构焊接时的刚性。对于大型结构宜采取分部组装焊接、分别矫正变形后再进行总装焊接或连接的施工方法。

4、治理方法

（1）结构变形超偏，首先应由焊接专业人员分析原因，制定出可行的矫正办法。

（2）机械矫正法：有钢板矫平机、角钢矫直机、螺栓拉力器、千斤顶等。

（3）火焰矫正法：碳素结构钢和低合金高强度结构钢，允许加热矫正，其加热温度严禁超过正火温度 900℃。根据工件弯曲情况可采用点状加热、线状加热、三角形加热、松叶状加热、十字状加热和局部剧烈加热，对低合金高强度结构钢，如 Q390、35 号、45 号钢，在火焰矫正过程中严禁浇水激冷，必须在自然状态下缓冷。

五、钢结构制作质量常见问题汇总

1、卷制圆柱形筒身时，常见的外形缺陷主要有过弯、锥形、鼓形、束腰、边缘歪斜和棱角等缺陷。卷弯过程中，可根据下表缺陷形成的原因，分别采取相应措施予以解决。造成外形缺陷的原因见表 6-9。

表 6-9　造成外形缺陷的原因

序号	现象	原因分析
1	过弯	轴辊调节过量
2	锥形	上下辊的中心线不平行
3	鼓形	轴辊发生弯曲变形
4	束腰	上下辊压力和顶力太大
5	边缘歪斜	板料没有对中
6	棱角	预弯过大或过小

2、弯曲加工时常见的缺陷，见表6-10。

表6-10 弯曲加工时常见的缺陷

序号	现象	原因分析	防治措施
1	弯裂	上模弯曲半径过小，板材的塑性较低，下料时毛坯硬化层过大	适当增大上模圆角半径，采用经退火或塑性较好的材料
2	底部不平	压弯时板料与上模底部没有靠紧坯料	采用带有压料顶板的模具，对毛坯施加足够的压力
3	翘曲	由变形区应变状态引起横向应变（沿弯曲线方向），外侧为压应变，内侧为拉应变，使横向形成翘曲	采用校正弯曲方法，根据预定的弹性变形量，修正上下模
4	擦伤	坯料表面未擦刷清理干净，下模的圆角半径过小或间隙过小	适当增大下模圆角半径，采用合理间隙值，消除坯料表面脏物
5	弹性变形	由于模具设计或材质的关系等原因产生变形	以校正弯曲代替自由弯曲，以预定的弹性回复来修正上下模的角度
6	偏移	坯料受压时两边摩擦阻力不相等，而发生尺寸偏移；这以不对称形状的工件压变尤为显著	采用压料顶板的模具，坯料定位要准确，尽可能采用对称性弯曲
7	孔的变形	孔边距弯曲线太近，内侧受压缩变形，外侧受拉伸变形，导致孔变形	保证从孔边到弯曲半径中心的距离大于一定值
8	端部鼓起	弯曲时，纵向被压缩而缩短，宽度方向伸长，使宽度方向边缘出现突起，这以厚板小角度弯曲尤为明显	在弯曲部位两端预先做成圆弧切口，将毛坯毛刺一边放在弯曲内侧

3、压制封头常见的缺陷，见表6-11。

表6-11 压制封头常见的缺陷

序号	现象	原因分析	防治措施
1	起皱	加热不均匀，压边力太小或不均匀，上下模间隙太大，曲率不均	加热要均匀，压边力大小和模具间隙要合理
2	起包	加热不均匀材质差，上下模间隙太大，压边力太小，压边圈未起作用	保证坯料材质合格，加热均匀，模具间隙合理
3	直边拉痕压坑	下模表面粗糙或有拉毛现象，坯料气割后熔渣消除不清	提高下模及压边圈表面光洁度，做好坯料清洁工作
4	表面微细裂纹	加热不合理，下模圆角太小，坯料尺寸过大，冷却速度太快	提高下模表面光洁度，下模圆角设计和坯料尺寸要合理

续表

序号	现象	原因分析	防治措施
5	开裂	加热不规范，坯料边缘有损坏痕迹或缺口，材质塑性差或有杂质	保证加热均匀，提高坯料边缘光洁度及表面质量
6	偏斜	压延间隙大小不均，定位不准，压边力不均匀，润滑剂涂抹不合理	合理加热保证坯料压边力均匀，润滑剂涂抹均匀
7	椭圆	脱模方法差，封头起吊或搬运时温度过高，模具精度差，配合误差大	改进脱模方法，合理降温后再起吊与搬运，提高模具精度
8	直径大小不均	成形压制时，脱模温度高低不一，冷却情况不相同	保证脱模温度合理一致，冷却方法相同，且合理

第四节　钢结构组装、预拼装及结构安装

一、钢屋架、天窗架垂直偏差大

1、现象

钢屋架或天窗架安装后垂直偏差超过允许值。

2、原因分析

钢屋架和天窗架制作过程中或拼装过程中，产生较大的侧向弯矩，加之安装工艺不合理，使垂直度不易保证。

3、防治措施

（1）严格检查构件几何尺寸，超过允许值应及时处理好再吊装；

（2）应严格按照合理的安装工艺安装；

（3）钢屋架校正方法可用经炜仪或线坠法；

（4）天窗架垂直偏差可采用经纬仪或线坠法对天窗架两支柱进行矫正。

（5）为使屋架在一个平面内受力，对于扭曲较大的屋架需经设计单位同意后方准使用。

（6）屋架校正方法可在屋架下弦一侧拉 1 根通长铅丝，同时在屋架上弦中心线反出一个同等距离的标尺，用线坠校正（见图 6-29）。也可用 1 台经纬仪放在柱顶一侧与轴线平移 a 距离，在对面柱子上同样有一距柱为 a 的点，从屋架中线处用标尺挑出 a 距离，当三点在一条线上，即可使屋架垂直（见下图 6-30）。

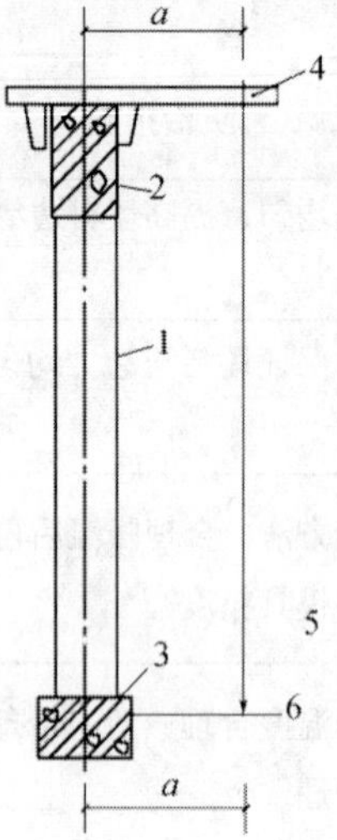

图 6-29 屋架校正方法

1—屋架；2—上弦；3—下弦；
4—标尺；5—线坠；6—拉通长铅丝

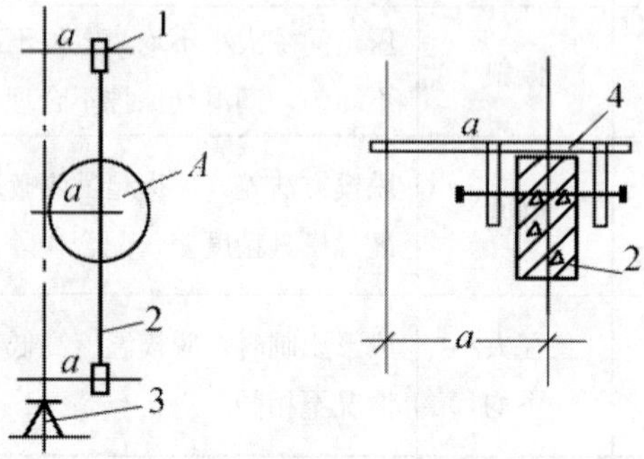

图 6-30 经纬仪校正屋架方法

（左）经纬仪校正；（右）"A" 大样图

1—柱；2—屋架；3—经纬仪；4—标尺

（7）如果屋架本身扭曲，可按垂直偏差均衡办法校正，具体措施如下：

1）侧向扭曲较大的梁（在制作允许偏差范围内）的处理办法。

①两端同向偏斜时，尽量校正为零，使中点垂偏与两端垂偏数值相等，同时对位移进行适当调整。

②两端反向偏斜时，尽量校正为零，以中点垂直为主，使两端垂直偏差绝对值相等。

2）吊装时，垫铁垫实后用电焊点固，经垂直偏差复查无误后再脱钩。

3）吊线操作工应经过培训。

4）确保垂直度符合要求的关键在于临时固定方法。第一榀屋架有挡风柱时，校正完毕后应与挡风柱拉牢或焊牢。如无挡风柱时，可在屋架上弦两坡各一点处拉 4 根缆风绳做临时固定。第二、三榀屋架在屋架校正后用拉杆拉牢。

二、屋架安装扶直时裂缝

1、现象

屋架扶直时出现裂缝。

2、原因分析

（1）屋架扶直时，吊点选择不当。

（2）屋架采取重叠预制时，受粘结力和吸附力影响而开裂。

（3）垫木不实，屋架起吊时滑脱使下弦受振或碰裂。

3、防治措施

（1）屋架扶直一般采用 4 点起吊为宜，最外面吊索与水平夹角不得小于 45°。上弦受力情况应验算复核。

（2）对多层重叠预制屋架，当粘结力和吸附力较大时，可采用振动办法使屋架脱离开。

（3）重叠预制屋架扶直前，必须将两端垫木垫实，否则屋架将不能以 A 点为转动点，扶直中下弦会滑下而折断（见图 6-31）。

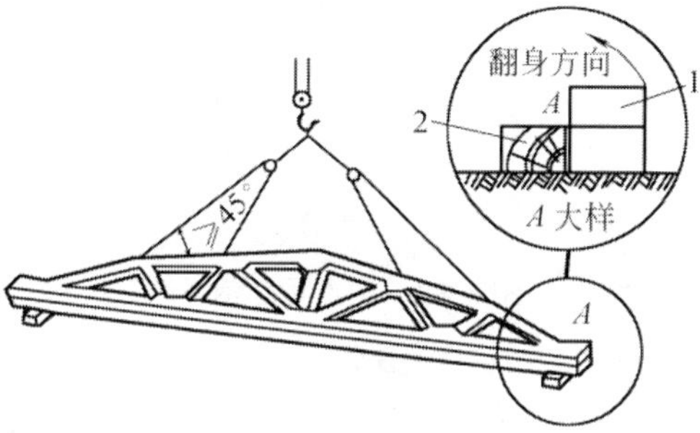

图 6-31　屋架扶直时下弦垫点

1—屋架端头；2—道木墩

（4）预应力构件就位安装时，孔道灌浆强度不得低于 15MPa。

三、高层钢结构楼层轴线误差过大

1、现象

高层钢结构楼层纵横轴线超过允许值。

2、原因分析

（1）现场环境、楼层高度与测设方法不相适应。

（2）激光仪或弯管镜头经纬仪操作有误；或标准点受外力振动发生偏移。

（3）受雾天、阴天、阳光照射等天气影响。

（4）放线太粗。钢尺、激光仪、经纬仪未经计量单位检验。

（5）钢结构本身受外力振动造成标准点发生偏移。

3、防治措施

（1）高层和超高层钢结构测设，根据现场情况可采用外控法和内控法。

内控法：现场宽大，高度超过 100m，地上部分在建筑物内部设辅助线，至少要设 3 个点，每 2 点连成的线最好要垂直，3 点不得在一条线上。

外控法：现场较宽大，高度在 100m 内，地下室部分根据楼层大小可采用十字及井字控制，在柱子延长线上设置两个桩位，相邻柱中心间距的测量允许值为 1mm，第 1 根钢柱至第 n 根钢柱间距的测量允许值为 n-1mm。每节柱的定位轴线应从地面控制轴线引上来，不得从下层柱的轴线引出。

（2）利用激光仪发射的激光点——标准点，应每次转动 90°，并在目标上测 4 个激光点，其相交点即为正确点（见图 6-32）。除标准外的其他各点，可用方格网法或极坐标法进行复核。

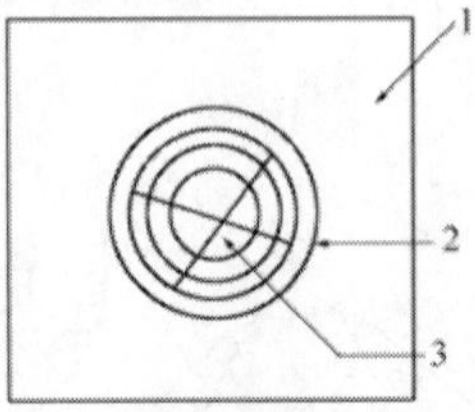

图 6-32　测点目标示意

1—目标；2—投影点；3—正确测点

（3）内爬式塔吊或附着式塔吊，因与建筑物相连，在起吊重物时，易使钢结构本身产生水平晃动，此时应尽量停止放线。

（4）对结构自振周期引起的结构振动，可取其平均值。

（5）雾天、阴天因视线不清，不能放线。为防止阳光对钢结构照射产生变形，放线工作宜安排在日出或日落后进行。

（6）钢尺要统一，使用前要进行温度、拉力、挠度校正，在有条件的情况下应采用全站仪，接收靶测距精度最高。

（7）在钢结构上放线要用钢划针，线宽一般为 0. 2mm。

（8）把轴线放到已安好的柱顶上，轴线应在柱顶上三面标出，如图 6-33 所示。假定 X 方向钢柱一侧位移值为 a，另一侧轴线位移值为 b，实际上钢柱柱顶偏离轴的位移值为（a+b）/2，柱顶扭转值为（a-b）/2。沿 Y 方向的位移值为 c 值，应做修正值，通过计算才能如实反映实际情况。

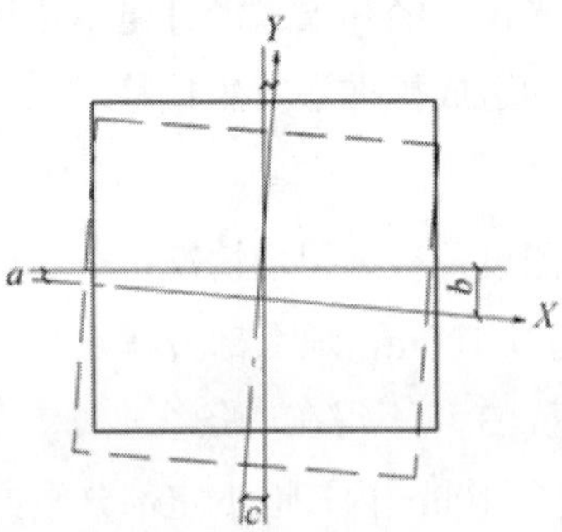

图 6-33　柱顶轴线位移

四、高层钢结构安装控制网闭超差

1、现象

地面控制网中测距超过$L/25000$,测角中误差大于2″,竖向传递点与地面控制网点不重合。

2、原因分析

（1）按结构平面选择测量方法不尽合理。

（2）平面轴线控制点的竖向传递方法有误。

3、防治措施

（1）控制网定位方法应依据结构平面而定。矩形建筑物的定位，宜选用直角坐标法；任意形状建筑物的定位，宜选用极坐标法。平面控制点距测点位距离较长，量距困难或不便量距时，宜选用角度（方向）交会法；平面控制点距测点距离不超过所用钢尺的全长且场地量距条件较好时，宜选用距离交会法。使用光电测距仪定位时，宜选极坐标法。

（2）根据结构平面特点及经验选择控制网点。有地下室的建筑物，开始可用外控法，即在槽边±0. 000m处建立控制网点,当地下室达到±0. 000m后,可将外围点引到内部即内控法。

（3）无论内控法或外控法，必须将测量结果进行严密平差，计算点位坐标，与设计坐标进行修正，以达到控制网测距相对中误差小于$L/25000$，测角中误差小于2″。

（4）基准点处预埋100mm×100mm钢板，必须用钢针划十字线定点，线宽0. 2mm，并在交点上打样冲点。钢板以外的混凝土面上放出十字延长线。

（5）竖向传递必须与地面控制网点重合，主要做法如下。

1）控制点竖向传递，采用内控法。投点仪器选用全站仪、激光铅垂仪、光学铅垂仪等。控制点设置在距柱网轴线交点旁300～400mm处,在楼面预留孔300mm×300mm设置光靶,为削减铅垂仪误差，应将铅垂仪在0°、90°、180°、270°的四个位置上设点，并取其中点，作为基准点的投递点。

2）根据选用仪器的精度情况，可定出一次测得高度，如用全站仪、激光铅垂仪、光学铅垂仪，在100m范围内竖向投测精度较高。

3）定出基准控制点网，其全楼层面的投点，必须从基准控制点网引投到所需楼层上，严禁使用下一楼层的定位轴线。

（6）经复测发现地面控制网中测距超过$L/25000$，测角中误差大于2″，竖向传递点与地面控制网点不重合，必须经测量专业人员找出原因，重新放线定出基准控制点网。

五、吊车梁垂直偏差大、摆动

1、现象

吊车梁垂直偏差超过允许值，吊车梁安装完成后摆动过大。

2、原因分析

（1）鱼腹式吊车梁两端不平使腹部垂直偏差过大。

（2）T 形吊车梁，由于两吊车梁距离很近，只能用线坠找另一端垂直，当吊车梁本身扭曲较大时，很难准确控制。

（3）造成吊车梁摆动的主要原因为吊车梁弹簧垫片松动，或者固定螺栓松动。

3、防治措施

（1）吊车梁中心线与垂直偏差校正应同时进行。

（2）鱼腹式吊车梁可用 F 形专用标尺近似地校正腹部垂直偏差。

（3）对 T 形吊车梁，扭曲不大时可用一端挂线坠的办法校正。扭曲较大时，也可用 F 形专用标尺校正（见图 6-34）。

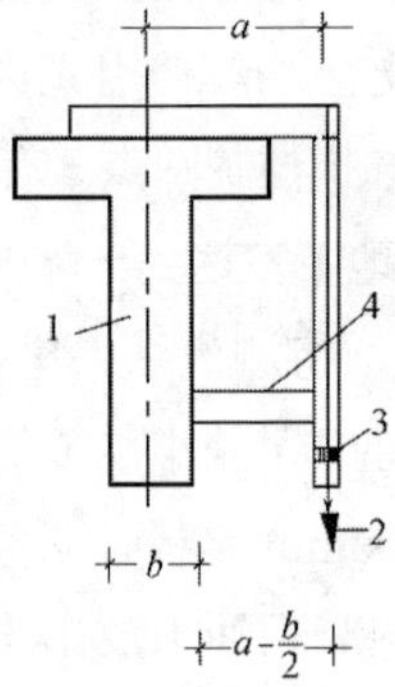

图 6-34　F 形校正标尺

1—吊车梁；2—线坠；3—刻度尺；4—水准泡

（4）吊车梁的钢板弹簧垫片通常是按图纸要求焊接在牛腿上，焊接质量如何，监理工程师一定要登高检查，确保质量。对于固定螺栓，则应逐个全数检查才可防止吊车梁发生摆动现象。

六、钢柱安装扭转、不垂直

1、现象

柱顶不平，上柱扭转，柱本身不垂直。

2、原因分析

（1）柱顶不平的原因是制作焊接变形，测量有误差，安装柱过程中的累积误差，构造柱焊接时焊缝收缩及柱自重压缩变形等所致。

（2）钢柱吊装完成后，柱脚垫块没有及时垫好，或者垫块不平衡；

（3）上柱扭转是由于制作焊接变形，运输过程碰撞及堆放压成扭曲，安装过程中的累积误差等原因。

（4）柱本身不垂直除因焊接变形及阳光照射影响外，还因工厂加工变形，柱安装不垂直，钢梁长或短和测量放线精度不高，控制点布设误差，控制点投点误差，细部放线误差，外界条件影响，仪器对中、后视误差，摆尺误差，读数误差等原因造成。

（5）柱身受风力影响。

（6）塔吊锚固在结构上，对结构及柱垂直都有一定影响。

3、防治措施

（1）柱顶不平采用相对标高控制法，找出本层最高、最低差值，确定安装标高（与相对标高控制值相差 5mm 为宜）。

主要作法是在连接耳板上下留 15～20mm 间隙，柱吊装就位后临时固定上下连接板，利用起重机起落调节柱间隙，符合标定标高后打入钢楔，点焊固定，拧紧高强螺栓，为防止焊缝收缩及柱自重压缩变形，标高偏差调整为+5mm 为宜。

（2）钢柱吊装完成后，要在柱脚的四个方向及时加塞钢垫块，防止钢柱加荷后失稳变形。当测量校正完成之后，要及时进行二次灌浆，并要确保灌浆质量；

（3）钢柱扭转调整可在柱连接耳板的不同侧面夹入垫板（垫板厚 0. 5～1. 0mm），打紧高强度螺栓，钢柱扭转每次调整 3mm。

（4）垂直偏差调整：钢柱安装过程采取在钢柱偏斜方向的一侧打入钢楔或顶升千斤顶，如果连接板的高强度螺栓孔间隙有限，可采取扩孔办法，或预先将连接板孔制作比螺栓大 4mm，将柱尽量校正到零值，拧紧连接耳板高强度螺栓。

钢梁安装过程直接影响柱垂偏，首先掌握钢梁长或短数据，并用 2 台经纬仪、1 台水平仪跟踪校正柱垂偏及梁水平度控制，梁安装过程可采用在梁柱间隙当中加铁楔进行校正柱，柱子垂直度要考虑梁柱焊接收缩值，一般为 1～2mm（根据经验预留值的大小），梁水平度控制在 L/1000 内且不大于 10mm，如果水平偏差过大，可采取换连接板或塞孔重新打孔办法解决。

钢梁的焊接顺序是先从中间跨开始对称地向两端扩展，同一跨钢梁，先安上层梁，再安中、下层梁，把累积偏差减小到最小值。

（5）如果塔吊固定在结构上，测量工作应在塔吊工作以前进行测量工作，以防塔吊工作使结构晃动影响测量精度。

七、安装螺栓孔错位

1、现象

螺栓连接构件安装孔不重合，螺栓无法顺利穿入。

2、原因分析

（1）螺栓孔制作误差偏大；或螺栓紧固程度不统一；

（2）钢结构构件安装时累计误差偏大，螺栓不能穿入。

3、防治措施

（1）不论粗制螺栓还是精制螺栓，制作时严格按照施工工艺操作，其位置、尺寸必须准确；对螺栓孔及安装面应做好修整，以便安装；

（2）施工人员应加强业务能力培训，持证上岗；安装应严格按照施工组织设计确定的吊装工艺、安装顺序和连接件的施拧工艺进行，并及时消除各种偏差；

（3）钢结构构件每端至少应有两个安装孔。为了减少钢构件本身挠度导致孔位偏移，一般采用钢冲子预先使连接件上下孔重合。施拧螺栓工艺是：第一个螺栓第一次必须拧紧，当第二个螺栓拧紧后，再检查第一个螺栓并继续拧紧，保持螺栓紧固程度一致。紧固力矩大小必须符合要求，不可擅自决定。

八、柱地脚螺栓位移

1、现象

柱地脚螺栓位移是指钢柱底部预留孔与预埋螺栓不对中。

2、原因分析

柱地脚螺栓位移产生的原因是预埋螺栓位置或钢柱底部预留孔不符合设计尺寸。

3、防治措施

（1）在浇注混凝土前，预埋螺栓位置应用定型卡盘卡住，以免浇注混凝土时发生错位；

（2）钢柱底部预留孔应放大样，确定孔位后再作预留孔；

（3）发生预留孔与螺栓不对中，应根据情况经设计人员许可，沿偏差方向将孔扩大为椭圆孔，然后换用加大的垫圈进行安装；

（4）如果螺栓孔相对位移较大，经设计人员同意可将螺栓割除，将根部螺栓焊于预埋钢板上，附上一块与预埋钢板等厚的钢板，再与预埋钢板采取铆钉塞焊法焊上，然后根据设计要求焊上新螺栓。

九、连接板拼装不密实

1、现象

高强度螺栓连接板接触面有间隙，不符合高强度螺栓连接的受力计算原理和设计要求。

2、原因分析

（1）制作、拼装、安装时产生焊接变形，引起连接板面不平整；

（2）连接板厚度的公差，在制造、安装过程累计引起较大偏差。连接板接触面有毛刺、飞边、焊接飞溅物；

（3）安装施拧工艺不合理；

（4）螺栓孔制作工艺不合理。

3、防治措施

（1）接头如有高强度螺栓连接和焊接连接，应按设计规定确定是先紧固还是先焊接；当设计无规定时，按照先紧固后焊接的施工工艺进行，即先终拧高强度螺栓，再焊接焊缝。钢构件在制作、安装过程中采用合理工艺，采取乙炔火焰加热后焊接，以减少焊接变形。

（2）连接板厚度出现的公差一般很小，紧固后基本能解决间隙问题。如果螺栓不能自由穿入，则钢板的孔壁与螺栓产生挤压力，使钢板压紧力达不到设计要求，因此钻孔必须精确，使螺栓能自由穿入。

高强度螺栓连接板接触面的不同间隙应采取不同的处理方法：当间隙宽度 t＜1.0mm 时可不予处理；t＝1.0～3.0mm 时将厚板一侧磨成 1∶10 的缓坡，使间隙宽度小于 1.0mm（见图 6-35）；当 t＞3.0mm 时应加垫板处理，垫板厚度不小于 3.0mm，但最多不超过三层，要求垫板材质和摩擦面处理方法与构件处理方式相同（见图 6-36）。

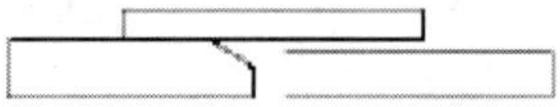

图 6-35　接头缓坡处理

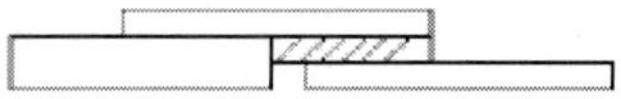

图 6-36　接头加垫板

（3）度螺栓的初拧、终拧目的是把钢板压紧，一般初拧力矩是终拧力矩的 50%。一个接头上的高强度螺栓，应从螺栓群中部开始安装，逐个拧紧。初拧、复拧、终拧都应从中部开始向四周扩展，为了明确拧紧的次数，用不同的记号或不同颜色油漆区别初拧、复拧、终拧，可防止漏拧。

拧紧顺序是从中心向四周，依次对称拧紧，从节点刚度大的部位向刚度小的部位扩展。多层、高层钢结构梁柱节点的紧固顺序：顶层→底层→中间层，先紧固主要构件；工字钢连接应按照上翼缘、下翼缘、腹板的次序紧固。（见图 6-37 所示）；同一个连接面上的螺栓紧固，应由接缝中间向两端交叉进行。有两个连接构件时应先紧固主要构件，后紧固次要构件。

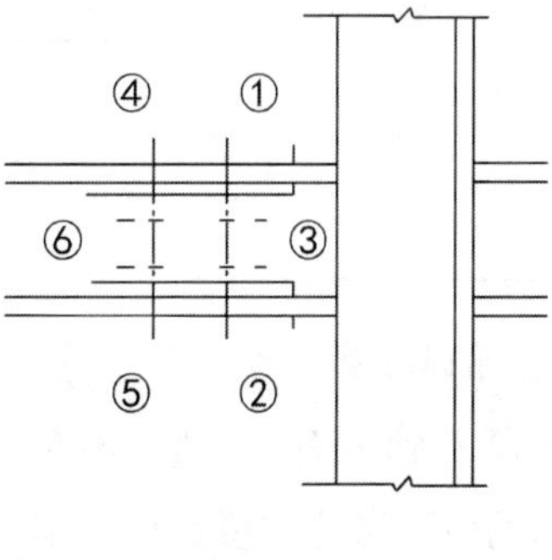

图 6-37　梁柱接头高强度螺栓紧固顺序

高强度螺栓扳手的扭矩值很容易变动，所以必须经常检查扭矩扳手的预定扭矩值。

冲孔工艺不但使钢板表面局部不平整，孔边还会产生裂纹，降低钢结构的疲劳强度和螺杆的顺利穿入，所以必须采用钻孔工艺，以使板层密贴，有良好的面接触；当采取扩孔工艺时，扩孔数量不得超过一个接头螺栓孔的 1/3，扩孔直径不得大于原孔径再加 2mm。严禁用气割进行高强度螺栓孔的扩孔工艺。

（5）高强度螺栓连接节点应穿上临时螺栓和冲钉，不得少于总数的 1/3；临时螺栓不得少于 2 个，冲钉直径与孔直径相同，穿入数量不宜多于临时螺栓的 30%。

（6）钢结构构件安装前应检查连接板面上有无污染物，若有毛刺、飞边、油漆、浮锈等，应清除干净达到设计要求；施工时气温低于-10℃、摩擦面潮湿或暴露于雨雪中应停止作业；再次使用连接板时需再次处理，以保证接触面干燥。

（7）对于露天或接触腐蚀性气体的钢结构，在高强度螺栓拧紧检查合格后，连接处的板缝应用防水或防腐蚀的腻子封闭。

钢构件在制作、拼装和组装焊接过程中，存在焊接变形，可采用氧-乙炔火焰烤，或者采用不同形式的压力机冷矫正办法解决。

十、钢柱柱基标高不准确

1、现象

钢柱柱基标高测量结果与设计图不符，超出验收规范限值。座浆垫板及插入式柱脚预制杯口标高、水平度、位置的允许尺寸偏差应符合表 6-12 规定。

表 6-12　预制杯口标高、水平度、位置的允许尺寸偏差

项次	项目		允许偏差
1	坐浆垫板	顶面标高	-3. 0mm～0
		水平度	l/1000
		位置	20mm
2	杯口尺寸	地面标高	-3. 0mm～0
		杯口深度 H	±3. 0mm
		杯口垂直度	H/1000
		杯口平面边长	±5. 0mm

2、原因分析

（1）基础表面不平整，不在同一标高上或施工有误，实际标高与设计文件不符。支座、支承面及地脚螺栓的位置标高偏差应符合表 6-13 规定；

（2）钢柱底部因焊接变形或钢板厚度公差引起的不平整。

表 6-13　支座、支撑面及地脚螺栓的位置标高偏差

项次	项目			允许偏差
1	支座	标高		±1.5mm
		水平度		l/1500
2	支承面	标高	有吊车梁	±2mm
			无吊车梁	±3mm
		水平度	有吊车梁	l/1000
			无吊车梁	l/750

3、防治措施

（1）钢柱柱脚基础应采用合理工艺、精心施工、严格控制，标高要准确。

防治措施一：柱脚支承面一次浇注到设计标高；柱脚基础支承面浇注到设计标高下 5mm 左右，而后将接触面凿毛，二次浇注细石混凝土找平。

防治措施二：预先将柱脚基础浇注到设计标高以下 50mm，当柱安装完毕后再浇注细石混凝土；预先按设计标高放置好柱脚支座钢板，再浇注无收缩水泥砂浆。

（2）钢柱标高调整主要有螺母调整和垫铁调整两种方法。螺母调整是根据钢柱的实际长度，在钢柱底板下的地脚螺栓上加一个调整螺母，螺母表面的标高调整到与钢柱板底标高齐平；当钢柱过重可在柱底加一钢板作为调整标高使用。钢柱板底空隙可以用高强度、微膨胀、无收缩砂浆填实。

十一、钢柱地脚螺栓偏移

1、现象

钢柱柱底板预留孔与预埋螺栓不对中。

2、原因分析

（1）预埋螺栓位置错位不符合设计要求。地脚螺栓的位置偏差应符合表 6-14 规定；

表 6-14　地脚螺栓的位置偏差

项　　次	项目	允　许　偏　差	图　　例
地脚螺栓	（1）支座范围内	±5mm	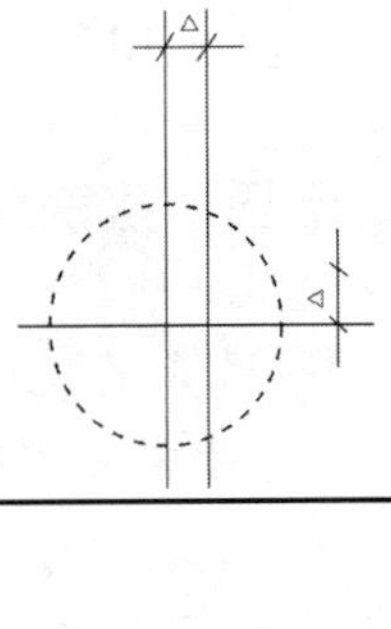
	（2）支座范围外	±10mm	

（2）钢柱柱底板预留孔加工时出错，与基础上的预埋螺栓不对中。

3、防治措施

（1）基础施工单位，在浇注混凝土前，预埋螺栓位置应采取有效措施固定，防止移位；

（2）螺栓孔相对位移较大，须经设计人员同意将螺栓割除，将根部螺栓焊于预埋钢板上，再附加一块与预埋钢板等厚的钢板，与预埋钢板采用电铆钉塞焊法焊接，然后焊上新螺栓（见图 6-38 所示）；

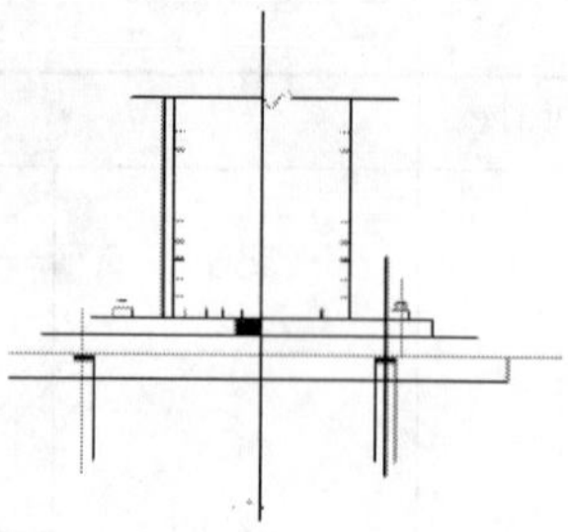

图 6-38 地脚螺栓位移处理

（3）钢柱柱底板预留孔加工前应严格放样，避免随意性。钢柱柱底板预留孔与螺栓不对中，且偏差不大，可以将螺栓孔扩大成椭圆孔，换用加大的垫圈安装。

十二、钢柱底脚有空隙

1、现象

钢柱底脚有空隙主要表现为钢柱底脚与基础接触不紧密，有空隙。

2、原因分析

（1）基础标高不准确，表面未找平；

（2）钢柱底部因焊接变形而不平。

3、防治措施

（1）柱脚基础标高要准确，表面应仔细找平。柱脚基础可采用五种方法施工：

1）柱脚基础支承面一次浇注到设计标高并找平，不再浇注水泥砂浆找平层；

2）将柱脚基础混凝土浇注到比设计标高低 40～60mm 处，然后用细石混凝土找平至设计标高，找平时应采取措施，保证细石面层与基础混凝土紧密结合；

3）预先按设计标高安置好柱脚支座钢板，并在钢板下浇注水泥砂浆；

4）预先将柱脚基础浇注到比设计标高低 40～60mm 处，当柱安装到垫板（每叠数量不得超过 3 块）上后，再浇注细石混凝土；

5）预先按设计标高埋置好柱脚支座配件（型钢梁、预制混凝土梁、钢轨等），在柱子安装以后，再浇注水泥砂浆。

（2）利用垫钢板的方法将钢柱底部不平处垫平。

十三、垫铁放置不规范

1、现象

钢结构安装时为了调整标高及水平度，在钢柱底座板与基础上平面之间垫放的垫铁，由于垫放的不合理，达不到均匀传递荷载的作用。

2、原因分析

（1）基础平面未作处理，使垫铁不能平稳受力；

（2）垫铁垫放位置不当，使底座板、垫铁、基础，三者不能承受均匀的压力；

（3）薄厚垫铁垫放位置颠倒，使其受力时不稳，易产生变形；

（4）垫铁组伸出底座板边缘长度太短，无法达到焊接固定的强度要求；

（5）垫放的垫铁未经除锈、清理毛刺等处理和垫铁组总高度太低，影响灌浆的结合强度要求。

3、防治措施

（1）为了使垫铁组平稳传力给基础，应使垫铁与基础面紧密贴合。因此，在垫放垫铁前，对不平的基础上表面，需用工具凿平；

（2）垫放垫铁的位置及分布应正确，具体垫法应根据钢柱底座板受力面积大小，应垫在钢柱中心及两侧受力集中部位或靠近地脚螺栓的两侧；

（3）垫铁面积应符合受力需要，应根据安装构件的底座面积大小、标高、水平度和承受荷载等情况合理确定。否则面积太小，易使基础局部集中过载，影响基础全面均匀受力；

（4）安装时应根据实际标高尺寸确定垫铁组的高度，再选择每组垫铁厚、薄的配合；规范规定，每组垫铁的块数应不超过 3 块；

（5）垫放垫铁时，应将厚垫铁垫在下面，薄垫铁垫在最上面，最薄的垫铁宜垫在中间；垫放时应防止产生偏心悬空，斜垫铁应成对使用；

（6）垫铁在垫放前，应将其表面的铁锈、油污和加工的毛刺清理干净，以备灌浆时能与混凝土牢固地结合；垫后的垫铁组露出底板边缘外侧的长度约为并在层间两侧用电焊点焊牢固；

（7）垫铁垫的高度应合理，过高会影响受力的稳定；过低会影响灌浆的填充饱满，甚至使灌浆无法进行。灌浆前，应认真检查垫铁组与底板接触的牢固性，常用 0. 25kg 重的小锤轻击，用听声音的办法来判断，接触牢固的声音是实音；接触不牢固的声音是碎哑音。

十四、柱底轴线偏离中心定位轴线

1、现象

钢柱柱底中心线偏离基础定位轴线。多层、高层钢结构安装工程施工允许偏差如表 6-15 所示。

表 6-15 钢柱柱底中心线偏离基础定位轴线偏差

项 次	项 目	允许偏差
1	底层柱底轴线偏移	3.0mm
2	底层柱基准点标高	±2.0mm
3	同层各节柱柱顶标高差	5.0mm
4	上下柱连接错口	3.0mm

2、原因分析

（1）钢柱制作时，未在表面标出钢柱中心线或中心线模糊；

（2）预埋螺杆与钢柱柱底螺孔有较大偏差；

（3）安装不准确，对位精度不高。

3、防治措施

（1）钢柱安装前应作详细检查，钢柱柱底中心线一定要标志清晰，便于施工；

（2）预埋螺杆与钢柱柱底螺孔有较大偏差时，适当放大螺孔，方便钢柱准确定位；

（3）安装时在起重机不放钩的情况下，将柱底板上的中心线与柱基处的控制线对齐，缓缓落至设计位置，如果钢柱与控制线有微小偏差，可以借线调整。

十五、柱轴线偏离中心线

1、现象

上下柱连接时中心线偏移。

2、原因分析

上节钢柱安装时对位不准确或定位轴线使用下节柱的定位轴线。

3、防治措施

（1）上下柱连接时应从地面控制轴线引至高空，保证每节柱的安装精度，避免过大的积累误差。如有偏差，在柱与柱的连接耳板的不同侧面加入垫板（垫板厚度 0.5～1.0mm 为宜），再拧紧高强度螺栓；钢柱中心线偏差每次调整在 3mm 内，如果偏差太大应该分 2～3 次调整；

（2）注意安装顺序：横向构件由上到下逐层安装；同一列柱的钢梁从中间跨开始对称的向两端扩展安装；同一跨钢梁先安装上层梁再装中下层梁；

（3）安装柱与柱间的钢梁时，测量必须到位，随时跟踪校正柱与柱间的距离；对于焊接节点应适当预留焊接收缩变形量。

十六、钢柱垂直度不满足要求

1、现象

钢柱垂直度偏差超过设计值或规范规定的允许数值，导致受力时产生变形，影响结构承受的压力强度。

钢柱垂直度超出验收规范或设计要求，整体垂直度和整体平面弯曲的允许偏差应符合表 6-16 规定。

表 6-16　整体垂直度和整体平面弯曲的允许偏差

项　次	项　目	允许偏差	图　例
1	主体结构的整体垂直度	$H/2500+10.0$ 且≯50.0mm	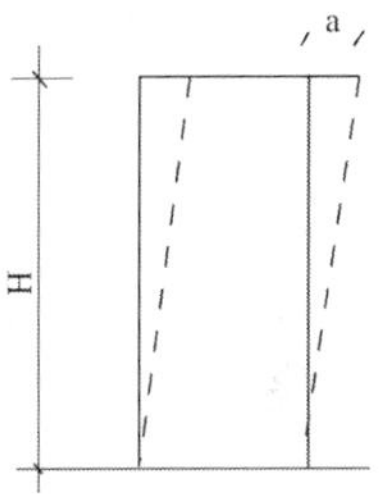
2	主体结构的整体弯曲度	$l/1500$ 且≯25.0mm	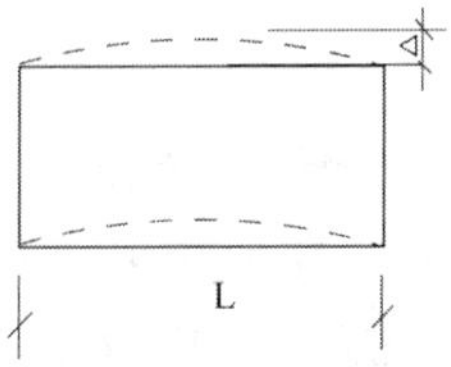
3	单节柱的垂直度	$h/1000$ 且不大于 10.0mm	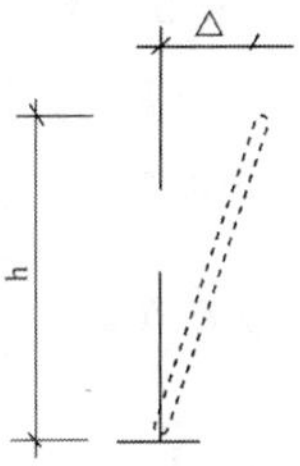

2、原因分析

（1）梁与柱、柱与柱焊接连接变形较大；

（2）环境温度变化大，温差影响明显；

（3）下层柱轴线偏移、焊接变形等因素，造成的累计效应。

3、防治措施

（1）预估焊接变形的影响：一般的梁与柱的收缩值小于 2mm；柱与柱的焊接收缩值在 3.5mm 左右。焊缝横向允许收缩值见表 6-17；

表 6-17　焊缝横向允许收缩值

项　次	焊缝坡口形式	钢材厚度（mm）	焊缝收缩值（mm）
1	梁与柱节点全熔透坡口	12	1.0～1.3
		16	1.1～1.4
		19	1.2～1.5
		22	1.3～1.6
		25	1.4～1.7
		28	1.5～1.8
		32	1.7～2.0
2	柱与柱节点全熔透坡口	19	1.3～1.6
		25	1.5～1.8
		32	1.7～2.0
		40	2.0～2.3
		50	2.2～2.5
		60	2.7～3.0
		70	3.1～3.4
		80	3.4～3.7
		90	3.8～4.1
		100	4.1～4.4

（2）控制好观测时间，尽量避免温度影响。一般避免选择在上午 9～10 时和下午 14～15 时，因为此区间观测差明显；

（3）采取预留垂直度偏差值消除部分误差：预留值大于下节柱积累偏差值时，只预留累计偏差值；反之则预留可预留值，方向与偏差方向相反；心校正时，在径向布置两台经纬仪对钢柱观测，在钢柱偏斜方向的一侧打入钢楔或顶升千斤顶，将柱顶位移偏差控制到零，最后拧紧螺栓；固定好，再解除缆风绳。

十七、钢柱垂直度超差

1、现象

钢柱垂直度偏差超过设计值或规范规定的允许数值，导致受力时产生变形，影响结构承受的压力强度。

2、原因分析

（1）钢柱制作时未采取控制变形的措施或存在弯曲变形但未进行校正；

（2）在外力作用及条件影响下产生弯曲变形；

（3）钢柱在基础轴线上的位置存在尺寸偏差或者屋架跨度尺寸有偏差，在安装时用外力强制使其两者连接配合，造成钢柱变形；

（4）吊装屋面板的程序不合理，导致钢柱侧向弯曲变形。

3、防治措施

（1）钢柱在制作中的拼装、焊接，均应采取防止变形的措施；对制作时产生的变形，如超过设计规定的范围时，应及时进行校正，以防止遗留给下道工序发生更大的积累超差变形；

（2）对制作的成品钢柱要加强认真管理，以防放置的垫基点、运输不合理，由于自重压力作用产生弯曲而发生变形；

（3）因钢柱较长，其刚性较差，在外力作用下易失稳变形，因此竖向吊装时的吊点选择应正确，一般应选在柱全长的 2 /3 柱上的位置，可以防止变形；

（4）吊装钢柱时还应注意起吊半径或旋转板半径的正确，并采取在柱底端设置滑移设施，以防钢柱吊起扶直时发生拖动阻力以及压力作用，促使柱体产生弯曲变形或损坏底座板；

（5）当钢柱被吊装到基础平面就位时，应将柱底座板上面的纵横轴线对准基础轴线（一般由地脚螺栓与螺孔来控制），以防止其跨度尺寸产生偏差，导致柱头与屋架安装连接时，发生水平方向向内的拉力或向外的撑力作用，均使柱身弯曲变形；

（6）因风力对柱面产生压力，易使柱身产生侧向弯曲。故在校正柱子时，当风力超过 5 级时不能进行。对已校正完的柱子应进行侧向梁的安装或采取加固措施，以增加整体连接的刚性，防止风力作用变形；

（7）校正柱子应注意防止日照温差的影响，钢柱受日光照射的正面与侧面产生温差，使其发生弯曲变形。校正柱子工作应避开阳光照射的炎热时间，宜在早晨或阳光照射较低温度的时间及环境内进行。

十八、螺栓球节点处缝隙大

1、现象

螺栓球节点拉杆部位缝隙大。

2、原因分析

（1）螺栓球节点零部件及杆件制作精度不够。

（2）拼装顺序及工艺不合理。

3、防治措施

（1）螺栓球节点的螺纹应按 6H 级精度加工，并符合国家标准的规定。球中心至螺孔端面距离偏差为±0. 20mm，螺栓球螺孔角度允许偏差为±30′。

（2）螺栓球节点（见图6-39）钢管杆件成品是指钢管与锥头或封板的组合长度，其允许偏差值指组合偏差为±1mm。

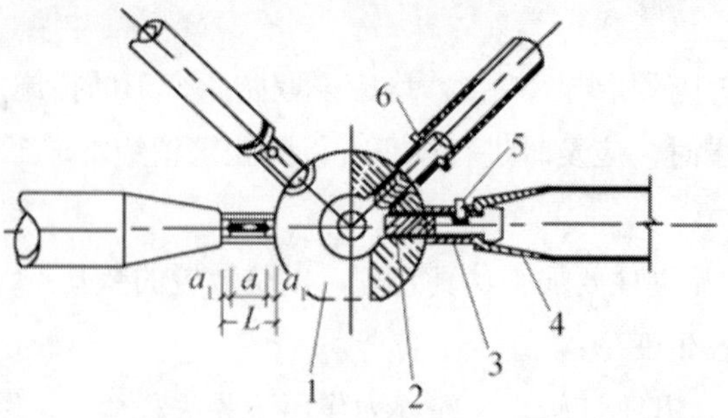

图6-39 螺栓球节点

1—钢筋；2—螺栓；3—套筒；4—锥头；5—销子；6—封板

（3）钢管杆件宜用机床、切管机、爬管机下料，也可用气割下料，其长度都应考虑杆件与锥头或封板焊接收缩量值。影响焊接收缩量的因素较多，如焊缝长度和厚度、气温的高低、焊接电流大小、焊接方法、焊接速度、焊接层次、焊工技术水平等，具体收缩值可通过试验和经验数值确定。

（4）拼装顺序应从一端向另一端，或者从中间向两边，以减少累积偏差。

拼装工艺：先拼下弦杆，将下弦的标高和轴线校正后，全部拧紧螺栓定位，安装腹杆，必须使其下弦连接端的螺栓拧紧，如拧不紧，当周围螺栓都拧紧后，因锥头或封板孔较大，螺栓有可能偏斜，就难处理。连接上弦时，开始不能拧紧，如此循环部分网架拼装完成后，要检查螺栓，对松动螺栓，再复拧1次。

4、治理方法

（1）螺栓球节点网架安装时，必须将高强度螺栓拧紧，螺栓拧进长度为该螺栓直径的1倍时，可以满足受力要求，规程规定拧进长度为直径的1.1倍，并随时进行复拧。

（2）螺栓球与钢管特别是拉杆的连接，杆件在承受拉力后即变形，必然产生缝隙，在南方或沿海地区，水气有可能进入高强度螺栓或钢管中，易腐蚀。因此网架的屋盖系统安装后，再对网架各个接头用油腻子将所有空余螺孔及接缝处填嵌密实，补刷防腐漆两道。

十九、网壳局部失稳

1、现象

网壳在安装过程中，出现杆件弯曲情况。

2、原因分析

（1）设计理论不符合实际，个别杆件刚度不够。

（2）采用悬挑法安装时，施工荷载对杆件受力有变化情况，拉杆变压杆。

（3）整体安装吊点选择不合理，出现杆件变化。

（4）网壳采用累积滑移法时，由于滑行不同步，局部杆件受扭曲而失稳。

（5）采用全支架法，支架本身刚度不够，有下沉现象，造成个别杆件失稳。

3、防治措施

（1）建设单位对设计必须实行工程监理，同时执行《建筑法》规定的质量终身责任制。

（2）采用悬挑法施工（内扩法或外扩法）的施工荷载，吊篮、安装人员、小拔杆及各圈开口刚度，都必须在安装前进行验算，以防杆件失稳。

（3）整体安装吊点，与设计的支点受力不同，必须经过验算确定吊点位置。

（4）网壳采用累积滑移法施工时，其中关键技术之一就是必须同步滑移，如不同步网壳将产生扭曲，内部杆件易造成失稳；一般做法是滑移两侧设标尺控制。

（5）采用全支架法拼装或安装网壳，要保证支架本身刚度和地基有足够的承载力，以防支架本身下沉造成杆件失稳。

（6）如出现个别杆件失稳，应即停止工作，会同有关专家研究找出原因，定出实施方案，方可施工。

二十、网架拼装尺寸偏差

1、现象

网架拼装尺寸过小或过大。

2、原因分析

（1）焊接球、螺栓球、焊接钢板等节点及杆件制作的几何尺寸超偏。

（2）焊缝长度和高度、气温高低、焊接电流强度、焊接顺序、焊工操作技术等因素的影响。

（3）钢尺本身误差影响。

（4）中拼吊装杆件变形造成尺寸偏差。

3、防治措施

（1）对焊接球、螺栓球、焊接钢板等节点及杆件制作的几何尺寸，必须严格控制制作质量。

1）焊接球。半圆球宜用机床作坡口。焊接后的成品球，其表面应光滑平整，不能有局部凸起或折皱。直径允许误差为±2mm；不圆度为2mm；厚度不均匀度为10%；对口错边量为1mm。成品球以200个为1批（当不足200个时，也以1批处理），每批取2个进行抽样检验，如其中有1个不合格，则加倍取样，如其中又有1个不合格，则该批产品为不合格品。

2）螺栓球。毛坯不圆度的允许制作误差为2mm，螺栓按3级精度加工，其检验标准按《钢网架螺栓球节点用高强度螺栓》GB/T 16939技术条件进行。

3）焊接钢板节点的成品允许误差为：钢板长宽尺寸为±2mm；角度用角度尺检查，其接触面应密合。

4）焊接节点及螺栓球节点的钢管杆件制作成品长度允许误差为±1mm；锥头与钢管同轴度偏差不大于0.2mm。

5）焊接钢板节点的型钢杆件制作成品长度允许误差为±2mm。

（2）钢管球节点加套管时（见图6-40、图6-41），每条焊缝收缩应为1.5～3.5mm；不加套管时，每条焊缝收缩应为1.0～2.0mm；焊接钢板节点，每个节点收缩量应为2.0～3.0mm。

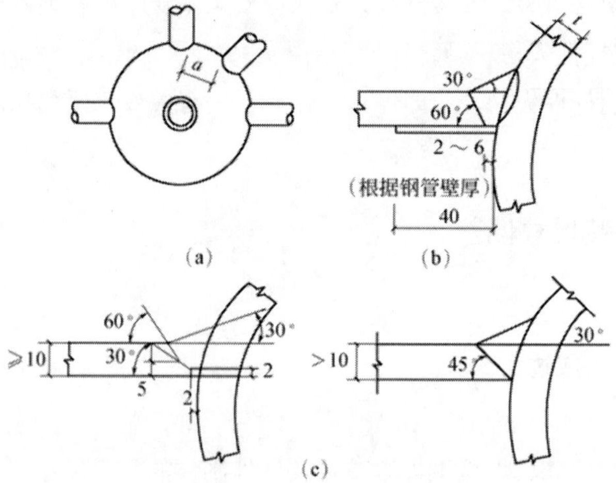

图6-40 管球节点形式及坡口形式

（a）空心球节点示意；（b）加套管连接；（c）不加套管连接

图6-41 管-管对接连接节点形式

（a）I形坡口对接；（b）V形坡口对接

（3）钢尺必须统一校核，并考虑温度改正数。

（4）小拼单元应在胎具上进行拼装。中拼单元也应在实足尺寸大样上进行拼装或预拼装，以便控制其尺寸偏差。

（5）斜放四角锥网架中拼分成平面桁架，这种平面桁架没有上弦，所以必须安装临时上弦杆加固，安装完毕后再拆下来。

二十一、网架总拼装变形超过允许偏差值

1、现象

网架总拼装变形超过允许偏差值。

2、原因分析

总拼顺序不当，或焊接顺序不当。

3、防治措施

（1）大面积拼装一般采取从中间向两边或向四周顺序拼装，杆件有一端是自由端，能及时调整拼装尺寸，以减小焊接应力与变形。

（2）螺栓球节点总拼顺序一般从一边向另一边，或从中间向两边顺序进行。只有螺栓头与锥筒（封板）端部齐平时，才可以跳格拼装，其顺序为：下弦、斜杆、上弦。

（3）网架焊接顺序应为先焊下弦节点，使下弦收缩向上拱起，然后焊腹杆及上弦。焊接时应尽量避免形成封闭圈，否则焊接应力加大，产生变形。一般可采用循环焊接法。

（4）节点板焊接顺序如图 6-42 所示。节点带盖板时，可用夹紧器（见图 6-43）夹紧后点焊定位再进行全面焊接。

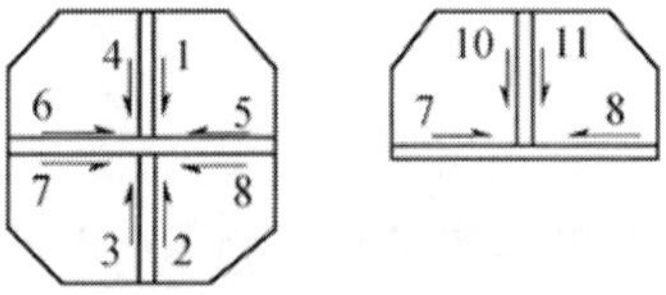

图 6-42　节点板焊接顺序

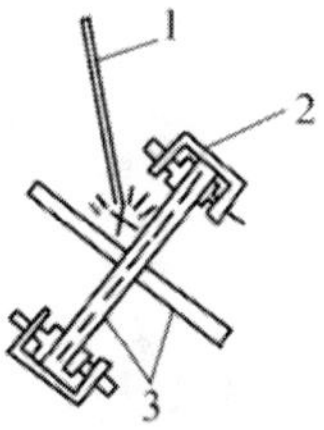

图 6-43　夹紧器

1—焊条；2—夹紧器；3—两个一型节点板相背夹紧

二十二、门式钢架节点板之间有缝隙

1、现象

门式钢架梁—梁端部节点板、柱一梁端部节点板之间有缝隙，不密合。

2、原因分析

（1）门式钢架跨度大，梁在线荷载作用下受弯产生挠度，在梁一梁端部节点板之间产生缝隙；

（2）柱一梁端部节点板两排高强度螺栓相距较大，已超过 3d 值，出现缝隙；

（3）梁一梁、柱一梁节点板在焊接时产生变形；

（4）高强度螺栓施拧工艺不合理。

3、防治措施

（1）门式钢架跨度大于或等于15m时，其横梁宜起拱，拱度可取跨度的1/500，在制作、拼装时确保起拱高度，注意因拼装胎具下沉而减少拼装式的实际起拱；

（2）钢架横梁的高度与跨度之比：实腹式横梁可取1/30～1/45；

（3）采用高强度螺栓，螺栓中心至翼缘板表面的距离，应满足拧紧螺栓时的施工要求。紧固件的中心距，理论值约为2.5d_0，考虑施工方便可取3d_0；

（4）梁一梁、柱一梁端部节点板焊接时要将两梁端板拼在一起有约束的情况下在进行焊接，变形即可消除；

（5）当安装样板间时发现梁一梁、柱一梁端部节点板有缝隙，应找有关钢结构技术人员进行原因分析提出处理意见；

（6）对缝隙一般不做封闭处理；

（7）门式钢架梁在荷载作用下，挠度和柱顶水平位移超过规范值或设计值，要检查设计和施工存在的问题，具体问题要做具体处理；

（8）门式钢架跨度超过现行技术规范规定时，应通过试验后再用于实际工程。

二十三、整体提升柱稳定性不足

1、现象

整体提升柱因受力易失稳。

2、原因分析

（1）单提网架法柱顶放置提升设备，爬升法提升设备放置在被提升重物上，以及升梁抬网法和升网滑模法，都对承重柱或支撑架产生很大压力。

（2）提升设备布置与负荷不合理。

（3）提升过程各吊点不同步，升差值超过允许值。

（4）提升设备偏心受压，产生偏心距。

（5）网架提升过程中或到设计标高时，需水平移位，对柱产生变荷载。

（6）对柱采取的稳定措施不当。

3、防治措施

（1）网架提升吊点要通过计算，尽量与设计受力情况相接近，避免杆件失稳；每个提升设备所受荷载尽量达到平衡；提升负荷能力，群顶或群机作业，按额定能力乘以折减系数，电力螺杆升板机为0.7～0.8，穿心式千斤顶为0.5～0.6。

（2）不同步的升差值对柱的稳定有很大影响，为此规程规定：当用升板机时允许差值为相邻提升点距离的1/400，且不大于15mm；当用穿心式千斤顶时，为相邻提升点距离的1/250，且不大于25mm。

（3）提升设备放在柱顶或放在被提升重物上应尽量减少偏心距。

（4）网架提升过程中，为防止大风影响，造成柱倾覆，可在网架四角拉上缆风，平时放松，风力超过 5 级应停止提升，拉紧缆风。

（5）采用提升法施工时，下部结构应形成稳定的框架结构体系，即柱间设置水平支撑及垂直支撑，独立柱应根据提升受力情况进行验算。

（6）升网滑模提升速度应与混凝土强度应适应，混凝土强度等级必须达到 C10 级。

（7）不论采用何种整体提升方法，柱的稳定性都直接关系到施工安全，因此必须做施工组织设计，并与设计人员共同对柱的稳定性进行验算。

二十四、高空滑移法安装挠度偏差

1、现象

采用分条网架单元，在预先设置的滑轨上单条滑移到设计位置拼接，或在滑轨上拼接后移到设计位置的高空滑移安装方法时，网架实际挠度值超过设计值。

2、原因分析

网架设计时未考虑分条滑移安装方法，网架高跨比小，在拼接处由于网架自重而下垂，使其挠度超过设计挠度值。

3、防治措施

（1）适当增大网架杆件断面，以增强其刚度。

（2）拼装时增加网架施工起拱数值。

（3）大型网架安装时，中间应设置滑道，以减小网架跨度，增强其刚度。

（4）在拼接处可临时加反梁办法，或增设三层网架加强刚度。

（5）为避免滑移过程中，因杆件内力改变而影响挠度值，必须控制网架在滑移过程中的同步数值，其方法可采用在网架两端滑轨上标出尺寸（见图 6-44），也可以利用自整角机装置代替标尺。

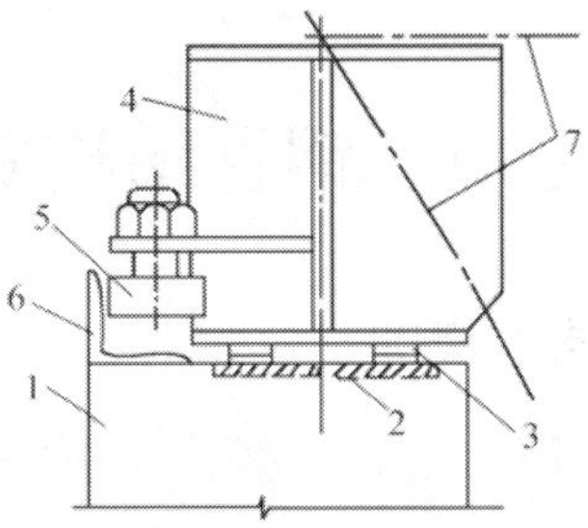

图 6-44　导轨与导向轮设置

1—天沟梁；2—预埋钢板；3—滑轨；4—网架支座；5—导轮；6—导轨；7—网架

二十五、网架整体吊装变形

1、现象

网架在地面总拼后，受柱位限制，整体安装时，需空中移位，平面受扭曲变形而破坏，造成事故。

2、原因分析

（1）设计时没有考虑网架整体安装所需要的刚度。

（2）网架提升高差超过允许值。

（3）多拔杆或多机提升速度不同步。

（4）空中移位的运动方向受多机布置和拔杆起重滑轮组布置的影响。

（5）缆风布置及受力不合理。

（6）拔杆顶部偏斜超过允许值。

3、防治措施

（1）由于网架是按使用阶段的荷载进行设计的，设计中一般难以准确计入施工荷载，所以施工之前应按吊装时的吊点和预先考虑的最大提升高度差，验算网架整体安装所需要的刚度，并据此确定施工措施或修改设计。

（2）要严格控制网架提升高差，尽量做到同步提升。提升高差允许值（指相邻两拔杆间或相邻两吊点组的合力点间相对高差），可取吊点间距的1/400且不大于100mm，或通过验算而定。

（3）采用拔杆安装时，应使卷扬机型号、钢丝绳型号以及起升速度相同，并且使吊点钢丝绳相通，以达到吊点间杆件受力一致，采取多机抬吊安装时，应使起重机型号、起升速度相同，吊点间钢丝绳相通，以达到杆件受力一致。

（4）合理布置起重机械及拔杆，起重折减系数取0.75。

（5）缆风地锚必须经过计算，缆风主初拉应力控制到60%，施工过程中应设专人检查。

（6）网架安装过程中，拔杆顶端偏斜不超过1/1000（拔杆高）且不大于30mm。

第五节　钢管结构安装

一、焊接球节点钢管布置不合理

1、现象

焊接球节点管与管相碰。

2、原因分析

由于球直径小，钢管直径大，造成比例失调，同时几根杆件交于球上，且夹角小，造成管与管相碰。对于特殊节点，多根杆交在一起，也会造成管与管相碰。

3、防治措施

（1）在杆件端头加锥头（锥头比杆件细），另加肋焊于球上。

（2）将没有达到满应力的杆件的直径改小。

（3）原规定两杆件距离 20mm，最小不小于 10mm，否则形成马蹄形，两管间焊好，并在两管间加肋补强（见图 6-45、图 6-46）。

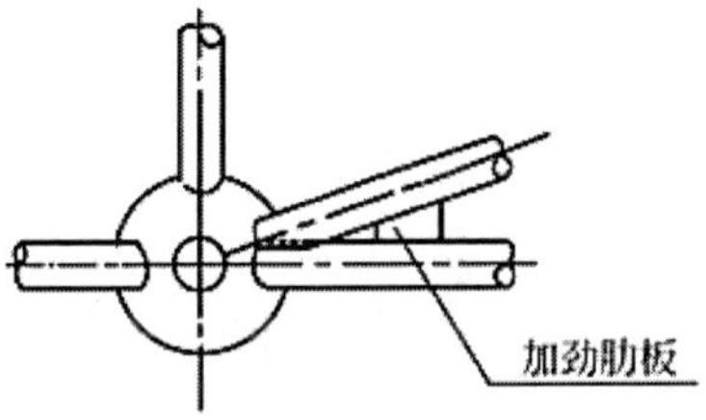

图 6-45　交叉杆件连接

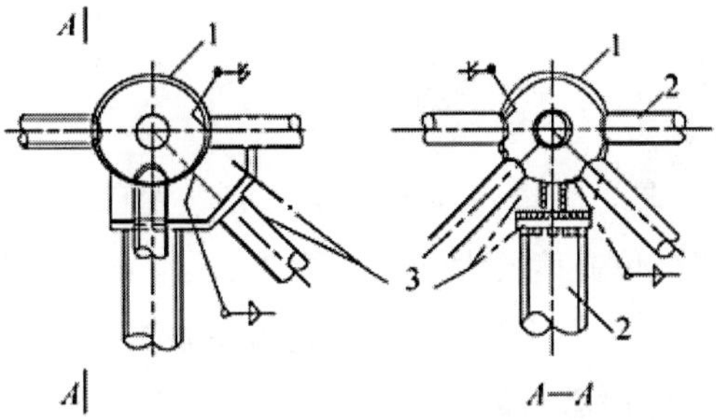

图 6-46　增设支托架

1—空心球体；2—圆钢管杆件；3—支托板

4、优质工程示例

参见图 6-47。

图 6-47　螺栓球节点优质工程

二、钢管焊接根部未焊透

1、现象

钢管焊接根部未焊透。

2、原因分析

（1）钢管坡口太小。

（2）焊工定位焊接技术差，焊接电流、焊条直径使用不当。

（3）球管焊接部位有污物。

3、防治措施

（1）钢管壁厚 4～9mm 时，坡口必须大于等于 45° 为宜。由于局部未焊透，所以加强部位高度要大于或等于 3mm。

钢管壁厚大于等于 10mm 时采用圆弧坡口（见图 6-48），钝边不大于 2mm，单面焊接双面成型易焊透。

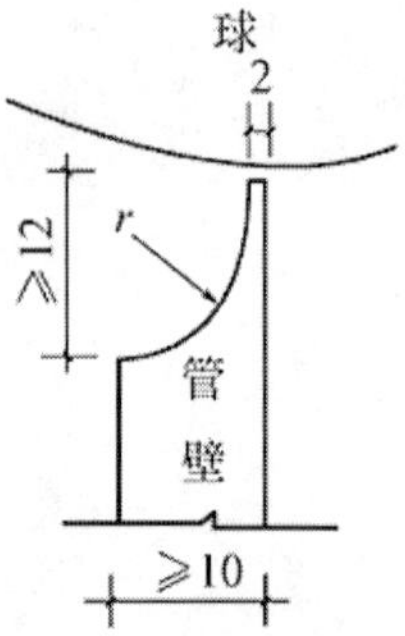

图 6-48　圆弧形坡口

（2）焊工必须持有钢管定位位置焊接操作证。

（3）严格执行坡口焊接及圆弧形坡口焊接工艺。

（4）焊前清除焊接处污物。

（5）为保证焊缝质量，对于等强焊缝必须符合《钢结构工程施工质量验收规范》（GB 50205）二级焊缝的质量，除进行外观检验外，对大中跨度钢管网架的拉杆与球的对接焊缝，应作无损探伤检验，其抽样数不少于焊口总数的 20%。钢管厚度大于 4mm 时，开坡口焊接，钢管与球壁之间必须留有 3～4mm 间隙，加衬管焊接，根部易焊透。但是加衬管办法给拼装带来很大麻烦。故一般在合拢杆件情况下，采用加衬管办法。

第六节 预应力钢索和膜结构

一、悬索结构钢索垂度偏差过大

1、现象

悬索结构索的垂度过大或过小，对结构造成影响甚至产生破坏倒塌事故。

2、原因分析

边缘构件不符合要求，索材（钢绞线等）不合格，悬索结构施工工艺不合理。

3、防治措施

（1）悬索屋盖的边缘构件环梁的混凝土强度必须进行强度试验，挂索前应达到设计强度。曲线梁施工时应特别注意曲线中心位置及各点标高的计算和测设，并对预留孔的标高、位置、孔径大小及角度，支点的水平距离、支点高差是否符合设计要求，要作详细检查，认真核对各项技术数据。

（2）索材必须符合设计要求，下料前按设计要求进行有关项目试验。

（3）悬索结构的形式很多，不同形式要采取不同的施工工艺，通过优化确定施工方案，采用合理的施工工艺，达到索的张力均匀，垂度符合设计要求。一般做法如下：

1）编束时用栅孔板，保证钢丝在束中相互平行，不能互相搭压扭曲，钢丝使用 LD-10 型液压冷镦器镦头。

2）挂锚有两种方法，一种在地面挂锚，一种是钢丝束穿过预留孔道后，在高空挂锚，一般采取地面挂锚精度较高，易于保证质量。

3）挂索采用起重机通过长扁担将钢丝束平直吊装穿入预留孔道中。

4）用双作用千斤顶在两端同时张拉，分 3～4 次拉至设计值，张拉必须对称地进行，待全部钢索张拉完毕后，对索的垂度进行第一次检查和调整，其垂度误差应小于±5mm。

5）铺槽形板后第二次检查和调整索的垂度。

6）槽形板上加荷后第三次检查和调整索的垂度。

7）挂稳定索、铺槽形板灌缝、预留孔道灌浆、卸去槽形板加荷后第四次观测索的垂度。

8）在其他屋面及设备安装完后，做最后验收垂度值。

二、悬索结构钢索不符合设计要求

1、现象

钢索质量不好，直接影响结构的安全问题。

2、原因分析

钢丝材质不符合设计要求；锚索、编索不符合要求；索的防腐处理不符合要求。

3、防治措施

（1）钢索质量的优劣，直接影响着工程质量。购买高强度钢丝应首先优选质量稳定的厂家。对钢索的抗拉强度、伸长率和弯曲次数，都要进行试验，每根钢丝的直径误差不得超过±0.1mm，否则会影响锚具锚固质量，产生滑移现象。

（2）根据图纸给定的下料长度，用角钢制成V形下料模具，经过调直机调直的钢丝从V形口通过，确定其标准下料长度，保证长度误差不超过1mm，然后用断线钳剪断，并使之断面与母材垂直，以保证镦头质量。对于调整不直的钢丝，应在30kN/cm^{2}的应力下量出需要的长度，然后再剪断，以保证下料长度精确（如图6-49）。

编索不应出现扭曲和相互搭接现象，锚杯与钢索应统一编号，对号入座。

（3）钢索编索应作防腐处理。填圆心钢筋、排列中间6股钢绞线及沥青麻绳、渗入脱水黄油并缠绕一层麻布捆紧、排列外层钢绞线、渗入脱水黄油并缠绕一层麻布捆紧、再涂一层黄油并缠绕一层玻璃布捆紧、红丹及油漆各一道。

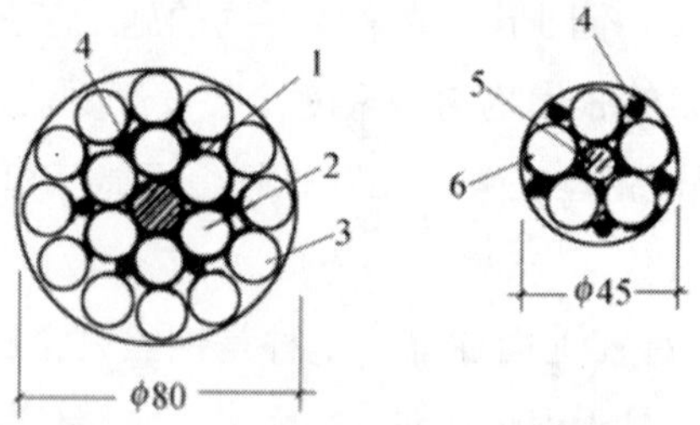

图6-49　承垂索和稳定索的截面图

1，5—中心钢筋；2—第二层钢丝；3，6—外层钢丝；4—沥青麻绳

三、预应力钢结构钢索偏心受力

1、现象

钢索受力不匀称，形成偏心，结构易失稳。

2、原因分析

（1）杆件截面不对称，布索不合理。

（2）索端固定点偏心。

（3）张拉索内受力不均。

（4）预应力张拉工艺不合理。

3、防治措施

（1）预应力钢结构的结构形式不同，截面布索不同（见图6-50～图6-53）。拉索是施

加预应力的构件，一般布置在中心杆截面重心处或与重心对称的位置上。

（2）索端固定端，由于节点制作偏差过大造成偏心，布索前必须严格检查，使锚点与索受力轴线重合。

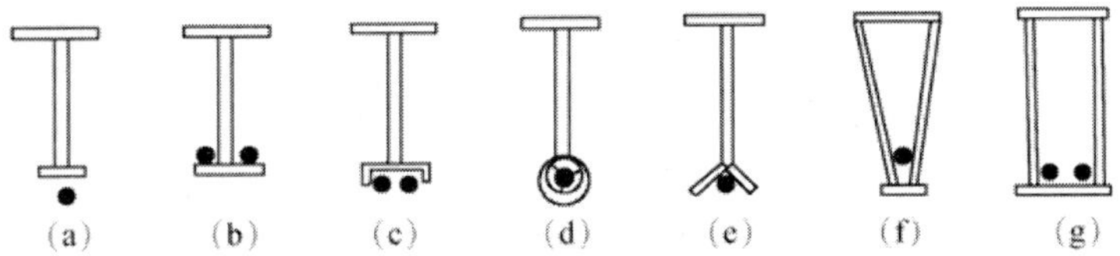

图 6-50　拉索预应力实腹梁截面形式

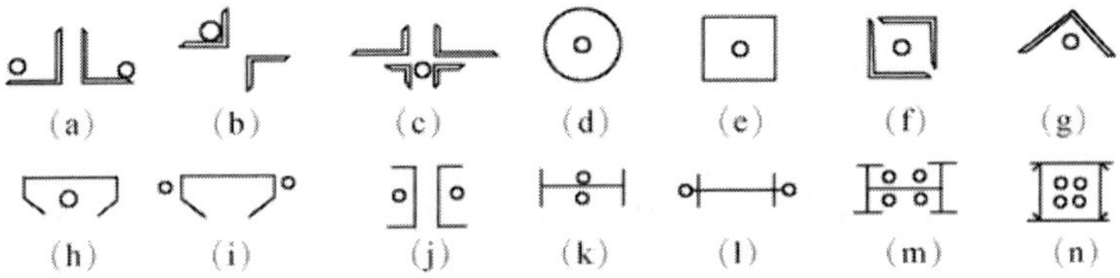

图 6-51　杆件截面的各种形式

○表示拉索位置

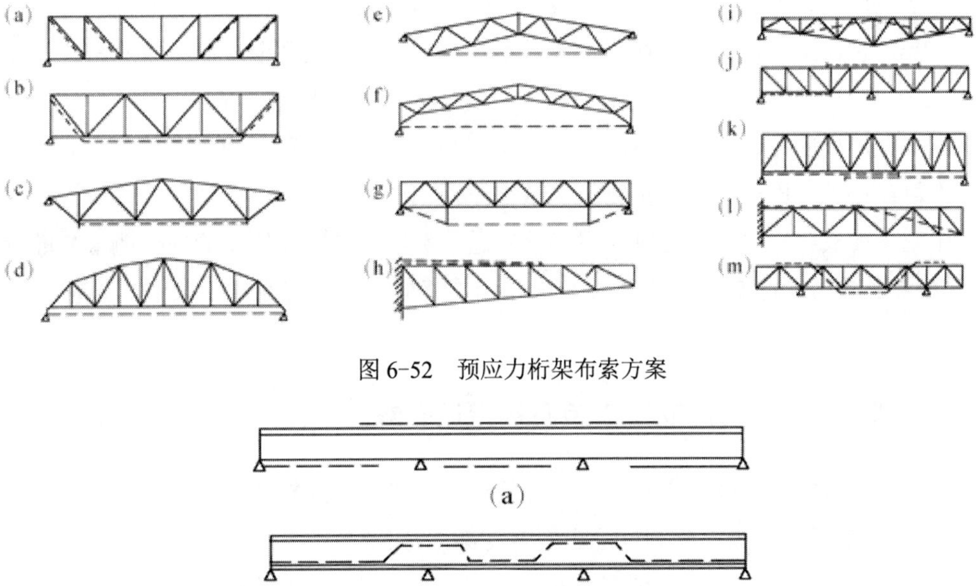

图 6-52　预应力桁架布索方案

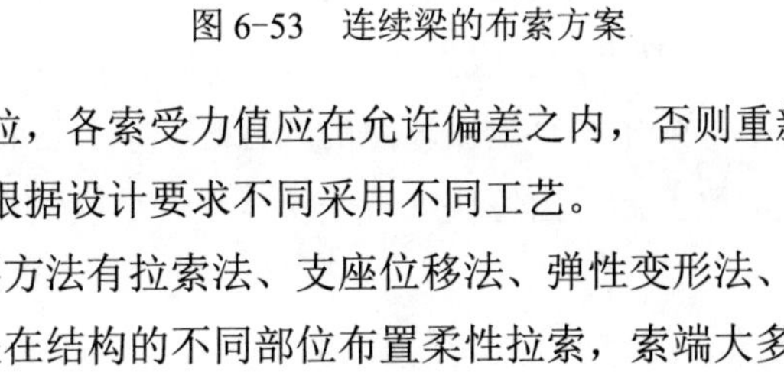

图 6-53　连续梁的布索方案

（3）经过多次张拉，各索受力值应在允许偏差之内，否则重新调整。

（4）预应力张拉根据设计要求不同采用不同工艺。

施加预应力的主要方法有拉索法、支座位移法、弹性变形法、冷作硬化法等，一般常用为拉索法，其方法是在结构的不同部位布置柔性拉索，索端大多锚固于结构体系内的节点上，借助张拉钢索在结构内部产生预应力，一般可采用千斤顶张拉法、千斤顶推顶法、丝扣拧张法、横向张拉法或电热张拉法。

不同结构应制定相应的张拉工艺，以确保工程质量。

第七节　压型金属板

一、压型金属板加工、运输等质量常见问题汇总

1、压型金属板、泛水板和包角板加工成型后，其基板不得有裂纹，压型钢板、钢泛水板和钢包角板的涂层（镀层）应无裂纹、剥落和露出金属基板等缺陷；

2、压型金属板成型后，表面应整洁，不应有明显的凹凸和褶皱；

3、压型金属板应按订货合同的要求包装出厂，包装必须牢固可靠，避免损伤压型金属板；

4、装卸压型金属板时，应视包装情况，采用合理的吊具，避免损伤压型金属板；

5、用车辆运输无外包装的压型金属板时，应在车上设置衬有橡胶衬垫的枕木，其间距不宜大于 3m，长尺压型金属板应在车上设置刚性支承台架，压型金属板装载的悬伸长度不应大于 1. 5m，压型金属板与刚性支承台架、台架与车身均应捆扎牢固；

6、压型金属板应按材质、规格、型号以及安装顺序分别叠置架空堆放；

7、不得在压型金属板上堆放重物；严禁在压型铝板上堆放铁件；

8、压型金属板应堆放在无污染、不影响交通、不被高空重物撞击的安全地带，堆放时压型金属板在长度方向应有 5%的倾斜度，并用衬有橡胶衬垫的架空枕木调整，并应采取遮雨措施。

二、压型金属板、固定支架安装质量常见问题

1、屋面高波压型金属板固定支架的安装基准线一般设在屋脊线的中垂线上，以此为基准，在每根檩条的横向及纵向分列标示出固定支架的定位线；

2、屋面低波压型金属板的安装基准线一般设在山墙端屋脊线的垂线上，以此为基准，在每根檩条的横向标示出每块或若干块压型金属板的截面有效覆盖宽度的定位线；

3、墙面压型金属板的安装基准线一般设在距离山墙阳角线（山墙和纵墙梁外表面的相交线）以内的一个设定尺寸（或压型金属板波距的四分之一，且应保证墙体两端对称）的垂线上，以此为基准，在墙梁上标示出每块或若干块压型金属板的截面有效覆盖宽度的定位线；

4、楼面压型钢板的安装基准线一般设在钢梁的中垂线上，以此为基准，在每根钢梁横

向标示出每块压型钢板的截面覆盖宽度的定位线，且相邻压型钢板端部的波形槽口应对齐。

三、压型金属板铺设质量常见问题

1、屋面、墙面、屋脊、泛水压型金属板均应逆主导风向铺设；

2、屋面、墙面压型金属板安装时，应边铺设，边调整其位置，边固定。对于屋面，在铺设压型金属板的同时，还应根据设计图纸的要求，敷设防水密封材料；

3、铺设屋面压型金属板时，施工人员必须穿软底鞋，且不得聚集在一起，在压型金属板上行走频繁的地方应设置临时木板；

4、铺设楼面压型钢板时，必须控制楼面的施工荷载，其施工荷载及冰、雪等荷载严禁超过压型钢板的承载能力；

5、屋面低波压型金属板屋脊端的波谷应弯折截水，其高度不应小于 5mm；

6、泛水板之间，包角板之间以及泛水板、包角板与压型金属板之间的搭接部位，必须按设计文件的要求敷设防水密封材料；

7、屋脊板之间、泛水板之间搭接部位的连接件，应避开压型金属板的波峰；

8、高波压型金属板屋脊端部封头的周边必须涂满建筑密封膏，高波压型金属板屋脊端部的挡水板必须与屋脊板压坑咬合；

9、安装压型金属板过程中，应经常把屋面清扫干净。竣工后，屋面上不得留有铁屑等施工杂物。

四、压型金属板、彩钢复合板质量常见问题汇总

1、现象

（1）轻型屋面板被风载掀起；

（2）屋面板锈蚀，严重时使板产生孔洞，甚至断裂导致屋面漏雨，影响正常使用；

（3）压型金属板有明显的凹凸和褶皱；

（4）压型金属板表面涂料颜色不一致。

2、原因分析

（1）屋面板未能有限地阻止檩条侧向和扭转变形，而设计中又未考虑到这一因素，或没有为檩条提供足够的跨间拉条和支座处抵抗转动的约束，以致檩条产生扭转、侧向弯曲或弯扭弯曲；

（2）结构所处环境条件差、涂层质量差或维护管理不及时，使钢材锈蚀；

（3）轻钢屋面彩钢板与檩条通常采用的自攻螺丝、拉铆钉连接，在风吸力长期作用下易造成孔扩，最终导致漏水；

（4）轧机调整欠佳；乳辊上或轧制时有杂物进入；搬运过程中搁置点不良；吊运不当；

（5）未采用同生产厂同批产品；压型金属板生产厂生产时涂色采用不当；板轧制方向相反。

3、防治措施

压型钢板厚度很薄，易锈蚀，且一旦开始锈蚀，发展很快，如不及时处理，轻者穿孔导致屋面漏水，影响房屋的使用，重者屋面板塌落。压型钢板的腐蚀事故处理大致有以下三种：

（1）厚涂型涂料法

厚涂型涂料处理方法，就是采用一种既能防锈，又能堵塞小孔洞的涂料，从而使已经锈蚀甚至开始出现轻微渗漏的压型钢板屋面恢复功能，并延缓其使用寿命的方法。这种方法所使用的涂料应黏着力强，防水性能好，抗裂强度高，抗老化、抗腐蚀性能好。

（2）更换法

更换法就是把损坏的压型钢板拆除，重新铺设新的压型钢板。这种更换可以是整个屋面，也可局部更换。局部更换时，新钢板应与旧压型钢板为同一板型，为防止新旧钢板搭接处漏水，搭接长度不宜小于 1.0m，搭接接缝处应用定型密封条密封，同时搭接处用小螺丝（如拉铆钉等）将新旧压型钢板连接紧密。

（3）重叠铺板法

在采用更换法更换屋面大部分压型钢板时，需拆除旧钢板，再铺设新钢板，施工繁琐。这时可采用重叠铺板法，即不拆除已经锈蚀损坏的压型钢板，在原有屋面板的顶面再重叠铺一层新的压型钢板，这样使建筑物的维修和工业生产两不误。

重叠铺板法的主要处理方法：

在原螺栓连接的压型钢板上，再重叠铺放螺栓连接的压型钢板。在原压型钢板固定螺栓的杆头上，旋紧一枚特别的内螺纹长筒，然后在长筒上旋上一根带有固定挡板的螺栓，新铺设的压型钢板用螺栓固定（见图 6-54）。

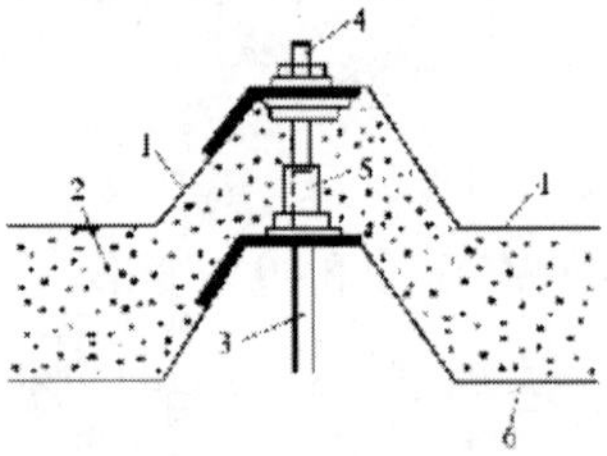

图 6-54　顶面重叠板

1—新铺设的压型钢板；2—隔断材料；3—原固定螺栓；4 —新装固定螺栓；5—特制长筒；6—原压型钢板

在原卷边连接的压型钢板屋面上，再重叠铺设螺栓连接的压型钢板。在原屋面檩条上用固定螺栓安装一种厚度在 1.6mm 以上的带钢制成的固定支架，然后再将新铺设的压型钢板架设在固定支架上。压型钢板与固定支架的连接螺栓可以是固定支架本身带有的（一端焊牢的固定支架上）也可以在固定支架上留孔，用套筒螺栓或自攻螺丝等予以固定（见图 6-55）。

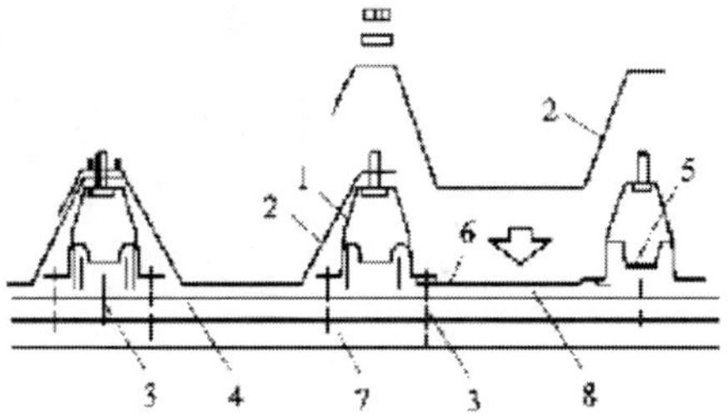

图 6-55　顶面重叠板

1—安装新压型钢板用的固定支架；2—新铺设的压型钢板；3—固定螺栓；4—原有隔热材料；
5—原有卷边连接的压型钢板；6—新旧压型钢板间衬垫毡状隔离层；7—原檩条；8—原有压型钢板

在原有卷边连接的压型钢板屋面上，重叠铺设卷边连接的压型钢板。在原檩条位置上，铺设帽形钢檩条，其断面高度不得低于原有压型钢板的卷边高度，以确保新铺设的压型钢板不压坏原压型钢板的卷边构造，同时使帽形钢檩条可以跨越原压型钢板的卷边高度而不被切断。新的压型钢板铺设在帽形钢檩条上。

应在新旧两层压型钢板之间根据情况填以不同的隔断材料，如玻璃棉、矿渣棉、油毡等卷材，或硬质聚氨酯泡沫板等。以防止压型钢板因屋面结露而锈蚀，同时避免新旧压型钢板相互之间的直接接触，传染锈蚀。在铺设新压型钢板之前，应将已锈蚀破坏的钢板割掉，并将切口面用防腐涂料作封闭性涂刷。对原有压型钢板已经生锈的部位均涂刷防锈漆，以防止其继续锈蚀。

第八节　防腐、防火涂料涂装

一、起粒

1、现象

漆膜干燥后，其整个或局部表面分布着不规则开关的凸起颗粒的现象。参见图 6-56。

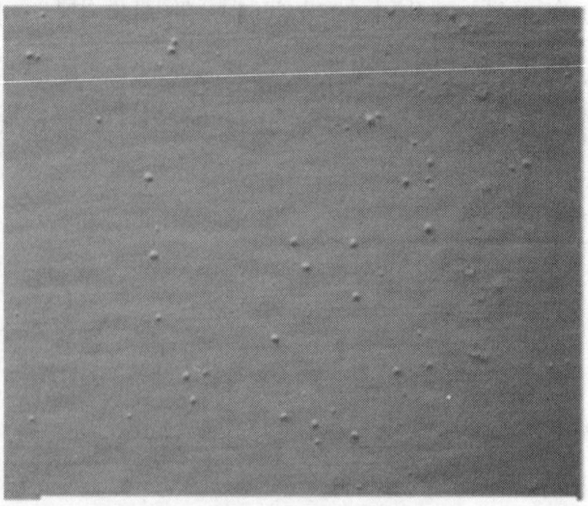

图 6-56　防火涂料起粒

2、原因分析

（1）施工环境不清洁，空气中的尘埃落于油漆表面；

（2）涂漆工具不清洁，漆刷内含有灰尘颗粒、干燥碎漆皮等杂质；

（3）漆皮混入漆内，造成漆膜呈现颗粒；

（4）喷枪不清洁。

3、治理方法

（1）施工前打扫场地，将工件揩抹干净。清洁喷漆室，盖好油漆桶；对于脚手架上的磨料和灰尘，最好在喷涂前，用空气压缩机彻底吹干净。特别是脚手架搭接处，最容易积灰，也不容易清除。

（2）油漆调配好，不宜放太久。去除涂料桶内的漆皮，或者将漆进行过滤。

（3）涂漆前检查刷子，可以用刮板铲除毛刷内的脏物。调整喷枪，以使其处于最佳工作状态，确定枪口距离物面 20～50cm 为宜。

二、流挂

1、现象

钢结构涂料涂装时，涂膜表面留有涂料向下流淌痕迹现象。多出现于垂直面或棱角处。一般出现在垂直面的为垂幕状流挂，出现在棱角处的为泪痕状流挂。参见图 6-57。

图 6-57　防火涂料流淌

2、原因分析

（1）刷漆时，漆刷蘸漆过多且未涂刷均匀，或者是刷毛太软漆又太稠；

（2）喷涂时漆液太稀，或者是喷枪的出漆嘴直径过大、气压过小，施工时勉强操作，由于喷枪距离工作面比较近，喷枪的运动速度过慢，而导致喷涂重叠太多；

（3）浸涂时，黏度过大、涂层过厚也会出现流挂现象。零件上有沟、槽形的部位也容易存漆，形成流挂；

（4）表面凹凸不平、构件的几何形状复杂；

（5）施工环境湿度高，涂料干燥太慢。

3、治理方法

（1）漆刷蘸漆一次不要太多，漆液稀刷毛要软，要均匀，最后收理好；

（2）严格遵循喷涂工艺标准，喷涂时，先将空气压力、喷出量和喷雾幅度等调整到适当的程度，以保证喷涂质量；喷涂时，选择合适的喷涂距离，大口径喷枪为 200～300mm，小口径喷枪为 150～250mm，喷枪的运行速度稳定在 20～60cm/s；

（3）材料浸涂黏度以 18～20s 为宜，浸漆后用滤网放置 20min，再用离心设备及时除去涂件下端及沟槽处的余漆；

（4）毛长适度、软硬适中的漆刷；

（5）根据施工现场环境，做好涂膜干燥试验。通常施工环境温度宜保持在 5～38℃，相对湿度不宜大于 90%，空气应流通。当风速大于 5m/s 或雨天，不宜作业；

（6）如果在施工中发现流挂，可以迅速将其抹平。干燥固化后，也可以采用打磨后再进行重涂。

三、泛白

1、现象

钢结构涂料施工完毕后，漆膜出现泛白现象。

2、原因分析

（1）当空气中相对湿度超过 80%时，由于涂装后漆膜中的溶剂挥发，使温度降低，水分向漆膜上积聚形成白雾；

（2）水分影响。当喷涂设备中有大量水分凝聚时，喷涂时水分会进入漆中，从而导致出现泛白；

（3）薄钢板比厚钢板和铸件热容量少，冬季在薄板件上涂漆易泛白；

（4）溶剂不当，低沸点稀料用量较多或稀料内含有水分。

3、治理方法

（1）严格遵守施工工艺要求，预先检测施工的相对湿度；

（2）喷涂设备中的凝聚水分必须彻底清除干净，检查油水分离器的可靠性；

（3）采用低温预热后喷涂或采用相应的防潮剂；

（4）低沸点稀料内可加防潮剂，稀料内含有水分应更换。

四、起泡

1、现象

涂膜干燥后出现大小不等的突起圆形泡，也叫鼓泡。起泡产生于被涂表面与漆膜之间，或两层漆膜之间。参见图 6-58。

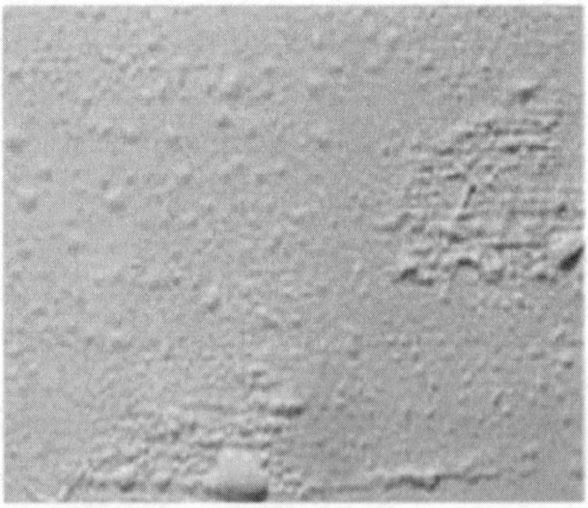

图 6-58　涂膜干燥后起泡

2、原因分析

（1）除油未尽，在金属表面粘附的油污清理不彻底就涂底漆，或底层上附有油污就刮腻子；

（2）底层未干。如腻子层未干透又加涂腻子，将内层腻子稀料或水分封闭，表干里未干；

（3）皱纹漆添涂层太厚，溶剂大部分没有挥发，烘后温度太高；

（4）物件除锈不干净，经高温烘烤扩散出部分气体。

3、治理方法

（1）金属表面上或腻子底层上的油污、蜡质等要仔细清除干净；

（2）对涂料底层、上道工序未干透，下道工序不应施工。已起泡的涂层部位，要彻底清除，补好腻子后，重新施工；

（3）喷涂厚薄要适中，待溶剂初步挥发后再进行烘干，烘干时要逐渐升温。

五、咬底

1、现象

钢结构涂装施工中第二层或多层涂装的涂料（亦称面涂）与前一层涂料起化学反应而导致漆膜产生病变的一种现象。参见图6-59。

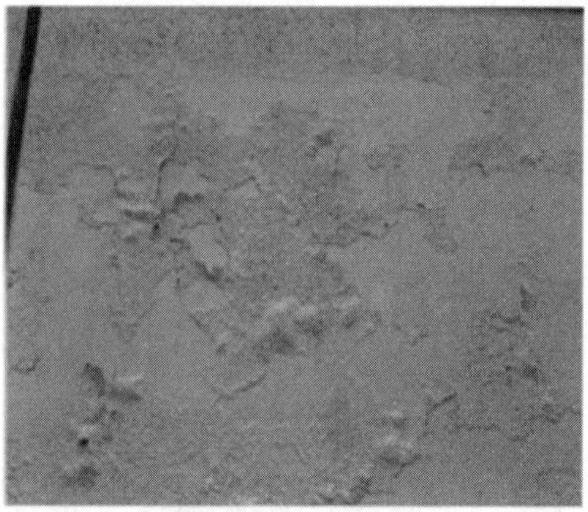

图6-59　涂料咬底

2、原因分析

（1）不同漆种咬底，如醛酸漆或油脂漆，加涂硝基漆时，强溶剂导致油性漆膜的渗透和溶胀现象；

（2）相同漆种咬底，如环氧清漆或环氧绝缘漆（气干）干燥较快，再涂第二层漆时，也会出现咬底现象；

（3）不同天然树脂漆的咬底，如含松香的树脂漆，成膜后加涂大漆也会咬底；

（4）酚醛防锈漆，涂在物件上如再加硝基漆或过氯乙烯磁漆，因强溶剂的作用而容易咬底；

（5）过氯乙烯磁漆或清漆未干透，加涂第二次漆。

3、治理方法

（1）各类型磁漆，最好用同类型的漆配套，也可经打磨清理后涂一层铁红醇酸底漆（油度段）以隔离；

（2）环氧清漆或环氧绝缘漆需涂两层时，涂刷完第一层尚未干时随即加涂一层；

（3）在松香树脂漆膜上加大漆是不合适的，万一要加漆，必须先经打磨处理，刷涂底层，再加大漆；

（4）最好是将酚醛防锈漆铲除干净，涂铁红醇酸底漆一层，再涂硝基漆或过氯乙烯磁漆；

（5）使过氯乙烯漆膜干燥，内无稀料残存，再加漆就可以避免咬底，从而增强附着力。

六、失光

1、现象

钢结构工程在使用过程中，涂饰面层逐渐失去原由光泽，被称为失光现象。漆面失光不但影响构件美观，而且可能对构件造成更深层次的损害。参见图6-60。

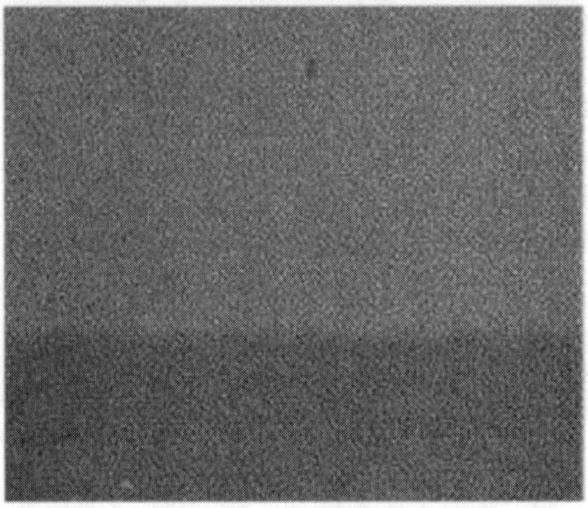

图6-60 涂料失光

2、原因分析

（1）涂件表面粗糙，有光漆涂上似无光，再加一层漆也难以增强光泽；

（2）天气影响。冬季寒冷，温度太低，漆膜受冷风袭击，干燥缓慢。有时背风向部位又有光可见；

（3）环境影响。煤烟影响油性漆，从而出现清漆或色漆未干时有光，而干后无光；

（4）湿度太大。相对湿度达到80%以上时，挥发性漆膜吸收水分发白失光；

（5）稀释剂加入太多，冲淡了有光漆的功能，从而导致油漆失去应有的光泽。

3、治理方法

（1）加强涂层表面处理。施工用腻子刮光后，有光漆才能发生作用；

（2）对于冬季施工场地，必须避免冷风袭击。或者在材料中加入适量催干剂，先做涂膜干燥试验；

（3）排除施工环境的煤烟；

（4）挥发性漆施工时，现场的相对湿度应控制在60～70％，或给工件加热（暖气烘房），或加相适防潮剂10～20％；

（5）稀释剂的加入，应保持正常的黏度（刷涂为30s，喷涂为20s左右）。

七、过喷和干喷

1、现象

过喷是指涂料只有些漆雾粒子到达被涂物表面，形成像砂纸一样的漆面。干喷是指到达被喷物件表面前液体已经半干，虽然能够附着于表面成膜，但是无法形成连续而有效的漆膜。干喷粒子在喷到被涂物途中，部分溶剂就会损失了，从而形成了半干漆层，附着力极差，甚至没有任何附着力。因此漆膜不完整。参见图6-61。

图6-61　涂料干喷

2、原因分析

（1）施工时喷涂的距离太远；

（2）走枪时为弧形或倾斜；

（3）施工时温度太高；

（4）喷涂时泵压力太高；

（5）大风或者过分通风都可能出现这种问题。

3、治理方法

（1）施工时正确地控制喷枪，对着底线运行，覆盖要均匀；

（2）如果喷枪上下倾斜，则上下两部位就会使漆膜厚度过大，如果喷枪按照弧线运行，则中间部位漆膜变厚，而两边就会形成漆膜过薄或干喷。这两种运枪方式会引起某些涂料从底面弹起而不被附着；

（3）遵照施工规范，检验现场环境合格后才施工；

（4）表面已经存在的过喷要除掉。干燥黏附的粒子可以扫去或者铲除。如果干喷粒子留在表面，下道涂料就会形成不连续漆膜。针状锈蚀就会发生，或者涂层中间的附着力极差。

第七章 屋面工程

第一节 基层与保护层

一、找平层起砂、起皮

1、现象

找平层施工后，屋面表面出现不同颜色和分布不均的砂粒，用手一搓，砂子就会分层浮起；用手击拍，表面水泥胶浆会成片脱落或有起皮、起鼓现象；用木锤敲击，有时还会听到空鼓的哑声；找平层起砂、起皮是两种不同的现象，但有时会在一个工程中同时出现。

2、原因分析

（1）结构层或保温层高低不平，导致找平层施工厚度不够。

（2）配合比不准，使用过期和受潮结块的水泥，砂子含泥量大。

（3）屋面基层清扫不干净，找平层施工前基层未刷水泥净浆。

（4）水泥砂浆搅拌不均，摊铺压实不当，特别是水泥砂浆在收水后未及时二次压实和收光。

（5）水泥砂浆养护不充分。

3、防治措施

（1）严格控制结构或保温层的标高，确保找平层的厚度符合设计要求。

（2）在松散材料保温层上做找平层时，宜选用细石混凝土材料，其厚度一般为30～35mm，混凝土强度等级应大于C20。必要时，可在混凝土内配置双向Φ4@200mm的钢筋网片。

（3）水泥砂浆找平层宜采用1∶2.25～1∶3（水泥：砂）体积配合比，水泥强度等级不低于32.5级；不得使用过期和受潮结块的水泥，砂子含水量不应大于5%。当采用细砂骨料时，水泥砂浆配合比宜改为1∶2（水泥∶砂）。

（4）水泥砂浆摊铺前，屋面基层应清扫干净，并充分湿润，但不得有积水现象。摊铺时应用水泥净浆薄薄涂刷一层，确保水泥砂浆与基层粘结良好。

（5）水泥砂浆宜用机械搅拌，并要严格控制水胶比（一般为0.6～0.65），砂浆稠度为70～80mm，搅拌时间不得少于1.5min。搅拌后的水泥砂浆宜达到“手捏成团、落地开花”的操作要求，并应做到随拌随用。

（6）做好水泥砂浆的摊铺和压实工作。推荐采用木靠尺刮平，木抹子初压，并在初凝收水前再用铁抹子二次压实和收光的操作工艺。

（7）屋面找平层施工后应及时覆盖浇水养护（宜用薄膜塑料布或草袋，使其表面保持湿润，养护时间宜为7～10d。也可使用喷养护剂、涂刷冷底子油等方法进行养护，保证砂浆中的水泥能充分水化。

4、治理方法

（1）对于面积不大的轻度起砂，在清扫表面浮砂后，可用水泥净浆进行修补；对于大面积起砂的屋面，则应将水泥砂浆找平层凿至一定深度，再用1∶2（体积比）水泥砂浆进行修补，修补厚度不宜小于15mm，修补范围宜适当扩大。

（2）对于局部起皮或起鼓部分，在挖开后可用1∶2（体积比）水泥砂浆进行修补。修补时应做好与基层及新旧部位的接缝处理。

（3）对于成片或大面积的起皮或起鼓屋面，则应铲除后返工重做。为保证返修后的工程质量，此时可采用“辊压法”抹压工艺。先以Φ200mm、长为700mm的钢管（内灌混凝土）制成压辊，在水泥砂浆找平层摊铺、刮平后，随即用压辊来回辊压，要求压实、压平，直到表面泛浆为止，最后用铁抹子赶光、压平。采用“辊压法”抹压工艺，必须使用半干硬性的水泥砂浆，且在辊压后适时地进行养护。

二、找平层开裂

1、现象

找平层出现无规则的裂缝比较普遍，主要发生在有保温层的水泥砂浆找平层上。这些裂缝一般分为断续状和树枝状两种，裂缝宽度一般在0.2～0.3mm以下，个别可达0.5mm以上，出现时间主要发生在水泥砂浆施工初期至20d左右龄期内。不少工程实践证明，找平层中较大的裂缝还易引发防水卷材开裂（包括延伸性较好的改性沥青或合成高分子防水卷材在内），且两者的位置、大小互为对应。

另一种是在找平层上出现横向有规则裂缝，这种裂缝往往是通长和笔直的，裂缝间距在4～6m左右。

2、原因分析

（1）在保温屋面中，如采用水泥砂浆找平层，其刚度和抗裂性明显不足；

（2）在保温层上采用水泥砂浆找平，两种材料的线膨胀系数相差较大，且保温材料容易吸水；

（3）找平层的开裂还与施工工艺有关，如抹压不实、养护不良等。找平层上出现横向有规则裂缝，主要是因屋面温差变化较大所致。

3、防治措施

（1）在屋面防水等级为Ⅰ、Ⅱ级的重要工程中，可采取如下措施：

1）对于整浇的钢筋混凝土结构基层，一般应取消水泥砂浆找平层。这样可省去找平层的工料费，也可保持有利于防水效果的施工基面。

2）对于保温屋面，在保温材料上必须设置35～40mm厚的C20细石混凝土找平层，内配ф4@200mm钢丝网片。

3）对于装配式钢筋混凝土结构板，应先将板缝用细石混凝土灌缝密实，板缝表面（深约20mm）宜嵌填密封材料。为了使基层表面平整，并有利于防水施工，此时也宜采用C20的细石混凝土找平层，厚度为30～35mm。

（2）找平层应设分格缝，分格缝宜设在板端处，其纵横的最大间距：水泥砂浆或细石混凝土找平层不宜大于6m（根据实际观察最好控制在5m以下）；沥青砂浆找平层不宜大于4m。水泥砂浆找平层分格缝的缝宽宜小于10mm，如分格缝兼作排汽屋面的排汽道时，可适当加宽为20mm，并应与保温层相连通。

（3）对于抗裂要求较高的屋面防水工程，水泥砂浆找平层中，宜掺微膨胀剂。

4、治理方法

（1）对于裂缝宽度在0.3mm以下的无规则裂缝，可用稀释后的改性沥青防水涂料多次涂刷，予以封闭。

（2）对于裂缝宽度在0.3mm以上的无规则裂缝，除了对裂缝进行封闭外，还宜在裂缝两边加贴“一布二涂”有胎体材料的涂膜防水层，贴缝宽度一般为70～100mm。

（3）对于横向有规则的裂缝，则应在裂缝处将砂浆找平层凿开，形成温度分格缝。

三、屋面找平层分格缝开裂

1、现象

屋面找平层分格缝留设不规范导致开裂。

2、原因分析

（1）分格缝按4000×4000mm方格开割或留设。因单块方格面积过大，导致开裂现象普遍；如修改为3000×3000mm方格开割或留设，则开裂的现象大大减少。

（2）阳角对开位置如无留设或开割分格缝，因约束力集中会引起“斜裂缝”。

参见图7-1。

图 7-1 屋面找平层未设置分隔缝

3、防治措施

（1）屋面找平层分格缝按 3000×3000mm 方格开割或留设。

（2）要在屋面构筑物阳角（如花架柱等）对齐或垂直位置设置分格缝或在构筑物周边 200mm 处留设或开割伸缩缝。

（3）独立烟道、女儿墙的圆弧泛水边要开割或留设伸缩缝。

（4）分格缝宽度为 10～15mm，深度为找平层厚度，填缝材料为耐候胶或改性沥青，填缝时缝内要干燥与干净。

第二节 保温层与隔热层

一、屋面保温层破损

1、现象

（1）透气管被破坏现状见图。参见图 7-2、图 7-3。

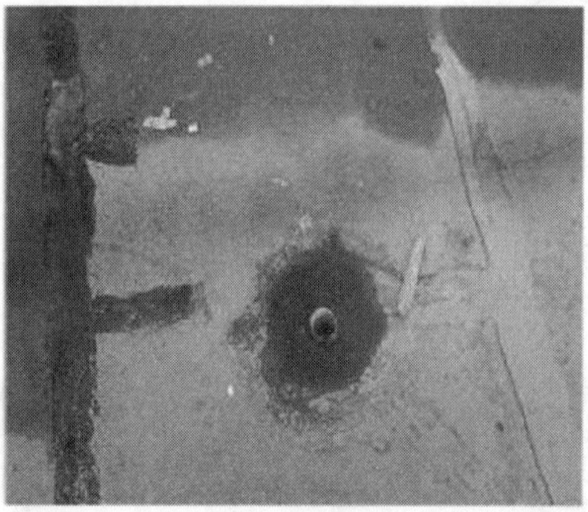

图 7-2 透气管被破坏

图 7-3 透气管被破坏

（2）U-PVC 塑料通气管被破坏危害性分析。

1）U-PVC 塑料管不适合用作屋面保温层通气管，表现易老化，易断。

2）当屋面排水不畅，水位上升易使雨水由通气管灌入保温层内造成屋面大面积渗水。

2、防治措施

（1）拆除被破坏的透气管及周边的泛水。

（2）重新安装 DN50 钢管作透气管。

（3）清理管周边泛水并用细混凝土重做。

（4）管周边用防水油膏三布四涂，并与原 SBS 防水卷材连结牢固严密。

二、保温层表面铺设不平整

1、现象

屋面保温层表面铺设不平整。

2、防治措施

（1）保温层的导热系数是一个重要技术指标，它与材料的堆积密度（或表观密度）密不可分，材料质量要求应满足表 7-1 的有关规定。

表 7-1　松散保温材料的质量要求

项目	膨胀蛭石	膨胀珍珠岩
粒径（mm）	3～15	≤0.15，<0.15 的含量不大于 8%
堆积密度（kg/m^3）	≤300	≤120

（2）松散保温材料的粒径应进行筛选，筛出的细颗粒及粉末严禁使用。

（3）保温层施工前要求基层平整，屋面坡度符合设计要求。施工时可根据保温层的厚度设置基准点（可在屋面上每隔 1m 设置 1 根木条），拉线找平。

（4）松散保温材料应分层铺设，并适当压实，每层虚铺厚度不宜大于 150mm；压实程度与厚度应经过试验确定。

（5）干铺的板状保温材料，应紧靠在需保温的基层表面上，并应铺平垫稳。分层铺设的板块上下层接缝应相互错开，板间缝隙应采用同类材料嵌填密实。

（6）粘贴的板状保温材料应铺平，分层铺设的板块上下层接缝应相互错开。当采用玛蹄脂及其他胶结材料粘贴时，板状保温材料相互之间及与基层之间应满涂胶结材料；当采用水泥砂浆粘贴板状材料时，板间缝隙应采用保温灰浆填实并勾缝。保温灰浆的配合比（体积比）宜为 1∶1∶10（水泥：石灰膏：同类保温材料的碎粒）。

（7）沥青膨胀蛭石、沥青膨胀珍珠岩宜用机械搅拌至色泽均匀一致，无沥青团；压实程度根据试验确定，其厚度应符合设计要求，表面应平整。

（8）现喷硬质发泡聚氨酯应按配合比准确计量，发泡厚度均匀一致，表面平整。

（9）松散材料保温层因强度较低，压实后不得直接在保温层上行车或堆放杂物，施工人员应穿软底鞋进行操作。

三、保温层起鼓、开裂

1、现象

保温层乃至找平层出现起鼓、开裂。

2、原因分析

主要是保温材料中窝有过多水分，在温差作用下形成巨大的蒸汽分压力，导致保温层乃至找平层、防水层起鼓、开裂。由于冻结产生体积膨胀，还可能推裂屋面女儿墙。

3、防治措施

（1）为确保屋面保温效果，应优先采用质轻、导热系数小且含水率较低的保温材料，如聚苯乙烯泡沫塑料板、现喷硬质发泡聚氨酯保温层。严禁采用现浇水泥膨胀蛭石及水泥膨胀珍珠岩材料。

（2）控制原材料含水率。封闭式保温层的含水率应相当于该材料在当地自然风干状态下的平衡含水率。

（3）倒置式屋面采用吸水率小于6%、长期浸水不腐烂的保温材料。此时，保温层上应用混凝土等块材、水泥砂浆或卵石保护层与保温之间，应干铺一层无纺聚酯纤维面做隔离层。

（4）保温层施工完成后，应及时进行找平层和防水层的施工。在雨期施工时保温层应采取遮盖措施。

（5）从材料堆放、运输、施工以及成品保护等环节都应采取措施，防止受潮和雨淋。

（6）屋面保温层干燥有困难时，应采用排汽措施。排汽道应纵横贯通，并应与大气连通的排汽孔相通，排汽孔宜每25m²设置1个，并做好防水处理。

（7）为减少保温屋面的起鼓和开裂，找平层宜选用细石混凝土或配筋细石混凝土材料。

4、治理方法

屋面保温层的主要质量常见问题虽然表现为起鼓、开裂，但其根源在于施工后保温层中窝有大量的积水。解决办法之一，就是排除保温层内多余的水分。

（1）保温层内积水的排除可在保温层上或在防水层完工后进行。具体做法是：

先在屋面上凿一个略大于混凝土真空吸水机吸水管的孔洞。然后在孔洞的周围，用半干硬性水泥砂浆和素水泥封严，不得有漏所现象。封闭好后即可开机。待2～3min后就可续的出水，每个吸水点连续作业 45min 左右，即可将保温层内达到饱和状态的积水抽尽。

（2）保温层干燥程度很容易测试法。用冲击钻在保温层最厚的地方钻 1 个 Φ16mm 以上的圆孔，孔深至保温层 2/3 处，用一块大于圆孔的白色塑料布盖在圆孔上，塑料布四周用胶带等压紧密封，然后取一冰块放置于塑料布上。此时圆洞内的潮湿气体遇冷便在塑料布底面结露，2min 左右取下冰块，观察塑料布底面结露情况。如有明显露珠，说明保温层不干；如果仅有一层不明显的白色小雾，说明保温层基体干燥，可以进行防水层施工。

测试时间应选择在下午 14～15 时，此时保温层内温度高，相对温差大，测试结果明显、准确。对于大面积屋面，应多测几点，以提高测试的准确性。

四、保温层存水屋面渗漏

1、现象

屋面已做完柔性防水层，在不下雨的情况下，屋面还会出现渗漏的问题。

2、原因分析

（1）人工搅拌保温材料中，现场操作人员不按照配合比要求拌制，私自加大用水量。

（2）有时操作人员把保温材料直接运到屋顶搅拌，水管直接通到屋顶，在不用水时忘记关阀门，使水任意流淌。

（3）保温层做好后未能及时抹找平层，也未采取防雨措施，遭受雨淋后使保温层存水，待找平层抹好后，其内部水分不易挥发。

（4）找平层抹好后放置时间过长，也未采取防雨措施，再加上施工过程搭架子、上人等方面的问题，使找平层遭到损坏，又未及时修补，待做柔性防水时才修补，孰不知间隔时间过长，找平层遭雨淋后，水从破损处流入，防水层做好后其水分挥发缓慢。

针对以上几种情况在工程交工后，解决屋面渗漏的方法是：尽快将空心楼板里或屋面板上的积水释放，可用直径 12mm 钻头在屋面楼板下方打若干个孔，孔的数量视漏水范围而定；同时，将门窗打开，加速空气流通；待存水全部放出且无渗漏时，用 1∶2 水泥砂浆掺入水泥重量 8%～12%的膨胀剂，堵实孔眼。

3、防治措施

（1）做保温层时严格按照配合比的用水量拌制，不得私自加大用水量。

（2）施工人员应注意天气变化，在保温层做完后立即做找平层，一般是铺设一段即做找平层，并在施工中做好防雨准备。

（3）抹找平层时，要分两次抹，避免出现裂缝。一般第一遍抹 12～15mm 厚，最厚不超过 18mm，第二遍抹 5～8mm 厚，要求搓平压实，抹出水光。同时，按规范规定设置好通气槽和透气孔。

（4）屋面找平层抹好后，一般需停置两周以上时间，使找平层真正干燥。在此期间应采取防雨措施，并在达到规定的强度时做柔性防水层。在做柔性防水层之前，如需在屋面上进行其他作业，必须垫好木板，以免将找平层损坏，影响防水效果。

（5）屋面保温建议选用其他类型保温材料，如聚苯乙烯泡沫塑料板材等，尽量减少湿作业。

五、保温层厚度不足

1、现象

由于屋盖系统是由多种建筑材料组合而成，不同材料其传热性能不同，热阻也不相同，因此若保温层的厚度不足，则不能满足保温功能的要求，若保温层过厚，则会造成浪费。

2、原因分析

保温层的厚度不符合要求。

3、防治措施

保温层厚度设计应符合下列规定：

（1）保温层厚度按式（7-1）计算

$$\delta_x=\lambda_x（R_{0,\ min}-R_i-R-R_e）$$ （式 7-1）

式中：δ_x——所求保温层厚度（m）；

λ_x——保温材料的导热系数（W/m · K）；

$R_{0,\ min}$——屋盖系统的最小传热阻（m^2 · K/W）；

R_i——内表面换热阻（m^2 · K/W，取 0. 11）；

R——除保温层外，屋盖系统材料层热阻（m^2 · K/W）；

R_e——外表面换热阻（取 0. 04m^2 · K/W）。

（2）除保温层外，屋面各层材料热阻之和 R 应按式（7-2）计算：

$$R=\delta_1/\lambda_1+\delta_2/\lambda_2+\cdots\delta_n/\lambda_n\cdots\cdots$$ （式 7-2）

式中：R——除保温层外，屋盖系统材料层热阻（m^2 · K/w）；

δ_1、δ_2、……δ_n——各层材料厚度（m）；

λ_1、λ_2、……λ_n——各层材料的导热系数（W/m · K）。

（3）屋盖系统的最小传热阻的取值，应按现行的《民用建筑热工设计规范》GB 50176 确定，并符合国家有关节能标准的规定。

第三节　防水与密封

一、卷材防水起鼓渗漏

1、现象

在四川地区兴建了上百万平方米的工业与民用建筑，大部分采用了卷材作为屋面的防水层，其中改性沥青、合成高分子防水卷材约 30 多万 m^2，油毡为防水层的有 100 多万 m^2。无论何种防水层，使用 2～3 年后，皆出现起鼓、渗漏现象，影响人们的正常使用。

2、原因分析

这个地区房屋的结构，五层以下的建筑大部分采用砖混结构，楼地面和屋面为预制板，多层、高层建筑多为现浇钢筋混凝土结构。但这些结构的屋面防水层不同程度地存在着起鼓、渗漏现象。其位置分布在屋面的各个角落。产生这些缺陷的原因很多，现以改性沥青卷材和合成高分子卷材为例，将其主要原因分析如下：

（1）材质

1）SBS 隶属高聚物改性沥青卷材，是以改性沥青为基料，以纤维织物或纤维毡等为胎体经辊压成型的防水卷材。它们的物理性能为：聚酯毡胎，纵、横向最大拉力为 450N/50mm，聚乙烯胎大于或等于 100N/50mm，玻纤胎为 250～350N/50mm，最大伸长率大于或等于 38%，耐热度为 90℃，是热熔性的材料。

2）HY115（丙纶）为高分子复合防水材料，以无纺布和聚乙烯为主要原料，经添加改善性能的外加剂制造的一种复合型防水材料。它的抗拉强度大于或等于 60N/cm^2，断裂伸长率大于或等于 400%。采用冷粘法铺贴于基层面上。

（2）温度影响

1）温度直接作用。屋面是直接受太阳光照射和辐射的部位，所以屋面温度的变化幅度较大。这个地区屋面气温和太阳辐射热的影响，夏季最高温度可达 60℃，冬期最低温度只有-10℃，温差在 70℃左右，对于钢筋混凝土的屋面而言，收缩系数 $\alpha_1 \approx 0.00015$（即温度降低 1℃时，混凝土收缩 0.015mm），而膨胀系数 $\alpha_2 \approx 0.0001$［即 0.01mm/1（℃·m）］。膨胀与收缩的温度界定值：一般混凝土为（18+2）℃；重混凝土为 15℃；而轻质混凝土则以 20℃为标准。温度高于上述者，称之为混凝土膨胀，低的为收缩。以此为据可知，屋面在温度和太阳直射、辐射的影响下，伸缩变化是非常大的，常常导致施工缝处和折角、预留孔处应力集中，使混凝土的应力增大，甚至产生裂纹。这是导致防水层起鼓、开裂的因素之一。

2）材料的伸缩差。屋面的构造由结构层、保温层、找平层及防水层等组成。为便于分析，将屋面划为混凝土结构层（即前三者合称）和防水层。

前面提及混凝土的伸缩率及防水材料的材质，显然两种材料的伸缩系数不等。有这样一个试验，将丙纶（HY115）在平屋顶上分条粘铺，当室外温度在16℃（屋面温度可能稍高些）的情况下，整个防水层像面包样一道道的拱起（10～15cm），接缝处很多地方被拉开。SBS平铺于屋面（未粘贴），同样也产生了波浪形的鼓包。由此可证明，这类防水材料本身对温度非常敏感，与混凝土相比，会超出几倍。当屋面温度升至60℃时，由于两者伸缩不同步，必然会使卷材起鼓、开裂。

3）基层含水率的影响。众所周知，四川地区的相对湿度，大部分时间在80%以上。所以屋面的基层含水率很难控制在18%以下，尤其是现浇保温层（夏季施工者），就更难使其含水率降低到标准值（实际测得值大于40%）。防水层将这些水分封闭于基层，当在较高的温度作用下，易于汽化而产生较大的压力（f=0. 014～0. 04MPa）。虽然屋面留有排汽道和排汽孔，但远离其位置，依然会将其防水层顶起。这是形成起鼓、开裂的另一个因素。

（3）外力的影响

防水层的端部常常贴在女儿墙或天沟的边缘及凸出屋面的管道和上人孔的壁上，这里往往是施工缝部位。即使不是施工缝所在，由于形状奇特，在外力作用下，容易产生应力集中，导致较大的变形；再加上太阳的直射、辐射、风吹、雨打及人们的踩踏，保护层（1∶3水泥砂浆25mm厚）很快产生龟裂，失去作用，将会直接危及防水层，这些都会使防水层遭到破坏。

（4）人为因素

1）基层的处理。找平层的开裂，尤其是预制块保温层（膨胀珍珠岩预制块或泡沫混凝土预制块）更甚。其上部的2～2. 5cm的找平层，由于快速失水干裂，或是外力作用，产生裂纹。裂纹形状，横七竖八，非常不规则。当然也有砂浆失水、强度降低、表面起砂，甚至基层处理不干净，上有浮尘存在等原因，而使防水层与基层粘结不牢，在外力作用下，易空鼓或被拉裂。

2）操作技术

①冷粘。所用胶粘剂未严格按配合比实施。即使是按配合比使用了胶粘剂，在铺贴时，如未能将防水层下面的气体全赶走（封在防水层与基层之间），待温度升高后，使部分气体汽化，形成防水层鼓包的隐患。

②热铺。防水层的铺贴，往往采用火焰喷枪或其他加热工具，对卷材底面和基层均匀加热。但加热过程完全是人工操作的，技术好的，出现的问题可能少些，而技术稍差点的，问题就多了。他们很难将温度控制得恰如其分。如果过火，使毡材的沥青质流淌或焦化，粘结不牢；如果欠火，使其部分粘结强度不够，甚至不粘，这些都会使卷材在温度影响下空鼓和剥离。

③节点的处理。未严格按施工图和规范要求实施。

如上所述，种种原因归为一体，就会对防水层产生一个较大的综合效应，迫使卷材空鼓。在这综合效应的反复作用下，使卷材达到疲劳极限而缩短寿命，个别接缝薄弱环节被扯开，于是就形成了卷材起鼓、渗漏。

3、防治措施

根据规范规定，卷材防水层的铺贴方法有三种：满粘、点粘、条粘。也就是说，卷材的铺贴允许部分和基层不粘贴，即卷材可空铺。

目前，卷材防水层之上虽做了保护层，但保护层的厚度，设计人员常常采用 2～2.5cm 厚的 1∶3（或 1∶2.5）水泥砂浆，而这样薄薄的一层砂浆，在外力或温、湿度作用下，很快龟裂，因而部分拱起失去保护层的作用，久而久之，卷材的鼓裂加剧，产生渗漏。

为使防水层达到应有的效果，我们在Ⅱ级以上的防水屋面上，采用了刚柔结合的防水措施。也就是说，以柔性（卷材）防水作为第一道防水层，其上再做一层刚性防水，从而可避免卷材遭受日光暴晒和紫外线及其他外力的作用。同时由于刚性防水层自重也给了柔性防水层一个较大的压力，而使卷材在温度等不利因素的影响下处于稳定状态，迫使基层的气体沿规定路线排出。反之柔性防水层又有对基层变形的适应性，因而形成了两者优缺点互补之态。

刚性防水层实施时，应注意以下几点：刚性防水层在柔性防水层之上，但两者之间并非直接接触，而是存在着一个隔离层（材料：塑料薄膜，低强度等级砂浆等），以起到在外力作用下互不干扰，如图 7-4 所示。刚性防水层是采用 32.5 级硅酸盐水泥配制的 C20 现浇混凝土，其厚 δ=40mm，直径 6mm 双向配筋，间距为 200mm，粗骨料粒径小于或等于 15mm，细骨料为中、粗砂。为增强混凝土的防水性能和防止不规则的开裂，故在纵横向做了分格缝（钢筋遇缝而断），结构缝处也必然是分格缝所在处。其他各节点的处理严格按设计要求及技术规范实施。

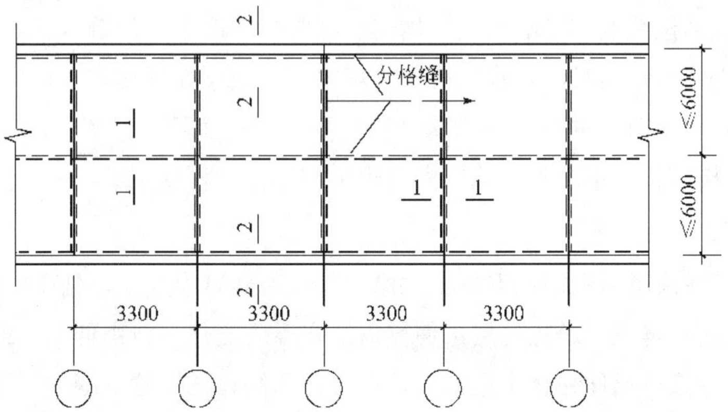

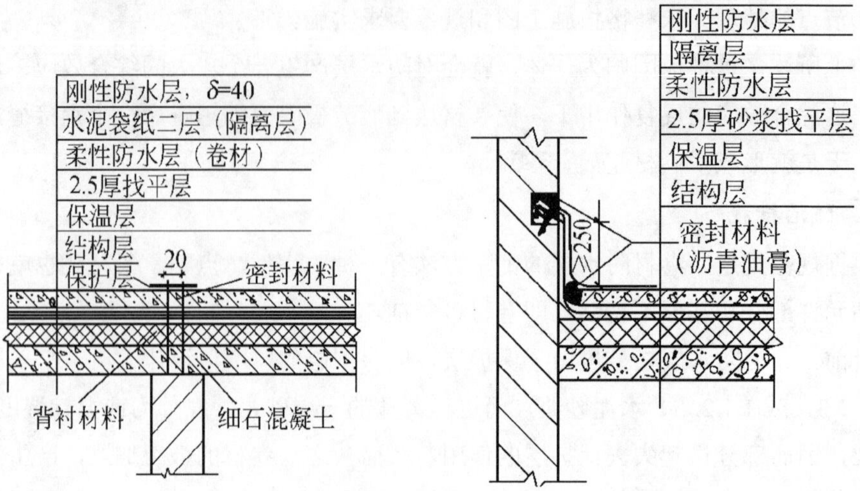

图 7-4 屋面防水层做法示意

二、沥青卷材屋面渗漏

1、现象

某住宅楼是20世纪60年代末、70年代初建造的，采用沥青卷材屋面。这种防水层使用年限已久，屋面渗漏现象严重。

2、原因分析

（1）防水层材料选用不当。如采购私人设立的小厂卷材沥青，放在露天时间太长导致耐候性和抗老化性能差，伸长率低。

（2）施工操作不当。如返修时发现防水层搭接长度不够或逆贴，或防水层层数不足，或泛水处防水层外贴，或天沟积水，或机具损坏了防水层，未及时修补等。

（3）屋面落水洞口和出屋面立管根部未修补密实。

（4）女儿墙部位受温差影响或受不均匀沉降影响，产生了裂缝。

（5）采用平面落水口时，落水口被杂物堵塞，造成屋面局部积水过多而漏水。

（6）伸缩缝和沉降缝的盖缝防雨构造设计不当或施工不当，设计时未考虑排汽措施；排汽道和排汽管构造设计不合理；施工人员也未按操作规程施工。

3、防治措施

（1）新建工程采用现浇钢筋混凝土挑檐屋盖代替砖砌女儿墙，且在挑檐屋盖与顶层钢筋混凝土圈梁之间，再设一道隔离层，使屋盖能随温度变化而自由伸缩。或采用现浇钢筋混凝土女儿墙，加强抗温伸缩缝水平钢筋，在墙体两侧设诱导缝，缝中嵌防水油膏，间距2m左右。将钢筋混凝土女儿墙做成一定坡度，外侧面贴波形瓦等陶土类装饰材料，以防止温度变化产生裂缝。

（2）对于量大面广、造价低的住宅屋面，选用价格中等、防水性能好、使用寿命长又不易在施工中造成损坏的高聚物改性沥青防水卷材等施工。

（3）在女儿墙内侧和水箱支墩的下部做挑泛水，防水层贴到挑泛水底，采用抹水泥砂浆三角形压条、PVC 压条等将防水层上口压牢。

（4）新建工程采用侧面落水口，且落水口要比天沟防水层低 10～15mm。落水口和出屋面立管根部必须采用水泥砂浆、细石混凝土和防水油膏等防水材料分层填嵌密实，并应两遍成活。在出屋面立管四周还必须用水泥砂浆抹成“馒头”状。

（5）采用保温屋面，应合理设计排汽道和排汽管，认真遵守屋面防水工程规范和操作规程，确保其功能。一般排汽道间距宜在 6m×6m 左右，缝中宜填干的细石或粗黄砂，缝面嵌 10～15mm 厚防水油膏，缝面做一层 300mm 宽高聚物改性沥青防水卷材。排汽管则宜做成伞形。

三、防水卷材材质不良

1、现象

某住宅顶层雨天时，屋顶渗漏位于水落口周边，并沿预制板缝扩散，导致内装饰层脱落。登屋面细察，卷材防水层开裂。

2、原因分析

防水卷材材质不合格，易老化、开裂且防水等级为Ⅲ级，SBS 卷材厚度小于 4mm，不符合规范要求，雨水从裂缝处下渗，通过保温层，渗至结构层，积聚在水落口处，再顺板缝扩散。

3、防治措施

首先应更换符合规范要求的防水卷材。按现行《屋面工程质量验收规范》（GB 50207）规定“屋面工程所采用的防水、保温、隔热材料应有产品合格证书和性能检测报告，材料的品种、规格、性能等应符合现行国家产品标准和设计要求”。此条被列为强制性条文，材料不合格一票否决；其次应根据设计要求的屋面防水等级采用相关材料，其厚度应符合规定。

四、平屋面卷材防水渗漏

1、现象

有大量工程采用平屋面，屋面渗漏。

2、原因分析

（1）相同温度下，现浇钢筋混凝土屋面的温度变形是墙体的 2 倍，屋面易被拉裂。同时，房屋的不均匀沉降以及建筑材料自身的干缩特性，也会使屋面结构层产生裂缝，雨水通过裂缝渗入室内。

（2）结构层在施工时未充分干燥，松散保温材料（如水泥膨胀珍珠岩和水泥膨胀蛭石）在含水量较大时就施工，致使水分过多不能充分蒸发。高温时将导致防水卷材起鼓，鼓泡破裂形成漏水的隐患。

（3）施工中的不规范操作造成防水卷材受到损伤以及卷材老化开裂，致使卷材失去防水性能。卷材搭接不严，节点、附加层、屋面排水集中部位未处理好，造成漏水。

3、防治措施

（1）结构层

施工时可以在现浇屋面板和墙体圈梁的连接面上设置隔离层，以减少屋面与墙体之间的作用力，防止结构裂缝产生。由于屋面与墙体的剪应力在房屋端部最大，中部为零，故隔离层可以设置在顶层端部墙体与屋面的结合处，可使用油毡、滑石粉、铁皮、橡胶等与混凝土不粘结的材料。

（2）找平层

1）在结构层上用水泥砂浆向天沟部位找坡，确保屋面结构不存在低洼部位。

2）在水泥砂浆找平层上整体设置分格缝，分格缝的纵横间距不宜大于 6m，缝宽约为 20mm；如兼作排汽道应适当加宽并与保温层相通；基层与突出屋面构造的连接处以及基层的转角处，应做成半径为 100～150mm 的圆弧。

（3）天沟

1）按设计要求放坡，水落口周围应做成略低的凹坑。

2）天沟找坡层厚度超过 20mm 时，先用细石混凝土垫铺，再做水泥砂浆抹面，砂浆收浆后，用铁抹子压光，进行湿润养护，防止干裂、起皮。

（4）排汽道

1）排汽道可用砖砌，砖砌体头缝不抹砂浆，以达到排汽效果。头缝间距约 20mm（见图 7-5），或采用空心砖。

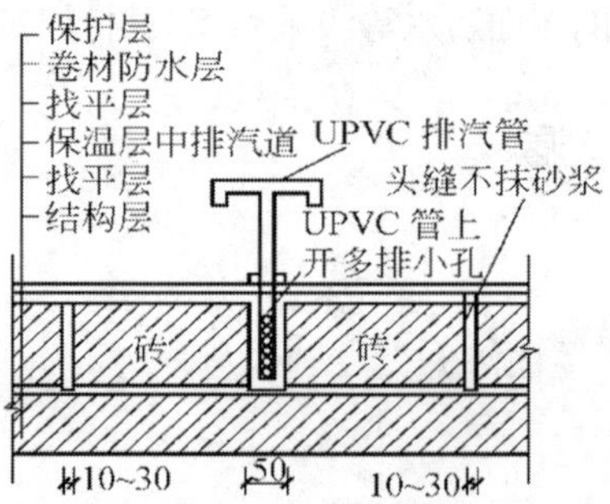

图 7-5　排汽道处剖面示意图

2）排汽道应有一定的宽度（40mm 左右），且纵横贯通，间距宜为6m。每 $36m^2$ 宜设置一个排汽孔并做好防水处理（见图7-6），排汽管可采用钻有多孔的 UPVC 管。

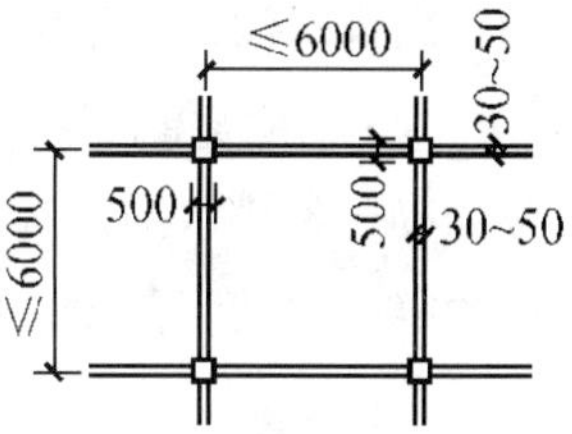

图 7-6　屋面排汽道布置图

（5）保温层

1）封闭式保温层尽量不采用水泥膨胀珍珠岩和水泥膨胀蛭石等松散材料，因其施工中用水量较大，影响保温效果，而且过多的水分蒸发还会造成防水卷材起鼓开裂；使用时必须充分晒干。

2）建议采用块状材料作保温层，如块状珍珠岩板、蛭石板或发泡聚氨酯。

（6）防水层

1）卷材在铺设前应保持干燥，表面清理干净，施工时避免损伤卷材。铺贴时根据材料不同分别采用冷粘法、热熔法和自粘法。卷材与基层粘结牢固，特别是卷材搭接处，避免因搭接不严而渗水。使用高聚物改性沥青防水卷材时建议采用热熔满粘法铺贴。

2）铺设防水层前，基层必须干净、干燥。可将 $1m^2$ 卷材平铺在找平层上，静置 3～4h 后掀开检查，找平层没有水印即可。

3）基层与突出屋面结构（女儿墙、变形缝及基层的转角处）均应做成圆弧。

4）防水卷材的搭接宽度、端部搭接错开长度均应符合规范要求。

5）屋面防水层施工，应先做好节点、附加层和屋面排水比较集中部位的处理，水落口、泛水处、变形缝、伸出屋面的管道均应做附加层。卷材铺贴时，由屋面最低标高处向屋脊方向进行；铺贴天沟时，顺天沟方向，由水落口向分水岭方向铺贴。

（7）保护层

不上人屋面可在卷材防水层上用沥青粘着一层 3～6mm 粒径的粗砂（俗称绿豆砂）作保护层。上人屋面可用 30mm 厚 C25 细石混凝土作保护层，施工时表面应抹平压光，并设分格缝，分格面积不宜大于 $1m^2$；也可用砂填层或水泥砂浆铺预制混凝土块或大阶砖；还可将预制板或大阶砖架空铺设以利保温与通风。

（8）女儿墙

女儿墙每隔一定距离设置一道伸缩缝，防止温度变形导致根部出现裂缝，并将泛水处卷材拉裂，导致渗水。

4、治理方法

（1）出现渗漏时，可将渗漏部位的防水层、保温层一直打通到屋面结构层，找出结构层上的裂缝，在裂缝周围一定范围内用防水砂浆灌实，并在缝上形成拱形，刷上一层防水剂，然后将保温层、卷材防水层等按规范要求铺好。

（2）如果屋面渗漏是由于封闭式保温层板结致使水汽无法蒸发而导致的，可以把屋面防水层打开，将保温层捣碎后，在纵横两个方向设置排汽道和排汽管；并沿女儿墙周围再砌一圈排水沟，排水沟与女儿墙之间用防水卷材做好泛水。

（3）因渗漏已翻修的屋面与未翻修的屋面之间应做好隔断处理。具体做法如下：在连接处砌一条排水沟，沟内用卷材铺贴并与两边的卷材搭接200mm左右；或留出30～60mm宽的缝，用油膏嵌填，缝上铺贴卷材防水附加层进行防水。

五、卷材屋面防水开裂

1、现象

沿预制板支座、变形缝、挑檐处出现规律性或不规则裂缝。参见图7-7。

图7-7　卷材屋面防水层开裂

2、原因分析

（1）屋面板板端或屋架变形，找平层开裂。

（2）基层温度收缩变形。

（3）吊车振动和建筑物不均匀沉降。

（4）卷材质量低劣，老化脆裂。

（5）沥青胶韧性差，发脆，熬制温度过高，老化。

3、防治措施

在预制板接缝处铺一层卷材作缓冲剂；作好砂浆找平层；留分格缝；严格控制原材料和铺设质量，改善沥青胶配合比；控制耐热度和提高韧性，防止老化；严格认真操作，采取撒油法粘贴。

4、治理方法

在开裂处补贴卷材。

5、优质工程示例

参见图 7-8、图 7-9。

图 7-8　卷材屋面铺设规范

图 7-9　卷材屋面铺设规范

六、防水层鼓泡、起泡

1、现象

防水层出现大量大小不等的鼓泡、气泡，局部卷材与基层或下层卷材脱空。

2、原因分析

（1）屋面基层潮湿，未干就刷冷底子油或铺卷材，基层窝有水分或卷材受潮，在受到太阳照射后，水汽蒸发，体积膨胀，造成鼓泡。

（2）基层不平整，粘贴不实，空气没有排净。

（3）卷材铺贴歪扭、皱褶不平，或刮压不紧，雨水潮气浸入。

3、防治措施

严格控制基层含水率在 6%以内；避免雨、雾天施工；防止卷材受潮；加强操作程度和控制，保证基层平整，涂油均匀，封边严密，各层卷材粘贴平顺严实，把卷材内的空气赶净；潮湿基层上铺设卷材，采取排气屋面做法。

4、治理方法

将鼓泡处卷材割开，采取打补丁办法，重新加贴小块卷材护盖。

七、卷材防水层基层起砂

1、现象

地面表面粗糙，颜色发白，不坚实，走动后，表面先有松散的水泥灰，用手摸时像干水泥面。随着走动次数的增多，沙粒逐渐松动或有成片水泥硬壳剥落，露出松散的水泥和沙子。参见图 7-10。

图 7-10　基础起砂

2、原因分析

未按照施工工艺施工，收浆时间不恰当。

3、防治措施

起砂的关键在于收浆时间的控制。第一遍铺匀抹平，在水泥初凝时抹压平实收光。

八、卷材防水屋面空鼓

1、现象

卷材防水层基层部分空鼓，有规则或不规则裂缝。参见图 7-11。

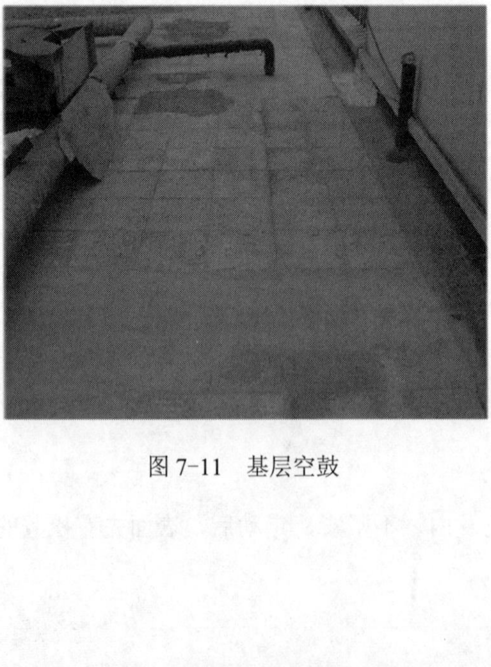

图 7-11　基层空鼓

2、原因分析

（1）基层不干燥，处理不当。

（2）气体排除不彻底。

（3）面层与基层的配比不当。

（4）卷材粘结不牢固，压的不实。

3、防治措施

（1）找平层应平整。

（2）卷材铺贴前，认真清理基层，清扫浮灰，杂质等。

（3）找平层应干燥，可用简易办法检验：将 $1m^2$ 防水材料平坦地干铺于找平层上，静置 3～4h 后掀开，覆盖部位与卷材上均未见水印即可。

（4）不在雨、雪、雾天等施工。

（5）胶粘剂的涂刷应均匀一致，不得过厚或过薄，当用热玛蹄脂时，其涂刷厚度宜为 1～1. 5mm，用冷玛蹄脂时，其涂刷厚度宜为 0. 5～1mm。当采用其他胶粘剂时，应根据其性能控制好涂刷与铺贴的间隔时间，不得过早或过晚。

九、卷材防水屋面坡度不规范

1、现象

卷材方式屋面坡度不规范。参见图 7-12。

图 7-12　卷材方式屋面坡度不规范

2、原因分析

（1）养护时间不够，过早上人。

（2）事先没有做好坡度弹线标记。

（3）没有做好养护。

（4）施工中坡度控制不严，未认真按规矩工作，刮平和搓压工序未掌握好。

3、防治措施

施工中做好标高和坡度标记，施工中认真拉线控制，标准灰饼数量要与刮平尺杠长度配合，操作中要注意多向压刮，搓压木楔不能过短。水泥砂浆地面找平层施工应合理安排施工流向，避免上人过早。施工期养护期应与其他工序减少交叉，避免对面层产生污染和损坏。水泥地面压光后，应进行（温度变化）的洒水养护。刮风时，防止因表面水分迅速蒸发而产生收缩裂缝。

十、卷材开裂

1、现象

卷材防水屋面卷材开裂。参见图 7-13。

图 7-13　卷材防水屋面卷材开裂

2、原因分析

（1）产生有规则横向裂纹主要是由于温差变形，使屋面结构层胀缩，引起板端角变行造成的。这种裂缝多数发生在延伸率较低的沥青防水卷材中。

（2）产生不规则裂缝主要是由于水泥砂浆找平层不规则开裂造成的；此时找平层的裂缝，与卷材开裂的位置及大小相对应；另外，如找平层分格缝位置不当或处理不好，也会使卷材无规则裂缝。

（3）外露单层的合成高分子卷材屋面中，如基层比较潮湿，且采用满粘法铺贴工艺或胶粘剂剥离强度过高时，在卷材搭接缝处也易产生断续裂缝。

3、防治措施

（1）在应力集中、基层变形较大的部位（如屋面板拼缝处等），先干铺一层卷材条作为缓冲层，使卷材能适应基层伸缩的变化。

（2）确保找平层的配比计量、搅拌、振捣或辊压、抹光与养护等工序的质量、而洒水养护的时间不宜少于 7d，并视水泥品种而定。

找平层宜留分格缝，缝宽一般为 20mm，缝口设在预制板的拼缝处，当采用水泥砂浆或细石混凝土材料时，分格缝间距不宜大于 6m，采用沥青砂浆材料时，不宜大于 4m；卷材铺贴与找平层的相隔时间宜控制在 7～10 以上。

（3）卷材铺贴时，基层应达到平整、清洁、干燥的质量要求。如基层干燥有困难时，宜采用排汽屋面技术措施。另外，与合成高分子防水卷材配套的胶粘剂的剥离强度不宜过高；卷材搭接缝宽度应符合屋面规范要求。卷材铺贴后，不得有粘结不牢或翘边等缺陷。

十一、防水卷材搭接处渗漏

1、现象

防水卷材反向搭接、存渗漏点。参见图 7-14。

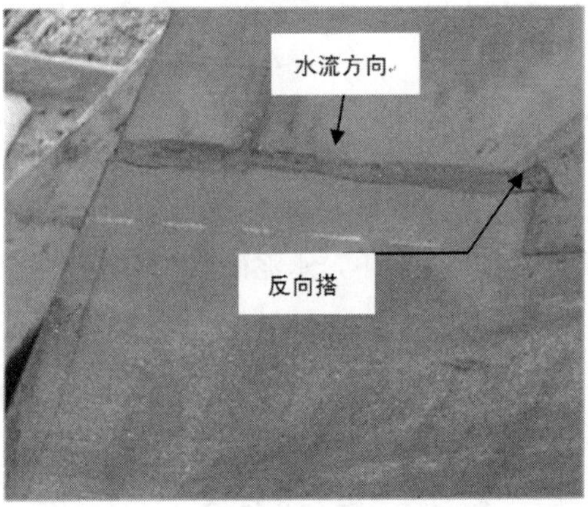

图 7-14　防水卷材反向搭接

2、防治措施

铺贴卷材应采用搭接法。平行于屋脊的搭接缝，应顺流水方向搭接；垂直于屋脊的搭接缝，应顺年最大频率风向搭接。卷材铺贴正确做法（见图 7-15）。

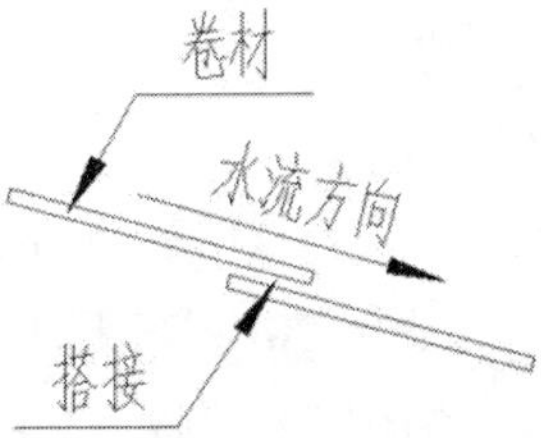

图 7-15　卷材铺贴正确做法

十二、橡塑共混卷材屋面裂缝

氯化聚乙烯-橡胶共混卷材（以下简称橡塑共混卷材）具有物理力学性能好、价格适中、冷施工和操作方便等优点，是应用较多的一种新型合成高分子防水卷材。但在实践中，发现不少橡塑共混卷材屋面存在程度不同的裂缝，影响使用功能。

1、现象

橡塑共混卷材屋面一般采用单层铺贴，卷材厚度为1.2～1.5mm，用氯丁胶粘剂粘贴。施工后一般在数月至1年内发生裂缝，裂缝呈树枝状或不规则断续状（见图7-16）。揭开防水层检查，卷材裂缝与找平层开裂的位置、大小相对应。这些裂缝如果不及时修补，会引起屋面的渗漏。

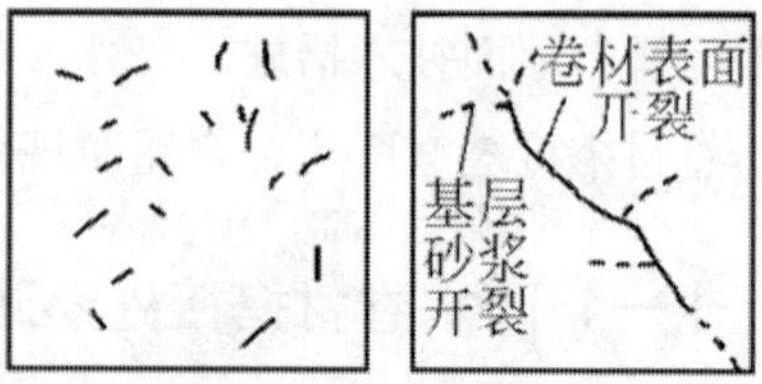

图7-16　橡塑共混卷材屋面的裂缝

（a）断续状；（b）树枝状

2、原因分析

（1）基层刚度

橡塑共混卷材屋面的裂缝，多数发生在装配式钢筋混凝土结构的基层，或发生在设有保温（隔热）层、但上部仅做一般水泥砂浆的找平层；由于基层刚度不足，在结构变形、温差变形、干缩变形和振动等因素影响下，水泥砂浆找平层产生裂缝是必然的。当卷材与基层紧密粘贴时，卷材也随着开裂。

（2）卷材铺贴方法

橡塑共混卷材目前多采用单层铺贴，为了确保防水效果，一般采用满粘法施工。这时候，这类卷材较难发挥延伸性好的特点。如图7-17所示，当基层裂缝宽度一定时，自由剥离区宽度越大，卷材在外力的作用下，越容易脱离基层，这时卷材就不容易开裂。反过来也是一样。

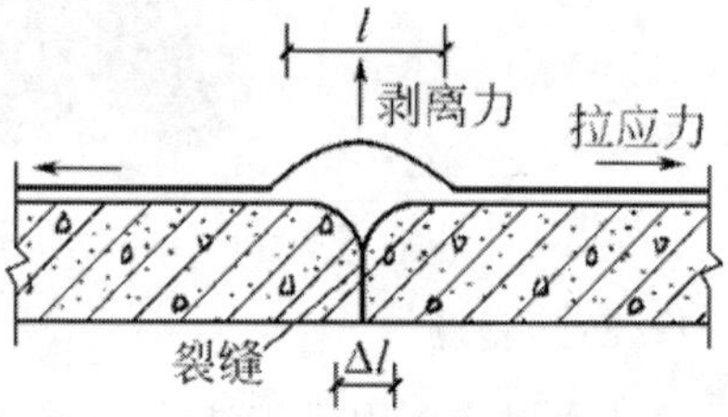

图7-17　防水卷材伸后受力示意

另一方面，如果采用条粘法、点粘法铺贴卷材，由于增大了剥离区长度，卷材开裂的情况就比较轻了，但也不能完全避免开裂。

（3）胶粘剂性能

《屋面工程技术规范》规定，合成高分子胶粘剂的粘结剥离强度不应小于15N/10mm^2，浸水168h后粘结剥离强度保持率不应小于70%。在工程实践中发现，卷材与基层粘结得越牢，胶粘剂的剥离强度越大，卷材开裂的机率就越大。因此在确保卷材搭接缝粘结强度的前提下，适当降低卷材与基层的粘结强度是非常必要的。

（4）节点构造

预制结构板的端缝、高低跨、天沟等应力集中部位，排汽屋面纵横排汽的通道处，如不采取有效的应变措施，都会出现裂缝。

3、防治措施

（1）提高基层刚度。这是防止裂缝的关键（见图 7-18）。

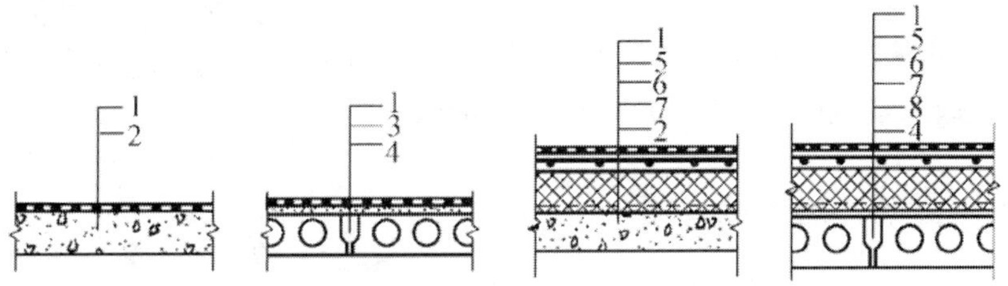

（a）　（b）　（c）　（d）

图 7-18　橡塑共混卷材屋面构造层次

1—卷材防水层；2—整浇钢筋混凝土结构层；3—细石混凝土找平层（35～40mm 厚）；4—装配式钢筋混凝土结构层
5—细石钢筋混凝土找平层（35～40mm 厚，内配 ϕ4@200 双向网片）；6—保温（隔热）层，视设计需要而定；
7—隔汽层，视设计需要而定；8—水泥砂浆找平层（20mm 厚）

（2）改进防水层设计。目前国外使用合成高分子卷材，已由过去单层改为叠层施工，这对保证防水功能和延长使用年限是有利的。目前，在一般工业与民用建筑中，可以采取过渡层的办法：在水泥类基层表面，先铺贴一层涤纶布（用与卷材相同性质的胶粘剂粘结），然后再铺贴一层橡塑共混卷材。

（3）选用合理铺贴方法。橡塑共混卷材本身性能较好，但只有与基层粘贴在一起，才能实现防水功能。现有卷材的铺贴方法有多种，如满粘法（全粘法）、条粘法、点粘法等。但单层卷材一般以满粘法为宜。因为这类卷材耐穿刺性能差，如果表面稍有破损，很容易造成大面积渗漏。为了防止屋面开裂，除了提高基层刚度以外，还应在卷材铺贴前，对已发生的裂缝进行修补和加铺变形条。当设计采用双层卷材时，在底层可以采用条粘法或点粘法，而面层必须采用满粘法。

（4）排汽屋面的效果。当屋面保温层和找平层干燥有困难时，最好采用排汽屋面。排汽屋面不仅可以防止卷材起鼓，而且对卷材开裂也有抑制作用。但目前排汽屋面的构造设计，主要是针对传统“三毡四油”沥青防水卷材屋面的，所以一般单层的合成高分子卷材屋面不应套用。另外，排汽屋面目前的构造设计中排汽道距离偏大，排汽道尺寸过小，所以排汽效果不明显。还有在施工时，往往出现排汽孔埋设过浅、排汽道堵塞等现象。

4、治理方法

如前所述，橡塑共混卷材屋面裂缝的形成有一个较长的过程，一般为数月至 1 年的时间，这说明裂缝主要是由温差应力引起的。而温差应力中的温差值是随地区、季节变化而变化，并且与时间有关，一般发生在温差最大的较冷季节。另外，温差应力是反复发生的，如果修补不当，还会在原有部位或附近处继续开裂。

根据以上特点，这类屋面可按以下情况进行修补：

（1）如果发现个别裂缝，可以采用图 7-19 所示方法进行修补。

（2）如果发现大面积裂缝，可以在表面用水性石棉沥青（加一层玻璃纤维网布）涂布，厚度应大于 4mm。

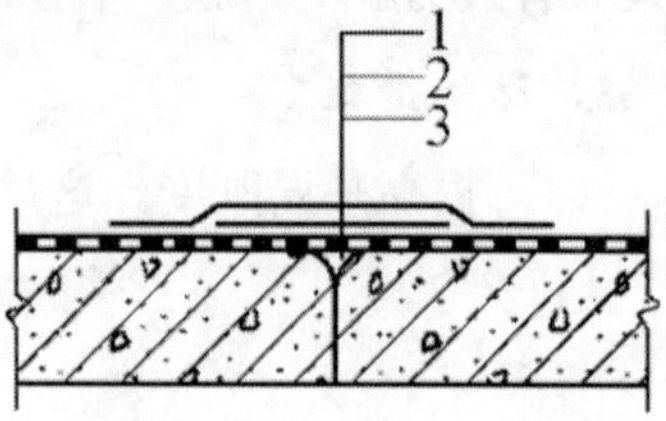

图 7-19 防水卷材裂缝修补方法

1—100mm 共混卷材全粘；2—80mm 涤纶布一边点粘；3—原有卷材裂缝处划开放气

十三、屋面防水层涂膜厚度

1、现象

屋面防水层涂膜厚度小于图纸要求。

2、防治措施

（1）防水层大面积施工前，应向施工班组进行技术交底，确立防水涂料操作用量、涂刷方法、使用工具等应根据材料说明书的规定进行使用。

（2）屋面防水层施工过程应设定检验机制及设定检查点，包括基层找平、基层阴阳角做圆弧形、涂刷基层处理剂、附加层铺贴、防水层搭接头处理等，并由专责监控人员验证及做好记录，严防错误及遗漏。

（3）涂膜厚度应符合表 7-2 规定：

表 7-2 涂膜厚度

屋面防水等级	设防道数	高聚物改性沥青防水涂料	合成高分子防水涂料和聚合物水泥防水涂料
Ⅰ级	三道或三道以上设防	—	不应小于 1.5mm
Ⅱ级	二道设防	不应小于 3mm	不应小于 1.5mm
Ⅲ级	一道设防	不应小于 3mm	不应小于 2mm
Ⅳ级	一道设防	不应小于 2mm	—

十四、焦油聚氨酯防水涂料混用

1、现象

某屋面防水材料选用彩色焦油聚氨酯，涂膜厚度 2mm。施工时因进货渠道不同，底层与面层涂料分别为两家不同生产厂的产品。施工后发现大面积涂膜呈龟裂状，部分涂膜表面不结膜；整个屋面颜色不均，面层厚度普遍不足；局部（约 3%）涂膜有皱折、剥离现象。

2、原因分析

（1）涂膜开裂和表面不结膜

这主要与涂膜厚度不足有关。用针刺法检查，涂膜厚度平均小于 0.5mm。由于厚度较薄，面层涂料的初期自然养护（尤其在阳光照射）时，材料固化时产生的收缩应力大于涂膜的结膜强度，所以容易产生龟裂现象。

另外，如果厚度不足，聚氨酯中 A 组分的 NCO^-首先与空气中的水分反应，B 组分中的 NH^{2-}与剩下的 NCO^-无法充分反应，导致涂膜不固化，表面粘手。

（2）屋面颜色不均匀

主要是 A、B 两组分配置时搅拌不均匀造成的。尤其是 B 组分中粉状涂料，如果搅拌时间不足，搅拌不充分，涂料结膜后就会产生色泽不均匀的现象。

（3）涂膜皱折、剥离

这与施工时基层潮湿有关。采用水泥膨胀珍珠岩预制块保温层，基层内部水分较多。涂膜施工后，在阳光照射下，多余水分因温度上升会产生巨大蒸汽压力，使涂膜粘结不实的部位出现皱折或剥离现象。这些部位如果不及时修补，就会丧失防水功能。

3、防治措施

（1）涂膜厚度

涂膜防水的质量除了要求防水材料符合有关性能以外，主要取决于防水涂膜的厚度。因此在施工时，确保材料用量与分次涂刷十分重要。同时，还应该加强基层平整度的检查，对个别有严重缺陷的地方，应该用同类材料的胶泥嵌补平整。

（2）施工工艺

彩色焦油聚氨酯防水涂料是双组分反应型材料。因此在施工时应严格按配合比施工，并且加强搅拌。特别是 B 组分中有粉状填料，更应适当延长搅拌时间，最好采用电动搅拌器搅拌，否则，聚氨酯防水涂料结膜后强度不足将影响它的使用功能。

（3）材料品种

从理论上分析，同一品种的防水材料不应存在相容性的问题。但小样试验和工程实践证实，焦油聚氨酯防水涂料与水泥类基层的粘结性一般很好，剥离强度较高；而底涂层与面涂层之间剥离强度相对较低。另外，表面颜色不均问题，还与采用不同生产厂的材料有关，应该避免。

还有，不同品种的涂料在工程中一般不应混用。即使性能相近的品种，也应进行材料相容性的试验，既要试验两种不同材料的剥离强度，还应测定两种材料涂刷的最佳相隔时间。这种试验主要是为了确保防水涂膜的整体性与水密性，提高工程的使用年限。

十五、密封材料的品种选用不当

1、现象

密封材料的品种选用不当，影响到接缝部位的密封防水功能。

2、原因分析

密封材料的品种选用不当。

我国幅员广阔，气候变化幅度大，历年最高、最低气温的差别不小；同时由于屋面构造特点和使用条件的不同；接缝密封防水存在着埋置和外露、水平和竖向之分。不同品种的密封材料其适应性能不同，因此接缝部位的密封材料根据使用条件如果选用不当，必然会影响接缝部位的密封防水功能。

影响接缝位移的因素有以下几种：

（1）温度变化，引起构件热胀冷缩。

（2）屋面板上、下温度不一致和荷载作用下，产生挠曲，引起角变形。

（3）基体的干湿变形引起屋面板的相对位移。

（4）支座不均匀沉陷和屋架挠度差引起接缝变化。

（5）建筑物受到冲击荷载、风力荷载、地震荷载，引起建筑结构变形。

对于大型屋面板的板端缝，综合考虑各种因素，接缝位移可达到 8～10mm，但是有些接缝，如水落口与基层，伸出屋面的管道与基层的接缝等可以认为位移很小。如果不能根据接缝位移的大小，选用密封材料，不是达不到接缝密封防水的要求，就是造成不必要的浪费。

3、防治措施

密封材料品种选择应符合下列规定：

（1）根据当地历年最高气温、最低气温、屋面构造特点和使用条件等因素，选择耐热度和柔性相适应的密封材料。

（2）根据屋面接缝位移的大小和特征，选择延伸性和拉伸性能（压缩循环性能）相适应的密封材料。

十六、刚性防水屋面开裂

1、现象

混凝土刚性屋面开裂一般分为结构裂缝、温度裂缝和施工裂缝三种：

（1）结构裂缝通常产生在屋面板拼缝上，一般宽度较大，并穿过防水层而上下贯通。

（2）温度裂缝一般都是有规则的、通长的，裂缝的分布比较均匀。

（3）施工裂缝常是一些不规则的、长度不等的断续裂缝，也有一些是因为水泥收缩而产生的龟裂。参见图 7-20。

图 7-20　刚性防水屋面开裂

2、原因分析

（1）屋面板安装质量差，安装前不找平、不座浆，造成空心板因搁置点不实，减弱了铰支作用，增大了混凝土刚性防水层出现裂缝的机率；

（2）灌缝工艺控制不严，嵌缝不饱满，振捣不密实，构造措施不得力，养护不及时，造成板间出现通长性裂缝，削弱了屋面的防水效果；

（3）混凝土刚性防水层厚度不够，造成防水层易被拉裂，出现渗漏；

（4）分格缝设置不合理，嵌缝材料质量较差，基层处理不当，造成粘结不牢，致使分格缝处防水薄弱；

（5）混凝土配合比不当，振捣不密实，压光时间控制不准，混凝土早期脱水，后期养护不及时，施工中随意加水及收光时随意在其表面撒干水泥面，致使混凝土防水层出现脱皮、起砂、干缩裂缝及混凝土防水层强度不足；

（6）防水层与女儿墙等突出屋面部分的交接处，没有采取柔性处理，致使该部分防水层出现不同程度的裂缝；

（7）防水层中没有按要求配置钢筋网片，或其位置不准，造成钢筋出现锈蚀，从而影响了防水层的耐久性；

（8）节点及细部处理不符合规定，泛水施工工艺粗糙，致使这些部位防水功能严重降低；

（9）基层清理不净，使防水层及找平层与基层粘结不牢，从而因其空裂造成渗漏；

（10）地基出现不均匀沉降致使屋面出现裂缝而渗漏。

3、防治措施

（1）刚性防水层屋面的适用范围，除应遵守屋面工程质量验收规范有关要求外，且不得用于有高温或振动的建筑，也不适用于基础有较大不均匀下沉的建筑。

（2）为减少结构变形对防水层的不利影响，在防水层与屋面基层之间宜设置隔离层。隔离层可采用纸筋灰、麻刀灰、低强度等级砂浆、干铺卷材或聚氯乙烯薄膜等材料。

注：采用石灰砂浆垫层不仅有隔离作用，且起吸收水分和扩散的功能。在雨天，如伸缩缝、泛水等处渗漏少量雨水时，会被石灰砂浆吸收，并迅速扩散和蓄存于垫层内；当晴天时，这部分雨水就会渗漏进室内。

（3）防水层必须分格。分格缝应设在屋面板的支承端、屋面转折处、防水层与突出屋面结构的交接处，应与板缝对齐。分格缝的纵横间距不宜大于6m。此外，分格线应纵横对齐，不要错缝。

（4）刚性混凝土防水层板块的外形以方形或接近方形为宜，不宜做有阴角的Π形或Γ形；如遇到此类形状时应将防水层至少分成三块或两块。

（5）混凝土防水层厚度不应小于40mm，内配Φ4～Φ6mm@100～200mm的双向钢筋网片。钢筋网片宜放置在混凝土防水层的中间或偏上，但保护层的厚度不应小于10mm，并应在分格缝处断开。

（6）细石混凝土防水层强度等级不应小于C20，水泥用量不少于330kg/m³，水胶比不应大于0.55，含砂率应为35%～40%；灰砂比应为1∶2～1∶2.5。并宜采用收缩较小的普通硅酸盐水泥或硅酸盐水泥，但不得使用火山灰质水泥。当采用矿渣硅酸盐水泥时，应采用减少泌水性的措施。粗骨料的最大粒径不应大于防水层厚度的1/3，且最大粒径不宜大于15mm；细骨料应采用中砂或粗砂。粗骨料含泥量不应大于1%，细骨料含泥量不应大于2%。

（7）细石混凝土中掺入膨胀剂、减水剂或防水剂时，应按配合比准确计量，投料顺序得当，并应用机械搅拌，机械振捣。

（8）当屋面基层变形较大时或在有条件的地方，应积极采用补偿收缩混凝土，以减少刚性屋面的开裂。补偿收缩混凝土一般渗入U型膨胀剂，掺入量为水泥用量的10%～14%，其技术参数为：

自由膨胀率：0.05%～0.1%；

约束膨胀率：稍大于0.04%（配筋率宜大于0.25%）；

自应力值：0.2～0.7MPa。

（9）补偿收缩混凝土在施工时应按配合比准确称量，搅拌投料时膨胀剂应与水泥同时加入。混凝土连续搅拌时间不应少于3min。

（10）刚性防水层浇筑厚度应均匀一致，每一个分格板块的混凝土应一次浇筑完成，不得留设施工缝。浇筑时应振捣密实，压实、抹平，收面后随即二次抹光。抹压时不得在混凝土表面洒水、加水泥浆或撒干水泥。

（11）混凝土浇筑12～24h后应立即养护，养护时间不应少于14d，且在养护初期屋面不得上人。

4、治理方法

（1）刚性屋面防水层发现裂缝后，首先应查明原因。如属于温度裂缝，应先在裂缝位置处用电动切割机将混凝土凿开，形成分格缝（宽度为20～30mm为宜，深度宜凿至结构层表面），然后按规定嵌填密封材料。最后还应在裂缝处200mm范围内，涂刷有二层脂体增强材料的涂膜防水层，此时涂层厚度不应小于2mm。

（2）刚性屋面防水层如出现结构性贯穿裂缝时，宜用化学灌浆的方法进行补强封堵，并在裂缝处150mm范围内，涂刷有一层胎体增强材料的涂膜防水层，此时涂膜厚度不应小于1.5mm。

（3）刚性屋面如出现一般性收缩裂缝时，应沿裂缝方向凿开20mm宽、10mm深的V形槽，将槽边清洗干净且干燥后，再用密封材料嵌填封严。并在裂缝处150mm范围内，涂刷有一层胎体增强材料的涂膜防水层，此时涂层厚度不应小于1mm。

十七、刚性防水屋面局部开裂

1、现象

局部位置有开裂现象。参见图7-21。

图7-21　刚性防水层局部开裂

2、原因分析

屋面刚性防水层与女儿墙交接处未留缝隙，局部位置有开裂现象。

3、防治措施

刚性防水层与山墙、女儿墙及突出屋面结构的交接处，应留宽度为30mm的缝隙，并应做柔性密封处理。具体做法见图7-22。

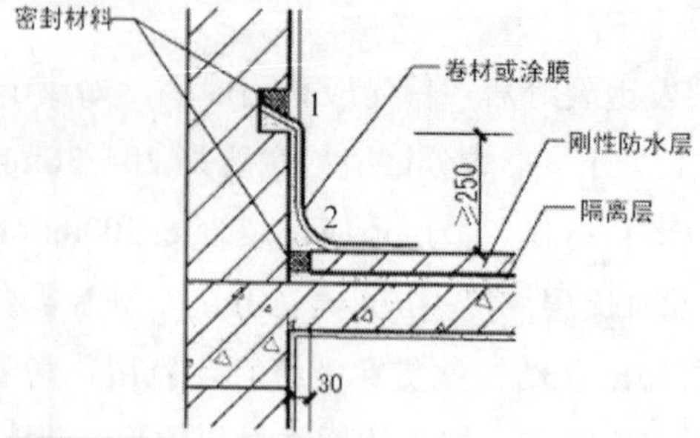

图 7-22 刚性防水屋面泛水

1—卷材成斜角铺设；2—施工成圆弧形

十八、水泥砂浆保护层与墙面开裂

1、现象

某数年小区的顶层，只要下雨，阳台就会漏水。上屋面查看发现：防水层外抹的水泥砂浆保护层已经与墙面裂开，形成长长的裂口，雨水尽灌其中。参见图 7-23。

图 7-23 水泥砂浆保护层开裂

2、原因分析

阳台顶三面为凸出女儿墙现浇混凝土板，SBS 卷材上翻后抹水泥砂浆保护层，顶层温差变化大，随着时间推移，保护层与板脱开，由于 SBS 卷材防水层收口处无固定措施，加之老化、脆裂，造成雨水渗漏。

3、防治措施

浇筑混凝土板时，在位于 SBS 卷材防水层收口处预留一木条，在拆模时，将木条剔出形成一凹槽，将卷材收头端部裁齐，塞入凹槽后，用金属压条钉压固定，最大钉距不应大于 90mm，并用密封材料嵌填封严。旧房维修时，可在混凝土板轻剔凹槽，余下方法同上。

十九、屋面水沟渗水

1、现象

屋面水沟渗水。参见图 7-24、图 7-25。

图 7-24 水沟渗水

图 7-25 水沟渗水

2、原因分析

（1）生活垃圾较多，环境恶劣加速防水卷材老化出现龟裂。

（2）水沟女儿墙处卷材空鼓严重，局部墙面卷材脱落。

（3）水沟处卷材空鼓处雨天后可见明显积水。

（4）水沟处梁排水孔防水未处理到位。

3、防治措施

（1）清理生活垃圾。

（2）铲除女儿墙面及沟上 20cm 处防水卷材及凿除女儿墙卷材压槽。

（3）清理基层，不符要求基层重新用水泥砂浆处理。

（4）穿梁排水孔内外用 JS，堵漏灵及防水油膏结合处理。

（5）排水沟及墙面涂刷 JS 两遍，再用 3mm 厚聚合物自粘卷材重做一遍。

（6）新老接合处搭接密实防水油膏密封。

（7）墙面压槽还原，外墙涂料还原。

（8）闭水试验 48 小时不漏合格。

二十、屋面透气管处渗水

1、现象

DN200 透气钢管渗水。参见图 7-26、图 7-27。

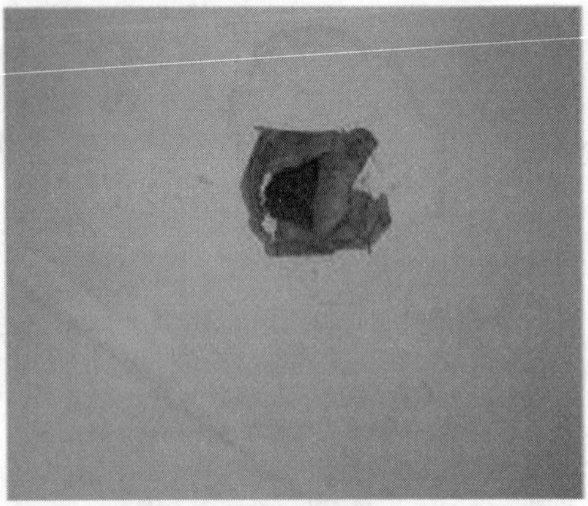

图 7-26　DN200 透气钢管渗水

图 7-27　DN200 透气钢管渗水

2、原因分析

（1）透气钢管上口外露无遮挡措施。

（2）防腐防锈不到位。

（3）屋面透气管周边防水油膏老化龟裂。

3、防治措施

（1）透气钢管内外除锈除渣，涂刷防锈漆。

（2）清除透气钢管周围老化龟裂防水油膏。

（3）清理管周边泛水并用细石混凝土重做。

（4）管周边用防水油膏三布四涂。

（5）管上口 15cm 处安装镀锌铁皮防水伞。

二十一、屋面消防套管渗水

1、现象

屋面消防套管渗水。

2、原因分析

（1）有些消防套管与消防管之间未用柔性防水材料填充处理，现场有些部位可见屋面透光雨水由此而下。

（2）有些消防套管与消防管之间填充处理了，但采用的是硬质填充（砂浆，混凝土之类），因消防套管为固定件，而消防管在使用时有振动，且温差变化时消防管也会存在上下位移使防水层脱离而渗水。

（3）屋面消防管周边防水油膏老化龟裂而渗水。

（4）排水沟渗水导致排水沟处消防管渗水。

3、防治措施

（1）清除消防管周围老化龟裂防水油膏。

（2）清理套管与消防管之间不符要求硬质填充。

（3）套管与消防管之间用油麻浸防水油膏填充，套管上口 3cm 处用纯防水油膏嵌缝密实。

（4）出排水沟处套管周也用防水油膏三布四涂处理。

二十二、伸出屋面管道位置不合理

1、现象

管道紧贴墙体，防水层施工困难，存渗漏点。参见图 7-28、图 7-29。

图 7-28 未预留足够施工空间设置防水层

图 7-29 构筑物管道紧贴墙体防水层施工困难

2、原因分析

事前未协调伸出屋面管道排布位置。

3、防治措施

做好跨专业的设计协调，对伸出屋面管道的布置定位，应能保证管道与周边墙体具备合理及足够施工空间，确保防水层收头密实及防水效能符合设计要求。

二十三、伸出屋面管道接合部位渗漏

1、现象

伸出屋面管道周围采用保温板、砖块填塞，不符合设计要求，存渗漏隐患。参见图 7-30。

图 7-30　伸出管道结合部位渗漏

2、原因分析

安装管道后，其预留孔洞周围未按要求嵌填密实。

3、防治措施

防水层的节点施工应符合设计要求。预留孔洞和预埋件位置应准确；安装管件后，其周围应按设计要求嵌填密实。

二十四、伸出屋面管道漏设附加层

1、现象

伸出屋面的管道漏设附加层，不符合规范要求。参见图 7-31。

图 7-31　漏设附加层

2、防治措施

管道根部四周应增设附加层，宽度和高度均不应小于 300mm。

第四节　屋面细部构造

一、天沟、檐沟卷材接缝渗漏

1、现象

天沟、檐沟是汇集整个屋面雨水的部位，也是雨水停留时间较长久的地方，众所周知，卷材的接缝处是最容易发生渗漏水的薄弱环节之一，把卷材的接缝处留设在沟底，最终发生渗漏。

2、原因分析

天沟、檐沟卷材的接缝留设在沟底。

3、防治措施

铺贴天沟、檐沟的防水层时，卷材长边的搭接缝应留设在屋面或天沟、檐沟的侧面，而不应留设在沟底，且应按顺水流方向进行卷材的搭接处理（如图 7-32、图 7-33）。以降低在沟底发生渗漏水的概率。

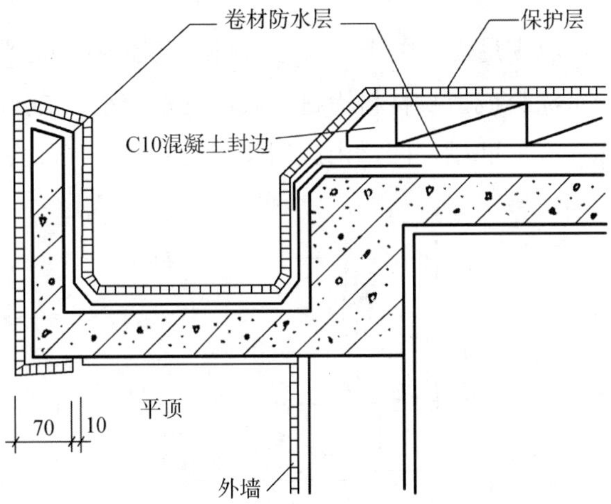

图 7-32　檐沟防水卷材的搭接缝处理（一）

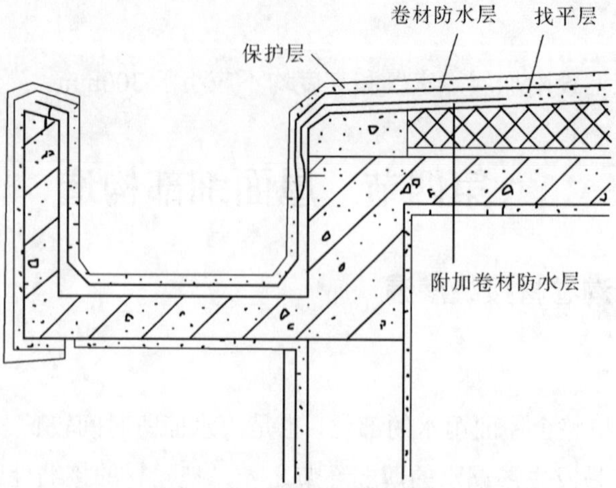

图 7-33 檐沟防水卷材的搭接缝处理（二）

二、水落口周围排水坡度过小引起渗漏

1、现象

水落口是排除屋面雨水最集中的部位，其周围直径 500mm 范围内的坡度小于 5%时，造成排水不畅，使得天沟、檐沟发生渗漏。

2、原因分析

水落口周围 500mm 范围内的排水坡度小于 5%。

3、防治措施

在设计和施工中，均应满足规范关于"水落口周围直径 500mm 范围内的坡度不应小于 5%"的要求，并应用防水涂料或密封材料涂封，其厚度不应小于 2mm。水落口杯与基层接触处，应留宽和深各 20mm 的凹槽，凹槽内应用密封材料封严（如图 7-34、图 7-35）。以便于排除积水，降低渗漏概率。

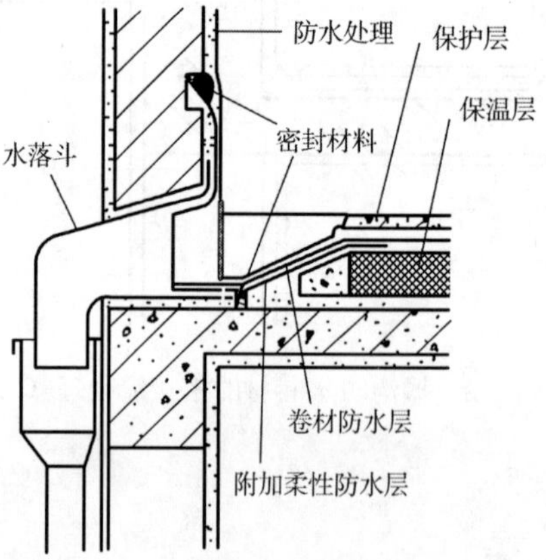

图 7-34 横式水落口防水构造

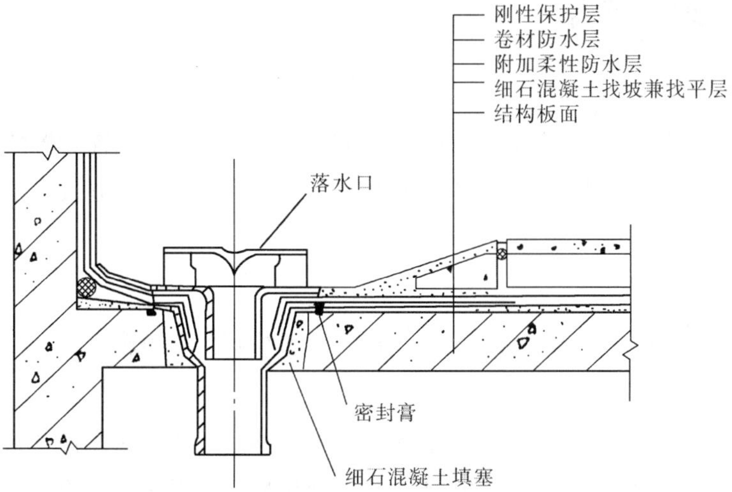

图 7-35　直式水落口防水构造

三、屋面水落口位置不规范

1、现象

屋面水落口排水效能降低，存渗漏隐患。参见图 7-36。

图 7-36　屋面水落口位置不规范

2、原因分析

屋面水落口留置标高偏差大，部分被饰面层覆盖。

3、防治措施

（1）水落口杯上口的标高应设置带沟底的最低处；

（2）防水层预留孔洞和预埋件位置应准确。

四、变形缝防水不当

1、现象

变形缝是为适应大型建筑物的不均匀沉降和温差变形等的需要而设置的。由于其防水处理没有采用有足够变形能力的材料和构造措施，不能适应变形的要求，使变形缝部位的防水层被拉裂而导致渗漏。

2、原因分析

变形缝的防水处理没有采用有足够变形能力的材料和构造措施。

3、防治措施

对等高或高低跨变形缝的防水处理必须选用有足够变形能力的卷材（如三元乙丙橡胶防水卷材、氯化聚乙烯——橡胶共混防水卷材以及聚酯纤维无纺布胎的高聚物改性沥青防水卷材等）以及有效的密封构造措施。具体做法可在变形缝内填充聚苯乙烯泡沫塑料板后，对等高变形缝则在下部按“U”形铺设卷材，中部用聚乙烯泡沫塑料棒材作衬垫，上部按“Ω”形铺盖卷材，并与屋面的卷材防水层相连接，形成整体的防水层。然后在变形缝的顶部加扣钢筋混凝土盖板或金属盖板处理，详见下图 7-37、图 7-38；对高低跨变形缝，则按“U”形方式铺设卷材，卷材上方的收头应塞入高跨墙体预留的凹槽内，用压条或垫片钉压固定，凹槽上部再用金属披水板钉压固定。卷材及金属板的收头均应用密封材料封严，详见下图 7-39。

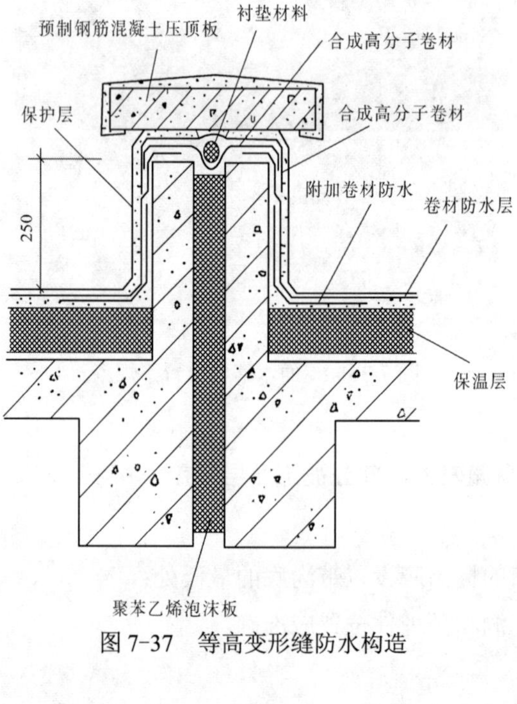

图 7-37　等高变形缝防水构造

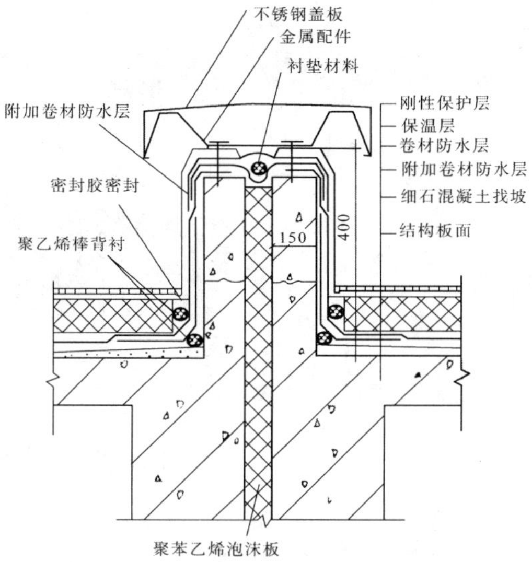

图 7-38　等高变形缝防水构造

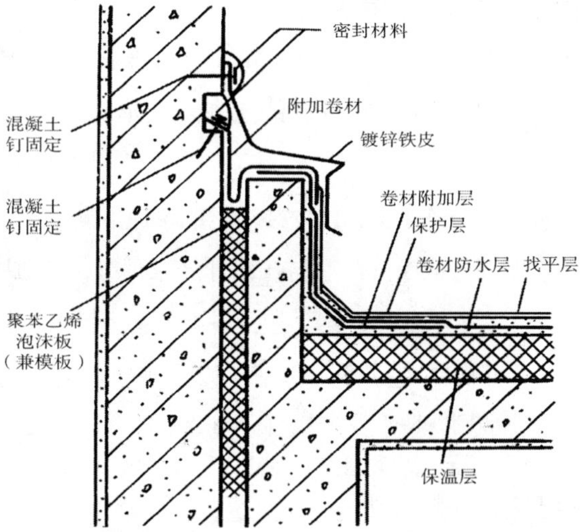

图 7-39　高低跨变形缝防水构造

五、变形缝漏水

1、现象

变形缝处出现脱开、拉裂、泛水、渗水等情况。参见图 7-40、图 7-41。

图 7-40　变形缝处渗水

图 7-41　变形缝处渗水

2、原因分析

（1）屋面变形缝，如伸缩缝、沉降缝等没有按规定附加干铺卷材，或铁皮凸棱安反，铁皮向中间泛水，造成变形缝漏水。

（2）变形缝、缝隙塞灰不严，铁皮没有泛水。

（3）铁皮未顺水流方向搭接，或未安装牢固，被风掀起。

（4）变形缝在屋檐部位未断开，卷材直铺过去，变形缝变形时，将卷材拉裂、漏雨。

3、防治措施

变形缝严格按设计要求和规范施工，铁皮安装注意顺水流方向搭接，作好泛水并钉装牢固缝隙，填塞严密；变形缝在屋檐部分应断开，卷材在断开处应有弯曲以适应变形缝伸缩需要。

4、治理方法

变形缝铁皮高低不平，可将铁皮掀开，将基层修理平整，再铺好卷材，安好铁皮顶罩（或泛水），卷材开裂按“开裂”处理。

六、屋面变形缝接口渗漏

1、现象

最顶一层的室内靠变形缝的房间墙面有水迹。

2、原因分析

如屋面变形缝两侧的混凝土反边没一次性浇筑或浇筑高度不足、做法不合理导致在接口处产生渗漏或雨水直接从伸缩位置刮入。

3、防治措施

（1）天面沉降缝两侧的混凝土反边要与天面板一次性浇筑且高度应比天面装修完成面

高出 300mm 以上（具体做法如图 7-42）。

（2）混凝土反边要配置钢筋，具体按图纸要求。

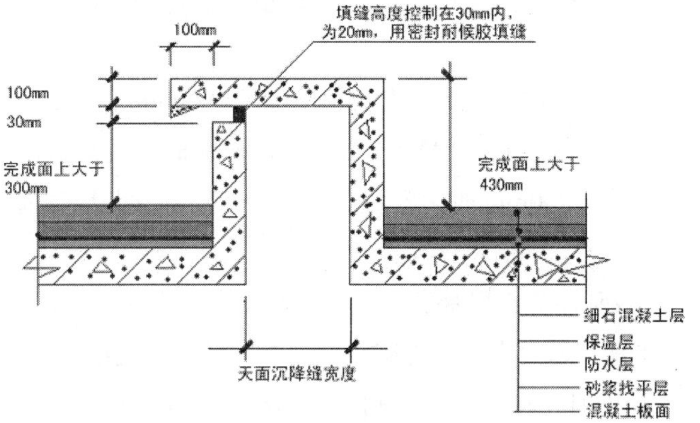

图 7-42 天面沉降缝构造示意图

七、女儿墙根部开裂渗水

1、现象

防水层沿女儿墙根部阴角空鼓、裂缝，女儿墙砌体、压顶裂缝，雨水从缝隙中灌入内墙。参见图 7-43、图 7-44。

图 7-43 女儿墙根部开裂渗水导致外墙潮湿污染

图 7-44 女儿墙根部开裂渗水导致外墙瓷砖开裂

2、原因分析

找平层、刚性防水层等施工时直接靠紧女儿墙，不留分格缝，长条女儿墙砌体没有留伸缩缝，在温差作用下，山墙和女儿墙开裂；女儿墙等根部阴角没有按规定做圆弧，铺卷材防水层没有按规定做缓冲层，卷材端边的收头密封不好，导致裂缝、张口而渗漏水。

3、防治措施

（1）施工屋面找平层和刚性防水层时，在女儿墙交接处应留 30mm 的分格缝，缝中嵌填柔性密封膏；

（2）女儿墙根部的阴角粉成圆弧，女儿墙高度大于 800mm 时，要留凹槽（见图 7-45）；

（3）卷材端部应裁齐压入预留凹槽内，钉牢后用水泥砂浆或密封材料将凹槽嵌填严实；

（4）女儿墙高度低于 800mm 时，卷材端头直接铺贴到女儿墙顶面，再做钢筋混凝土压顶（见图 7-46）；

（5）屋面找平层或刚性防水层紧靠女儿墙，未留分格缝时，要沿女儿墙边切割出 20～30mm 宽的槽，扫刷干净，槽内嵌填柔性密封膏，女儿墙体有裂缝，要用灌浆材料修补，如山墙的女儿墙已凸出墙面时，须拆除后重砌，对卷材收头的张口应修补密封严实。

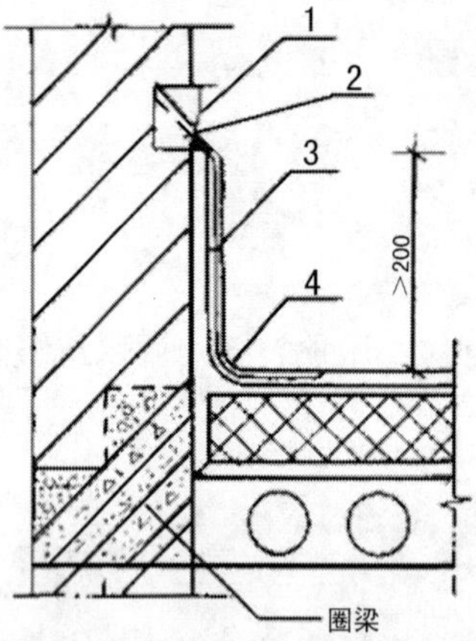

图 7-45　女儿墙卷材泛水收头

1—凹槽；2—密封材料；3—附加层；4—防水层

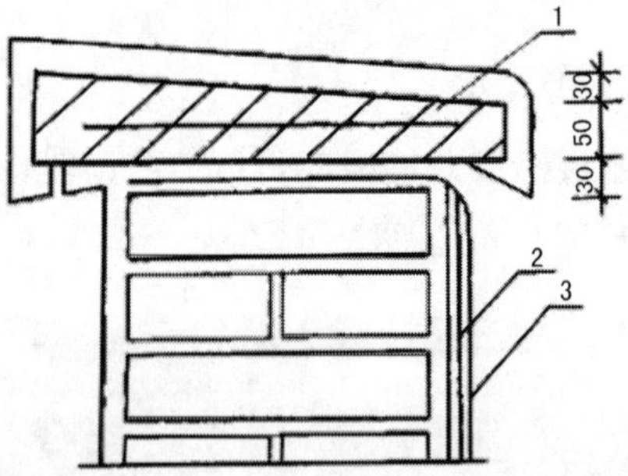

图 7-46　女儿墙压顶与卷材收头

1—压顶；2—附加层；3—防水层

八、女儿墙、山墙、檐口等根部渗水

1、现象

女儿墙、山墙、檐口、天窗、烟囱根等处渗水漏雨。参见图 7-47。

图 7-47　山墙根部渗漏

2、原因分析

（1）女儿墙、山墙、檐口、天窗、烟囱根等处细部处理不当，卷材与立面未固定牢或未作铁皮泛水。

（2）女儿墙或山墙与屋面板未牢固拉结，温度变形将卷材拉裂，转角处未作成钝角，垂直面卷材与屋面卷材未分层搭接，或未作加强层；或卷材卷起高度过小或过高，粘贴不牢，或未用木条压紧。

（3）山檐抹灰未做滴水线或鹰嘴或卷材出檐太少。

（4）天沟未找平，雨水口的短管未紧贴基层，水斗四周卷材粘贴不严实，或卷材层数不够；缺乏维护，雨水管积灰堵塞，天沟积水。

（5）转角墙面未做找平层，卷材直接贴在墙上，粘结不牢，或施工粗糙，基层不平，造成卷材翘边、翘角、漏雨。

3、防治措施

女儿墙、山墙、檐口天沟以及屋面伸出管道等细部处理，做到结构合理、严密；女儿墙、山墙与屋面板拉结牢固，防止开裂，转角处做成钝角。垂直面与屋面之间的卷材应设加强层并分层搭槎，卷材收口处，用木压条钉牢固并作好泛水及垂直面、绿豆砂保护层；出檐抹灰做滴水线或鹰嘴；天沟严格按设计要求找坡；雨水口要比周围低 20mm，短管要紧贴在基层上；雨水口及水斗周围卷材应贴实，层数（包括加强层）应符合要求；转角墙面作好找平层，使其平整；对防水层定期维护。

4、治理方法

将开裂或脱开卷材割开，重铺卷材，其他可针对原因进行处理。

5、优质工程示例

参见图 7-48。

图 7-48　檐口防水制作规范

九、沥青防水卷材质量差导致渗漏

1、现象

沥青防水卷材存在孔洞、硌伤、裂口、缺边等外观缺陷或卷重不足时，从根本上降低了以它为主体材料铺设完成的屋面防水工程质量，导致屋面渗漏。

2、原因分析

在屋面防水工程中采用了外观质量和卷重不合格的沥青防水卷材。

3、防治措施

对进入施工现场的沥青防水卷材，必须按规范要求抽样复检，复检结果若外观质量或卷重达不到表 7-3、表 7-4 的要求时，这批材料不得在屋面防水工程中施工应用。

表 7-3　沥青防水卷材卷重的要求

标号	200 号		350 号		500 号	
品种	粉毡	片毡	粉毡	片毡	粉毡	片毡
卷重（kg）不小于	17.5	20.5	28.5	31.5	39.5	42.5

表 7-4　沥青防水卷材外观质量要求

序号	项目	质量要求
1	孔洞、硌伤	不允许
2	露胎、涂盖不匀	不允许
3	折纹、折皱	距卷芯 1000mm 以外，长度不大于 100mm
4	裂纹	距卷芯 1000mm 以外，长度不大于 10mm
5	裂口、缺边	边缘裂口小于 20mm，缺边长度小于 50mm
6	每卷卷材的接头	不超过 1 处，较短的一段应大于 2500mm，接头处应加长 150mm

注：本表摘目国标《屋面工程质量验收规范》（GB 50207-2012）。

十、基层阴阳角防水卷材施工不规范

1、现象

基层阴阳角漏做圆弧；基层阴阳角漏做附加层。参见图 7-49。

图 7-49　阳角防水层制作不规范

2、防治措施

屋面防水层施工时，应先做好节点、附加层和屋面排水比较集中等部位的处理，然后由屋面最低处向上进行。

十一、混凝土反坎设置不规范

1、现象

坡屋面与墙体交接处没有设置混凝土反坎或反坎高度不足易导致雨水沿墙根部渗漏到室内。

2、原因分析

当坡屋面与墙体的夹角少于 90 度时，同时交接处又没有设置混凝土反坎或反坎高度没高出坡屋面 300mm 以上，雨水就容易沿墙根部渗漏到室内。

3、防治措施

（1）所有坡屋面与墙体交接根部必须采用混凝土反坎，反坎高度不低于 800mm（完成面上＞300mm）。

（2）坡屋面混凝土与墙体交接根部混凝土反坎要一次性浇筑。

（3）当坡屋面与墙体的夹角小于 90 度时，而水容易沿墙根部渗漏进入室内，解决方案在坡屋面沿墙体部位设混凝土墙体，以防止雨水进入室内。

十二、机械固定防水层质量常见问题

1、现象

机械固定的间距过小，固定件用量增多，施工工序增加，工效下降而造价提高；固定间距过大或固定件没有穿过保温层并与结构层相连接，则被上扬风所造成的负压，将铺设完成的卷材防水层吸起而损坏并导致屋面渗漏。

2、原因分析

采用机械固定法铺设合成高分子防水卷材时，固定间距不足或固定件没有穿过保温层并与结构层相连接。

机械固定的间距应根据当地的历年最大风力和固定点的拉拔应力，通过计算确定。若固定间距过小，则固定件用量增多，施工工序增加，工效下降而造价提高；若固定间距过大或固定件没有穿过保温层并与结构层相连接，则被上扬风所造成的负压，容易将铺设完成的卷材防水层吸起而损坏并导致屋面渗漏。

3、防治措施

采用机械固定法铺设卷材防水层时，固定件应穿过保温层与结构层固定牢固；固定件的间距应根据当地的使用环境与条件确定，并不宜大于600mm。距周边800mm范围内的卷材应满粘。卷材的搭接缝必须粘结牢固，封闭严密，且以采用焊接法为佳。机械固定法防水构造如图7-50～图7-52。

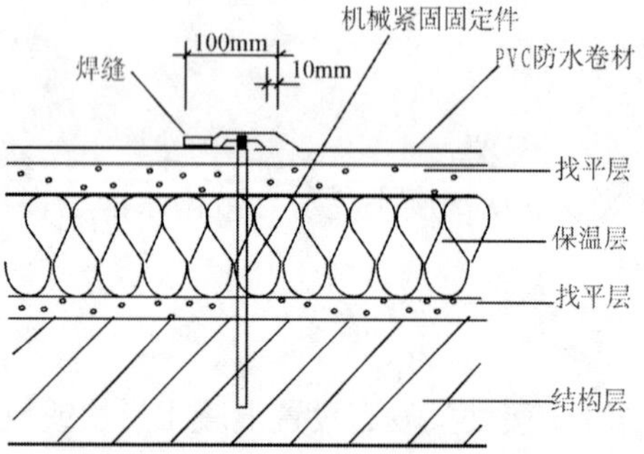

图7-50 机械固定法防水构造（一）

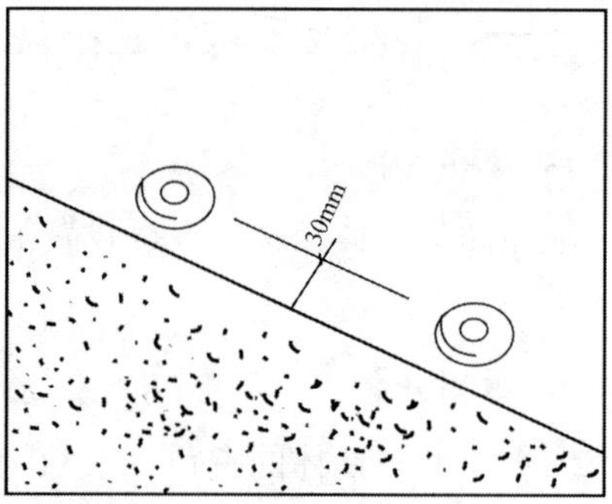

图7-51 机械固定法防水构造（二）

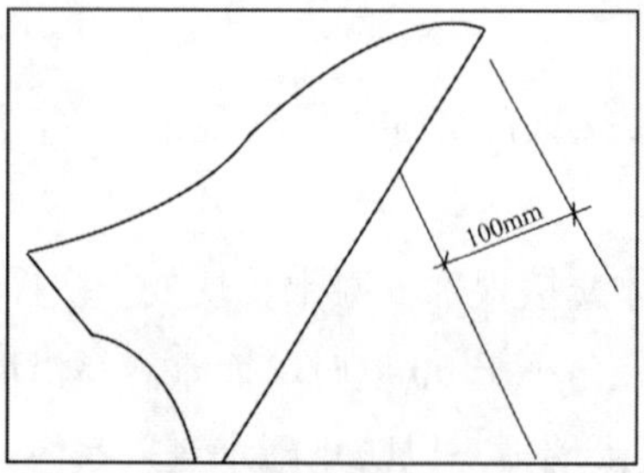

图7-52 机械固定法防水构造（三）

十三、墙面靠水落管处霉变

1、现象

某住宅顶层内墙面靠水落管处霉变，仔细查看外墙洇湿大片，斑驳陆离，位于水落斗处。

2、原因分析

仔细检查发现卷材防水与落水斗口上无任何搭接，雨水沿落水斗外壁下落，溅到外墙，由于雨量大，墙面湿透，故内墙霉变，外墙斑驳陆离。

3、防治措施

水落口杯上口的标高设置在沟底的最低处，防水层贴入杯内不应小于 50mm，水落口周围直径 500mm 范围内坡度不应小于 5%，并采用防水涂料或密封材料涂封，其厚度不应小于 2mm。水落口杯与基层接触处应留宽 20mm、深 20mm 凹槽，并嵌填密封材料。

十四、阁楼墙根部卷材脱落

1、现象

在一次竣工验收时，顶层屋面渗水，局部水珠下滴。检查屋面，阁楼墙根部卷材 SBS 上翻部分大部分脱落，下雨天雨水渗入。参见图 7-53。

图 7-53　墙根部卷材脱落

2、原因分析

为了赶工期，在基层未干时，就强行施工，由于内部水分较大，太阳暴晒，温度升高，水蒸气将卷材强行顶开。

3、防治措施

做防水层前，基层必须干净、干燥。干燥程度的简易检验方法是：将 $1m^2$ 卷材平坦地干铺在找平层上，静置3～4h后掀开检查，找平层覆盖部位与卷材上未见水印。

十五、阁楼缺少放水构造措施

1、现象

某复式别墅顶为局部阁楼，阁楼屋面为瓦屋面，楼梯顶部卷材防水层与瓦屋面相接，雨天时，雨水从室内公共楼梯休息平台处的一排气管壁大量流下。

2、原因分析

经检查瓦屋面与平屋面的天沟相连接处，无卷材防水措施。平屋面卷材防水层未延伸入瓦屋面内，伸出屋面管道无防水构造措施。

3、防治措施

天沟、檐沟的卷材防水层伸入瓦内宽度不应小于150mm，伸出屋面管道应做防水构造，管道根部直径500mm范围内，找平层应抹出高度不小于30mm的圆锥台，管道周围与找平层或细石混凝土防水层之间应预留20mm×20mm的凹槽，并用密封材料嵌填严密；管道根部四周应增设附加层，宽度和高度均不应小于300mm；管道上的防水层收头处应用金属箍箍紧，并用密封材料封严。

第八章　建筑节能工程

一、保温板变形、裂缝

1、现象

增强石膏聚苯复合板粘结、固定不牢固引起保温板变形、裂缝，存在不安全因素和质量隐患。参见图 8-1。

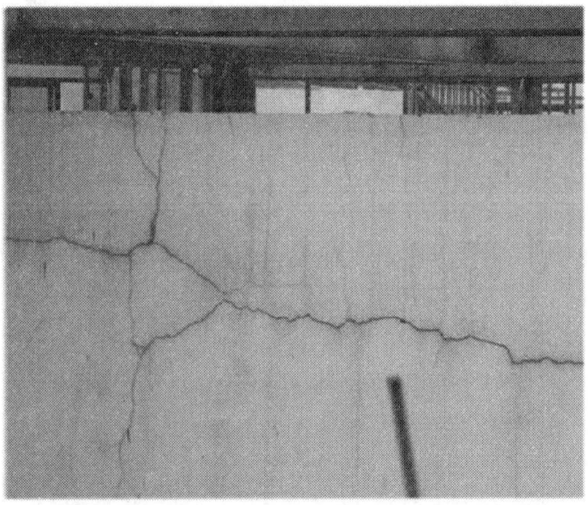

图 8-1　聚苯复合板外墙裂缝

2、原因分析

增强石膏聚苯复合板安装时，不注意清理基层面，未使用好 SG791 胶液，因而粘结、固定不牢固。

3、防治措施

（1）结构墙面必须清理，凡突出墙面 20mm 的砂浆块、混凝土块必须剔除；粘贴踢脚板处的墙面突出 10mm 的砂浆块、混凝土块必须剔除，并清扫墙面。

（2）清理保温板与地面、顶板、墙面结合部，凡突出的砂浆块、混凝土块必须剔除，并清扫，接合部尽量剔平，以增大粘结接触面。

（3）粘贴防水保温踢脚板必须牢固。为此在踢脚板内侧上下口处各按 200～300mm 间距布设 EC—6 砂浆胶粘剂粘合点，同时在踢脚板底面及相邻的已粘贴上墙的踢脚板侧面满刮胶粘剂。

（4）复合板侧面、顶面、底面清刷浮灰，在侧墙面、顶面、踢脚板上口、复合板的顶面、底面及侧面（所有相拼合处）、灰饼面上先刷一道 SG791 胶液，再满刮 SG791 胶粘剂。

每块保温板除粘贴在灰饼上外，板中间需有大于 10%板面面积的 SG791 胶粘剂呈梅花状布点，直接与墙体粘牢。

（5）安装时用手推挤，并用橡皮锤敲振，使所有相拼合面挤紧冒浆，并使复合板贴紧灰饼。

（6）复合板的上端，如未挤严留有缝隙时，宜用木楔适当楔紧，并用 SG791 胶粘剂将上口填塞密实。

（7）复合板在门窗洞口处的缝隙用 SG791 胶粘剂嵌填密实。

（8）胶粘剂要随配随用，配置的胶粘剂要在 30min 内用完，以防过期粘结不牢。

二、保温板预留位置不规范

1、现象

由于安装保温板过程中电气等安装配合不好，造成剔凿影响安装质量。

2、原因分析

安装保温板过程中，电气管道等安装配合不好。

3、防治措施

（1）土建、水电各工种应密切配合，合理安排工序，严禁颠倒工序作业。

（2）安装保温板前，水暖及装饰工程分别需用的管卡、炉钩、窗帘杆耳子等埋件留出位置或埋设完毕，电气工程的暗管线、接线盒等必须埋设完毕，并应完成暗管线的穿线工作。

（3）安装电气接线盒时，接线盒高出冲筋面不得大于复合板的厚度，且要稳定牢固。

（4）复合板安装时，应将接线盒、管卡、埋件的位置准确的翻样到板面，并开出洞口。

（5）在保温墙附近不得进行电焊、气焊操作，不得用重物碰撞、挤靠墙面。

4、优质工程示例

参见图 8-2。

图 8-2 保温板预留位置合理

三、EPS 聚苯板墙体保温层脱落

1、现象

EPS 聚苯板外墙外保温层脱落，存在不安全因素和质量隐患。参见图 8-3。

图 8-3　EPS 聚苯板外墙外保温层脱落

2、原因分析

（1）保温层粘结面积不足 30%。

（2）粘结中发生流挂造成局布空粘或虚粘。

（3）找平砂浆与主体墙空鼓，特别是长时间渗水，容易发生持续性空鼓和空鼓面积扩大，使保温层连带空鼓或局部破坏。

（4）保温板表面荷载过大，极易直接剥离保温层造成脱落。

（5）对负风压抵抗措施采用不合理，如在沿海地区或高层建筑外墙采用非钉粘结合等不合理的粘贴方式，极易形成某些保温板块被风压破坏而空鼓、脱落。

（6）墙体界面处理不当，除黏土砖墙外，其他墙体均应用界面砂浆处理后再涂抹浆体保温材料，否则易造成保温层直接空鼓或界面处理材质失效，形成界面层与主体墙空鼓，连带形成保温层空鼓。

（7）粘结时间问题。在粘结测试的过程中，均在实验室进行，并要求 28 天后方可放在实验测试箱里进行老化测试。但在自然施工条件下，不可能充分养护。

3、防治措施

（1）对现场质检人员的培训，在对保温层结构了解的基础上，要清楚各种材料的特性及现场的检测方法。

（2）在施工时对粘结面积的控制。

（3）对使用的粘结材料不要过多的加水。

（4）对现场墙基面进行界面处理。

（5）对正负风压较大地区防护措施采用粘结及铆钉加固共用，并尽量提高其粘结面积。

（6）对粘结材料的时间上进行试验对比，对比方法采用现场取样把各供应商的粘结材料按对水比例拌合好，再用聚苯板进行现场粘结，第二天测试其拉拔承受力。

（7）对粘结材料的其他检验数据特别是系统耐候性检测报告的核实，对有关粘结材料的国家级别认证报告的核实。

（8）对厂家的实验室进行实地考核。

四、增强石膏聚苯复合板保温墙裂缝

1、现象

增强石膏聚苯复合板保温墙安装后有裂缝。

2、原因分析

增强石膏聚苯复合板保温墙裂缝有保温板本身的质量原因；有操作工艺的原因；有胶粘剂的原因；有安装管线剔凿等原因。保温墙裂缝影响保温和装饰效果。

3、防治措施

（1）增强石膏聚苯复合板进场时要进行严格验收。检查产品合格证和外观质量，使其各项技术指标必须满足有关标准所规定的要求。不合格的板不能安装。安装翘曲变形的复合板易产生墙面裂缝。

（2）认真进行配板以避免安装上后不合适又重新拆装。来回拆装的板易产生裂缝。

（3）复合板的安装必须牢固，安装不牢固最易产生墙面裂缝，为此应做到：

1）复合板侧面、顶面、底面清刷浮灰，在侧墙面、顶面、踢脚板上口、复合板的顶面、底面及侧面（所有相拼合处）、灰饼面上先刷一道 SG791 胶液，再满刮 SG791 胶粘剂。每块保温板除粘贴在灰饼上外，板中间需有大于 10%板面面积的 SG791 胶粘剂呈梅花状布点，直接与墙体粘牢。

2）安装时用手推挤，并用橡皮锤敲振，使所有相拼合面挤紧冒浆，并使复合板贴紧灰饼。

3）复合板的上端，如未挤严留有缝隙时，宜用木楔适当楔紧，并用 SG791 胶粘剂将上口填塞密实。

4）复合板在门窗洞口处的缝隙用 SG791 胶粘剂嵌填密实。

5）胶粘剂要随配随用，配置的胶粘剂要在 30min 内用完，以防过期粘结不牢。

（4）复合板安装后 10 天，检查所有缝隙是否粘结良好，有无裂缝，如出现裂缝，应查明原因后进行修补。

（5）已粘结良好的所有板缝、阴角缝先清理浮灰，刮一层 WKF 接缝腻子，贴 50mm

宽玻纤网格带一层，压实、粘牢，表面再用 WKF 接缝腻子刮平。所有阳角粘贴 200mm 宽（每边各 100mm）玻纤布。

（6）复合板中露出的接线盒、管卡、埋件与复合板开口处的缝隙，用 SG791 胶粘剂嵌塞密实。

（7）严禁剔凿和猛击保温板，如出现裂缝应进行认真的修补板面和板缝。

五、增强水泥（GRC）聚苯复合板墙面观感质量差

1、现象

由于增强水泥（GRC）聚苯复合板厚薄不一致或安装不认真造成保温墙面不平整、不垂直，影响观感质量。

2、原因分析

采用的聚苯复合板厚薄不一致，安装不认真，致使保温墙面不平整、不垂直。

3、防治措施

（1）安装时应选择同一厚薄的保温板安装在同一墙面上。

（2）冲筋应做到竖向垂直，横向平整，并用靠尺斜靠是否在同一平面内。

（3）在安装过程中，随时用 2m 靠尺及塞尺测量墙面的平整度，用 2m 托线板检查板的垂直度。高出部分用橡皮锤敲平，挤出的胶粘剂要及时清理。

（4）安装完后应对保温墙进行检查验收，不合格的墙面应进行修理。

六、增强水泥（GRC）聚苯复合板外保温墙裂缝

1、现象

增强水泥（GRC）聚苯复合板保温墙，由于材料和操作施工不当产生裂缝。参见图 8-4。

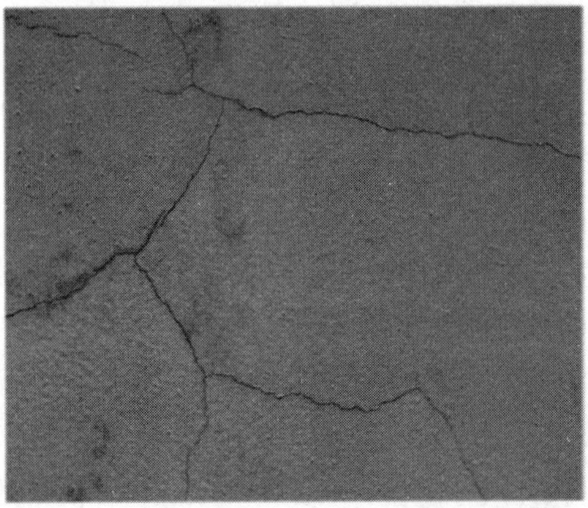

图 8-4　增强水泥聚苯复合板保温墙产生裂缝

2、原因分析

增强水泥（GRC）聚苯复合板保温墙裂缝有板本身的质量原因；有操作工艺的原因；有胶粘剂的原因；有安装管线剔凿等原因。保温墙裂缝影响保温和装饰效果。

3、防治措施

（1）增强水泥（GRC）聚苯复合板进场要严格进行验收，不合格的板不能安装。

（2）认真进行配板以避免安装上后不合适又重新拆装。来回拆装的板易产生裂缝。

（3）粘结、固定必须牢固，为此应做到：

1）板侧面、顶面清刷浮灰，在侧墙面、顶面、板的顶面及侧面（所有相拼合面）、冲筋带上满刮胶粘剂，再挤压使之相拼合面冒浆，并使板紧贴冲筋带，以使粘结牢固。

2）粘结完毕的墙体应立即用C20干硬性细豆石混凝土将板下口堵严，当混凝土强度达到10MPa以上，撤去板下木楔，并用同等强度的干硬性砂浆捣实，以防松动。

3）复合板在门窗洞口处的缝隙用胶粘剂嵌填密实，以增强牢固性。

4）胶粘剂要随配随用，配置的胶粘剂要在30min内用完，以防过期粘结不牢。

（4）复合板安装后10天，检查所有缝隙是否粘结良好，有无裂缝，如出现裂缝，应查明原因后进行修补。

（5）已粘结良好的所有板缝、阴角缝先清理浮灰，刮胶粘剂一道，贴50mm宽玻纤网格布一层、压实、粘牢，表面再用胶粘剂刮平。

（6）严禁剔凿和猛击保温板，如出现裂缝应进行认真的修补板面和板缝。

七、增强水泥（GRC）聚苯复合板强度差异大且易破损

1、现象

增强水泥（GRC）聚苯复合板强度差异很大，且易破损。不认真进行选板和配板，出现不合格的板安装在墙面上，造成安装尺寸不合适、不牢固，影响墙面的平整度和垂直度，影响保温效果。

2、原因分析

未认真进行选板和配板就安装。

3、防治措施

（1）增强水泥（GRC）聚苯复合板进场时要进行严格验收。检查产品合格证和外观质量，其各项技术指标必须满足有关标准所规定的要求。

（2）破损严重或弯曲变形的板不能使用。

（3）认真进行配板。板的长度按楼层结构净高度尺寸减20～30mm。计算并测量门窗洞口上下部保温板尺寸，按此尺寸配板。锯裁的窄板放置在阴角处。

（4）增强水泥（GRC）聚苯复合板不宜随意切割，而一般工程除采用595mm宽标准

板，往往需要一定数量的非标准板配合使用，因此在施工订货前，须根据墙面具体尺寸事先进行排板，计算出异型板的规格、尺寸、数量，以便施工粘贴时对号入座，尽量减少现场锯裁板的数量。

八、增强水泥（GRC）聚苯复合板固定不牢

1、现象

增强水泥（GRC）聚苯复合板粘结、固定不牢固引起保温板变形、裂缝，存在不安全因素和质量隐患。参见图 8-5。

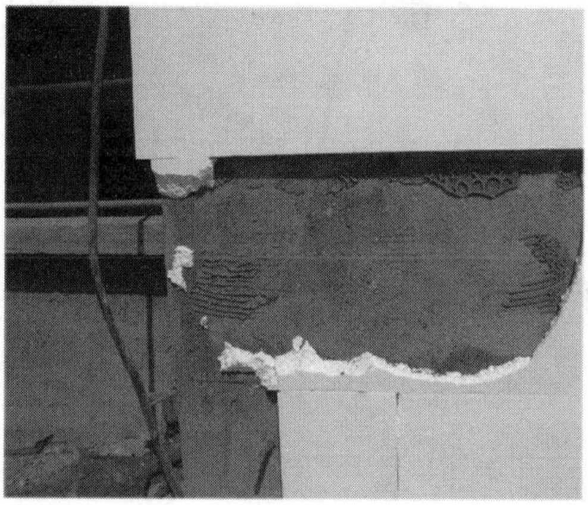

图 8-5　聚苯复合板固定不牢固

2、原因分析

增强水泥（GRC）聚苯复合板粘结、固定不牢固。

3、防治措施

（1）结构墙面必须清理，凡突出墙面 20mm 的砂浆块、混凝土块必须剔除，并清扫墙面。

（2）清理保温板与地面、顶板、墙面结合部，凡突出的砂浆块、混凝土块必须剔除，并清扫，接合部尽量剔平，以增大粘结接触面。

（3）板侧面、顶面清刷浮灰，在侧墙面、顶面、板的顶面及侧面（所有相拼合面）、冲筋带上满刮胶粘剂，再挤压使之相拼合面冒浆，并使板紧贴冲筋带，以使粘结牢固。

（4）粘结完毕的墙体应立即用 C20 干硬性细豆石混凝土将板下口堵严，当混凝土强度达到 10MPa 以上，撤去板下木楔，并用同等强度的干硬性砂浆捣实，以防松动。

（5）复合板在门窗洞口处的缝隙用胶粘剂嵌填密实，以增强牢固性。

（6）胶粘剂要随配随用，配置的胶粘剂要在 30min 内用完，以防过期粘结不牢。

（7）严禁剔凿和猛击保温板。

4、优质工程示例

参见图 8-6。

图 8-6　聚苯复合板固定牢固

九、纸面石膏聚苯复合板墙面裂缝

1、现象

纸面石膏聚苯复合板墙面出现裂缝。

2、原因分析

墙面裂缝是纸面石膏聚苯复合板墙的质量常见问题，其原因是综合性的。

3、防治措施

（1）要对复合板进行认真的验收和挑选，尽量使用整板或按要求锯割的板，破碎拼接起来的板易发生裂缝。

（2）胶粘剂必须有出厂质量合格证，变质和受潮的胶粘剂和石膏粉绝对不能使用。

（3）复合板的安装必须牢固，尤其是板缝要满刮胶粘剂粘结，要挤严。否则易发生裂缝，且存在质量隐患。

（4）板缝及阴阳角要处理好，为此做到：

1）纸面石膏板面层接缝处必须坡口与坡口相接。

2）在接缝坡口处刮约 1mm 厚的 WKF 腻子，然后粘玻纤布，压实刮平。

3）当腻子开始凝固又尚处于潮湿状态时，再刮一道 WKF 腻子将玻纤带埋入腻子中，并将板缝填满刮平。

4）阴阳角要做成圆角，要用玻纤布粘贴牢固。

（5）门窗洞口及各种盒、卡、埋件的接缝处要用腻子塞实。

（6）严禁剔凿和猛击保温板。

（7）如发现保温板有裂缝时应进行补修板缝和裂缝。

十、纸面石膏聚苯复合板粘结不牢

1、现象

面层、保温层、结构墙面之间的粘结不牢固，有松动现象，易引起保温板变形、裂缝，存在不安全因素和质量隐患。

2、原因分析

纸面石膏聚苯复合板粘结不牢固。

3、防治措施

（1）结构墙面必须进行清理，凡凸出墙面 20mm 的砂浆、混凝土块必须清除，并扫净墙面。

（2）选用合格的复合板和胶粘剂。

（3）按要求弹好冲筋线和冲好筋，以保证足够的粘结面和粘结带。

（4）粘结时，各接触面或点都应满刮胶粘剂。

（5）安装时需进行挤压，以使粘结牢固。

（6）纸面石膏聚苯复合板安装后要进行检查，发现松动之处应返工重做。

（7）严禁剔凿和碰撞。

十一、纸面石膏聚苯复合板损坏

1、现象

纸面石膏聚苯复合板强度很低，很易损坏和破碎，如果在运输，装卸，存放等每个环节不认真对待，就会使纸面石膏聚苯板变形损坏或受潮，影响安装质量。

2、原因分析

纸面石膏聚苯复合板未认真保管。

3、防治措施

（1）纸面石膏聚苯复合板运输、装卸和存放时应轻抬轻放，堆放时每垛数量不应超过10 块。

（2）堆放时地上应垫木方，木方应平正，木方距板端 500mm。

（3）应有防雨、防潮措施，防止复合保温板破损和受潮。

十二、空气层厚度不规范

1、现象

空气层厚度应保证 20mm 左右，不能过大或过小。过大时会影响房间的面积，过小时会影响保温效果。

2、原因分析

未严格按施工工艺施工。

3、防治措施

（1）按保温层的厚度在墙、顶上弹出保温墙面的边线。按防水保温层的厚度在地面上弹出防水保温踢脚面的边线，并在墙面上弹出踢脚的上口线。

（2）认真的进行墙面冲筋，冲筋的厚度以保证空气层厚度（20mm 左右）为准。

（3）认真检查冲筋的厚度，以确保空气层厚度。

（4）安装保温板时，不能堵塞空气层。

十三、墙面冲筋不规范

1、现象

由于墙面冲筋位置、厚度不准，会产生复合板粘结不牢固，空气层厚度留量不合适，影响安装质量和保温效果。

2、原因分析

墙面冲筋位置、厚度不准。

3、防治措施

（1）首先要分档弹出冲筋线：

1）弹竖筋线：门窗洞口两侧及其刀把板边各弹一竖筋线（刀把长度应不小于 200mm），然后依次以板宽 900mm（或 1200mm）的间距向两侧分档弹竖筋线，破活甩在阴角处。

2）弹横筋线：沿地面、顶棚、踢脚上口及门洞上口、窗洞口上下，均弹出横筋线。

（2）进行认真的冲筋：

1）在冲筋位置，用钢丝刷刷出不少于 60mm 宽的洁净面要浇水湿润，并刷胶粘剂。

2）检查墙面的平整、垂直，找规矩贴饼冲筋，并在需设置埋件处做出 200mm×200mm 的灰饼。

3）冲筋材料为 1∶3 水泥砂浆，筋宽 60mm，厚度以保证空气层厚度（20mm）为准。

（3）冲筋后需认真进行检查验收。

十四、墙体保温层开裂渗水

1、现象

EPS 聚苯板外墙外保温墙体保温层开裂渗水。参见图 8-7。

图 8-7　EPS 聚苯板外保温墙体开裂渗水

2、原因分析

（1）耐碱网格布引起保温层开裂渗水

1）目前外墙保温系统采用的耐碱网格布主要分为两种，耐碱网格布与耐碱型网格布。无论那一种网格布在碱性的长期作用下其韧性和抗拉力都会有不同程度的破坏。特别是耐碱型网格布更为明显。

2）耐碱型网格布的制作工艺是将编织好的网格布进行涂敷保护。在施工过程中用力将其压入水泥砂浆层，而压的过程和采用的工具是对耐碱层的一种破坏，当耐碱层被破坏以后，在后期的碱性腐蚀中就会很快失去韧性并造成断裂。

（2）抗裂砂浆引起保温层开裂渗水

1）直接采用水泥砂浆做抗裂防护层：强度高、收缩大、柔韧变形性不够，引起砂浆层开裂；

2）抗裂防护层透汽性不足，如挤塑聚苯板在混凝土表面的应用；

3）配制的抗裂砂浆虽然也用了聚合物进行改性，但柔韧性不够或抗裂砂浆层过厚；

4）胶粘剂里有机物质成分含量过高，胶浆的抗老化能力降低。低温导致粘结剂中的高分子乳液固化后的网状膜结构发生脆断，失去其本身所具有的柔韧性作用；

5）砂的粒径过细，含泥量过高，砂子的颗粒级配比不合理。

3、防治措施

（1）选用耐碱性好的耐碱网格布或耐碱型网格布。

（2）选用低碱型高柔外保温抹面层，在实验中测试结果表明：同一种网格布在两种不同砂浆的碱环境下进行耐碱测试表明，使用低碱的外保温抹面砂浆将会大大提高网格布的使用年限，有效减少裂缝的发生。

（3）注意饰面层的防水性能，因为水泥砂浆只有在水的作用下会产生碱化反应，如果基层在干燥的环境下，也会增加网格布的使用年限，从而提高抗裂功能。

十五、墙体饰面层龟裂

1、现象

EPS 聚苯板外墙外保温墙体饰面层龟裂。参见图 8-8。

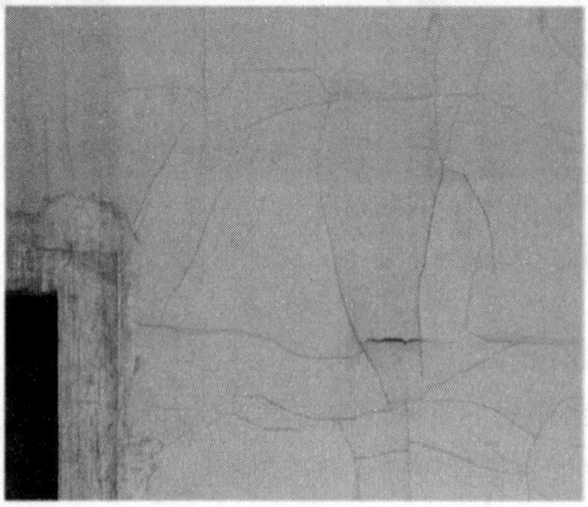

图 8-8　EPS 聚苯板外墙外保温饰面层龟裂

2、原因分析

（1）刚性腻子柔韧性不够；不耐水的腻子受到水的浸渍后起泡开裂。

（2）采用了漆膜坚硬的涂料，涂料断裂伸长率很小产生开裂。

（3）腻子与涂料不匹配，例如：在聚合物改性腻子上面使用某些溶剂型涂料，由于该涂料中的溶剂同样会对腻子中的聚合物产生溶解作用而使腻子性能遭到破坏。

（4）在材料柔性不足的情况下未设保温系统的变形缝。

3、防治措施

（1）采用抗裂外墙腻子。外墙抗裂腻子具有优秀的防水性能和良好透气性，其网状结构可以让空气分子从里向外透出，而由于其良好的分子结构可以阻止水分子的进入。

（2）减少基层水分子的存在，可有效防止抗裂层水泥砂浆的碱化反应，增加其使用的年限，使外保温长期发挥其节能的作用。

十六、挤塑板保温系统锚固件选择不当

1、现象

根据工程不同，包括所处区域、高层还是多层、外饰材料、保温层厚度等，决定了锚固件选用、选用规格及单位面积确定数量。这应该属于保温系统构造中一个组成部分，它起着辅助锚固与加强作用。

2、原因分析

个体工程确定用否、与选用多少无定则，无规范化可寻。

3、防治措施

充分了解个体工程特点，在遵从规范基础上确定。挤塑板保温系统应采用每平方米至少四个锚固；20m以上应使用；认为受到风压较大区域应使用；特殊部位应使用；高层建筑应使用，随着高度采用不同数量；外饰面砖系统应使用等。嵌入墙体结构层内至少25mm。锚固措施的采纳是对系统固定安装的加强措施，不能替代粘结安装的主导地位。

十七、外墙保温层饰面砖空鼓、脱落

1、现象

有保温层的外墙饰面砖出现空鼓、脱落。参见图8-9、图8-10。

图8-9　保温层外墙饰面砖空鼓、脱落

图8-10　保温层外墙饰面砖空鼓、脱落

2、原因分析

（1）材料因素

1）保温板密度太低，造成局部空鼓、脱落；保温板自身应力大，加之不合理粘贴方式或胀缩等因素，造成局部空鼓或保温板损坏。

2）保温浆料质量不合格，极易发生粘接不牢或因久失效造成空鼓。

3）胶粉料存放时间过长或受潮初凝使其失效。

（2）施工因素

1）浆体保温层施工影响因素：基层墙体处理不当，违反操作规程及涂抹方法错误，造成局部空鼓。

2）粘接保温板材施工因素

①点粘时，粘接面积小于30%又无锚栓同定时，易导致空鼓、松动。

②条粘时，粘接胶浆沟槽部分尺寸太小，满粘或保温板拼缝用胶浆粘死，形成排水、排汽不畅及胀缩应力造成空鼓。

③钉粘结合时，粘接胶浆过稀或粘接后马上安装锚栓，使保温板的锚栓与墙形成无效连接。

3、防治措施

（1）在与墙体连接的聚合物水泥砂浆结合层中加设镀锌四角网。

（2）施工宜采用带有燕尾槽的面砖。

（3）面砖勾缝胶粉要有足够的柔韧性，避免饰面层面砖的脱落。勾缝材料应具有良好的防水透气性。

（4）要提高外保温系统的防火等级，以避免火灾等意外事故出现后，产生大面积塌落。

（5）要提高外保温系统的抗震和抗风压能力，以避免偶发事故出现后，对外保温系统的巨大破坏。

（6）饰面砖粘贴宜分板块组合，不大于1.5m^2板块间留缝用弹性胶填缝，饰面砖应按粘贴面积，每16～18m^2留不小于20mm的伸缩缝。

4、优质工程示例

参见图8-11。

图8-11　外墙保温层饰面砖铺贴优质工程

十八、聚苯板薄抹灰外墙开裂、脱落

1、现象

聚苯板薄抹灰外保温系统开裂、渗水、起鼓与脱落。

2、原因分析

（1）专用的抹面砂浆及胶粘剂对聚苯板的粘结力（包括耐水、耐冻融、耐高温）不足，没有达标，直接导致保温板的安装质量差，无法承受基层一定程度的变形，甚至系统脱落。

（2）保温板无陈化过程或陈化程度不足，存在变形或受热变形，没有达标，直接影响系统的质量，出现起鼓、起翘、开裂，甚至导致粘结很快失效而脱落。

（3）保温板的切割规格不合格、偏差过大，直接影响保温层安装质量（平整度、保温板接缝严密性）；厚度过薄直接影响系统变形、抗风压能力、抗撕拉能力、抗荷载能力（包括自重及饰面荷载）；强度过硬、表面有致密表皮，直接影响粘结材料对其的粘结力与粘结效果的稳定性。

（4）网格布的单位面积质量、断裂强力及耐碱断裂强力保留率不合格，因此在护面层就起不到很好的增强作用，难以确保系统护面层的机械强度与耐久性。严重者墙面受到温度应力后很快就开裂。

（5）锚固力大小取决于其强度与基层结构强度两方面因素，但如果锚固件本身规格、型号与强度不好，施工过程中难于将锚固件锚固牢靠，这本身就达不到辅助增强的效果，形同虚设。

3、防治措施

（1）保温厂家应出具系统的型式检测报告（包括耐候性、抗风压）。

（2）生产厂家加强出厂检测与控制，每一批号产品出具合格证。

（3）工程上采用随机抽样复检相关性能。

（4）根据施工质量经验跟踪评判成品质量。

十九、网格布埋置不当

1、现象

网格布埋置不当引起面层开裂、平整度、粉化等异常现象。

2、原因分析

（1）网格布直接干铺在保温层上，用抹面砂浆直接涂抹网格布起不到应有的增强作用，反起隔离副作用。

（2）网格布搭接不合格，网格布上下、左右间、与外饰件间以及接口收头处，有一处不合格，就将影响系统整体质量。

（3）网格布埋入抹面砂浆中，位置不当。

（4）网格布铺展质量差，起翘、起褶皱、露网格迹等。

3、防治措施

先在保温层均匀布胶，然后铺填网格布；两道布胶，一道铺网，明确工艺程序及规范操作动作，可预防以上问题，同时薄抹灰的厚度控制在 3～6mm 范围内。

4、优质工程示例

参见图 8-12。

图 8-12　网格布埋设正确

二十、屋面隔热保温层积水、起鼓、开裂

1、现象

屋面保温隔热层施工完成后，未及时进行找平层和防水层的施工，保温隔热层受潮、浸泡或受损，屋面饰面层起鼓、开裂、松脱。参见图 8-13。

图 8-13　屋面保温层积水

2、原因分析

（1）基层潮湿。水泥砂浆找平层含水率比较高，材料内部存留有大量水分和气体，随着昼夜和季节的大气温度在不断变化，存留在防水层下的水分不断气化，产生带压力气体。防水层受到这压力气体的作用而起鼓破裂，直接影响防水层的耐用年限。

（2）在防水层施工中因操作不当，造成空鼓，当其受到太阳照射或人工热源影响后，体积膨胀，造成鼓泡。

3、防治措施

（1）施工前应做好技术交底，施工中严格检查、验收。

（2）铺设屋面隔气层和防水层前，基层必须干净、干燥。

（3）基层的分格缝要用密封材料嵌填密实。

（4）防水层铺贴要密实。

（5）认真涂刷基层处理剂，可封闭基层的毛细孔隙，使上面的水分渗不下去，又能阻隔下面的水气渗透上来，从而减轻防水层的鼓包缺陷。

（6）按 6m×6m 设置纵横排汽孔道，36m^2 设置一个排汽孔，排汽孔应设在屋面坡度的上方。

（7）屋面宽度≥10m 设置通风屋脊。

4、优质工程示例

参见图 8-14、图 8-15。

图 8-14 排汽口做工精细

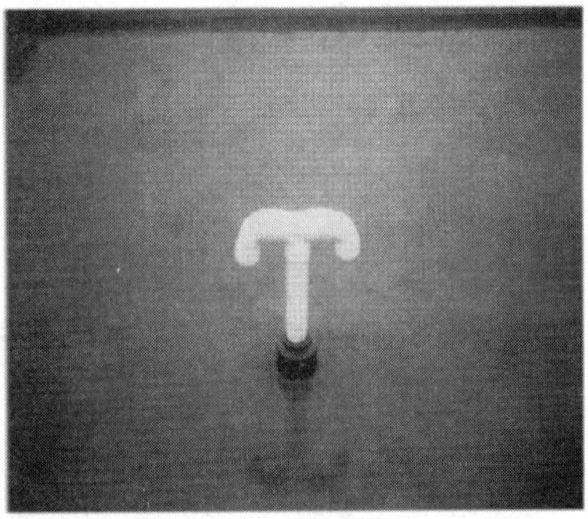

图 8-15 排汽口做工精细

二十一、女儿墙内侧增强保温系统破坏渗水

1、现象

设计上忽略或施工处理不严密，导致室内顶板棚根部返霜结露，女儿墙墙体开裂，甚

至女儿墙构件尺寸变化过大（女儿墙受到太阳辐射程度较大），导致外侧的保温系统破坏，继而渗水。

2、原因分析

设计人员常忽略女儿墙的内侧保温。女儿墙的根部靠近室内的顶板，如果不对该部位采取保温处理，该部位极容易引起热桥通路，导致顶层房间的顶板棚根部受到外界温度变化影响较大，常产生返霜结露以及女儿墙裂纹的产生。

3、防治措施

设计人员根据实际工程，出具女儿墙的保温节点图，同时作好接口处的防护与防水处理，加强隐蔽工程的施工质量控制与验收。

二十二、窗体节点渗水

1、现象

窗的节能节点设计不合理，存在热桥效应或接口处理不严密导致渗水现象。

2、原因分析

居住建筑中较多为突窗（或称飘窗）与带有窗套的平窗，大多数建筑窗的周边未考虑保温，严格地说设计上是不合理的，因为窗周边基本是钢筋混凝土结构，热桥效应较大。在实际施工存在两种情况：一是窗周边窗套应用保温板按照规定尺寸与规格定做，粘贴安装确保牢固，窗根部上口做好滴水处理与窗下口窗台的防水处理。二是窗周边不设保温处理，存在热桥效应与保温部分与非保温部分的接口处理问题。

3、防治措施

根据个体工程窗的实际特点，按照实际情况设计出窗的节点施工图，考虑到防水问题，并作好隐蔽工程质量控制与验收。

二十三、结构伸缩缝节能设计不完善

1、现象

设计上忽略，同时保温系统在此存在接口，施工处理不严密导致渗水现象，从而水进入保温系统内部而造成危害。

2、原因分析

结构伸缩缝两侧的墙体，是建筑围护结构外墙耗热量较大的部位，也存在热桥效应，设计人员常常忽略。

3、防治措施

根据个体工程实际特点，设计人员出具施工节点图，并考虑到缝的热桥效应及保温系统的接口处理与防水，缝内应紧密填塞聚苯板或泡沫胶，牢固安装好金属盖板。同时作好隐蔽工程质量控制与验收。

二十四、节能建筑底层勒脚处保温处理易腐蚀

1、现象

设计人员常忽略勒脚处这一部分的特殊性，因为底层属于溅水区设计时无勒脚处的针对性，大雨时水常积聚且潮气严重。

2、原因分析

（1）勒脚高于散水坡。

勒脚高于散水坡，需要考虑在保温层背面做防水处理，防水层至少高于基层面 30cm，以防止水从地下沿着外墙找平层渗透至保温层内部。

（2）勒脚深入到散水坡以下。

勒脚深入到散水坡以下除了防水层按照勒脚高于散水坡做法外，还需将深入地下的部分与高于地面 30cm 区域保温板改为挤塑板为好，以确保保温层极低的吸水率与良好的抗腐蚀性而稳定持久。

3、防治措施

针对个体建筑工程，灵活掌握材料特性，出具合理的底层勒脚保温节点图示，明确勒脚处构造、翻包处理保护、接口处理与防水措施。

二十五、保温系统与非保温系统接口部位渗水

1、现象

设计人员对这些细部处理常忽视，导致接口处开裂与渗水现象。

2、原因分析

在外墙连续式的保温系统上，常出现保温系统部分与外墙构件的接口以及保温系统部分收口，即出现保温层与其他不同材质的连接。由于同一平面构造层次不同材质差别较大，保温系统容易在接口处开裂而导致渗水现象，所以要慎重考虑该部位的抗裂措施与防水措施。接缝处需要弹性材料密封，护面层要延伸搭接，加强防水措施处理。

3、防治措施

重视细部处理，明确细部的节点图构造及材料，确保接口处密封、抗开裂、防水抗渗。作好隐蔽工程质量记录与验收。

二十六、保温系统易碰撞部位处理

1、现象

每一个个体工程都有其实际特点，规范上要求在底层或首层，容易受到碰撞的部位，需要增加加强网格布或两层网格布以提高系统在该区域的抗冲击能力。

2、原因分析

设计人员不知道或不重视这些部位的合理化构造设计，导致该部位受到碰撞造成系统破坏，增加维修难度与费用。

3、防治措施

设计人员应根据人体工程实际情况，在施工图上明确需要提高抗冲击区域，出示意构造图，便于技术交底与工程检查与验收。

二十七、保温工程聚合物砂浆成品质量差

1、现象

聚合物砂浆搅拌不充分均匀、稠度偏差大，直接影响施工操作性能及成品质量；双组分聚合物砂浆配比误差大影响成品质量。对成品质量的影响表现在粘结强度、强度变化大等，从而导致开裂、起鼓、渗水等异常现象。

2、原因分析

保温系统专用的砂浆包括界面砂浆、粘结砂浆、抹面抗裂砂浆、保温浆料胶料等。保温系统专用的聚合物砂浆在配制上存在着可控性差别。可控制性差别的存在导致固化后成品质量的差异，即性能差异。直接影响外保温的质量目标。单组分砂浆在性能可控方面明显优于双组分。

3、防治措施

砂浆配制人员需要进行技术与素质培训；稠度的控制、搅拌应充分均匀，确保施工操作顺畅，配比正确可确保成品性能稳定可靠。

二十八、保温板安装质量常见问题

1、现象

保温板属于外保温系统中保温隔热材料，安装质量的好坏直接体现了保温系统质量的目标实现。保温板的安装质量问题通常表现为：板与基层粘结不牢固；板在墙面上排布不规范，特别在门窗洞口部位、阴阳角处以及与外饰构件接口处；板粘贴好后需仔细检查是否平整。

2、原因分析

保温板安装与墙面交错排布不严格；保温板与基层面有效粘结面积不足。达不到40%规范要求，保温板出现虚粘现象达不到个体工程设计要求；板与板接缝不紧密或接槎高差大，或外饰件紧密度太差；保温板缝接近或与窗边平齐，不符合规范要求；保温板面平整度不达标准等。

3、防治措施

加强施工人员素质与技术培训：培训板面布胶、板裁剪、板排布、板拍打挤压胶料、板缝及板与外饰件间密封、板打磨等操作技能，强调板安装质量的重要性；加强管理人员的检查责能；严格监理人员验收，并作好记录。

二十九、保温砂浆操作工艺影响成品性能及外观质量

1、现象

保温砂浆施工操作工艺对保温系统成品性能及外观质量有一定的影响。

2、原因分析

（1）界面砂浆未涂抹或涂布量不足导致保温砂浆与基层咬合不好，导致附着力差。

（2）首道保温砂浆涂抹过厚，导致空鼓与附者力差。

（3）保温砂浆未按设计要求厚度涂抹，存在偷工减料，导致传热系统不达标。

（4）最后一道砂浆未压紧及收光质量不好，影响平整度与表面强度。

（5）平整度差，采取固化后打磨调整，直接破坏保温层整体性及表面强度等。

3、防治措施

（1）施工人员经培训后上岗。

（2）做好界面层质量，首道保温砂浆与之紧密抹压，咬合好以防空鼓。

（3）满足设计厚度，且厚度宜控制在30～60mm安全范围内。

（4）最后一道要拍打紧压，在砂浆湿状态下保证平整度与压紧收光一次成活。

（5）注重阴阳角线、与外饰构件接口处、特殊部位等细活到位。

参 考 文 献

1 彭圣浩．建筑工程质量通病防治手册（第四版）．北京：中国建筑工业出版社，2014

2 邹泓荣．建筑工程常见质量问题防治详解与实例．北京：中国电力出版社，2013

3 张榜年．建筑巧匠治通病．北京：中国建筑工业出版社，2013

4 关坤．建设工程质量常见问题与防治系列 建筑工程质量常见问题与防治 400 例．北京：中国电力出版社，2015

5 李继业等．建筑及装饰工程质量问题与防治措施．北京：中国建材工业出版社，2006

6 王来等．钢结构工程施工验收质量问题与防治措施．北京：中国建材工业出版社，2006

7 河南省住房和城乡建设厅．住宅工程质量常见问题防治技术规程．河南：黄河水利出版社，2014

8 孟文清．建筑工程质量通病分析与防治．河南：黄河水利出版社，2005

9 刘军，潘延平．建筑工程勘察设计质量通病控制手册．上海：同济大学出版社，2007